科学出版社“十三五”普通高等教育本科规划教材

园艺植物生产环境

武俊英　严海欧　主编

科学出版社

北京

内 容 简 介

本书是“教育部、财政部职业院校教师素质提高计划——‘园艺’本科专业职教师资培养标准、培养方案、核心课程和特色教材开发”项目（项目编号：VTNE056）的成果之一。本书根据园艺植物生产需求，遵循植物生长发育规律，以园艺植物生产中各环境要素为基本范畴，有机整合农业气象、土壤与施肥原理、土壤微生物三门课程为一体，以“必需、够用”为原则，兼顾本科培养对知识系统性需求的特点，并体现当前园艺植物生产新技术、新成果。主要包括园艺植物生产的光照、温度、水分、微生物、土壤、营养、气体因子和综合效应。内容编排上，每节均设有思维导图、学习目标、实践技能、知识拓展和整理归纳等栏目，利于学习。

本书可作为职教师资培养院校、应用型本科院校的园艺类专业学生的教学用书，也可作为园艺生产人员的培训教材和园艺技术人员的参考用书。

图书在版编目（CIP）数据

园艺植物生产环境 / 武俊英，严海欧主编．—北京：科学出版社，2016
科学出版社“十三五”普通高等教育本科规划教材
ISBN 978-7-03-050913-0

Ⅰ．①园…　Ⅱ．①武…　②严…　Ⅲ．①园林植物－生产环境－高等学校－教材　Ⅳ．①S688

中国版本图书馆CIP数据核字（2016）第280599号

责任编辑：刘　畅　丛　楠 / 责任校对：张怡君
责任印制：张　伟 / 封面设计：黄华斌

科学出版社 出版
北京东黄城根北街16号
邮政编码：100717
http://www.sciencep.com
北京凌奇印刷有限责任公司 印刷
科学出版社发行　各地新华书店经销
*
2016年12月第　一　版　开本：787×1092　1/16
2023年8月第六次印刷　印张：17
字数：403 000

定价：69.80 元

（如有印装质量问题，我社负责调换）

《园艺植物生产环境》编写委员会名单

主　　编　武俊英　严海欧

副 主 编　马建华　张富荣　姚　彤

编写人员（按姓氏笔画排序）

马建华（内蒙古农业大学职业技术学院）

王淑娟（内蒙古农业大学职业技术学院）

严海欧（内蒙古农业大学职业技术学院）

李红杰（内蒙古农业大学职业技术学院）

张富荣（内蒙古农业大学职业技术学院）

武俊英（内蒙古农业大学职业技术学院）

姚　彤（内蒙古农业大学职业技术学院）

主　　审　葛茂悦（内蒙古农业大学职业技术学院）

丛书序

没有一流的教师，就没有一流的教育；没有一流的教育，就培养不出一流的人才。近年来，国家把大力发展职业教育作为繁荣经济、促进就业、消除贫困、保障公平、维护稳定的一项重要举措。要实现新形势下职业教育的使命和发展目标，就必须以一支高素质的教师队伍为保障，进一步突出教师队伍建设的基础性、先导性、战略性。

为全面落实全国教育工作会议精神和《国家中长期教育改革和发展规划纲要（2010—2020年）》，适应职业教育、加强内涵建设、提高办学质量的迫切需要，建设一支高素质专业化“双师型”教师队伍，是当前职业教育发展的迫切要求。教育部、财政部于2011年11月颁发了《关于实施职业院校教师素质提高计划的意见》（教职成〔2011〕14号），根据职业院校教师素质提高计划，2013～2015年，中央财政投入了1.5亿元，支持43个全国重点建设职教师资培养培训基地作为项目牵头单位，组织职业院校、行业企业等各方面的研究力量，共同开发了100个职教师资本科专业的培养标准、培养方案、核心课程和特色教材（简称“职教师资培养资源开发项目”）。职教师资培养资源开发项目是完善职教师资培养体系建设、确保职教师资培养质量的基础性工程。通过项目的实施，进一步规范职教师资培养过程，开发形成一批职教师资优质资源，不断提高职教师资培养质量，更好地满足加快发展现代职业教育对高素质专业化“双师型”职业教师的需要，加强职业教育师资培养体系的内涵建设。

内蒙古农业大学职业技术学院有幸承担了“‘园艺’本科专业职教师资培养标准、培养方案、核心课程和特色教材开发”项目（项目编号：VTNE056），3年来，项目组全体成员“走遍千校万企、历经千辛万苦、道破千言万语、想尽千方百计”，高质量、创新性地完成了包括“调研报告”、“专业教师标准”、“专业教师培养标准”、“培养质量评价方案”、“课程资源”（专业课程大纲、主干课程教材、数字化资源）等系列成果，其中，主干课程教材是该项目的核心成果。根据专业教师培养标准，结合专业教师标准和调研报告，我们确定和开发了《园艺植物生产环境》、《果树栽培》、《蔬菜栽培》、《花卉栽培》、《果蔬花卉生产技术专业教学法》和《园艺技能实训教程》6门主干课程的特色教材。

该系列教材体现如下特点：一是内容上聚焦服务于中等职业学校果蔬花卉生产技术专业教师的培养，围绕培养职教师范生的“专业实践能力”、“专业实践问题的解决能力”等进行开发，且在内容的选取上体现学科的专业要求，并尽可能体现已应用于实际的园艺学科前沿成果、同时融入与国家职业技能证书相关的知识和标准。二是创新了编写体例。打破传统的学科化、单纯的学术知识呈现的模式，以园艺生产任务为驱动，采用工作过程系统化的设计思想，设计了“模块”、“任务”等体例，将理论知识与实践技能进行有机结合，合理地选择工作任务；编写形式上有较大创新，实现了知识上与本科对接，技能上与中等职业学校对接，突出专业性、职业性、师范性的“三性”融合，强化了实践教学。三是编写形式体现多样性，并不固化于工作过程系统化教材。例如，《园艺植物生产环境》教材，有机整合原学科体系下“土壤与施肥”、“农业气象”、“农业微生物”等课程内容，按照园艺植物生产所需的光、温、水、土、肥、气、微生物等环境因子展开编写，既重视基础知识的教授，又突出技能训练；《果树栽培》教材，设计了“任务目的、实践操作、引导思考、知识链接、考核评价”等形式，要求学生明白为了完成任务，需要学习哪些知识内容，从而做到做中学；《花卉栽培》教材以“任务目的、任务分析、基础知识、任务流程、栽培实践、园林应用、知识拓展、考核评价”8个板块展开，突出了理实一体化的要求；《园艺技能实训教程》首次采用表格的形式进行编写，细化了“操作步骤”，重点突出了“操作方法及要求”，体现了简洁、实用、易懂、可操作性强的特点。四是简洁明了、直观易学，如设计了内容概括图、任务分析图、任务工作过程图（栽培技术流程图）、思维导图等，力求给学生营造一个更加直观的认知环境，便于学生学习和使用，体现职业教育的实用性、操作性、做中学等特点。

在历时3年的项目开发过程中，项目开发全体成员付出了巨大的努力，教育部专家指导委员会、项目组顾问委员会、项目管理办公室全体成员均投入了大量心血，项目第三组（农林牧渔、土木类）全体专家、参与本项目咨询论证的专家对项目内容进行了严格的把关并给予了诚恳的建议，被调研单位及调研访谈的专家、教师、技术人员、学生及为本项目提供帮助的所有相关人员给予了方便和热情的配合，承担教材出版任务的科学出版社也给予了大力支持。在此，我们一并表示衷心的感谢！

项目主持人：葛茂悦

2016年3月

前　言

本书是“教育部、财政部职业院校教师素质提高计划——‘园艺’本科专业职教师资培养标准、培养方案、核心课程和特色教材开发”项目的核心成果之一，是该项目“专业教师培养标准”中专业基础课程的教材，经过项目组系统的调研和专家充分研讨论证之后而汇编成册。本书凝聚了内蒙古农业大学职业技术学院多年职教师范生培养的经验和项目组三年开发的成果与结晶。本书的出版对改善和丰富园艺类专业职教师资培养资源，提高职教师资的整体素质，完善职教师资培养体系，全面推动职教教师队伍建设工作，加快造就一支适应职业教育的教师队伍具有极大的应用价值，同时也希望能对园艺专业的实践教学改革起到积极的示范和推动作用。

本书以中等职业学校“果蔬花卉生产技术专业”专业课教师的职业能力培养为主线，根据园艺植物生产需求，遵循园艺植物生长发育规律，以园艺植物生产中的各环境要素为基本范畴，将以前的农业气象、土壤与施肥原理、土壤微生物三门课程融为一体，以“必需、够用”为原则，兼顾本科培养对知识系统性需求的特点，对内容进行了删减与融合，删除了陈旧、烦琐复杂的原理性内容，保留了环境调控或应用中必需的基础理论知识，吸收了国内外近年来园艺植物生产的新成果，力求为专业课程的学习奠定坚实的基础。

本书内容共分 8 个子环境要素，包括光照环境、温度环境、水分环境、微生物环境、土壤环境、营养环境、气体环境和综合效应。前 7 个是单一环境因子的分析与调节（或调控、应用），最后的综合效应是多因子效应。本书的特点：一是综合性强，编写中，将农业气象、土壤、植物营养、微生物等方面的知识进行提炼，有机整合，相互融合；二是充分体现科技新成果，在充分注重基础知识、基本理论、基本技能的基础上，对新知识和新技术的应用进行了充分体现；三是教材体系优化，在各个环境因子顺序的安排上，充分考虑因子间相互作用和知识的衔接。另外，为了便于学习，每节均设有思维导图、学习目标、实践技能、知识拓展、整理归纳等栏目，有助于学习者对知识的掌握和应用，同时能对相关知识或学科有更多的了解，以激发学习兴趣。

本书由内蒙古农业大学职业技术学院武俊英、严海欧担任主编，马建华、张富荣、姚彤担任副主编。编写分工如下：李红杰编写第一章；严海欧编写第二章和第三章；张富荣编写第四章的第一节；王淑娟编写第四章的第二节和第三节；武俊英编写第五章和第八章的第二节和第三节；马建华编写第六章；姚彤编写第七章和第八章的第一节。最后由武俊英完成统稿工作。全书由葛茂悦教授审稿。

本书可作为职教师资培养院校、应用型本科院校园艺及相关专业学生的教学指导用书（各院校可根据实际情况进行实训任务的选择使用），也可作为园艺类职教师资培养培训基地、园艺生产人员、新型职业农民的培训教材，还可作为广大园艺工作者和园艺企业技术人员的参考用书。

本书中部分内容参考了同行学者的文献资料，在此致以衷心的感谢。由于项目开发时间紧、任务重，编者水平有限，书中不妥之处在所难免，恳请读者不吝批评指正。

编　者

2016 年 3 月

目录

第一章 园艺植物生产的光照环境

【综合目标】

➢ 能力目标

1. 学会光照强度的观测方法，并能对观测所得数据进行整理分析。
2. 能根据生产目标灵活运用所学光环境调控措施对园艺植物的生长发育进行调控。

➢ 知识目标

1. 掌握园艺植物生产的光照环境构成因素及其变化规律。
2. 掌握光谱成分、光照强度、光照时间等因子对园艺植物生长及产量形成的影响。
3. 掌握利用光照环境因子对园艺植物的生长发育进行调控的方法。

【内容要点】

本章主要包括太阳辐射的概念和光谱成分、季节和昼夜的形成及昼夜长短变化规律、日照时间、光照时数、光照强度的变化规律及影响因素、影响园艺植物生长发育的光环境因素及其影响规律、利用调控光环境因素实现栽培目标的技术措施等。

第一节 园艺植物生产的光照环境分析

【学习目标】

1. 了解昼夜和季节的形成。
2. 掌握日照时间、光照时数、光照强度等基本概念。
3. 掌握太阳辐射光谱成分及变化规律、光照时数的变化规律、大气对太阳辐射的减弱作用及影响太阳辐射强度的因素、光照强度的变化规律等内容，为在园艺植物生产中合理利用、调控光照环境奠定基础。
4. 学会光照强度的观测方法，并能对观测所得数据进行整理分析。

【内容分析】

太阳时刻不停地把巨大的能量以辐射的方式投射到地球表面，在给地球带来光明的同时，也给地球输送着能量。本节内容主要通过对太阳辐射光谱、光照时数、太阳辐射强度、光照强度等内容的分析，掌握太阳辐射光谱成分、光照时数长短与光照强度变化规律和影响因素，为在园艺植物生产中，特别是设施栽培中的合理利用、调控光照环境因素提供理论依据。内容见图 1-1。

太阳能是地球最主要的能量来源，地球上几乎所有生命活动所必需的能量都直接或间接地来源于太阳能。在园艺植物生产过程中，植物通过光合作用将太阳能转化为化学能贮存在有机物内，为地球上的生命活动提供能量。因此，光是园艺植物生产必需的环境条件之一。

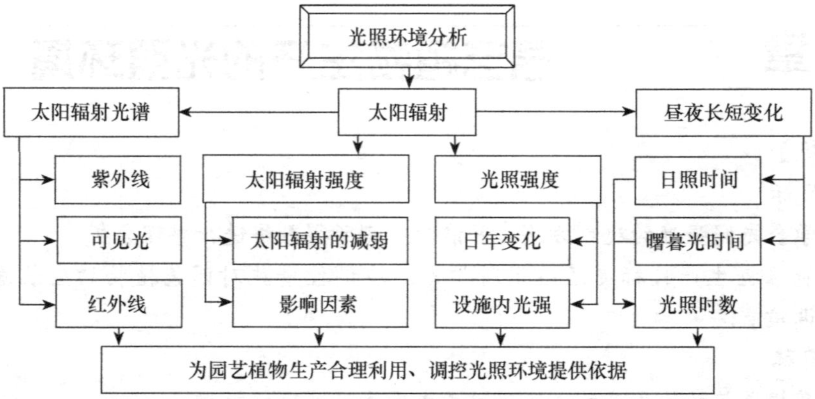

图 1-1　园艺植物生产的光照环境分析图

一、太阳辐射光谱分析

（一）太阳辐射的概念

在宇宙空间，任何表面温度高于绝对零度（即开尔文温度标定的零度，记为 K，0K=－273.15℃）的物体都在时刻不停地以电磁波或粒子的形式向四周放射能量，这种能量的传输方式称为辐射，以这种方式传输的能量称为辐射能。太阳是一个极其炽热的气态球体，中心温度为 20×10^6K，表面温度高达 6000K，在这样高的温度下，太阳时刻不停地把巨大的能量向四周辐射。把太阳以电磁波或粒子的形式传输能量的方式称为太阳辐射，所传输的能量称为太阳辐射能，即太阳能。

地球吸收太阳能后，其表面的平均温度维持在 300K 左右，因而地面时刻不停地向外传输辐射能，把地面以电磁波的形式传输能量的方式称为地面辐射。地面辐射所传输的能量约有 93% 被大气中的 CO_2 和水汽所吸收，仅有 7% 的能量散失到大气层以外，而大气对太阳辐射能的吸收仅为大气上界的 6%，因此地面辐射是低层大气的主要热量来源。

大气吸收地面辐射后，其温度升高，平均温度约为 250K，因此大气也日夜不停地向外传输辐射能，把大气以电磁波的形式传输能量的方式称为大气辐射。大气辐射是向四面八方各个方向传输的，其中有一部分是射向地面的，这一部分大气辐射因与地面辐射方向相反，被称为大气逆辐射，大气以逆辐射的方式将因地面辐射损失的辐射能补偿一部分给地面，使地面不至于因失去过多的能量而大幅度降温。大气允许大部分太阳短波辐射通过并到达地面，使地面获得能量，却把大部分地面长波辐射吸收，阻止地面能量损失，同时又以大气逆辐射的方式给地面补偿一部分能量，从而对地面起到了保温作用，这种效应与温室的保温效应相似，所以称为大气的温室效应。

（二）太阳高度角

太阳的平行光线与水平面的夹角称为太阳高度角，用符号 h 表示。它是描述太阳在天空中位置的物理量，其大小与地理纬度、太阳直射地球的位置及当时的时刻有关。由于太阳光线直射地球的地理纬度在一年中始终都在发生变化，这使得在北半球北回归线以南的地区，一年中有两次太阳直射的机会，当太阳直射地面时，该地的太阳高度角为 90°，而在北半球北回归线以北的地区，一年中以每天正午太阳高度角相比，夏至日太阳高度角最大、冬至日太阳高度角最小；在一天中，日出与日没时的太阳高度角为零，正午时太阳高度角最大；而且纬度越高太阳高度角越小，纬度越低太阳高度角越大。

（三）太阳辐射光谱

太阳辐射能的强弱随波长的分布称为太阳辐射光谱。在大气上界，太阳辐射能量绝大多数集中在0.15～4.00μm波长的紫外线、可见光和红外线波段内（图1-2），既具有光效应，又具有热效应。地面辐射的波长为3～80μm，大气辐射的波长为7～120μm，都位于红外线区，只有热效应而无光效应。由于太阳辐射的波长比地面辐射、大气辐射的波长短，因此又把太阳辐射称为短波辐射，而把地面辐射和大气辐射称为长波辐射。

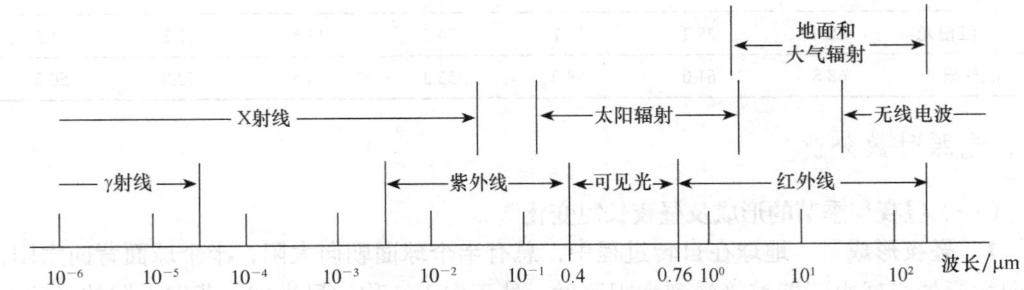

图1-2 各种辐射的波长范围示意图

在大气上界的太阳辐射光谱中，具有最大能量的波长是0.475μm，由此向短波方向，各波长所具有的能量急剧降低；而向长波方向，各波长所具有的能量则缓慢地减弱（图1-3）。根据能量随波长的分布情况，波长<0.4μm的紫外光区所携带的能量约占太阳辐射总能量的7%，波长在0.40～0.76μm的可见光区所携带的能量约占太阳辐射总能量的50%，波长>0.76μm的红外线区所携带的能量约占太阳辐射总能量的43%。

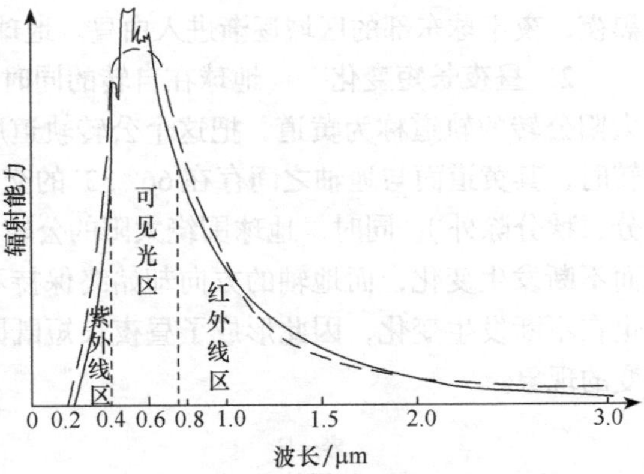

图1-3 大气上界的太阳辐射光谱

由于大气对于太阳辐射的吸收作用，当太阳辐射穿越大气层到达地面后，太阳辐射光谱发生了变化，其波长在0.29～5.3μm（图1-4），并且随着太阳高度角的变化，太阳辐射光谱中各部分的相对强度也发生改变（表1-1）。表1-1中可见，波长较短的紫外线、蓝紫光部分随着太阳高度角的减小而减少，而波

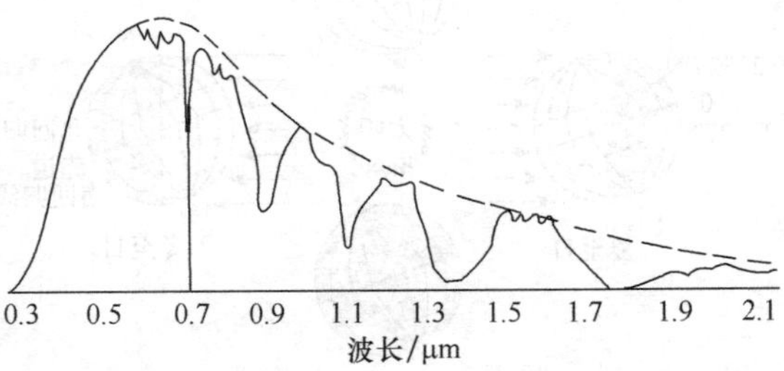

图1-4 地面太阳辐射光谱能量分布和主要吸收带

长较长的红橙光及红外线部分则随着太阳高度角的减小却逐渐增多。

表 1-1 不同太阳高度角时太阳辐射光谱中各部分的相对强度（总辐射量=100%）

太阳辐射光谱		太阳高度角（h）						
		0.5	5	10	20	30	50	90
紫外线		0.0	0.4	1.0	2.0	2.7	3.2	4.7
可见光		31.2	38.6	41.0	42.7	43.7	43.9	45.3
其中	紫光	0.0	0.6	0.8	2.6	3.8	4.5	5.4
	蓝紫光	0.0	2.1	4.6	7.1	7.8	8.2	9.0
	绿光	1.7	2.7	5.9	8.3	8.8	9.2	9.2
	黄光	4.1	8.0	10.0	10.2	9.8	9.7	10.1
	红橙光	25.4	25.2	19.7	14.5	13.5	12.2	11.5
红外线		68.8	61.0	58.0	55.3	53.5	52.9	50.0

二、光照时数分析

（一）昼夜与季节的形成及昼夜长短变化

1. 昼夜形成 地球在自转过程中，总有半个球面朝向太阳，半个球面背向太阳，朝向太阳的半球由于能够接受到太阳照射，处于白天，称为昼半球，背向太阳的半球由于接受不到太阳照射，处于黑夜，称为夜半球，昼半球与夜半球的分界线称为晨昏线，沿着晨昏线形成的平面称为分光面。地球自西向东自转时，昼半球东部的区域逐渐进入黑夜，夜半球东部的区域逐渐进入白昼。地球不停地自转，就形成了昼夜交替的现象。

2. 昼夜长短变化 地球在自转的同时，还不停地围绕太阳进行公转，把地球围绕太阳公转的轨道称为黄道，把这个公转轨道所在的平面称为黄道面。地球在围绕太阳公转时，其黄道面与地轴之间存在 66° 33′ 的交角，使得晨昏线与地轴不在同一平面上（春分、秋分除外）；同时，地球围绕太阳的公转，使得地球与太阳的相对位置随季节的不同而不断发生变化，而地轴的方向却始终保持不变，致使地球自转轴与晨昏线之间的夹角也在不断发生变化，因此形成了昼夜长短既因纬度的不同而不同、又随季节的交替而改变的现象。

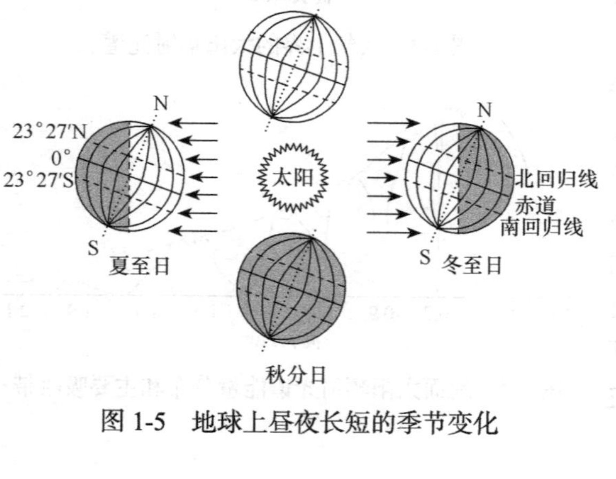

图 1-5 地球上昼夜长短的季节变化

昼夜长短的变化可从图 1-5 中得到了解。冬至日太阳直射南纬 23° 27′，北半球昼长短于夜长，而且纬度越高，白昼越短，黑夜越长，北极圈范围内终日为黑夜（极夜）；夏至日太阳直射北纬 23° 27′，北半球昼长长于夜长，而且纬度越高白昼越长，黑夜越短，北极圈范围内终日为白昼（极昼）。南半球情况与上述情况相反。但在赤道上，昼长与夜长都是相等的，春分、秋分时，南北半球各地昼夜长短均相等。

图 1-5 还表明，在北半球，春分到秋分期间，昼长＞12h，长于夜长；而秋分至次年春分期间，昼长＜12h，短于夜长。因在这两段时间内，北半球昼夜长短不同，所得到的太阳辐射能的量不同，热量差异很大，所以把春分至秋分之间所经历的日期称为夏半年，把秋分至次年春分之间所经历的日期称为冬半年。另外，在北半球的夏半年，中高纬度地区的日照长度＞低纬度地区的日照长度，因此把中高纬度地区称为长日照地区，把低纬度地区称为短日照地区。这对于园艺植物的选择和引种有一定的意义。

3. 季节形成　地球围绕太阳公转时，其黄道面与地轴之间不垂直，而且在地球公转过程中，地轴的方向始终不变，使得太阳直射地球的地理纬度（赤纬）在一年中发生着规律性的变化，从而形成四季。

一年中，春分日太阳直射赤道，春分日以后太阳直射地球的位置向北半球转移，到夏至日太阳直射北纬 23° 27′（即北回归线），夏至日后太阳直射地球的位置向南转移，到秋分日太阳再次直射赤道，秋分日后太阳直射地球的位置转移到南半球，到冬至日太阳直射南纬 23° 27′（即南回归线），冬至日后太阳直射地球的位置向北转移，到次年春分日，太阳再次直射赤道。由此可见，太阳直射地球的位置一年中在北回归线与南回归线之间转移，如此周而复始。

由于太阳直射地球位置的变化，使太阳高度角在一年中也发生着规律性的变化，进而造成地球上光热条件在一年中也发生周期性的变化。春分、秋分时太阳直射赤道，赤道上正午的太阳高度角最大为 90°，向北、向南太阳高度角逐渐变小，冬至日到夏至日期间，太阳直射点由南纬 23° 27′ 移至北纬 23° 27′，北半球大部分地区太阳高度角逐渐增大，夏至日最大；夏至日到冬至日期间，太阳直射点由北纬 23° 27′ 南移至南纬 23° 27′，北半球大部分地区太阳高度角逐渐减小，冬至日最小。因此就北半球而言，在一年中，夏季太阳高度角较大、日照时间较长，地面获得的太阳辐射能较多，温度较高；冬季太阳高度角较小，日照时间较短，地面获得的太阳辐射能较少，温度较低。从冬至到夏至，随着日照时间的逐渐增长和太阳高度角的逐渐增大，地面获得的太阳辐射能逐渐增多，温度逐渐升高，进入由寒冷的冬季向炎热的夏季过渡的春季；从夏至到冬至，随着日照时间的逐渐缩短和太阳高度角的逐渐减小，地面获得的太阳辐射能逐渐减少，温度逐渐降低，进入由炎热的夏季向寒冷的冬季过渡的秋季。因此，太阳高度角、日照时间长短的周期性变化，形成了四季的交替。

（二）日照时间和光照时数

在天文学上，某地从日出到日落所经历的时间，称为可照时间。可照时间的长短，随纬度、季节的不同而不同。就某一具体的位置来说，其可照时间的长短与该地的地理纬度和当天太阳直射地球的地理纬度有关。

但是可照时间只能从理论上表明某地在一天中可能接受太阳光线照射的时间长短。而实际上，由于地形和地物遮蔽，或受云、雾等天气状况影响，实际日照时数短于可照时间，为了更准确地描述某地实际得到太阳辐射时间的多少，往往用实照时间来表示。把某地一天中太阳光线直接照射地面的小时数，称为实照时数，实照时数一般小于可照时间。实照时数与可照时间的百分比称为日照百分率。

在日出前与日落后的一段时间内，虽然太阳直射光不能直接投射到地面上，但地面仍能得到高空大气的散射光，将这种光称为曙光和暮光。在曙光和暮光光照强度范围内的光对植物的生长发育有不同程度的影响，因此生产上将太阳在地平线以下 0°～6° 的一段时间记为曙暮光时间。为了与可照时间区分，把包括曙暮光在内的日长时间称为光照时间（又称光照时数），即光照时间＝可照时间＋曙暮光时间。曙暮光持续的时间长短，因季节和纬度的不同而不同，全年以夏季最长，冬季最短；就纬度而言，高纬度地区长于低纬度地区，夏季尤为明显。例如，在赤道上，各季节的曙暮光时间只有 40min；在低纬度地区，纬度每增加 10°，曙暮光时间仅增加 2min；在高纬度地区，曙暮光时间随纬度增加而显著加长，到纬度 60° 处，曙暮光时间在夏季可长达 3.5h，冬季也可达 1.5h。

园艺植物栽培设施内的光照时数，是指园艺设施受光时间的长短，因设施类型而异。大棚和大型连栋温室，因全面透光，无外保温覆盖，设施内的光照时数与露地基本相同。而单坡面日光温室内的光照时数一般要短于室外。这是因为日光温室属于被动式供热温室，在寒冷季节对保温要求特别高，因此往往在刚刚日落甚至在日落前就开始铺放不透光的外保温覆盖材料（如草帘、保温被等），而在日出后才开始揭开外保温覆盖材料，从而减少了日光温室内的光照时数。例如，在北方地区冬季，日光温室内的光照时数一般为 7～8h，在高纬度地区甚至还不足 6h，远远不能满足园艺植物对光照时数的要求。北方冬季生产用的小拱棚或改良阳畦，夜间也有防寒覆盖，同样存在光照时数不足的问题。

三、太阳辐射强度分析

由于大气是混合气体，当太阳辐射穿越大气层时，大气中的各种成分会对太阳辐射产生一定的削弱作用，使得到达地面的太阳辐射强度大幅度减弱。

（一）大气对太阳辐射的减弱作用

当太阳辐射穿越大气层时，大气通过吸收作用、散射作用和反射作用，使到达地面的太阳辐射强度大幅度减弱。

1. 大气对太阳辐射的吸收作用　太阳辐射穿越大气层时，大气中的 H_2O、CO_2、O_2、O_3 及固体杂质等物质对太阳辐射有一定的选择吸收作用。其中 CO_2 和 H_2O 对太阳辐射中的紫外线和可见光几乎不吸收，而主要吸收红外线，尤其 H_2O 对红外线的吸收最为明显。O_2 和 O_3 除对红外线和可见光部分有微弱的吸收外，主要吸收太阳辐射中波长较短的紫外线，尤其是对波长为 0.29μm 以下的紫外线几乎全部吸收。固体杂质对太阳辐射的减弱作用不仅是吸收作用，更重要的是散射作用。

2. 大气对太阳辐射的散射作用　当太阳辐射穿越大气层时，遇到各种气体分子、尘埃、云雾滴等质点后，这些质点会把入射的太阳辐射向四面八方散出，这种现象称为散射。散射主要发生在可见光区，不改变辐射的性质，只改变辐射的方向，使一部分太阳辐射不能到达地面。

散射又根据散射质点直径与入射的太阳辐射波长大小分为分子散射与粗粒散射两种。当散射质点直径＜入射的太阳辐射波长时，主要发生分子散射，其散射强度与入射波长的四次方成反比，即波长越短的光被散射得越多、波长越长的光被散射得越少，因此，认为分子散射有选择性，主要散射可见光中波长较短的蓝紫光。如天空晴朗时，可见光中的蓝紫光被散射得多，而红光被散射得少，所以天空呈蔚蓝色。当散射质点直径＞入射的太阳辐射波长时，主要发生粗粒散射，粗粒散射对入射的太阳辐射波长无选择性，可见光中所有波长的光都可被散射。如空气混浊或阴天时，天空呈乳白色，就是粗粒散射的结果。

3. 大气对太阳辐射的反射作用　当太阳辐射遇到大气中的云层和直径较大的尘埃时，会有部分能量被反射回宇宙空间，从而使到达地面的太阳辐射减少。其中以云层的反射作用最为重要，云层越厚、云量越多，反射作用越强。

太阳辐射穿过大气层后，由于大气的吸收、散射和反射作用而大大减弱。如果把射入大气上界的太阳辐射量视为100%，则被大气和云层吸收的约占19%，被散射和反射到宇宙空间的约占30%，到达地面的仅占51%。

（二）影响太阳辐射强度的因素

影响太阳辐射强度的因素主要有太阳高度角和大气透明度。

1. 太阳高度角　太阳高度角的大小会影响太阳辐射在大气层中穿越的路程远近，进而影响到达地面的太阳辐射的强弱。当太阳高度角越小时，太阳辐射在大气层中穿越的路程越长，遇到的空气质点越多，太阳辐射被大气吸收、散射和反射的量就越多，到达地面的太阳辐射就越弱；而当太阳高度角越大时，太阳辐射在大气层中穿越的路程越短，遇到的空气质点越少，太阳辐射被大气吸收、散射和反射的量就越少，到达地面的太阳辐射就越强。由于太阳高度角随时间和纬度的不同发生规律性的变化，因此到达地面的太阳辐射强度也随时间和纬度的不同而发生变化。

（1）随时间的变化　随时间的变化有日变化和年变化。在一年中，在中高纬度地区，夏季太阳高度角最大，日照时间最长，到达地面的太阳辐射最强，冬季太阳高度角最小，日照时间最短，到达地面的太阳辐射最弱；在低纬度地区，一年中太阳高度角和日照时间变化不大，因此太阳辐射强度的年变化也不大。在一天中，日出后随着太阳高度角的逐渐增大，太阳辐射强度逐渐增强，到正午时太阳高度角最大，地面得到的太阳辐射最强，午后随着太阳高度角的逐渐减小，太阳辐射强度逐渐减弱，到了夜间太阳辐射强度为零。

（2）随纬度的变化　在北回归线以北的地区，纬度越高，太阳高度角越小，到达地面的太阳辐射越弱；纬度越低，太阳高度角越大，到达地面的太阳辐射越强。在北回归线以南至赤道地区，太阳高度角大于北回归线以北地区，而且一年中太阳两次直射地面，因此这些地区的地面上得到的太阳辐射最强。

（3）坡向与坡度　坡向与坡度对太阳辐射的影响主要与投射到地面的太阳入射角有关。在北纬30°以北的地区，由于太阳的位置偏南，在相同的辐射强度下，南坡的太阳入射角大于平地、平地大于北坡，因此南坡地接受的太阳辐射强于平地、平地强于北坡地。这种差异随坡度的增加而增加。

2. 大气透明度

（1）大气状况　大气中的水汽、尘埃、杂质等越少，大气的透明度越大，太阳辐射在穿越大气层时被减弱得越少，到达地面的太阳辐射越强；大气中的水汽、尘埃、杂质等越多，大气的透明度越小，太阳辐射在穿越大气层时被减弱得越多，到达地面的太阳辐射越弱。

（2）海拔　海拔越高，太阳辐射在大气层中穿越的路程越短，大气透明度越大，太阳辐射被减弱得越少，到达地面的太阳辐射就越强；海拔越低，太阳辐射在大气层中穿越的路程越长，大气透明度越小，太阳辐射被减弱得越多，到达地面的太阳辐射就越弱。例如，在海拔 1000m 的山地可获得全部太阳辐射能的 70%，而在海平面只能获得 50%。

四、光照强度分析

如前所述，太阳辐射除了具有热效应外，还具有光效应。表示光效应的物理量是光照强度，即物体被光照射明亮的程度，简称照度。光照强度的单位是勒克斯（lx）或千勒克斯（klx）。这里需要注意的是：光照强度与辐照强度是两个不同的概念，光照强度是太阳辐照度中能够被人眼所感受到的那部分能量，其波长为 0.40～0.76μm，在此波长范围以外，无论太阳辐照度多强，人眼均不能感觉。到达地面的太阳总辐照度与光照强度之间虽然有一定关系，但不成比例，这主要是因为太阳辐射中 0.40～0.76μm 光谱成分所占的比例并不是固定的。

光照强度的大小取决于可见光的强弱，它随着太阳高度角的变化有日变化和年变化的规律。在一天当中，正午时太阳高度角最大，光照强度最强；一年当中，以每天正午太阳高度角的大小来表示，夏季太阳高度角最大，冬季最小，所以夏季光照强度最强，冬季光照强度最弱。随纬度的增加，太阳高度角逐渐减小，光照强度也逐渐减弱。光照强度还受大气透明度、云等的影响。当大气透明度减小及阴天时，光照强度会减弱（图 1-6）。

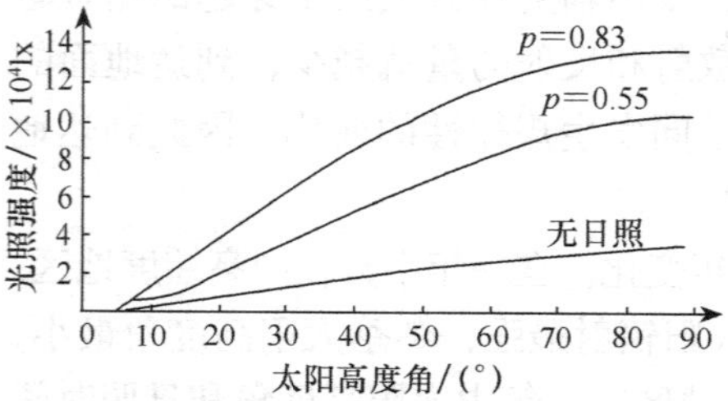

图 1-6　太阳对地面所产生的总光照强度

图中 p 为透明系数

园艺植物设施内的光照强度，一般要比自然光弱，这是因为自然光先要通过设施透明屋面覆盖材料才能进入设施内，这个过程中会由于覆盖材料吸收、反射、覆盖材料内表面结露的折射等降低透光率。另外，透明覆盖材料的污染、老化等因素也会加重对透光率的影响。例如，温室的光照强度仅为露地的 50%～80%（或更低），不能满足作物对光照强度的要求，弱光已成为冬季影响喜光性园艺作物生产的主要因素。

【实践技能】

技能训练 1-1　光照强度观测与分析

一、训练目标

通过该项训练，学生应了解观测光照强度所使用的仪器设备及其工作原理，掌握观测光照强度的基本方法，并能对所观测的数据进行科学分析和应用。

二、仪器设备及其工作原理

1. 仪器设备及其结构　目前，用于观测光照强度的仪器设备为光电照度计。这里以 ZDS-10F-2D 型多探头自动换挡数字式照度计为例说明照度计的结构与使用方法。照度计由读数显示器和光度头（又称受光探头）两部分构成（图 1-7）。使用时将光度头电线上的插头插入

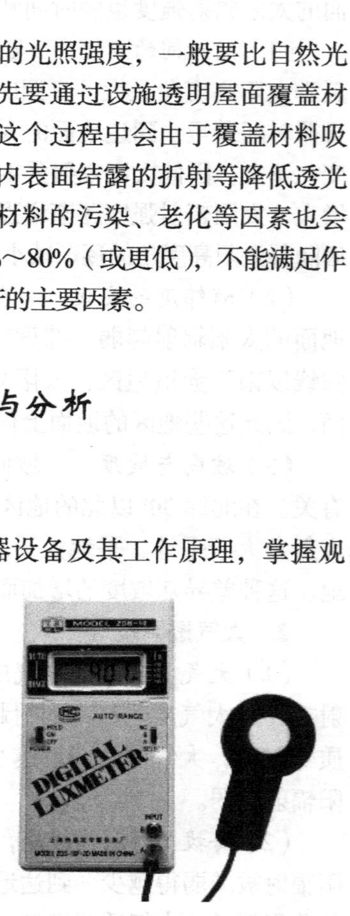

图 1-7　照度计（ZDS-10F-2D 型）

读数显示器上相应的插孔即可。

2. 工作原理　当光线照射到光度头中的硒（或硅）光电池表面时，入射光透过金属薄膜到达半导体硒（或硅）层和金属薄膜的分界面上，在界面上产生光电效应，所产生的电流通过读数显示器中的微安表显示出来，由于产生的光生电流的大小与光电池受光表面上的光照强度有一定的比例关系，因此读数显示器中显示的读数即为光度头上所接受光照强度的数值，单位是勒克斯（lx）。

三、操作方法

1）打开读数显示器后盖，装入电池，注意电池的正负极勿装反。

2）将标有A、B字样的光度头的插头，分别插入读数显示器面板上的INPUT（输入）的A、B插孔。使光度头与读数显示器相连。

3）将读数显示器面板左上侧的POWER（电源）开关由“OFF”位置拨到“ON”位置，此时仪器的电源接通，显示器上出现3个“0”。

4）打开光度头的遮光罩，放在拟定观测光照强度的位置，将读数显示器面板右上侧的SELECT（选择）开关拨到A或B位置，即可测量A或B光度头所在位置的光照强度。当该开关置于A位置时，读数显示器显示光度头A所在位置的光照强度；当该开关置于B位置时，读数显示器显示光度头B所在位置的光照强度。

5）在读取照度值时，应注意将所读数值乘以显示器右侧出现的倍率指示箭头所指的倍率才是被观测点照度值的真实读数。例如，当箭头指在“$\times10^{-1}$”档位上，则应将显示器上的读数乘以10^{-1}倍（即乘以0.1）后，才是被观测点的照度值。当箭头指在“$\times10^{0}$”档位上，则显示器上的读数应乘以10^{0}倍（乘以1）后，即被观测点的照度值。同理当倍率指示箭头分别指在“$\times10^{1}$”或“$\times10^{2}$”时，应将显示器的读数分别乘以10或乘以100后，才是被观测点的实际照度值。

当显示器上的读数＞1999时，倍率指示箭头会自动往上跳一档，相应的测量范围会自动扩大10倍。当显示器上的读数＜100时，倍率指示箭头会自动往下跳一档，相应的测量范围会自动缩小1/10，同时显示器上的读数会缩小1/10。

6）若被观测点的照度多变时，为了便于读取数据，可将读数显示器面板左上侧的开关拨到“HOLD”（保持）位置，便可使显示器上的读数保持不变。待数据读取结束后，可将该开关拨至“ON”位置，即可进行下一次测量。

7）当读数显示器工作时，显示器左上方出现“LOBAT”符号时，说明仪器内电池电压不足，应及时更换新电池，否则将会影响测量精度。

8）照度计使用完毕后，将电源开关拨到“OFF”位置，以防电池空耗。同时将光度头上的遮光罩盖上，以免光度头损坏。

四、注意事项

1）在测量前应熟悉照度计的操作方法，保证能正确操作。

2）光度头是照度计感受光照强度的元件，在使用过程中光度头的遮光罩应随用随打开，测量完毕后要随手盖好，避免光度头的污损，影响测量的准确度。

3）电线勿拉太紧，以防将电线拉断或插头脱落。

4）测量时应将光度头水平放置在测量位置上，并避免人为遮光影响数据的准确度。

五、完成训练报告

用照度计观测露地与设施等不同光环境下的光照强度，并进行分析，完善表 1-2。

表 1-2　不同光照环境下的光照强度

观测地点	1	2	3
光照强度 /lx			

【知识拓展】

城市光污染

阳光是能量之源，彩虹为美景之最。可见“光”不仅必需，而且讨人喜欢。但事物都有两面性，“光”也未能例外。在城市中，为了追求良好的照明效果及装饰效果，各种光源及镜面在城市中层出不穷，然而所有这些，在给人们的生活带来便捷和美感的同时，也给人们的生活及健康带来了不利影响。本来“火树银花红烂漫，流光溢彩不夜天”说的是都市夜晚的繁华，可谁曾想到，承载繁华和生机的光竟然也带来了严重的环境污染。如今，光污染已经成为继水污染、大气污染、固体废物污染、噪声污染之后的第五大污染。据美国一份最新的调查研究显示，夜晚的华灯造成的光污染已使世界上 1/5 的人对银河系视而不见；这份调查报告的作者之一埃尔维奇说：“许多人已经失去了夜空，而正是我们的灯火使夜空失色。”他认为，现在世界上约有 2/3 的人生活在光污染里。

一、光污染的种类和危害

国际上一般将光污染分成三类，即白亮污染、人工白昼和彩光污染。

1. 白亮污染　阳光照射强烈时，城市里建筑物的玻璃幕墙、釉面砖墙、磨光大理石、铝合金和各种涂料等装饰反射光线，明晃白亮，耀眼夺目，即所谓的白亮污染。人体在光污染中首当其冲的部位是眼睛，专家研究发现，长时间在白色光亮污染环境下工作和生活的人，视网膜和虹膜都会受到不同程度的损害，视力急剧下降，白内障的发病率高达 45%。长时间的强光还会干扰大脑中枢神经，使人头昏心烦，甚至发生失眠、食欲下降、情绪低落、身体乏力等类似神经衰弱的症状。

夏天，玻璃幕墙强烈的反射光进入附近居民楼房内，增加了室内温度，影响正常的生活。有些玻璃幕墙是半圆形的，反射光汇聚还容易引起火灾。烈日下驾车行驶的司机会出其不意地遭到玻璃幕墙反射光的突然袭击，眼睛受到强烈刺激，很容易诱发车祸。

2. 人工白昼　夜幕降临后，商场、酒店的广告灯、霓虹灯闪烁夺目，令人眼花缭乱，有些强光束甚至直冲云霄，使得夜晚如同白天一样，即所谓的人工白昼。在这样的“不夜城”里，夜晚难以入睡，扰乱人体正常的生物钟，导致白天工作效率低下。人工白昼不仅伤害鸟类和昆虫，破坏昆虫在夜间的正常繁殖过程，还会破坏植物体内的生物钟，妨碍植物生长，导致植物茎或叶变色，甚至枯死；对植物花芽的形成造成不良影响，并会影响植物休眠和冬芽的形成。

3. 彩光污染　舞厅、夜总会安装的黑光灯、旋转灯、荧光灯及闪烁的彩色光源构成了彩光污染。据测定，黑光灯所产生的紫外线远远强于太阳光中的紫外线，对人体有害且影响持续时间长。人如果长期接受这种照射，可诱发流鼻血、脱牙、白内障，甚至导致白血病和其他癌变。彩色光源让人眼花缭乱，不但对眼睛不利，而且干扰大脑中枢神经，使人感到头晕目眩，出现恶心呕吐、失眠等症状。科学家最新研究表明，彩光污染不仅有损人的生理功能，还会影响心理健康。

二、光污染的治理与预防对策

光污染已经成为威胁人类健康的又一环境“杀手”，如何制服光“杀手”，是世界各大城市发展中普遍遇到的难题。对于光污染的治理，一方面需要政府积极出台相应政策进行纠正，另一方面还需要在全社会范围内大力宣传，全民参与，才能取得良好效果。

1. 制定关于控制光污染的法律法规　对于“光污染”，国外早就有所反应，一些欧美国家早在20世纪80年代就出台了针对光污染的法律条文。德国甚至对路灯照明的亮度作了限制规定，以减少光污染的危害；新加坡立法规定建筑外墙面积的90%必须使用环保材料；美国专门成立了国际黑暗夜空协会，专门与光污染作斗争。

遗憾的是，我国在光污染方面仍存在法律空白。为了有效遏制光污染问题，曾有全国人大代表呼吁尽快制定《光污染法》，将光污染纳入民事、刑事诉讼范围及环保规划中。如今，光污染问题越来越受到政府的关注，我国部分城市的环保部门已制定了防治光污染的办法。例如，上海在2004年实施的《城市环境（装饰）照明规范》被誉为我国首部限制光污染的地方性标准，但这部《规范》并不具有法律强制力，也缺乏相应的处罚权，相关部门责任也不明确；北京、上海等城市已把一些玻璃幕墙工程否定，防止产生新的光污染。

2. 要配置不同颜色　20世纪90年代初，美国科学家曾做过一个著名的色块刺激实验，发现不同颜色（光频率）对眼疲劳的影响有着明显的差异。针对这一原理，美国等一些国家和部分图书采用了黄底色纸张印刷，确实比白色要舒服一些。而在德国，室内装修墙壁粉刷时，人们已开始理性地选用一些浅色，主要是米黄、浅蓝等，来代替刺眼的白色。2000年初，英国艾塞克斯大学的薄膜覆盖法获得成功：采用一些特定颜色（频率）的薄膜覆盖在书本上，阅读时会使眼睛放松，不容易串行，还明显地提高阅读效率。

3. 建筑物装修要服从都市环境保护要求　建筑物装修尽量不用玻璃、大理石、铝合金等材料，涂料也要选择反射率低的。欧美一些国家早在20世纪80年代末，就开始限制在建筑物外部装修使用玻璃幕墙，不少发达国家或地区也明文限制使用釉面砖和马赛克装饰外墙。

4. 室内装修要合理布置灯光　这不单指亮度、位置、角度的合理性，还包括颜色格调、光源类型、配光方式等一系列问题。具体来讲，一是要注意色彩的协调；二是要避免眩光，以利于消除眼睛疲劳，保护视力；三是要合理分布光源，顶棚光照要明亮；四是光线照射方向和强弱要合适，避免直射人的眼睛。

5. 要注意个人保健　专家建议，个人如果不能避免长期处于光污染的工作环境中，应该定期去医院眼科作检查，以及时发现病情。生活中的一些细节也不要忽视，如出外郊游应戴上起保护作用的遮阳镜，青年人应尽量少去歌厅、舞厅，不要在黑暗环境中长时间看手机等。

相信随着人们环保意识的提高，定会采取得力的措施，有效扼制日益严重的光污染。

【巩固训练】

一、关键词

太阳辐射、太阳高度角、太阳辐射光谱、可照时间、实照时数、光照时数、散射作用、光照强度

二、简答题

1. 你所在地区的昼夜长短有怎样的变化规律？
2. 日照时间与光照时数是同一概念吗？为什么？
3. 园艺植物生产设施内的光照时数与露地的光照时数相同吗？为什么？
4. 试述大气对太阳辐射的减弱作用。
5. 影响太阳辐射强度的因素有哪些？这些因素是怎样产生影响的？
6. 光照强度有怎样的变化规律？有哪些因素会对光照强度产生影响？
7. 光照强度如何测定？

第二节 园艺植物生产的光照环境调控与利用

【学习目标】

1. 了解光能利用率低的原因，掌握提高光能利用率的途径。
2. 掌握光谱成分、光照强度、光照时间等光照环境因子对园艺植物生长发育的影响，以及园艺植物的光周期现象和根据植物对光照时间长短反应的分类。
3. 能够根据当地的光照条件，制订合理的引种方案，进行不同地区间的引种，并能通过改变光照强度、光照时间等光照环境因子调控园艺植物的发育进程，实现栽培目标。
4. 掌握并能够灵活运用园艺设施内光照环境的调控措施，为园艺植物的生长发育创造良好的光照条件。

【内容分析】

万物生长靠太阳，太阳辐射不仅对植物的光合作用产生着重要影响，还影响着植物的发育进程。本节内容主要分析太阳辐射光谱成分、光照强度和光照时间等因素对园艺植物光合作用、生长发育进程和产品品质等的影响及园艺植物的光周期现象，在此基础上介绍利用园艺植物对光照时间和光照强度的反应调控园艺植物的生长发育进程，改善园艺设施内光照条件，实现栽培目标的方法。园艺植物生产的光环境调控与利用分析图见图 1-8。

太阳辐射在为园艺植物的生长发育提供太阳能的同时，光照时间和光照强度还对园艺植物的生长发育进程产生着影响，当光照条件发生改变时园艺植物的生长发育进程也会随之发生改变，这为通过人工改变光照条件而控制园艺植物的生长提供了依据。

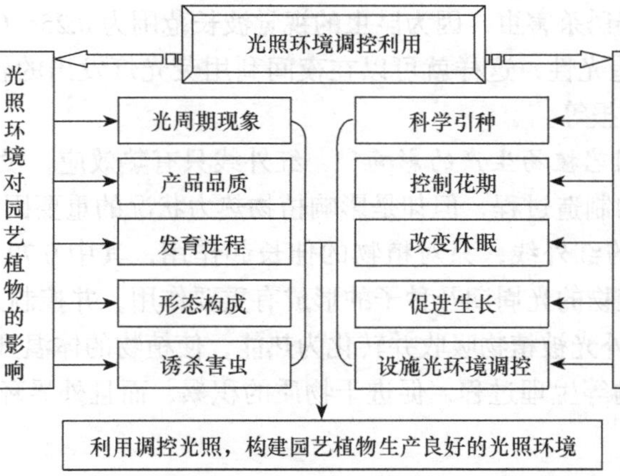

图 1-8　园艺植物生产的光环境调控与利用分析图

一、光照环境因子对园艺植物生产的影响

对园艺植物生产产生重要影响的光照环境因子主要是太阳辐射光谱成分、光照强度和光照时间，这些因素在影响园艺植物光合作用的同时，也影响着园艺植物的发育进程和产品品质，并且园艺植物对光照时间长短的适应，使植物产生了光周期现象。

（一）光质对园艺植物生产的影响

1. 不同光谱成分对园艺植物生产的影响

（1）紫外光区对园艺植物生产的影响　波长小于 0.29μm 的紫外线对植物有机体有致伤作用，但由于大气中臭氧层的吸收作用，这一部分紫外线很少能够到达地面；波长在 0.29～0.35μm 的紫外线对大多数植物有害，这一部分紫外线可用于土壤消毒、杀灭园艺作物的病虫害；波长在 0.35～0.4μm 的紫外线对植物无害，可起到成形作用，使植物敦实，叶片变厚，并可提高园艺作物种子萌发能力、使果品色泽红润，果品成熟期如果缺少紫外线，则含糖量会降低。但是有些植物需要在减少紫外线的条件下才能获得良好的品质，如芹菜、生姜、韭黄等。

（2）可见光区对园艺植物生产的影响　可见光是太阳辐射光谱中与园艺植物关系最为密切的波段。绿色植物进行光合作用时，可见光被叶绿素吸收并参与光化学反应，所以可见光也称为光合辐射或生理辐射。

植物对可见光中各波长的吸收和利用是不同的，把参与植物光合作用并转化为有机物质贮存起来的太阳辐射称为光合有效辐射。叶绿素对可见光的吸收高峰有两个，一个在 0.40～0.50μm，主要是蓝紫光，另一个在 0.60～0.70μm，主要是红橙光（图 1-9），因此这两个波段是植物光合作用效率最高的波长。

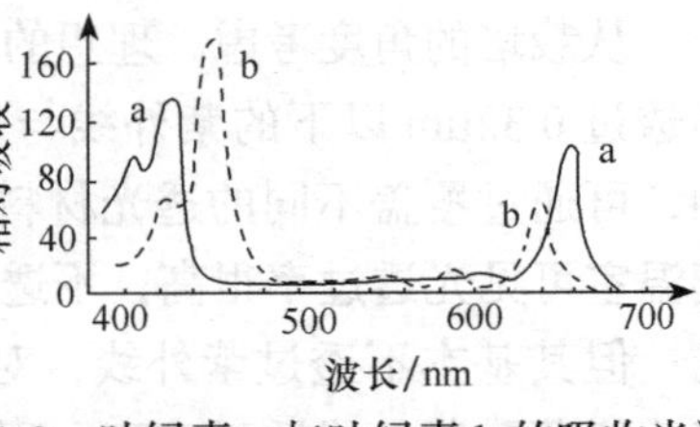

图 1-9　叶绿素 a 与叶绿素 b 的吸收光谱

可见光中，蓝紫光的光谱对植物的向光性运动起着重要作用，当植物向光部分遇到这部分波长的光时，生长受到抑制，比背光部分长得慢，导致植物向光性弯曲。此外，蓝紫光还具有防止茎叶徒长的作用。

可见光还可以用于诱杀害虫，因为昆虫的视觉波长范围为0.25～0.70μm，偏于短波，而且大多数昆虫具有趋光性，这样就可以在夜间利用荧光灯发出的较短光谱诱杀害虫、判断虫情、发布虫情预报等。

（3）红外线区对园艺植物生产的影响　红外线只有热效应，没有光效应，它不直接参与植物有机物质的制造过程，但却是影响植物热力状况的重要因素。由表1-3可见，波长为0.72～1.00μm的红外线，只对植物的伸长起作用，其中0.72～0.80μm的红外线被称为远红外光，对植物的光周期及种子的形成有重要作用，并控制开花与果实的着色。波长大于1.00μm的红外光被植物吸收并转化为热能，使植物的体温升高，从而促进植物的蒸腾作用和物质运输等生理过程，促进干物质的积累，而且外界环境的温度越低，红外线的热效应越大。

表1-3　各种光谱成分对植物的作用

光谱/μm	植物生理效应
＞1.00	植物吸收后转变为热能，影响有机体的温度和蒸腾情况，促进干物质积累，不参加光合作用
0.72～1.00	对植物生长起作用，其中的远红光对光周期及种子形成有重要作用，并控制开花及果实发育
0.61～0.72	（红橙光）被叶绿素强烈吸收，光合作用最强，有时表现为强的光周期作用
0.51～0.61	（主要为绿光）叶绿素吸收不多，光合效率较低
0.40～0.51	（主要为蓝紫光）叶绿素吸收最多，表现为强的光合作用和成形作用
0.35～0.40	起成形、着色、使植物敦实的作用
0.29～0.35	对大多数植物有害，可用于土壤消毒、杀灭病虫害
＜0.29	对植物有机体有致伤作用，大多数高等植物或真菌在这种辐射的照射下几乎立即死亡

2. 光质对设施园艺植物栽培的影响　园艺设施内的光质与自然光不同，由于各种覆盖材料的光谱特性不同，对各波段的吸收、反射和透射能力存在差异，因此透射到温室内的光谱与自然光谱存在很大差异。有时，即使覆盖材料的平均透光率相近，但由于对各波长光的透射率不同，进入室内的太阳辐射光谱能量分布也会与自然光谱存在较大差异，因此对植物生长发育的有效性不同。一般对紫外线的透过率是聚乙烯薄膜＞聚氯乙烯薄膜＞玻璃；对可见光的透过率是聚氯乙烯薄膜≈玻璃＞聚乙烯薄膜；对红外线的透过率是聚乙烯薄膜＞聚氯乙烯薄膜＞玻璃。

从栽培的角度考虑，理想的覆盖材料透光特性应对光合有效辐射具有最大的透过率，不透过0.32μm以下的紫外线与0.8～2.0μm的红外线。对于某些对光质有特殊要求的作物，可通过覆盖不同的透光材料来达到改变室内光质、提高作物品质的要求。例如，玻璃温室可见光透过率很高，不透过4μm以上的红外线，这对温室内的采光和保温是有利的；但其基本不透过紫外线，对花青素的显现、果色、花色与维生素的形成是不利的。聚乙烯薄膜紫外线透过率高，不仅有利于室内杀菌，还有利于果实着色和抑制徒长，但其对红外线的透过率高，保温性不如聚氯乙烯薄膜，更不如玻璃保温性高。

（二）光照强度对园艺植物生产的影响

1. 光照强度对园艺植物光合作用的影响　绿色植物的光合作用是在光照条件下进行的，在一定的光照强度范围内，植物单片叶的光合速率随着光照强度的增强而增强，但是当光照强度增强到一定程度后，如果再继续增强光照强度，由于二氧化碳、水和叶绿素含量及温度环境条件的限制，光合速率并不再继续增强，这时的光照强度称为光饱和点。达到光饱和点以后，如果光照强度继续提高到一定程度，光合速率反而会减弱，特别是在强光照维持时间较长时，这种现象更为明显。这是因为太阳辐射的热效应使叶面温度过热的缘故。

光饱和点的高低因植物种类、生育时期及某些农业气象条件的不同而不同。例如，喜阳植物和在太阳直射光下生长的叶片，光饱和点较高，如西瓜、甜瓜、黄瓜、番茄、茄子等。C_4 植物的光饱和点也比较高，高于 C_3 植物。光饱和点高的植物对强光的利用率比较高。一些耐阴植物和生长在散射光下的叶片，往往在中午太阳直接辐射强度的 1/10 或更低的强度下，便达到了光饱和点。植物幼苗期的光饱点较低，开花以后较高。

同一株植物，以成年的叶片光饱点最高，幼叶和老叶均较低。叶绿素含量较多的叶片比叶绿素含量较少的叶片光饱和点高。此外，当水、二氧化碳供应充分及环境温度适宜时，都可以使光饱和点提高。

植物群体的光饱点是以一定光照强度下，群体光合量达到最大值的始点而定的。在植物群体中，植物各部位光饱点不同，田间各部位光强又不一致，因此，鉴定田间植物群体的光饱和点比较困难。但总的说来，群体光饱和点高于单株、单叶的光饱和点，封垄后的群体光饱和点基本消失。因为光照强度增加，群体的上层叶片虽已达到光饱和点，但下层叶片光合速率仍随光照强度的增强而增强，所以群体总的光合速率在不断上升。

当光照强度降低时，植物单片叶的光合速率也随之降低。当光照强度降低到一定程度时，植物的光合速率与呼吸速率达到平衡，此时的光照强度称为光补偿点。在光补偿点时，植物的光合作用产物仅足以补偿当时呼吸作用的消耗，植物体内没有多余的干物质积累。在光补偿点以上，植物的光合速率大于呼吸速率，植物体内有有机物质的积累。在光补偿点以下，植物的呼吸速率大于光合速率，植物体内不但没有有机物质的积累，还要消耗已经积累在体内的有机物质，如果植物长期处于光补偿点以下，植物会逐渐枯黄以致死亡。植物的光补偿点越低，对弱光的利用能力就越强。

植物的光补偿点随植物种类、生育时期及某些农业气象条件的改变而变动。耐阴植物的光补偿点比较低，如韭菜、苋菜、白菜等。喜阳植物光补偿点比较高，但这类植物在荫蔽条件下，经过一段时间以后，其光补偿点也会降低，光补偿点的降低，可以看成是植物对弱光的一种适应。在高温下，呼吸作用加强，光呼吸型植物在增加光照强度时，也会使光呼吸增强，呼吸强度的增强，将使光补偿点提高。

植物群体的光补偿点也比单株、单片叶高，因为群体内叶片多，叶片相互遮阳，当光照强度弱时，上层叶片还能进行光合作用，但下层叶片已不能进行光合作用了。群体中光补偿点为上层叶片光合速率和下层叶片呼吸速率达到平衡时的光照强度。

园艺设施内光照强度的分布不论在水平方向还是垂直方向都存在较大差异。据测定，温室南北方向上部以南为强光区，中部以北为弱光区，东西方向中午时中部光照最强，东部和西部由于侧墙遮光，分别在下午 13～17 时和上午 11 时光照最强（图 1-10、图 1-11）。垂直方向上光照强度由上向下逐渐减弱，差异明显。随着设施高度的增加，地面的光线也越来越弱（表 1-4）。

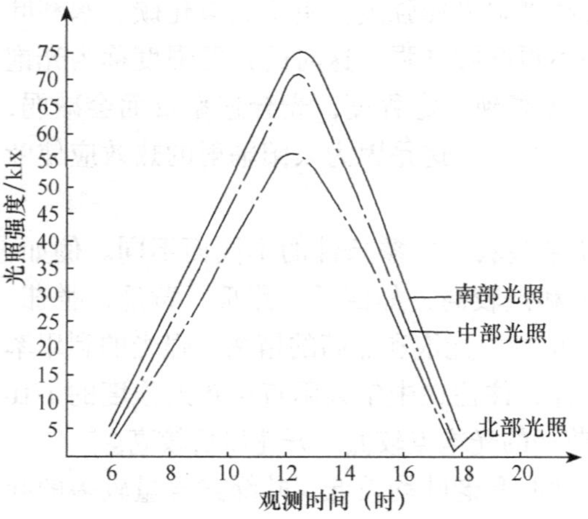

图 1-10　温室内南北方向上各部位光照日变化

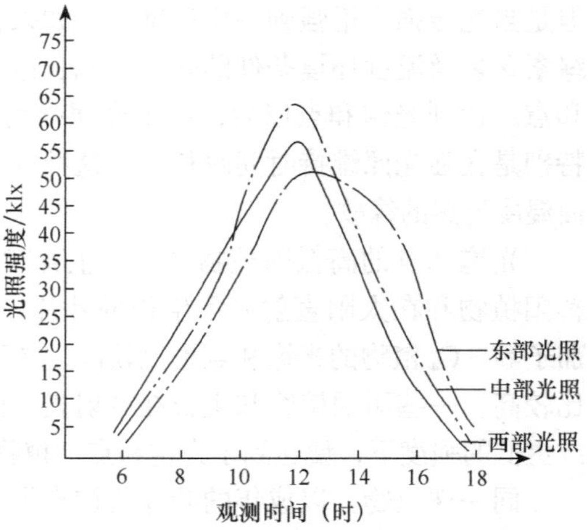

图 1-11　温室内东西方向上各部位光照日变化

表 1-4　温室内垂直方向上不同部位的光照强度　（单位：klx）

调查部位	芹菜区		黄瓜区			露地
	地面	上部	地面	蔓中部	蔓上部	
南部	8.0	26.0	8.6	23.2	23.5	
中部	13.0	26.0	4.7	19.0	22.5	46.0
北部	10.5	24.0	4.2	15.3	21.0	

大棚的光照强度相对比较均匀，南侧接受直射光多，光照强度最强，北侧接受散射光较多，光照强度也较强。棚中部接受的直射光和散射光都较少，距棚中部越近光照强度越弱，大棚的跨度和高度越大，棚中部光照强度越弱。

2. 光照强度对园艺植物发育进程和产品品质的影响　一般强光有利于植物生殖器官的发育，相对的弱光有利于营养生长。因此，多云的天气条件对以植物营养器官为收获对象的植物有利；晴朗的天气条件对以果实或籽粒为收获对象的植物有利。遮光实验证明，在强光下，黄瓜雌花数增多，而雄花数减少。但当光照不足时，植株将黄化，茎秆柔软而缺乏韧性，容易倒伏；而且由于营养体徒长和光合作用形成的营养物质减少，可以使果树已经形成的花芽退化，如果开花期和幼果期遇到长期光照不足，还会导致果实发育停滞甚至落果。

光照强度对园艺植物产品品质有很大影响。喜光植物在光照不足时，营养物质含量会减少。例如，西瓜、甜瓜等在光照不足的条件下，果实的产量及含糖量都会降低。青海和西藏高原生产的甘蓝、大白菜、萝卜等个体很大，而且含糖量特别高，和当地的光照特别强有关。相反，当光照太强时，对于喜阴植物来说，品质也会降低。

（三）光照时间对园艺植物生产的影响

光照时间对园艺植物生长发育产生影响的主要表现是光周期现象，光周期现象是指植物的开花、结实、落叶、休眠等生长发育过程对昼夜长短的反应，即白天光照和夜间黑暗的交替及其持续时间对植物的开花结实有很大的影响。

根据植物对昼夜长短的反应，可将植物分为三种类型。

1. 长日性植物　指只有在光照长度大于临界日长才能开花、结实的植物，如白菜、甘蓝、芥菜、萝卜、胡萝卜、芹菜、菠菜、蚕豆、大蒜等。这类植物如果光照长度短于其要求的临界日长则不能开花结实，如果光照长度明显长于其要求的临界日长，就可使其提前开花结实。长日性植物的原产地在高纬度寒温带地区，大多是耐寒植物。

2. 短日性植物　指只有在光照长度小于临界日长才能开花结实的植物，如豇豆、茼蒿、扁豆、苋菜、蕹菜等。这类植物如果光照长度长于其要求的临界日长则不能开花结实，如果光照长度明显短于其要求的临界日长，就可使其提前开花结实。短日性植物的原产地在低纬度热带地区，大多是喜温植物。

3. 中间性植物　这类植物开花不受光照时间长短的影响，在任何长短不同的光照条件下都能正常开花结实，如番茄、黄瓜、四季豆、菜豆等。

上述提到的临界日长是判断光照时间长短的一个标准，它是指昼夜周期中诱导短日性植物开花必需的最长光照长度或诱导长日性植物开花必需的最短光照长度。对长日性植物来说，实际光照长度必须大于临界日长才能开花结实；对短日性植物来说，实际光照长度必须小于临界日长才能开花结实。一般以每日12～14h为临界日长。

上述标准彼此有较大的重叠，如在12～14h的光照下，不少长日性植物与短日性植物都能开花，不过当光照时间延长或缩短时，二者的发育有的加快、有的却延缓，它们质的差别就显示出来了。

有些植物其光周期特性与温度似乎有很大关系。在高温下是典型的短日性植物，但在低温（接近0℃）下对光照时数呈中间性反应，如日本牵牛花。有些植物只需一段时间的光周期诱导之后改变光照长度仍可继续开花，但有些植物要求多次光周期诱导，如菊花，在短光照诱导开花后，假如用长光照取代短光照，正在发育的花芽也将脱落；有些植物的发育在短（长）光照诱导后，要求长（短）光照，这种植物称为短-长（或长-短）光照植物。这些都反映了植物光周期特性的复杂性。

植物的光周期也是某些果树为了适应即将出现的不利环境而进行休眠、落叶的信息。在温带地区，日长的缩短预示着冬天的来临，所以当日长缩短到一定长度后，果树体内便进行一系列生理上的改变，以做好休眠准备。落叶也是在短光照诱导下完成的。此外，在滞育型的昆虫中，大多数适宜于在长光照下生长发育，在短光照下滞育，这也是昆虫对冬季来临的反应。

了解植物的光周期现象对植物的引种驯化工作有非常重要的意义，引种前必须注意植物开花对光周期的需要。在园艺工作中也常利用光周期现象人为控制开花，以便于满足观赏的需要。

二、园艺植物生产的光照环境调控与利用

园艺植物生长发育中，对光照时间和光照强度有一定要求，若光照时间和光照强度发生改变，则园艺植物的发育进程也会发生相应的改变。因此通过调控光照时间和光照强度可以调整园艺植物的生长发育进程，达到提高园艺植物栽培质量和观赏价值的目的。

（一）园艺植物露地栽培的光照环境调控与利用

1. 科学引种　由于不同纬度和季节的光照时间不同，原产于不同地区的园艺植物和品种具有不同的光周期特性与感光性。因此在不同地区间引种，除了要考虑当地的温度与水分条件是否满足拟引入园艺植物和品种的要求外，还应考虑光照长度是否满足拟

引入园艺植物或品种的要求。因此，在园艺植物引种时应注意以下几个方面。

（1）纬度相同（近）地区间的引种　因纬度相同（近）地区的光照时间较为接近，若海拔相近，则温度差异一般不大，如果其他的生长条件合适，引种成功的可能性较大。值得注意的是：相同纬度的两地，虽然同一时期光照时间相近，但如果两地的温度不同，则容易出现两地发育期出现日期不相同的现象。

（2）短日性植物的引种　对于短日性植物而言，南方品种向北方引种时，由于北方生长季内光照时间长，将使植物的生育期延长，严重的甚至不能开花结实；为了使其能够及时成熟，宜引种较早熟的品种或感光性较弱的品种。相反，北方品种向南方引种时，由于南方光照时间较短，温度高，使植物加速发育，生育期缩短，如果生育期缩得太短，过多地影响了营养体的生长，将会造成减产；为了使由南方引种的植物保持高产，宜选用迟熟品种或感光性较弱的品种，或调整播期。

（3）长日性植物的引种　对于长日性植物而言，北方品种向南方引种时，由于南方光照时间较短，将使植物延迟发育和成熟；南方品种向北方引种时，由于北方日照时间较长，将使植物提早发育和成熟。从实际情况看，长日性植物的引种比短日性植物引种时遇到的困难较少，因为如果不考虑地势的影响，我国南方一般比北方温度高，长日性植物由北方向南方引种，温度高将使其加快发育，光照短使其延迟发育，光温对植物发育速度的影响有“互相补偿”的作用，南种北引类似。相反，短日性植物的南北引种，光温对植物发育速度的影响有“互相叠加”的作用，因而增加了南北引种的困难。

2. 控制花期　通过人工控制光照时间长短可以使园艺植物提早或推迟开花时间。短日性植物（如一品红、菊花、紫罗兰等）在长光照条件下，给其减少光照时间，则可使其提早开花。例如，菊花的正常花期通常在10月以后，为了达到观赏目的，可人为创造短日照条件使它在6～7月，甚至在“五一”开花；也可通过延长日照时间或利用光进行暗期间断、施肥和摘心等措施，使菊花延迟到元旦或春节期间开花。到目前为止，菊花在温室内通过遮光处理，已实现了四季供花。同样，长日性植物（如瓜叶菊、唐菖蒲、晚香玉等）在短日照条件下，适当的延长光照时间，也可促其提前开花。采取相反的措施，则会延迟开花时间。

调节光照时间可改变植物的开花习性。例如，昙花本应在夜间开花，从绽蕾到怒放再到凋谢一般只有3～4h。如果在花蕾长6～10cm时，白天遮光，夜间用日光灯人工照明，经过4～6d处理，可以使其在上午8～10时开花，而且花期延长至17时左右凋谢。

控制花期在育种上对克服杂交亲本花期不育也是很重要的。例如，利用人工控制光照时间长短的方法使父母本同时开花，便于进行杂交，扩大远缘杂交范围。

3. 缩短育种周期　育种所获得的杂种，常需要培育很多代，才能得到一个新品种，通过人工光周期诱导，使花期提前，在一年中就能培育两代或多代，从而缩短育种时间，加速良种繁育的进程。根据我国气候多样性的特点，可进行作物南繁北育，利用异地种植以满足作物发育条件。根据光周期理论，同一作物的不同品种对光周期反应的敏感性不同，所以在育种时，应注意亲本光周期敏感性的特点，一般选择敏感性弱的亲本，其适应性强些，有利于良种的推广。

4. 改变休眠与促进生长　光照时间长度对温带植物的秋季落叶和冬季休眠等特性有着一定的影响。长光照可以促进植物萌动生长，短光照有利于植物秋季落叶休眠。城市中的多年生花卉，由于人工照明延长了光照时间，从而使其萌动早，展叶早；秋天落叶晚，休眠晚，这样就延长了园艺花卉的生长期，因此控制光照时间可以促进植物的萌动或调整休眠。北方树种利用对光周期的敏感性，使它们在寒冷或干旱等特定环境因子到达临界点之前进入休眠。长日性植物北移时，生长季节的光照时间长度比原产地长一些，易于满足它对光照的需求，生长就会延长，树形也长得高大，甚至结实，但这些植株容易受到早霜危害。北方植物园在引种工作中，可利用短光照促使树木提前休眠，增强越冬能力。

在植物育苗过程中，调节光照条件，可提高园艺苗木的产量和质量。在高温、干旱地区，应对园艺苗木适当遮阴，但在气候温暖雨量多的地区，对一些植物，特别是喜光植物进行全光育苗，更能促进生长。

5. 光能利用率及其提高途径

（1）光能利用率　光能利用率是植物光合作用产物中贮存的能量占所得到的太阳能量的百分率。一般是用单位时间内在单位面积土地上植物增加的干重换算成热量，除以同一时期内该面积上所得到的太阳辐射能的总量来表示，即

$$E_p=\frac{h\cdot M}{\sum(S'+D)}\times 100\%$$

式中，E_p 为光能利用率；M 为单位面积上植物产量干重（g/m^2）；h 为单位干物质燃烧时产生的热量，又称折算系数，不同植物的折算系数不同，一般采用 17.8kJ/g；$\sum(S'+D)$ 为生长季内太阳辐射日总量之和。

到达植物层的太阳辐射能，一部分被植物反射回空间，一部分漏射或透射到地面，其余部分被植物（主要是叶片）所吸收。但是，在被植物吸收的这部分辐射能中，大部分转化为热量释放出来，而只有一小部分用于光合作用制造有机物质。因此说植物的光能利用率是很低的。

光能利用率的理论计算值可达 6%～8%，实际中仅有 0.5%～1.0%，高产田的光能利用率仅能达到 2.0% 左右。可见通过提高光能利用率来增产是有很大潜力的。

（2）影响光能利用率的主要因素　一是植物生长初期植株矮小，地面覆盖率低，大部分太阳辐射能漏射到地面上而损失掉。二是外界环境限制了植物光合效率的提高，如二氧化碳供应不足、植物生长初期和后期温度低、水分供应亏缺或过剩、养分供应不足等不利环境因素，都可以限制光能利用。三是植物群体结构不合理导致群体内光分布不合理，限制了群体光合效率的提高。当叶面积系数太大时，群体中上层叶片的光照强度因超过光饱和点而白白浪费掉，而下层叶片的光照强度又严重不足，处于光补偿点以下，不但不能生产有机物质，而且还要消耗上层叶片制造的有机物质，群体的光合效率不高；当叶面积系数太小时，虽然下层叶片能够得到充足的光照，但由于群体漏光严重，群体的光合效率也不高。四是植物的遗传特性限制了光能利用率，如 C_3 植物的光合效率通常比 C_4 植物低，尤其在高温、强光和干旱条件下，这一特性表现得尤为明显；此外，直立叶型的矮秆品种、抗逆性强的品种的光能利用率比散叶型、抗逆性弱的品种高。五是气象灾害和病虫害等可导致植物光合面积减小，从而限制了光能利用率。

（3）提高光能利用率的途径　一是充分利用生长季节，优化栽培措施。植物在苗期往往较稀，有大量的太阳光漏射到地面而浪费，而苗期往往又占植物整个生育期的 1/3

左右，为了充分发挥这一阶段的光能潜力，采用育苗移栽以充分利用季节与光能。在寒冷季节，使用温室和其他措施延长植物生长期，以充分利用自然生长季节所不能利用的大量太阳辐射能。二是选育株型与叶型合理、高产、不倒伏的品种。一般斜立叶有利于群体中光能的合理分布与利用，并且斜立叶向外反射光较少，向下漏光较多，使下层更多的叶片能接受到光照；株型紧凑的群体相互遮阴较少，耐弱光照、抗倒伏的品种，光能利用率高；在品种选用上，易选用光合作用强、呼吸消耗低的品种。三是创造合理的叶面积，提高单位叶面积的光合生产率。精量点播、及时间苗以减少郁蔽；合理整枝调整株型，改善群体受光条件；加强水肥管理，创造适宜的叶面积系数，改善群体的通风透光条件。通过上述措施，改善植物生长的环境条件以充分供应光合作用所需的光照、二氧化碳、水分及保证适宜的温度环境，提高光能利用率。四是提高叶片的光合效率。通过抑制光呼吸作用、增施二氧化碳肥料、人工调节光照时间等，均可以提高植物的光合效率，提高光能利用率。五是加强田间管理，改善植物群体的生态环境，如及时锄草、消灭病虫害、有效防御各种气象灾害等，都可提高光能利用率。

（二）园艺植物设施栽培的光照环境调控与利用

园艺设施内对光照条件的要求有两点：一是光照要充足，二是光照分布要均匀。为了达到这两点要求，有必要对设施内的光照条件进行人工调节，人工调节主要包括三方面的措施，这些措施简便易行，应用较为普遍。

1. 增加设施内自然光照 由于寒冷季节设施内光照强度弱，从而降低作物的光合作用，造成作物的“饥饿”，并且降低温室内的温度，直接或间接地影响作物的正常生长发育，对作物造成危害。而造成设施内弱光的因素主要有光反射损失、骨架遮阳、覆盖材料老化、灰尘及水滴污染等造成透光率下降，因此增加设施内自然光透光率是园艺设施光照调节措施的主要方面。

（1）*采用合理的设施方位和采光屋面角度* 以日光温室为例，生产上选择冬半年阴雨天少、粉尘和烟雾等污染少的地区和地段建造温室，在高纬度地区透明屋面以南偏西5°～10°为宜，这是因为高纬度地区冬季清晨气温低，光照弱，有些地方还有雾，早上揭苫晚，偏西一点可充分利用中午和下午的光照。

合理的屋面角度应以最大可能减少反射光的损失为宜，使寒冷季节每天的大部分时间都有较大的透光率。在北纬32°～43°，温室的屋面角应达到25°～35°。

（2）*设施结构及骨架材料要合理* 在结构设计上要减少遮光面积，如使多根建材的阴影处于同一部位，尽量缩短温室后坡长度，透明屋面以拱圆形为宜，最好是圆形面与抛物面组合型等。在架材上尽量选用细材和反光性能好的材料，如强度大的钢材或铝合金骨架，即使采用木材，也要在保证骨架强度的基础上使用细材，以减少骨架的遮阳。

（3）*选择透光率高、无滴、防尘、耐老化薄膜* 性能好的薄膜透光率高，如使用两个月后聚氯乙烯薄膜的透光率仅为55%，而聚乙烯防尘薄膜的透光率仍高达82%，使用一年后二者相差40%。新无滴膜透光率90%左右，普通有滴膜透光率仅为60%～70%，而使用一年后的薄膜，透光率仅为55%～60%，最低的仅为12%。另外，扣膜时要拉平、拉紧，薄膜上皱折多也影响透光率，在中午前后扣膜容易拉紧。

（4）*充分利用反射光* 把后墙用白灰涂白，能增加室内的反射光量。后墙挂反光幕，可使反光幕前3m范围内光强增加7.8%～43%。地面铺设地膜，可增加近地面光照强度。

（5）加强对棚膜、草帘的管理　要经常打扫或清洗设施的透明覆盖物，保持表面清洁，干净膜可比污染膜增加透光率约 20%。草帘、二道幕等应在保证室内温度的前提下，尽量早揭晚盖，延长光照时间。

（6）调整植物布局，合理密植　高秆和高架植物对中下部遮光严重，要适当稀植，并采用南北向大小行距栽培。不同种类植物搭配种植时，矮秆或矮架植物在南部和中部，高秆或高架植物在北部和两侧。最好进行高、矮间作或套作栽培。

（7）吊蔓栽培　需搭架栽培的黄瓜、番茄等植物使用无色透明尼龙绳吊蔓栽培，并使绳架向南倾斜 5°～10°，不仅可以减少架材遮光，还可以减少南部植株对北部植株的遮光，利于中午前后太阳光直射入下部，减少垂直光照差异。

2. 人工补光　在冬季弱光期或日照时数少的季节和地区需进行人工补光。人工补光有调节花期的日长补光和栽培补光。日长补光是为了抑制或促进作物花芽分化，调节开花期（如草莓），一般只要求几十勒克斯的光照强度。而栽培补光主要是促进作物光合作用，促进作物生长，要求补光强度在 2000～3000lx 以上，而且要求有一定的光谱组成，最好是具有太阳光的连续光谱，另外，还要求光照强度具有一定的可调节性。

人工补光所用的电灯一般分为两类，一类是能发出完全的连续光谱的灯光，如白炽灯和弧光灯。这类灯发出的光中，红橙光约占 59.4%，蓝紫光较少，利于增温，但长期使用容易造成植株徒长。第二类是能发出间断直线光谱的日光灯和高压气体发光灯。这类灯发出的光中，蓝紫光约占 16.1%，红橙光约占 44.6%，升温作用差，但作物不易徒长。两种灯结合使用综合效果好。

人工补光的时间和光照强度要依作物种类及补光目的而定。例如，用于调节开花期的日长补光，可在上午卷帘前和下午放帘后各补光 4～6h，以保证有效光照时间在 12～14h；也可用 5～10W/m^2 的日光灯或白炽灯。如果用于栽培补光，可在光照强度弱时用日光灯或高压气体发光灯或日光灯加 10%～30% 的白炽灯进行补光，采用 100～400W/m^2 的密度，补光时间每天不超过 8h。表 1-5 中的补光时间及所需功率可供参考。

表 1-5　人工补充光照所需功率及补光时间

补充目的	适合光源	安装功率 /（W/m^2）	每天补光时间 /h
补光加强光合作用	水银灯、水银荧光灯、荧光灯	50～100	8～12
增加光照长度	荧光灯、钨丝灯	5～55	8
促进球茎花卉开花	钨丝灯、荧光灯	25～100	12
无光室内栽培	水银荧光灯、荧光灯、钨丝灯	200～1000	16（长日照）

补光时灯泡离植株和薄膜各 50cm 左右。补光灯的参考照度为：3 根 40W 日光灯合在一起，可使距灯 45cm 处的光照强度达到 3000～3500lx；100W 高压水银灯可使离灯 80cm 处的光照强度保持在 800～1000lx。

3. 遮光　在夏季强光地区或进行软化栽培时需进行遮光。设施遮光的目的有两个：一是减弱设施内的光照强度；二是降低设施内的温度。一般遮光 20%～40%，便可降温 2～4℃。生产上多在初夏中午前后，光照过强，超过作物的光饱和点，温度过高，对生育有影响时遮光；在高温季节育苗初期或分苗后缓苗前进行遮光；栽培韭黄、蒜黄等需全程遮光。遮光方法主要有三种。

（1）*覆盖遮阳物* 可覆盖草苫、草帘、竹帘、遮阳网、普通纱网、无纺布等。一般可遮光 50%～55%，降温 3.5～5.0℃，这种方法应用最广泛。

（2）*玻璃面涂白或塑料膜抹泥浆法* 涂白材料多用石灰水，一般石灰水喷雾涂白面积 30%～50% 时，能减弱室内光照 20%～30%，降温 4～6℃。

（3）*流水法* 在透明屋面上不断流水，既遮光又吸热，可遮光 25%，降温 4℃左右。

【知识拓展】

新型节能高效光源在设施园艺生产中的应用

光是植物生长发育的基本因素之一。随着科学技术的进步及农业与生物产业的快速发展，人工光源代替或补充自然光源的不足已经成为促进农业科学发展的重要手段。在农业及生物领域使用的人工光源主要有荧光灯、白炽灯、钠灯等，其中，高压钠灯一般应用于一些高附加值的花卉种植和人工气候室实验中，荧光灯的光谱成分中无红外线，生理辐射量所占比例较大，能被植物吸收的光能占辐射光能的 75%～80%，是较适于植物补充光照的人工补光光源，目前使用较为普遍。近年来，新型节能高效光源——LED，作为一种可用于植物照射的新型半导体光源，日益受到关注。LED 已成功应用于人工补光、植物组培、遗传育种、植物工厂及太空农业等领域。

1. LED 光源的优势 LED 又称发光二极管，具有体积小、耗能低、波长固定和低发热等优点，能根据植物的需要进行发光光谱的精确配置，实现传统光源无法替代的节能、环保和空间高效利用等功能。LED 能够发出植物生长所需要的单色光（如波峰为 0.45μm 的蓝光或波峰为 0.66μm 的红光等），光谱域宽仅为 ±0.02μm，红蓝光 LED 组合后，能形成与植物光合作用和形态建成基本吻合的光谱吸收峰值，光能利用率可达 80%～90%，节能效果显著。

2. LED 光源在设施园艺生产中的应用 育苗是蔬菜生产的重要环节，植物幼苗个体发育对环境因素的变化十分敏感，特别是光对它的影响。由于幼苗的形态建成是一个不可逆转的过程，培育成的幼苗健壮程度将直接影响植株的生长发育，并与作物的产量和品质密切相关。利用光调控技术来培育壮苗是一项节能环保、经济有效且简便易行的新方法，具有突出优势，对培育壮苗有重要意义。当前，发达国家的育苗生产已开始走向植物工厂之路，在完全控制型植物工厂如果采用多个单色光（如红蓝光）LED 组合的人工光源，可以使作物栽培层的间距和空间利用率成倍提高，进而促进植物工厂的普及与应用。

目前，植物工厂有两种主要模式：一种是以温室为主体的太阳光和人工光并用型植物工厂，另一种是以封闭的隔热空间为主体的人工光完全控制型植物工厂。与并用型植物工厂相比，人工光完全控制型植物工厂受外界气候影响小，可实现周年生产，且可多层培植，空间利用率和产量水平高，但空调和照明耗电大、运行成本高也成为制约其发展的重要因素。因此，节能特点显著的 LED 必将会在未来的植物工厂中得到充分应用。

在园艺植物组织培养方面，LED 作为新型节能光源，不仅显著降低园艺植物组织培养的能耗，同时由于 LED 具有光谱能量调节便捷、光谱类型丰富等优越性，对园艺植物光生物学的研究将会更加全面、深入，在园艺植物组织培养领域具有广阔应用前景。同时，LED光环境调控技术与其他（如CO_2浓度、温度、湿度等）环境因素进行综合调控，可实现植物组培的高效发展。

芽苗菜作为蔬菜幼苗的一种，光对其生长和营养品质都有很大的影响。迄今为止，我国芽苗菜生产领域的LED应用机制研究仍处于起步阶段。芽苗菜智能化生产是当前实现工厂化、规模化、集约化的必由之路，应用节能环保、安全高效的新型LED光调控技术不仅可以有效促进芽苗菜生长，提高其产量和营养品质，为芽苗菜生产开辟新途径，还为LED在设施农业中的应用提供新思路。

随着光调控研究的不断深入，新型生物光源的光生物学特性及其对园艺植物生理生态影响机制等的研究，将在园艺植物生产中得到广泛应用。

【巩固训练】

一、关键词

光合辐射、光合有效辐射、光饱和点、光补偿点、植物的光周期现象、临界日长、光能利用率

二、简答题

1．太阳辐射光谱成分对园艺植物的生长发育有哪些影响？

2．园艺设施内的光照强度分布有什么特点？

3．光照强度对园艺植物的生长发育有什么影响？

4．简述根据植物对光照时间长短的要求，植物的类型，以及引种时应注意的问题。

5．举例说明在园艺植物生产中如何通过对光环境的调控实现栽培目标。

6．在园艺植物生产中，为什么光能利用率不高？如何提高植物的光能利用率？

7．增加园艺设施内自然光照的措施有哪些？

8．园艺设施内进行人工补光，如何选用补光灯？如何确定补光时间和光照强度？

9．对园艺设施进行遮光的目的有哪些？可采取哪些措施进行遮光？

【整理归纳】

园艺植物生产光照环境各要素知识与调控应用措施的结构及内容见图1-12：

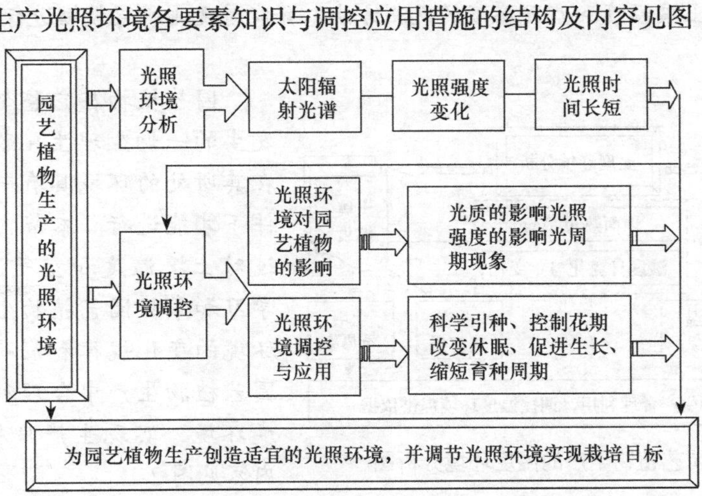

图1-12　光照环境的内容结构图

第二章　园艺植物生产的温度环境

【综合目标】

➢ 能力目标

1. 能正确计算园艺植物生长所需积温。
2. 学会空气温度和土壤温度的观测方法，并能对观测所得数据进行整理分析。

➢ 知识目标

1. 掌握空气温度、土壤温度的变化规律及影响因素。
2. 掌握温度对园艺植物生产的影响。
3. 掌握对园艺植物生产的温度环境进行调控的措施，并能根据实际生产情况制订适宜的温度调控方案。

【内容要点】

本章主要包括土壤热特性与土壤温度的变化规律、空气温度的变化规律、土壤温度对园艺植物生产的影响、三基点温度、农业界限温度、积温在园艺植物生产中的应用、园艺植物的温周期现象、园艺植物生产的温度环境调控措施等。

第一节　园艺植物生产的温度环境分析

【学习目标】

1. 了解土壤热量的收支状况，以及气温的非周期性变化。
2. 掌握土壤的热特性与土壤温度的关系，以及土壤温度的变化规律和影响因素。
3. 掌握空气温度的周期性变化规律和影响因素，以及逆温现象在农业生产中的应用。
4. 掌握园艺设施内温度的分布特点。
5. 学会土壤温度和空气温度的观测方法，并能对观测所得数据进行整理分析。

【内容分析】

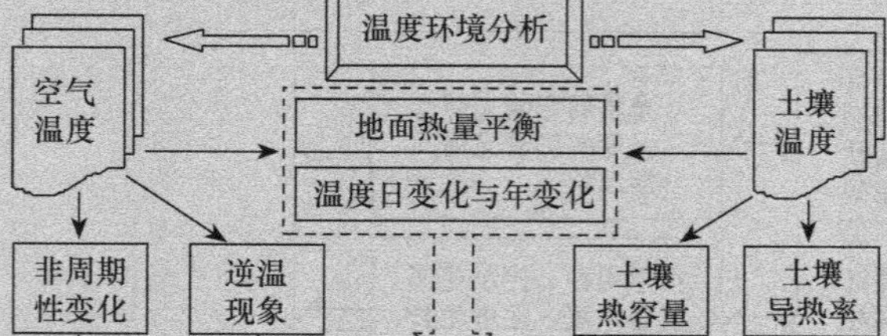

图 2-1　园艺植物生产的温度环境分析图

园艺植物在它整个生命期中所发生的一切生理生化作用，都必须在其所处的环境具有一定的温度条件下才能进行。本节内容主要是通过对土壤温度和空气温度的分析，学习和掌握园艺植物生产所需温度环境的变化规律和影响因素，为在园艺植物生产中合理利用、调控温度环境、实现生产目标提供依据。内容见图 2-1。

地球表面在吸收太阳辐射能的同时也始终不停地向外释放着辐射能，当辐射能的总收入大于总支出时表现为地面升温，当辐射能的总收入小于总支出时表现为地面降温。地面温度的变化进而引起土壤温度、空气温度的变化，这些变化又对园艺植物的生长发育产生着影响。

一、园艺植物生产的土壤温度环境分析

土壤温度常被称为地温，土壤温度的变化取决于地面热量收支状况和土壤热特性。土壤周期性地接受太阳辐射能，从而使得土壤温度也产生周期性的变化，这种周期的变化会对于园艺植物的生长发育、土壤形成和土壤微生物的活动产生重要影响。

（一）地面热量平衡

地面温度的变化主要取决于地面热量收入与支出的差额，这可以用地面热量平衡来表示，即地面热量的收入与支出的差值。它主要由以下四个方面所决定：一是以辐射的方式进行的热量交换，即辐射差额（R）；二是地面与下层土壤间的热量交换（B）；三是地面与近地气层间的热量交换（P）；四是通过水的蒸发和凝结所产生的热量交换（LE）。这四个方面对地面热量状况的影响如下。

白天，日出后1h至日落前1h，地面辐射能的总收入大于总支出，辐射差额为正值，地面增温，地面温度高于贴地气层和下层土壤的温度，于是地面将热量传递给下层土壤（B）和贴地气层（P），还有部分热量用于土壤水的蒸发而随水汽进入空气中（LE），这些都使得地面热量有所损失，温度有一定幅度的下降。

夜间，日落至次日日出，地面无太阳辐射能的收入，只有能量的支出，地面辐射能的总收入小于总支出，辐射差额为负值，地面降温，地面温度低于贴地气层和下层土壤温度，于是下层土壤和贴地气层将热量向地面传递（B、P），同时与地面相接触的空气中的水汽达到饱和或过饱和状态时，水汽会在地面上凝结，放出潜热给地面（LE），这些使得地面热量得到补偿，温度有一定幅度的升高。

在园艺植物栽培的设施环境中，温度的变化受设施材料的影响。在不加温的设施内，热量收入主要来自太阳辐射，而热量支出有三条途径，一是贯流放热，即透过覆盖物和维护结构（墙体和后屋面等）的放热过程；二是缝隙放热，即通过放风口、覆盖物及维护结构的缝隙、门窗等，以对流的方式将热量传至室外；三是地中传热，即土壤内部热量的纵向与横向传递。因此，蓄积于设施内的热量（ΔQ）＝进入设施内的热量（Q_1）－散失的热量（Q_2）。当$Q_1>Q_2$时，设施蓄热升温；当$Q_1<Q_2$时，设施失热降温；当$Q_1=Q_2$时，设施内热收支平衡，温度不发生变化。对于不加温的日光温室内热收支平衡可用图2-2加以概括，夜间室内空气的热量来源是地中供热，热量散失主要是贯流放热和换气放热，据测定不加温的温室贯流放热占总耗热量的75%～80%，缝隙放热占总耗热量的5%～6%，地中传热占总耗热量的13%～15%。

（二）土壤热特性

不同性质的土壤吸收或放出相同的热量，其温度变化的幅度不同，其原因是土壤的热特性不同。土壤热特性主要有土壤热容量和导热率。

1. 土壤热容量　土壤热容量是描述土壤容纳热量能力大小的物理量，分为质量热容量和容积热容量。

（1）质量热容量　质量热容量也称比热，是指每1g土壤温度升高或降低1℃时所需

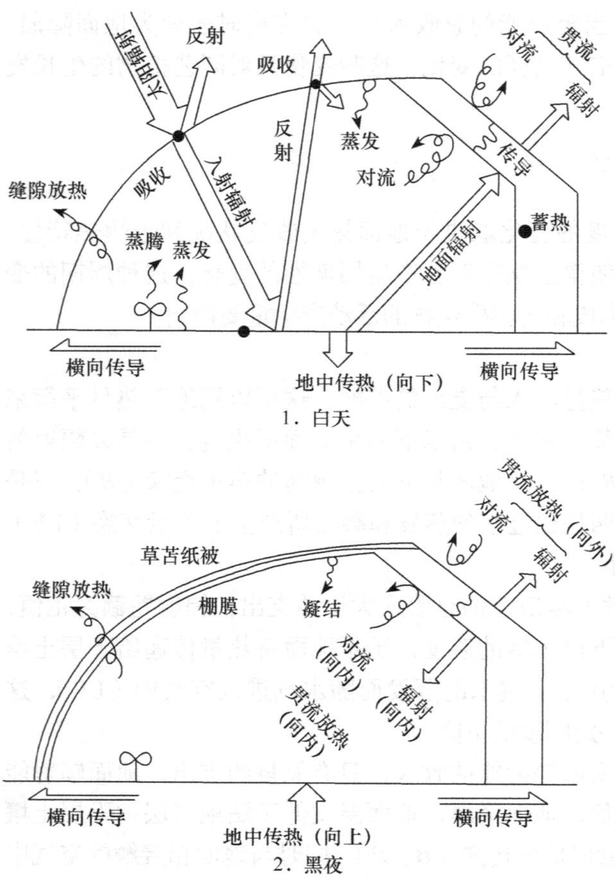

图 2-2　日光温室内热量收支平衡示意图

要吸收或释放的热量，用 C_m 表示，单位为 J/（g·℃）或 J/（kg·℃）。

（2）容积热容量　容积热容量是指每 1cm^3 土壤温度升高或降低 1℃时所需要吸收或释放的热量，用 C_v 表示，单位为 J/（cm^3·℃）或 J/（m^3·℃）。

从定义可以看出：在得到或失去相同热量的情况下，热容量越大的土壤，其温度升高或降低 1℃所需吸收和放出的热量就越多；热容量越小的土壤，其温度升高或降低 1℃所需吸收和放出的热量就越少。反过来讲，如果吸收或放出相同的热量，则热容量大的土壤其升温或降温幅度小，温度变化幅度小，而热容量小的土壤其升温或降温幅度大，温度变化幅度大。

土壤热容量的大小与土壤的构成和各成分的比例有关。从气象学角度来说，土壤由固体成分和存在于土壤颗粒空隙间的水与空气构成，这三种成分中，土壤水的热容量最大，土壤空气的热容量最小，土壤固体成分的热容量居中，土壤不同组分的热容量见表 2-1。就某种土壤来说，土壤固体成分是固定不变的，因此土壤热容量的大小主要取决于土壤空隙中水和空气含量的多少，当土壤含水量多于含空气量时，土壤热容量会因含水量多而增大；当土壤含水量少于含空气量时，土壤热容量会因含水量少而减小。例如，干高岭土的容积热容量是 840J/（m^3·℃），当土中含水量分别增加到 50% 和 100% 时，它们的容积热容量将分别增加到 2090J/（m^3·℃）和 3350J/（m^3·℃）。因此，在相同天气条件下，潮湿土壤与干燥土壤表层在一天中的温度变化幅度是不同的，潮湿土壤由于含水量多于含空气量，热容量大，因此潮湿土壤白天的升温幅度和夜间的降温幅度都比较小，一天中的温度变化幅度较小；而干燥土壤由于含空气量多于含水量，热容量小，因此白天的升温幅度和夜间的降温幅度都比较大，一天中的温度变化幅度较大。

另外，在土壤含水量不变的情况下，热容量还随土壤孔隙度的增大而减小，随土壤孔隙度的减小而增大。例如，耕翻后的土壤，孔隙度增大，若土壤含水量没有增加，则热容量变小，当获得热能后升温迅速。这也是砂质土被称为“热性土”、黏质土被称为“冷性土”的原因。在园艺植物栽培中，常常通过灌溉与中耕等技术措施来调节土壤温度。

表 2-1　土壤不同组分的热容量及导热率

土壤组成物质	热容量		导热率
	质量热容量 /[J/(g·℃)]	容积热容量 /[J/(m³·℃)]	/[J/(cm·s·℃)]
石英	0.745	2.163	4.427×10^{-2}
腐殖质	1.996	2.515	1.255×10^{-2}
土壤空气	1.004	1.255×10^{-3}	2.092×10^{-4}
土壤水分	4.184	4.184	5.021×10^{-3}

2. 土壤导热率　土壤导热率是描述土壤传输热量能力大小的物理量。它是指土壤厚度为 1cm，两端温度相差 1℃时，在 $1cm^2$ 截面上，每秒通过的热量。用 λ 表示，单位是 J/（cm^2·s·℃）。

由定义可看出：每秒通过单位截面的热量越多，导热率越大；每秒通过单位截面的热量越少，导热率越小。反过来讲，如果吸收或放出相同的热量，则导热率越大的土壤，传输热量的能力越强，传输速度越快，升温或降温幅度越小，温度变化幅度越小；而导热率越小的土壤，传输热量的能力越弱，传输速度越慢，升温或降温幅度越大，温度变化幅度越大。

土壤导热率的大小也与土壤的构成和各成分的比例有关。在土壤的三种组成成分中，土壤固体成分导热率最大，土壤水的导热率居中，土壤空气的导热率最小，土壤不同组分的导热率见表 2-1。就某种土壤来说，土壤固体成分是固定不变的，因此，土壤导热率的大小取决于土壤空隙中水和空气的含量，当含水量多于含空气量时，土壤导热率会因含水量多而增大；当含水量少于含空气量时，土壤导热率会因含水量少而减小。因此，在相同天气条件下，潮湿土壤与干燥土壤表层的温度变化幅度不同，潮湿土壤由于含水量多于含空气量，导热率大，白天地面受热后，热量快速向深层土壤传输，使地面温度上升幅度较小，夜间地面冷却后，深层土壤的热量快速向地面传输，使地面温度下降幅度较小，所以潮湿土壤在一天中的温度变化幅度较小；而干燥土壤由于含空气量多于含水量，导热率小，白天地面受热后，热量不容易向深层土壤传输，使地面温度上升幅度较大，夜间地面冷却后，深层土壤热量不容易向地面传输，使地面温度下降幅度较大，所以干燥土壤在一天中的温度变化幅度较大。

另外，在土壤含水量不变的情况下，土壤导热率随土壤孔隙度的增大而减小，随土壤孔隙度的减小而增大。例如，有机质含量较多的土壤，由于土壤孔隙度大，导热率变小。因此春季松土、排水，可减小土壤导热率，从而减少表层土壤热量向深层土壤的传输，可起到提高耕层土壤温度的作用；冬季压土、保水，可增大土壤导热率，从而增大深层土壤热量向地表的传输，也可起到提高耕层土壤温度的作用。

（三）土壤温度的变化

地球的自转和公转，致使到达地面的太阳辐射呈现周期性的日变化和年变化，进而使得土壤温度也表现出周期性的日变化和年变化。温度的这种周期性变化特征，可以用位相和较差来描述。位相是指一定周期内，最高温度与最低温度出现的时间；较差是指一定周期内，最高温度与最低温度的差值。

1. 土壤温度的年变化　一年内土壤温度随月份的连续变化，称为土壤温度年变化。土壤表面温度的年变化，主要取决于太阳辐射能的年变化。在北半球中高纬度地区，土壤表面月平均最高温度，一般出现在7～8月；月平均最低温度出现在1～2月。低纬度地区主要受云量、降水影响，有雨季、旱季之分。将一年中土壤温度的最热月平均温度与最冷月平均温度之差，称为土壤温度年较差。

土壤表面的温度年较差最大，随着深度的增加，土壤温度年较差逐渐减小，到达一定深度后，土壤温度年较差为零。把土壤温度年较差为零及以下的土壤层，称为年恒温层。土壤温度年恒温层的深度因纬度的高低而不同，低纬度地区一年中太阳辐射总量变化不大，年恒温层的深度为5～10m，中纬度地区为10～20m，高纬度地区为25m左右。土壤最高温度和最低温度出现的时间也随着深度的增加而落后于上层土壤，大约深度每增加1m，时间落后20～30d（图2-3）。到一定深度时，与地面相反，出现冬暖夏凉的特点。土壤深层温度年较差小，以及最热月和最冷月落后于地表的特点，在农业生产上有重要的作用。例如，北方地区冬季将蔬菜、水果贮藏在地窖中可以防止受冻；夏季炎热时将肉、蛋等贮藏在地窖中可以延长贮存时间。

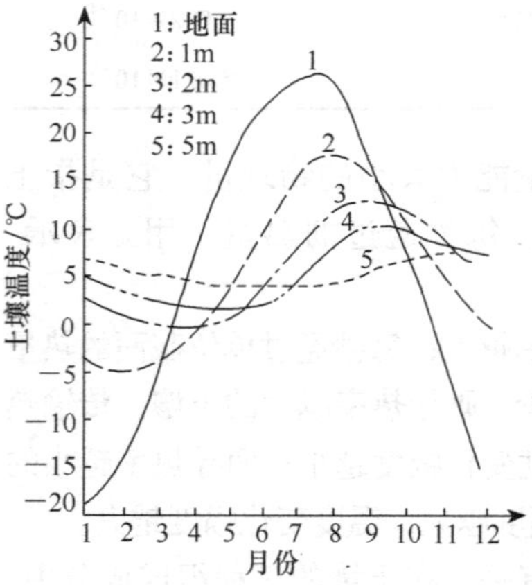

图2-3 不同土壤深度的温度年变化

土壤温度年较差的大小与纬度、地表状况、天气等因素有密切关系。例如，由于纬度越高，太阳辐射的年变化越大，因此土壤温度年较差越大。

2. 土壤温度的日变化 土壤温度在一昼夜间随时间的连续变化，称为土壤温度的日变化。一天中，土壤表面的最高温度出现在13时左右，最低温度出现在日出前。将一天中土壤的最高温度与最低温度之差，称为土壤温度日较差。土壤表面的温度日较差最大，随着深度的增加，土壤温度日较差逐渐减小，到达一定深度后，土壤温度日较差为零。把土壤温度日较差为零及以下的土壤层称为日恒温层。土壤温度日恒温层的深度因纬度、季节、土壤热特性的不同而不同，一般是在35～100cm。总体来看，凡热量收入多的地区和季节，表层土壤向下层土壤传输的热量多，日恒温层较深，凡热量收入少的地区和季节，表层土壤向下层土壤传输的热量少，日恒温层较浅；热容量、导热率小的土壤，日恒温层较浅，而热容量、导热率大的土壤，日恒温层较深。另外，随着深度的增加，最高温度与最低温度出现的时间也逐渐落后于上层土壤，深度每增加10cm，最高温度和最低温度出现的时间落后2.5～3.5h，原因是热量在向深层土壤传输的过程需要一定的时间。

影响土壤温度日较差大小的因素除了地面热量平衡和土壤热特性以外，还受太阳高度角、天气、地形、土壤颜色、有无覆盖等因素的影响。

（1）太阳高度角的影响　凡是正午时刻太阳高度角大的季节和地区，一日内太阳辐射日变化大，因而土壤表面温度日较差就大。由于正午太阳高度角随纬度的增高而减小，因此土壤表面温度日较差也随纬度的增高而减小，中纬度地区正午太阳高度角随季节的变化较大，故该地区土壤表面温度日较差随季节的变化也较大。

（2）天气状况的影响　晴天土壤表面温度日较差比阴雨天大。因为晴天时，由于白天土壤表面接受到的太阳辐射能多，土壤表面升温幅度大，夜间地面有效辐射强，土壤表面降温幅度大，因此温度日较差大；而在阴雨天，由于云层的遮挡，白天地面得到的太阳辐射能少，土壤表面升温幅度小，夜间大气逆辐射强，地面有效辐射弱，土壤表面降温幅度小，因此温度日较差小。

（3）*地形的影响*　在凸出地形或通风良好的地域，白天温度不易升高，夜间温度不易降低，因而土壤表面的温度日较差比平地小；而在凹陷地形上，白天热量不易散失，夜间温度降低幅度较大，因而土壤表面的温度日较差比平地大。另外，在山区随着海拔的增加，土温比平地的土温低；南坡的土壤表面温度日较差大于北坡。

（4）*土壤颜色的影响*　深色土壤表面比浅色土壤表面的温度日较差大。这是由于两种不同土壤对太阳辐射的反射率不同而引起的。极端情况下，土壤颜色的差异可以使不同土壤在同一时间的土表温度相差2～4℃。园艺栽培中或园艺作物的苗床中，常在表面覆盖一层炉碴、草木灰或土杂肥等深色物质以提高土温。

（5）*地面覆盖物的影响*　有覆盖物的土壤比无覆盖物的土壤表面温度日较差小。因为有覆盖物的土壤在白天覆盖物阻挡了太阳辐射，地面吸收的太阳辐射能少，升温幅度小，夜间覆盖物又阻挡了地面辐射，地面损失的辐射能少，降温幅度小，因而土壤表面的温度日较差小；而无覆盖物的土壤在白天地面吸收的太阳辐射能多，升温幅度大，夜间地面有效辐射强，损失的辐射能多，降温幅度大，因而土壤表面的温度日较差大。

3. 土壤温度的垂直变化　各层土壤的热量昼夜不断地进行交换，使得土壤温度的垂直分布具有一定的特点。根据观测结果，可将土壤温度的垂直分布归纳为日射型、辐射型和过渡型三种类型，如图2-4和图2-5所示。

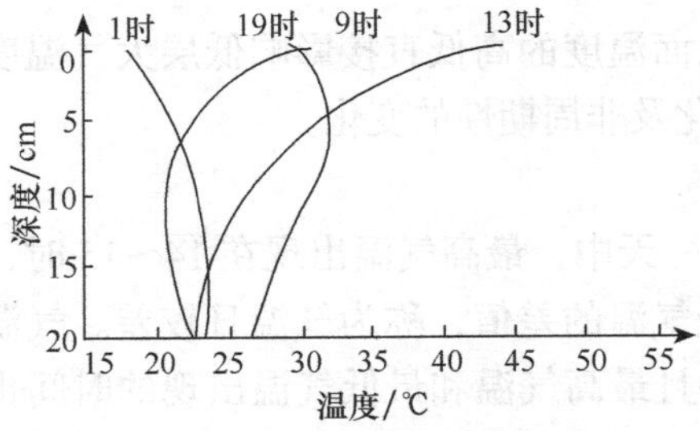

图2-4　一天中土壤温度垂直分布

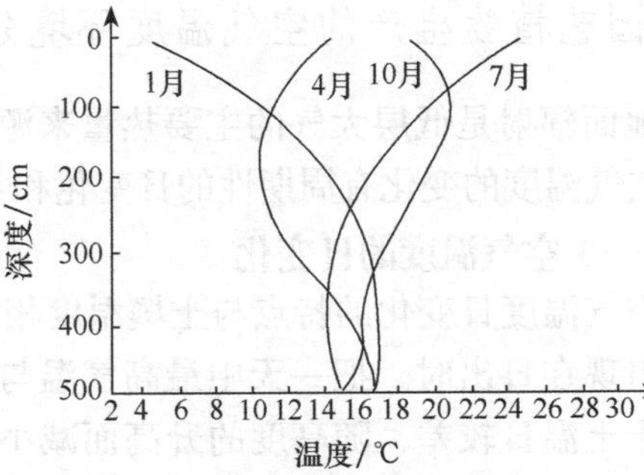

图2-5　一年中土壤温度垂直分布

（1）*日射型*　以一日中13时和一年中7月的土壤温度垂直分布为代表。其特点是：土壤温度随深度增加而降低。一般出现在白天和夏季，是由土壤表面获得太阳辐射能后首先增温造成的，热量由地表向下层土壤传输。

（2）*辐射型*　以一日中1时和一年中的1月的土壤温度垂直分布为代表。其特点是：土壤温度随深度增加而升高。一般出现在夜间和冬季，是由土壤表面辐射冷却首先降温造成的，热量由下层土壤向地表传输。

（3）*过渡型*　又可分为清晨转变型和傍晚转变型两种。清晨转变型以一日中9时和一年中4月的土壤温度垂直分布为代表。其特点是：表层和深层土壤的温度高于中间土壤层的温度，热量由地表、下层土壤同时向中间土壤层传输。傍晚转变型以一日中19时和一年中10月的土壤温度垂直分布为代表。其特点是：表层和深层土壤的温度低于中间土壤层的温度，热量由中间土壤层向地表、下层土壤传输。

4. 园艺设施内温度的分布　由于受设施空间大小、接受太阳辐射量及受外界温度影响的程度不同，设施内温度分布与露地的温度分布有明显差别。

设施内垂直方向上，白天气温由下而上逐渐升高，夜间温度分布正好相反。水平方向上，白天一般南部接受光照较多，地面温度较高；夜间不加温设施内一般中部温度高于四周，加温设施内温度分布是热源附近高于四周。图 2-6 是日光温室内不同部位的近地面温度日变化。

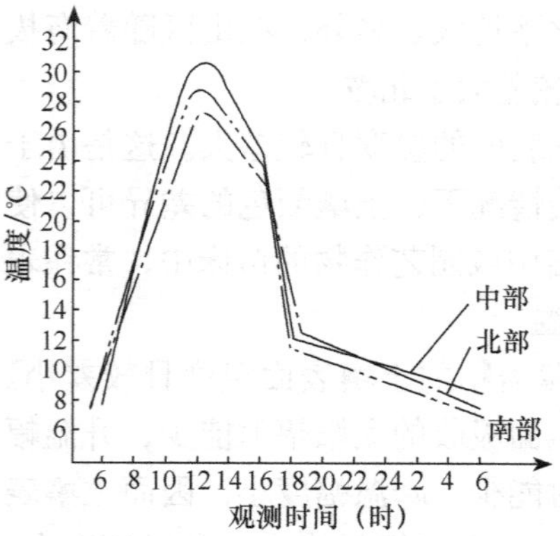

图 2-6　日光温室内南北方向各部位的温度日变化规律

由图 2-6 可见，温室南部空间小，白天受光好，因而升温快，夜间由于热容量小及靠近外界，降温也快，昼夜温差较大。北部空间大，白天受光较差，升温慢，夜间由于墙体、后屋面放热，加上热容量大等原因，降温也慢，因此昼夜温差小。中部温度变化介于南北之间。

温室东部上午由于侧墙遮阳，升温较缓慢，10 时后才时显著升温，中午开始升温加快，14 时达到最高值，到放苫时仍比中部高 2℃，晚上由于侧墙散热多，温度略低于中部。西部上午升温又快又早，12 时达到最高值，也比中部高 2℃左右，第二天揭苫时，可比东部低 2℃左右。

二、园艺植物生产的空气温度环境分析

地面辐射是低层大气的主要热量来源，地面温度的高低直接影响低层大气温度的高低。空气温度的变化有周期性的日变化和年变化及非周期性的变化。

（一）空气温度的日变化

空气温度日变化的特点与土壤温度相似，一天中，最高气温出现在 14～15 时，最低气温出现在日出时。把一天中最高气温与最低气温的差值，称为气温日较差。气温日较差小于土温日较差，随高度的升高而减小，并且最高气温和最低气温出现的时间也逐渐落后。气温日较差受天气、地形、纬度、季节、地表状况等因素的影响。

1. 天气　晴天气温日较差大于阴雨、大风天。因为天气晴朗时，大气透明度大，白天地面得到的太阳辐射能多，地面温度上升幅度大，导致空气温度上升幅度也大；夜间地面有效辐射强，地面温度下降幅度大，使得空气温度下降幅度也大，因此气温日较差大。而阴雨天大气透明度小，白天地面得到的太阳辐射能少，地面温度上升幅度小，导致空气温度上升幅度也小；夜间地面有效辐射弱，地面温度下降幅度小，使得空气温度下降幅度也小，因此气温日较差小。大风天由于空气的乱流混合作用强烈，造成上下层冷暖空气的混合，白天升温幅度小，夜间降温幅度也小，因此气温日较差小。

2. 地形　凸出地形上气温日较差比平地小，平地比凹地小。这是由于凸出地形风速大，空气的乱流混合作用强，贴地气层与高层空气可以进行热量交换，因此凸出地上白天升温幅度较小，夜间降温幅度较小，所以气温日较差小。而凹陷地形由于空气与地表接触面大，受热面大，而且空气的乱流混合作用弱，因此低凹地白天升温幅度大，夜间降温幅度大，所以气温日较差大。

3. 纬度　纬度越高气温日较差越小，纬度越低气温日较差越大。由于正午的太阳高度角随着纬度的升高而减小，因此午后的最高气温随着纬度的升高而降低，从而使气温的日较差也随着纬度的升高而减小。据观测，热带地区的气温日较差平均为10～20℃，温带地区为8～9℃，而极地地区只有3～4℃。

4. 季节　夏季气温日较差大于冬季，而春季气温日较差最大。这是由于气温日较差的大小不仅取决于最高温度，还取决于最低温度。虽然夏季的最高温度很高，但由于夏季昼长夜短，夜间的冷却时间较短，使得最低温度并不是很低，因此春季的气温日较差大于夏季。

5. 地表状况　地面的热特性不同，导致气温日较差大小不同。陆地与海洋相比，陆地上的气温日较差大于海洋上的气温日较差，而且距海洋越近，气温日较差越小，距海洋越远，气温日较差越大。这是由于海洋的热容量和导热率都大于陆地，而且海水的乱流混合作用较强，海面的温度变化幅度不大，而陆地表面的升降温幅度明显地高于海洋，因此陆地上的气温日较差大于海洋上的气温日较差。在陆地上，由于地面的状况不一致，也会造成气温日较差大小不同。总的说来，凡热容量、导热率大的土壤上，气温日较差小；凡热容量、导热率小的土壤上，气温日较差大。例如，砂土、干土、深色土壤上的气温日较差大，而黏重潮湿土壤、浅色土壤上的气温日较差小；有植被或雪覆盖的土壤上气温日较差小于裸地。

（二）空气温度的年变化

空气温度年变化与土壤温度年变化相似。在北半球中高纬度地区大陆上，一年中最热月出现在7月，最冷月出现在1月。海洋和沿海陆地区落后1个月，分别出现在8月和2月。把一年中最热月平均气温与最冷月平均气温的差值，称为气温年较差。

影响气温年较差的因素有纬度、距海远近、地形、天气等。

1. 纬度　气温年较差随纬度的增高而增大，即纬度越低，气温年较差越小，纬度越高，气温年较差越大。这是由于在低纬度地区，一年中太阳高度角变化不大，地面得到的太阳辐射能变化不大，因此气温年较差小；而随着纬度的增高，冬季和夏季的太阳高度角差异逐渐增大，造成冬季和夏季地面得到的太阳辐射能差异很大，因此气温年较差随纬度的增高而增大。例如，海拉尔位于北纬49° 13′，其气温年较差为49.1℃；呼和浩特位于北纬40° 49′，气温年较差为35.9℃；上海位于北纬31° 10′，气温年较差为23.8℃；广州位于北纬23° 08′，气温年较差为15.5℃。

2. 距海远近　水的热特性决定了海洋具有升温和降温缓慢的特点，因此距离海洋近的地方受海洋的影响越大，气温年较差越小；越向内陆地区，受海洋的影响越小，气温年较差越大。例如，同处于北纬39°的保定和大连，保定的气温年较差为32.6℃大于大连的气温年较差为29.4℃，这是由于大连距离海洋较近而保定距离海洋较远。

3. 地形　凹陷地形的气温年较差大于凸出地形的气温年较差，而且随着海拔的升高气温年较差逐渐减小。

4. 天气　一年中晴天多的地区，气温年较差大，阴雨天多的地区，气温年较差较小。

（三）气温的非周期性变化

气温的非周期性变化，往往是由于大规模的冷暖空气作平流运动造成的。这种变化的幅度和时间没有一定的规律和周期。在中高纬度地区，冷暖空气交替频繁，气温的非周期性变化比较明显。例如，我国春末夏初气温回暖时，常有冷空气南下，使气温大幅度下降，造成“倒春寒”天气；秋末冬初时，暖空气来临，可出现气温突然回暖的现象，形成“秋老虎”天气。气温的非周期性变化会破坏气温的周期性日变化和年变化规律，这对农业生产有重要意义。例如，在早春气温回升后，常有冷空气侵袭而造成突然降温，但降温后又会有几天的温度回升，如果能抓住这种“冷尾暖头”的时机，及时播种，便可使种子在气温稳定回升期间顺利出苗，避免烂种、烂秧造成的损失。

（四）对流层中的逆温现象

在对流层中，气温的正常分布是随着高度的升高而降低的，但是，有时候会出现气温随高度的升高而升高的现象，这种现象称为逆温，把出现逆温的空气层称为逆温层。当出现逆温时，冷空气在下层，暖空气在上层，使大气很难产生对流运动，大气处于稳定状态。由于逆温层是很稳定的空气，因此当逆温出现后，水汽、烟尘等都集中在逆温层下部。

逆温现象在园艺植物生产上常常可以加以利用。例如，有霜冻的夜间，往往有逆温层存在，低层大气比较稳定，用薰烟法防御霜冻时，烟雾正好弥漫于贴地气层，防御效果很好。在清晨逆温较强时，喷洒农药，可使药液均匀地洒在植物上，取得较好的防病虫效果。寒冷季节晾晒农副产品，常将晾晒物置于一定高度上（温度高于0℃的高度），以免因地温过低而受冻。在果树嫁接中，也可利用逆温现象，将嫁接部位选择在气温较高的位置上，避开低温层，使果树在温度很低的年份也不致遭受冻害而安全越冬。

在园艺植物栽培的设施中，通常温度都高于外界，但在无多重覆盖的拱棚和玻璃温室中，日落后的降温速度一般比露地快，如果遇上冷空气入侵，特别是有较大北风后的第一个晴朗微风的夜晚，设施向外辐射放热加剧，室内因覆盖物阻挡而得不到热量补充，常出现室内气温低于室外气温1～2℃的逆温现象。一般出现在凌晨，10月至翌年3月出现机会多，特别在春季危害最大。

【实践技能】

技能训练 2-1　空气温度的观测与分析

一、训练目标

通过该项训练，学生应了解观测空气温度所使用的仪器构造原理，掌握观测空气温度的基本方法。

二、仪器设备及其构造原理

1. 干球温度表（普通温度表）　用来观测空气任一时刻的温度。根据水银热胀冷缩的特性而制成。构造上分为感应球部、毛细管、刻度板、外套管4个部分（图2-7）。

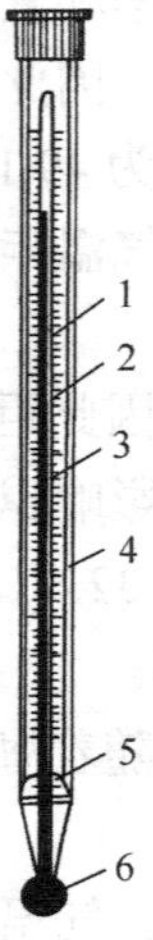

图2-7　干球温度表

1. 毛细管；2. 水银柱；3. 刻度板；4. 外套管；5. 鞍托；6. 感应球部

2. 最高温度表　用来观测一定时段内的最高温度。这种温度表与普通温度表相似，也是一种水银温度表，所不同的是在其感应球部内有一玻璃针伸入毛细管（图2-8），使感应球部与毛细管之间形成一狭窄通道，当温度升高时，感应球部水银因体积膨胀而被挤入毛细管内，显示温度升高，而当温度降低时，感应球部水银收缩，但因感应球部与毛细管之间的通道狭窄且摩擦力大而使得毛细管内的水银无法缩回到感应球部，因而根据水银液面所在位置可以观测上次观测调整后的最高温度。

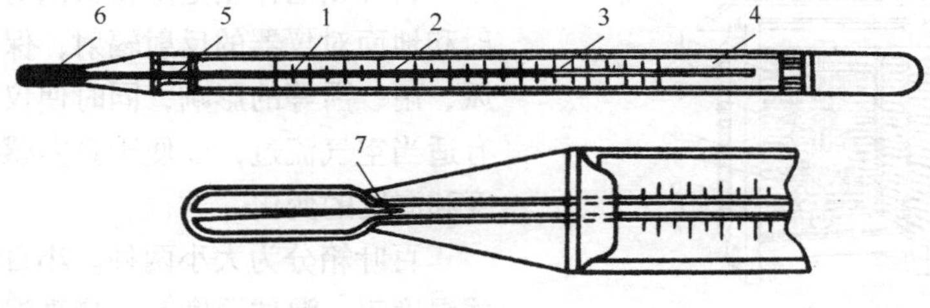

图 2-8 最高温度表

1. 毛细管；2. 水银柱；3. 刻度板；4. 外套管；5. 鞍托；6. 感应球部；7. 玻璃针尖

3. 最低温度表 用来观测一定时段内的最低温度。这种温度表的感应液是乙醇。在它的毛细管内有一蓝色哑铃形游标（图 2-9），当温度降低时，乙醇收缩使液面下降，由于乙醇柱顶部表面张力的作用，带动游标下降；当温度升高时，乙醇膨胀使液面经过游标与毛细管壁周围的空隙慢慢上升，而游标仍停留在原来的位置上，因而根据游标所在的位置可观测上次观测调整后的最低温度。

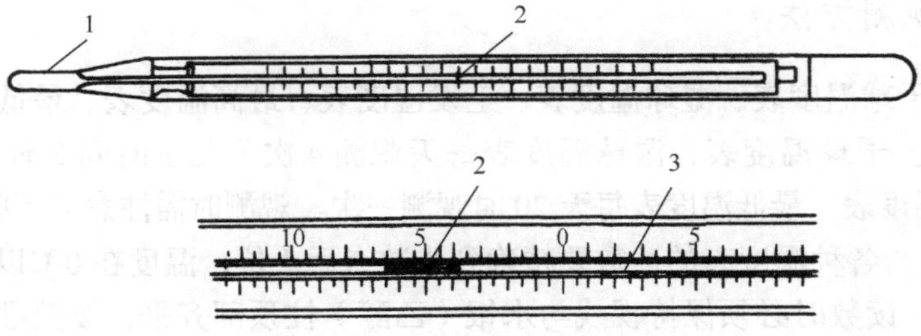

图 2-9 最低温度表

1. 感应部分；2. 游标；3. 乙醇柱

4. 温度计 用来自动连续记录空气温度变化的仪器。它由感应、传递放大和自动记录三部分组成（图 2-10）。感应部分是由两块具有不同热膨胀系数的金属片焊接在一起而组成的，双金属片的一端固定在仪器外部支架上，另一端通过杠杆和自动记录笔连接在一起，自动记录笔尖内装有特制墨水。自动记录笔笔尖与裹在自动记录钟圆筒上的自动记录纸相接触，自动记录纸上的水平线表示温度，每格表示 1℃。自动记录钟内装有钟表机械，能使圆筒带动自动记录纸不断转动。当温度变化时，双金属片发生微小变形，通过杠杆的传递放大，带动自动记录笔上（升温）下（降温）移动，自动记录笔便在记录纸上记录出气温随时间变化的曲线。

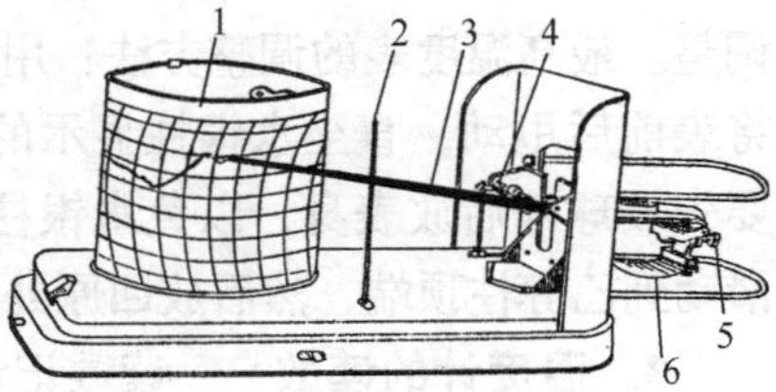

图 2-10 温度计

1. 自动记录钟；2. 笔挡；3. 笔杆；4. 杠杆；5. 调整螺旋；6. 双金属片

三、仪器设备的安置

测定气温和空气湿度的仪器安置在百叶箱内（图 2-11）。

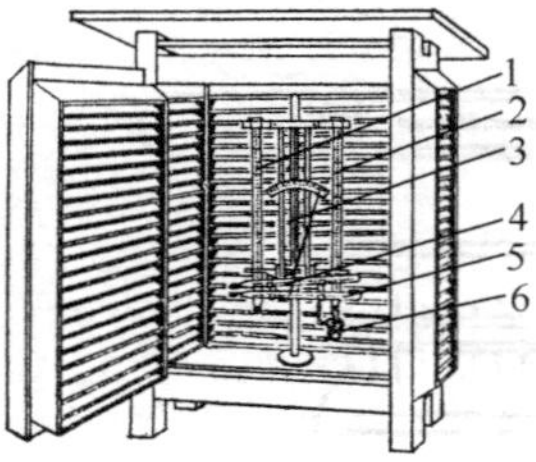

图 2-11　小百叶箱内仪器的安置
1. 干球温度表；2. 湿球温度表；3. 毛发湿度表；
4. 最高温度表；5. 最低温度表；6. 水杯

百叶箱的作用是防止太阳对仪器的直接辐射和地面对仪器的反射辐射，保护仪器不受强风、雨、雪等的影响，同时使仪器的感应部分有适当空气流过，以便于真实感应外界空气温度和湿度的变化。

百叶箱分为大小两种。小百叶箱内安置干球温度表、湿球温度表、最高温度表、最低温度表和毛发湿度表。箱内有一固定的铁架，干球温度表、湿球温度表球部向下垂直插在铁架横梁两端的环内，干球在东、湿球在西，球部中心距地面 1.5m，湿球温度表球部包裹一段纱布，纱布下端浸在水杯中，杯口距湿球 3cm。毛发湿度表固定在铁架横梁中央。最高温度表、最低温度表安置在铁架下横梁的弧形钩上，最高温度表在上、最低温度表在下，球部向东，球部中心分别距地面 1.53m、1.52m。大百叶箱内水平安置温度计和湿度计，温度计在前，感应部分中心距地面 1.5m，湿度计在后，位置稍高。

四、气温的观测方法

观测时按干球温度表、湿球温度表、毛发湿度表、最高温度表、最低温度表和温度计的顺序进行。干球温度表、湿球温度表每天观测 4 次（北京时间 2 时、8 时、14 时、20 时），最高温度表、最低温度表每天 20 时观测一次。观测时需注意以下问题。

1. 读数　各种温度表的读数要精确到小数点后 1 位，温度在 0℃以下时，数值前要加“—”号。读数时必须保持视线与水银（乙醇）柱顶部齐平，读数准确迅速，先读小数后读整数，尽量缩短读数时间，读完一遍后应再复读一遍，以免发生误读。另外，读数时勿用手触碰温度表感应部位或对着感应部位呼吸，导致读数不准。

2. 最高温度表、最低温度表的调整　最高温度表、最低温度表观测后需及时进行调整。最高温度表的调整方法：用手握住表身，感应球部向下，手臂外伸约 30°，用大臂将表前后甩动，直至水银柱显示的温度接近或等于当时的气温，然后放回原处，放置时要先放球部后放表身，以免水银柱滑动。最低温度表的调整方法：将球部抬起，使游标滑动到乙醇柱顶端，然后放回原处，放置时要先放表身后放球部，以免游标滑动。

3. 温度计的读数　读数记录后作时间标记。每天 14 时更换记录纸，换纸时先作终止时间记号，然后拨开记录笔，取下记录纸，记录终止时间，再将钟表上好发条，将填写好日期的新记录纸裹在钟筒上，卷紧，水平对齐，底边紧贴钟筒底边并以压条固定，转动钟筒使笔尖对准记录开始的时间，拨回记录笔作时间记号，盖上盒盖。

五、气温观测结果的计算

根据观测资料，画出定时观测空气温度和时间变化图。从图中可以了解空气温度的变化情况并求出日平均气温值。其统计方法是：

日平均气温＝(2 时气温＋8 时气温＋14 时气温＋20 时气温)÷4

如果 2 时气温不观测，可用下式求算日平均气温：

日平均气温＝[(当日地面最低气温＋前一日 20 时气温)÷2
＋(8 时气温＋14 时气温＋20 时气温)]÷4

六、完成训练报告

观测空气温度，记录观测结果。根据观测结果，绘制空气温度变化曲线，并分析说明空气温度在一天中的变化规律。

技能训练 2-2　土壤温度的观测与分析

一、训练目标

通过该项训练，学生应了解观测土壤温度所使用的仪器及其构造原理，掌握观测土壤温度的基本方法。

二、仪器设备及其构造原理

土壤温度的观测包括地面温度、地面最高温度、地面最低温度、地中 5cm、10cm、15cm、20cm 深度的浅层土壤温度。如有必要还可观测更深层土壤温度。观测土壤温度的仪器设备是地温表。

1. 地面温度表　用于观测地面温度，包括地面温度表、地面最高温度表、地面最低温度表，这 3 支温度表与观测气温的干球温度表、最高温度表和最低温度表基本相同，只是由于地面温度变化幅度很大，因此温度表的刻度范围比气温表大。

2. 曲管地温表　用来观测浅层土壤温度。其构造原理与普通温度表相同，只是表身下部伸长，且长度不一，球部与表身成 135° 夹角（图 2-12）。水银曲管温度表分为 5cm、10cm、15cm、20cm 深度共 4 支。

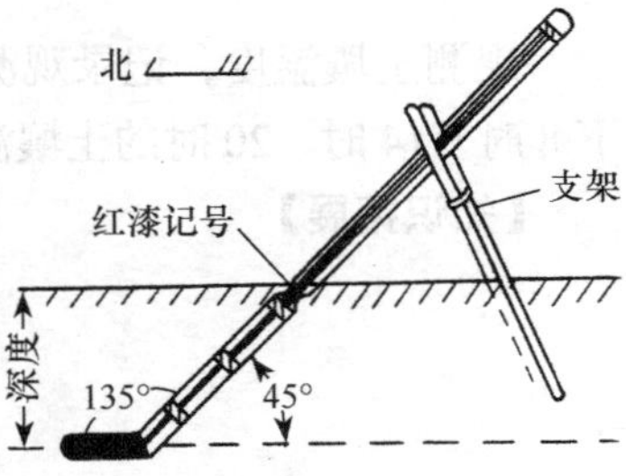

图 2-12　曲管地温表及使用

3. 插入式地温表　插入式地温表是将普通温度表装在特制的金属套管中，在管壁侧面有开口处读数。水银球部在金属套管尖端处，观测时插入土壤中数分钟后即可读数。插入式地温表多用于野外和小气候观测。

三、地温观测仪器的安置

观测土壤温度用的仪器应安装在耕翻过的裸地上，观测某一块园艺作物田的地温，可把仪器安置在垄间，地表要疏松、平整、无杂草。

观测地面温度的 3 支温度表要水平安放在观测地段中央偏东的位置，按地面、地面最低、地面最高的顺序自北向南平行排列，球部向东，并使其位于南北向的一条直线上，表间相距 5cm。放置温度表时要注意：将温度表的球部和表身一半埋入土中且与土壤贴紧，一半露出地面，露出地面的球部和表身要保持干净。

曲管温度表安置在地面最低温度表西侧约20cm处，自西向东按5cm、10cm、15cm、20cm的顺序安放，球部向北，东西排列整齐，表间相距10cm，表身与地面成45°夹角，露出地面的表身要用叉形木枝撑住。

为了在观测时不对土壤踩踏，在地温表北部约40cm处，放置木制踏板。

四、地温的观测方法

地温的定时观测时间与气温的观测时间基本一致，每天的8时、14时、20时对地面、5cm、10cm、15cm、20cm温度表观测一次，地面最高温度表、最低温度表于每天的20时观测一次。另外，也可根据实际需要确定观测时间和观测次数。为了保证读数的准确性，读数时需注意以下几个方面。

1）读数要精确到小数点后1位，温度在0℃以下时，数值前要加“－”号。

2）读数时要站在踏板上俯视读数，切不可把地温表从土壤中取出读数，观测曲管地温表时视线要与水银柱顶部保持垂直。

3）夏季高温时，为防止最低温度表爆裂，应在早晨8时观测记录后，将地面最低温度表收回，球部向下垂直放置在室内或荫蔽处，20时观测前调整好游标放回原处。

4）冬季有积雪时，地面温度表应水平放置在积雪表面，使球部一半埋入雪中。

5）冬季为防止曲管温度表被冻折，在临近土壤冻结时，需将曲管地温表全部收回，待次年土壤解冻后再重新安置观测。当地面温度降到－36℃以下时，将地面温度表和最高温度表收回，只读地面最低温度表乙醇柱顶端的游标所示的数值。

五、完成训练报告

观测土壤温度，记录观测结果。根据观测结果分别绘制出园艺植物生产的不同环境下8时、14时、20时的土壤温度变化曲线，结合地表植物分析说明土壤温度的变化规律。

【知识拓展】

空气的绝热变化

一团空气在垂直运动过程中，不与外界环境发生热量交换，但随着高度的变化其自身温度仍然会发生变化，这种温度的变化称为空气的绝热变化。空气的绝热变化是由于热和功的转换造成的，当一团空气绝热升高时，随着其高度的升高，外界的气压减小，其体积膨胀，此时该团空气对外做功消耗了其自身的内能，使得其自身温度降低，这种空气团因绝热升高而使其自身温度降低的现象称为绝热冷却；当一团空气绝热降低时，随着其高度的降低，外界的气压增大，其体积收缩，此时外界对该团空气做功，其自身的内能增加，使得其自身温度升高，这种空气团因绝热降低而使其自身温度升高的现象称为绝热升温。需要注意的是：在实际大气中，空气作垂直运动时，并非真正的绝热变化，而是或多或少都要和周围空气有热量交换，但是由于空气的导热率非常小，并且在其垂直运动过程中在各空气层中停留的时间很短（10m/s），因此其与周围空气进行的热量交换所造成的温度变化比其自身的绝热变化小得多，所以可以把空气的垂直运动近似地看作绝热变化过程。

空气在做垂直运动时，其温度的变化因其自身所含水汽量的多少而不同。根据空气团所含水汽量的多少，把空气的绝热变化分为干绝热变化和湿绝热变化两种。

1. 干绝热变化　一团不饱和空气在绝热上升或绝热下降过程中的温度变化称为干绝热变化。其温度变化的数值用干绝热直减率表示，指一团不饱和空气在垂直运动过程中，高度每上升或下降 100m，其自身温度下降或上升的数值。用 γ_d 表示，该数值是一个定值，即 γ_d＝1℃ /100m。

2. 湿绝热变化　一团饱和空气在绝热上升或绝热下降过程中的温度变化称为湿绝热变化。其温度变化的数值用湿绝热直减率表示，指一团饱和空气在垂直运动过程中，高度每上升或下降 100m，其自身温度下降或上升的数值。用 γ_m 表示，该数值因空气团中所含水汽量的多少而不同，平均值为 0.5℃ /100m，即 γ_m＝0.5℃ /100m。

从具体数值来看，即 $\gamma_d>\gamma_m$，这是因为在湿绝热变化过程中，当空气团上升时因绝热冷却引起水汽凝结，会释放出潜热，给空气团补充了热量，使空气团的降温幅度有所减小；当空气团下降时因绝热升温引起空气团中所携带云滴的蒸发，以维持空气的饱和状态，由于蒸发消耗了热量，使空气团的升温幅度也有所减小。因此干绝热直减率始终大于湿绝热直减率。这里需要注意：由于空气团在绝热运动时，其饱和度会发生变化，因此其温度的变化情况也会发生变化。不饱和空气在绝热上升初期，由于空气是不饱和空气，因此其温度按干绝热直减率下降，当到达一定高度，空气达到饱和时，若其高度继续上升，则由于水汽的凝结，其温度按湿绝热直减率下降。饱和空气在绝热下降时，由于绝热增温，其中所含的云滴会蒸发耗热，因此其温度按湿绝热直减率升高，当到达一定高度其中所含的云滴蒸发完，空气变为不饱和空气时，若其高度继续下降，其温度按干绝热直减率升高。

【巩固训练】

一、关键词

土壤热容量、土壤导热率、土壤温度日较差、土壤温度年较差、空气温度日较差、空气温度年较差、逆温

二、简答题

1. 土壤热特性的大小与哪些因素有关？土壤热特性是怎样影响土壤温度高低的？
2. 用热容量和导热率的知识解释：
   在沙漠地带，为什么有“朝穿皮袄午穿纱，晚上围着火炉吃西瓜”的气候？
   黏土为什么叫“冷性土”？砂土为什么叫“热性土”？
3. 土壤温度和空气温度有怎样的变化规律？
4. 园艺设施内的温度分布有怎样的特点？
5. 什么是温度的日较差和年较差？影响气温日较差和气温年较差的因素有哪些？这些因素是如何影响气温日较差和气温年较差的？
6. 为什么在清晨逆温较强时，喷施农药防治病虫害更好？

第二节　园艺植物生产的温度环境调控与利用

【学习目标】

1. 了解土壤温度对园艺植物生产的影响及植物生长发育的三基点温度。
2. 掌握园艺植物的温周期现象和常用农业界限温度在园艺植物生产中的意义。

3. 学会活动积温和有效积温的计算方法及其在农业生产中的应用。

4. 掌握对园艺植物生产的温度环境进行调控的技术措施，能够根据生产目标灵活运用所学知识调控园艺植物生产的温度环境。

【内容分析】

温度对园艺植物的生长发育和产量有重要的影响，同时还对农事活动和病虫害的发生、发展也有影响。在园艺植物生产过程中，可通过一些技术措施对园艺植物生长的环境温度进行调控。本节内容主要分析土壤温度和空气温度对园艺植物生产的影响，并介绍在园艺植物生产过程中对环境温度进行调控的技术措施，以便在实际生产中采取相应措施改善环境温度，实现栽培目标（图 2-13）。

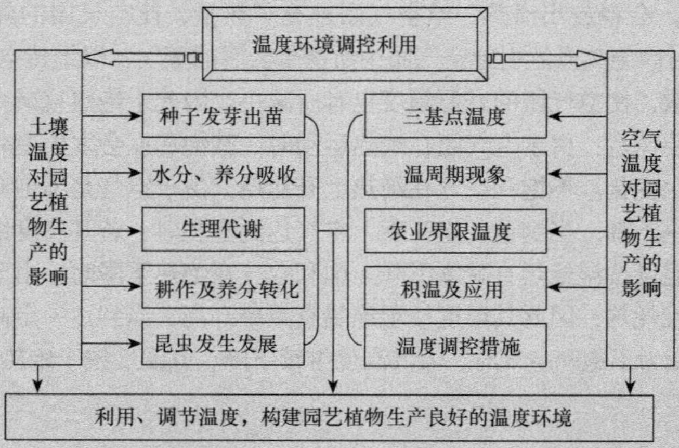

图 2-13 园艺植物生产的温度环境调控与应用分析图

温度是园艺植物生长发育必不可少的环境因子，植物在它整个生命周期中所发生的一切生理生化作用，都必须在其所处的环境具有一定温度的条件下才能进行，因此温度的高低直接影响到园艺植物的生长发育。创造良好的土壤温度与空气温度环境，是园艺植物产生的宗旨。

一、土壤温度对园艺植物生产的影响

土壤温度对园艺植物生产的影响主要表现在以下 5 个方面。

1. 影响园艺植物种子萌发与出苗 不同植物的种子发芽所要求的土壤温度不同。一般喜温蔬菜的种子，发芽温度以 25～30℃为最适，而耐寒蔬菜种子的发芽温度可以在 10～15℃或更低就可开始。当其他条件适宜时，在一定温度范围内，土壤温度越高，种子发芽速度越快，但土壤温度过高或过低对种子发芽不利，甚至停滞、死亡。种子发芽所需要的最低土温是确定植物适宜播种期的依据之一，在生产中植物播种时要求的最低温度指标，一般以 5cm 土温为标准。

2. 影响园艺植物根系生长和对水分、养分的吸收 一般植物的根系在土壤温度为 2～4℃时开始生长，在 10℃以上时根系生长比较活跃，超过 35℃时根系生长受到阻碍。过高的土壤温度使植物根系组织加速成熟，根系木质化的部位几乎达到根尖，降低了吸收的表面积，并抑制根系细胞内酶的活性，破坏根系的正常代谢过程，降低了根系对水分和养分的吸收效率。当土壤温度较低时，增加了土壤水的黏度，降低了细胞的透性，减少植物对水分的吸收。并且低温对植物吸水的影响又间接影响了气孔的阻力，从而限制了光合作用。此外，低温会明显减少植物对多种矿质营养元素的吸收作用，如N、P、K等（图2-14），当土壤温度过低时根系活动完全停止。

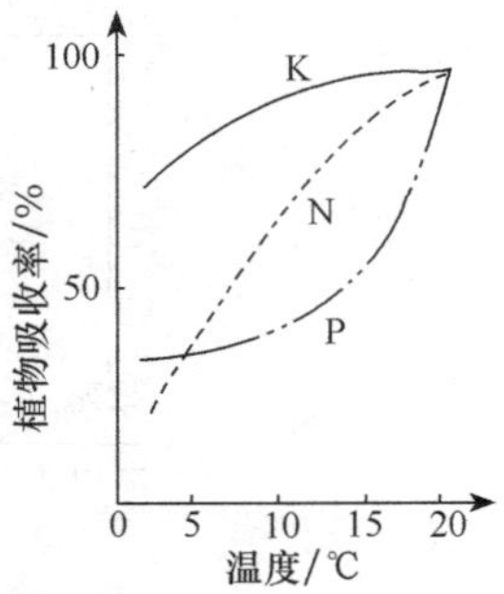

图2-14　土壤温度与N、P、K元素吸收率的关系

3. 影响块根、块茎的形成　土温影响马铃薯的产量与退化。马铃薯苗期土温高则生产旺盛，但并不增产，中期如高于29.8℃不能形成块茎，以15.6～22.9℃最适于块茎的形成。土壤温度低，块茎个数多而小，土壤温度适宜时，个数少但薯块大。土壤温度过高则个数少块茎也小，减产严重。

4. 影响养分转化与土壤耕作　土壤有机质的转化是在一定温度条件下，通过微生物的分解作用，释放出矿质营养，供植物吸收利用。大多数土壤微生物的活动要求温度为15～45℃。在此温度范围内，温度越高，微生物活动能力越强，超出这一温度范围，则微生物活动受到抑制，从而影响到土壤腐殖化或矿质化过程，影响各种养分的形态转化，也就影响到植物的养分供应。多数研究表明，在园艺植物适宜生长的温度范围内，随着温度的升高，可以降低土壤对P的固定，增加K的活性，提高土壤供P、K的能力。因此，早春温度低时，土壤中的有机磷释放缓慢，有效磷含量很低。夏季高温促使土壤中的迟效磷转化为速效磷，植物一般不会缺磷。土壤温度对土壤耕作也有影响，当土壤温度过高时，土壤水分蒸发快，黏重土壤易板结，难于耕作，北方冬季要抢在土壤封冻前耕翻耙耢，早春也要等土壤解冻到一定深度后才能耕翻播种。

5. 影响昆虫的发生和发展　很多昆虫生命过程的某些阶段是在土壤中度过的，因此土壤温度对昆虫特别是地下害虫的发生和发展有很大影响。从而间接地影响着植物的生产。例如，沟金针虫，当10cm土温达到6℃左右时，开始上升活动，当10cm土温达到17℃左右时，活动最旺盛并且为害种子和幼苗，高于21℃时又向土壤深层活动。

二、空气温度对园艺植物生产的影响

（一）三基点温度

不论光、水和二氧化碳等条件如何适宜，植物的生长仍会在温度降至某一低温或超过某一高温时停止，在这一范围内，有一个最适温度，在此温度下植物的生长速度最快。因此，对于植物的每一个生命过程来说，都有三个基点温度，即最适温度、最高温度和最低温度。在达到最低温度和最高温度时，植物的生长发育即停止，但仍能维持生命。如果温度再继续降低或升高，植物开始出现伤害甚至死亡。因此在三基点温度之外，植物还有受伤害和致死温度指标（图2-15）。植物发育阶段对温度的要求最严格，能适应的温度范围最窄，一般在10～35℃；生长要求的温度范围比较宽，大多在5～40℃；而植物维持生命的温度范围则更宽，大多为－10～50℃。在生产上，以植物生长的三基点温度最为常用。另外，同一种植物的不同生育时期由于组织器官和生理过程的差别，其三基点温度也差异较大。

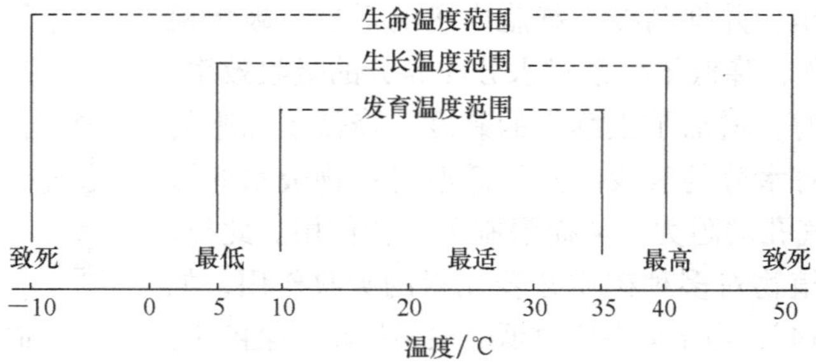

图 2-15 植物生命活动基本温度示意图

此外，植物发育时期的不同生理过程其三基点温度也是不同的。以光合作用和呼吸作用的三基点温度作比较，光合作用的最低温度是 1～5℃，最适温度是 20～25℃，最高温度是 40～50℃；而呼吸作用的最低温度是－10℃，最适温度是 36～40℃，最高温度是 50℃。当光合作用制造的有机物质超过呼吸作用消耗的有机物质时，植物体内的有机物质才会有积累，植物才能进行生长。当温度超过光合作用的最适温度后，光合作用减弱而呼吸作用仍然很强，这势必增加有机物质的消耗而减少积累。所以超过光合作用最适温度的环境条件对植物生产不利。

三基点温度是最基本的温度指标，用途很广。在确定温度的有效性、植物的种植季节和分布区域、计算植物生长发育速度、计算生产潜力等方面都必须考虑三基点温度。除此之外，还可根据各种植物三基点温度的不同，确定其适应的区域，如 C_4 植物由于适应较高的温度和较强的光照，因此在中纬度地区可能比 C_3 植物高产，而在高纬度地区，C_3 植物则可能比 C_4 植物高产。

（二）周期性变温对园艺植物生产的影响

由于太阳辐射对地面所形成的照射是以一天和一年为周期发生有规律变化的，从而造成土壤和大气温度也出现以一天和一年为周期的规律性变化，即不论是土壤温度还是大气温度，在一天和一年当中都有一个最高值和一个最低值。在自然界由于植物对这种规律性变温环境的适应，在一天当中，它们要求昼间温度高，夜间温度低，植物对这种温度日变化的反应，称为温周期现象。

气温日变化对植物体内有机物质的积累有重要意义。当昼夜的温度在不超过植物所能忍受的最高温度和最低温度的情况下，气温日较差越大，越有利于植物体内有机物质的积累，对提高产量和产品品质都有好处。因为白天温度高，植物光合作用增强，有利于制造较多的有机物质；夜间温度低，植物的呼吸作用减弱，从而减少植物体内有机物质的消耗，最终使净光合产物增多，从而使产量和品质提高。

现已发现，昼夜温差比较大的地区，植物的产量和品种均好。例如，在青藏高原种植的白菜、萝卜等比内地大，新疆的哈密瓜、葡萄香甜，和这些地区温度日较差大有密切关系。据研究，茄科植物的生长受夜间温度影响较大，如温室栽培番茄，若夜间温室内加温过高，反而减产。

植物的良好生长需要有一定的白昼高温与夜间低温相配合，但温度的日较差并非越大越好，夜间温度和白天温度都必须在不超过植物所能忍受的范围内。例如，对番茄进行昼夜定温处理，当昼夜都是 10℃时，番茄生长量每日为 3mm；昼夜均为 15℃时，每日生长量是 15mm；昼夜均为 25℃时，每日生长量是 20mm。当进行昼夜变温处理，采取白天恒温 26.5℃，夜间温度为 17℃时，番茄每日生长量为 28mm；白天恒温 26.5℃，夜间温度为 10℃时，每日生长量只有 7mm。实验表明，对于番茄来说，10℃的夜间温度过低，已对番茄有损伤；昼温 26.5℃，配合夜温 17℃是获得最大生长量的最佳温度条件（表 2-2，图 2-16）。这也说明了适宜的气温日变化对植物的生长有明显的促进作用。

表 2-2 昼夜温度变化对番茄生长量的影响

昼温 /℃	夜温 /℃	番茄生长量 /mm
10	10	3
15	15	15
25	25	20
26.5	17	28
26.5	10	7

（三）农业界限温度

对园艺植物生产具有普遍指导意义，标志某些重要物候现象或农事活动开始、终止或转折的温度称为农业界限温度。常用的界限温度（以日平均温度表示）有：0℃、5℃、10℃、15℃、20℃。它们的农业意义如下。

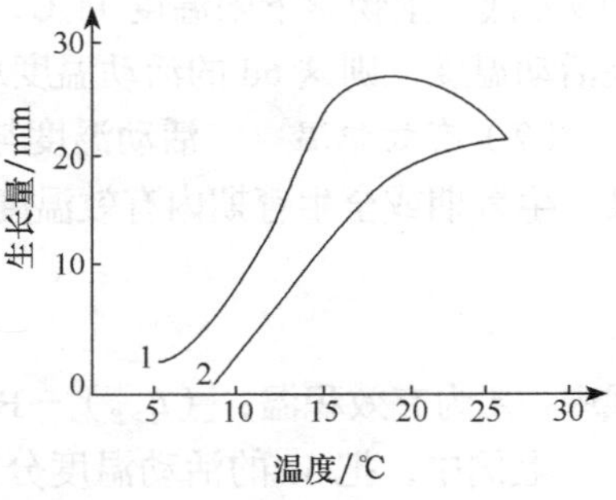

图 2-16 番茄生长量的恒温和变温曲线

1. 在白天 26.5℃，夜间如坐标所示；

2. 昼夜不变温，温度如坐标所示

0℃：表示土壤冻结或解冻，农事活动开始或终止的界限温度。常用日平均气温 0℃以上持续的日期表示适宜农耕期。

5℃：表示多数越冬植物和果树林木开始萌芽和缓慢生长，喜温植物播种的界限温度。常用日平均气温 5℃以上持续的日期表示越冬植物生长活动期。

10℃：表示喜温植物发芽、出苗和生长，越冬植物和果树林木进行旺盛生长的界限温度。常用日平均气温 10℃以上持续的日期表示喜温植物的生长活动期，也是越冬植物生长活跃期。

15℃：表示喜温植物开始积极生长的界限温度。常用日平均气温 15℃以上持续的日期表示喜温植物的活跃生长期。

20℃：表示热带植物和大春植物积极生长的界限温度。

农业界限温度常以三基点温度为依据，是对同类指标的近似概括。

（四）积温的种类及应用

在植物生长发育所需要的其他因子都得到基本满足时，植物要完成某一生育期或全生育期的生活史，还需要一定的温度积累，这一定的温度积累，称为积温。积温反映了植物在某个生育期或全生育期内对热量的总体要求。一般根据该时期内逐日的日平均气温加以计算。

1. 积温的种类 常用的积温有活动积温和有效积温两种。这两种积温的计算都涉及选用什么温度和该温度的界限问题，即参与累积的温度界限问题。这个界限温度用生物学下限温度表示，所谓生物学下限温度，又称生物学零度，用 B 表示，是指不同植物在不同发育阶段内，有效生长的下限温度，即只有当日平均温度达到这个界限温度以上时植物才开始生长发育。一般来说，植物的生物学下限温度就是三基点温度中的最低温度。一般需热量较少的温带植物以 5℃为生物学下限温度，亚热带植物为 10℃，热带植物为 18℃。

（1）活动积温　高于生物学下限温度的日平均气温，称为活动温度。植物（或昆虫）某一生育期或全生育期内活动温度的总和，称为活动积温，其表达式为：

$$y=\sum_{i=1}^{n} t_{i>B}$$

式中，y 为活动积温；B 为生物学下限温度；$t_{i>B}$ 为活动温度；$\sum\limits_{i=1}^{n}$ 为某生育期始日至终日（1～n 日）之和。

例如，某品种蔬菜，从播种到出苗的生物学下限温度是 11℃，播种后 6d 出苗，这 6d 的日平均气温分别是：21.2℃、19.5℃、17.4℃、13.6℃、10.9℃、15.5℃。这 6d 中 10.9℃低于生物学下限温度 11℃，不是活动温度，其余 5d 的温度都高于生物学下限温度是活动温度，则这 6d 的活动温度总和 87.2℃就是这一品种从播种到出苗的活动积温。

（2）有效积温　活动温度与生物学下限温度之差，称为有效温度。植物（或昆虫）某一生育期或全生育期内有效温度的总和，称为有效积温，其表达式为：

$$A=\sum_{i=1}^{n}[(t_{i>B})-B]$$

式中，A 为有效积温；$[(t_{i>B})-B]$ 为有效温度。

上例中，把 5d 的活动温度分别减去生物学下限温度 11℃，即得到每天的有效温度，如：21.2－11＝10.2℃，19.5－11＝8.5℃，依此法得其余 3d 的有效温度分别为 6.4℃、2.6℃、4.5℃，将所得有效温度求和得数为 32.2℃，则该品种从播种到出苗的有效积温为 32.2℃。

活动积温和有效积温的不同点在于活动积温包含了低于生物学下限温度的那部分无效温度，日平均气温越低无效温度所占的比例就越大。活动积温的计算比较方便，有效积温则排除了低于生物学下限温度的无效温度，所以有效积温较为稳定，更能确切地反映植物对热量的要求。在实际工作中，如农业气候分析和农业气候区划时，多采用活动积温；研究植物对热量的要求、预报植物生育期及病虫害时，多采用有效积温。

各种植物所需积温是不同的，而且还因类型和品种的不同而有差异，由于大多数植物在 10℃以上才能活跃生长，因此大于 10℃的活动积温是鉴定一个地区对某一植物的热量供应能否满足的重要指标。

2. 积温的应用　积温在农业生产中应用较为广泛，其用途主要有以下几个方面。

（1）可以用来鉴定一个地区的热量资源　积温的多少可以表示各地热量资源状况，而且植物的积温是反映植物生长发育对热量的要求，将地区的积温数值与植物的积温数值进行对照，就可以鉴定和评价该地区热量条件对植物生产的利弊。因此，积温也是农业气候区划的重要指标之一。

（2）可作为引种（包括新品种推广）和种植业制度改制的一个依据　要对从外地引进或向外推广的植物品种所需的积温进行鉴定，然后再与拟引进或推广地区的积温资料进行对比分析，看其能否满足要求，对感光性强的品种还要考虑日照的长短。一个地区耕作制度的改变，也要以相应的积温指标为依据，并结合当地热量状况来确定。

（3）可作为植物（生物）生育期预测的依据　因为某一植物由一个生育期到下一个生育期所需要的有效积温是比较稳定的，因此，预测植物未来生育期的开始日期可按下列公式计算：

$$D=D_1+\frac{A}{t-B}$$

式中，D 为预报的生育期；D_1 为前一生育期的开始日期；t 为 D_1 至 D 期间的平均气温；A 为生育期间（D_1-D）所需的有效积温；B 为生育期间的生物学下限温度。

3. 积温的稳定性　积温在一定程度上基本反映了植物发育速度与热量条件的关系，而且其计算方便，所以在农业生产上得到了广泛的应用。但是积温学说尚有不完善之处。如同一品种植物完成同一生育阶段所需的积温，在不同地区、不同年份、不同播种期，其积温不同，说明积温的稳定性不够理想。造成积温不稳定的原因是多方面的，其主要原因如下。

1）影响植物生长发育的外界环境条件，不仅是日平均气温，还有其他因子，如太阳辐射、光照时间、温度日较差、土壤温度等，它们与生育速度的关系，有各自遵循的特定规律。

2）积温学说是建立在假定其他因子基本满足的条件下，温度对植物的发育起主导作用这一理论基础上，而且认为植物发育速度与积温是直线关系，即积温越高发育越快。但是在自然条件下，这一假定是难以满足的，而且发育速度与温度的关系也并非呈线性关系，事实是当温度超过最适温度后，温度越高发育反而减慢，当达到最高温度时停止生长发育，是一种非线性关系。

在实际工作中，为了避免使用积温所出现的各种问题，人们尝试使用一些补救和订正方法。例如，计算积温时，考虑剔除高于生物学上限温度的日平均气温，进一步确定各种植物、各品种及各发育期的生物学下限温度和上限温度，在计算积温时逐段分别计算；并将植物对光周期和温周期的反映给予综合考虑等。

三、园艺植物生产的温度环境调控措施

在园艺植物生产过程中，为了保证温度条件能够有利于植物生长发育，可以人为采取一些措施对环境温度进行调控，以达到增产目的。常用的方法如下。

（一）合理耕作

通过对土壤采取不同的耕作措施，改变土壤的紧实程度，从而改变土壤的热特性，即可达到调控温度的目的。

1. 耕翻　耕翻是使土壤结构疏松的操作措施。耕翻后，耕翻层土壤的孔隙度增大，含水量减小，与未耕翻地相比，耕翻层的热容量和导热率减小，因此，白天土壤表层的热量不易向下层土壤传输，而夜间下层土壤的热量也不易向表层传输，使得表层土壤白天升温、夜间降温幅度都大，从而形成了较大的温差。并且耕翻后，白天或暖季，热量聚集在土壤表层，在耕翻层中温度比未耕翻的高，而其下层温度则较低；夜间或冷

季，由于深层土壤向地表输送的热量较少，因而耕翻地表层的温度比未耕翻地的要低，下层温度则较高（表 2-3）。因此，耕翻的温度效应，不仅随昼夜和季节而不同，而且，在耕翻层内和其以下的土壤层也不一样：低温时间，耕翻层是降温效应，深层是增温效应；高温时间，耕翻层是增温效应，而深层则是降温效应。至于影响层的厚度，常因土壤种类、土壤含水量、耕翻深度和土壤疏松程度等的不同而有很大不同，一般暖季白天的增温层厚度比冷季白天的增温层厚度要厚，而冷季夜间的降温层厚度比暖季夜间的降温层厚度要厚。

表 2-3　耕翻与未耕翻地土壤不同深度温度的比较

处理	5 时			15 时		
	深度 /cm			深度 /cm		
	0	5	10	0	5	10
耕翻	9.6	12.4	16.4	36.4	29.0	23.8
未耕翻	11.6	13.8	15.4	31.0	27.6	24.2
差值	−2.0	−1.4	+1.0	+5.4	+1.4	−0.4

同时，由于耕翻切断或减弱了土壤的毛细管，减少了下层土壤中的水分向表层的输送量，表土变干后，蒸发耗热减少，因而表层温度增高，而且上层的虚土层可以阻碍土壤水分的蒸发，因此上虚下实的土壤结构可降低土壤水分的蒸发速度，所以说耕翻有保墒作用。“锄头底下三分水”说的就是这个道理。

由于耕翻能提高耕层的土温，因此在北方地区，春季园艺植物出苗后，为了提高地温、保墒、促进植物早生快发，往往要多次进行中耕操作。

2. 镇压　镇压是使土壤结构紧实的操作措施。镇压后，土壤的孔隙度减小，毛细管作用增强，土壤含水量增大。因此，与未镇压地相比，镇压地表层的昼夜温差小，并且镇压地在冷季或夜间、清晨有增温效应，在暖季或中午前后有降温效应（表 2-4）。

表 2-4　镇压与未镇压地土壤不同深度温度的比较

土壤深度 /cm	地面		5		10		20		40	
土温 /℃	最高	最低	最高	最低	最高	最低	最高	最低	最高	最低
镇压	14.6	5.4	12.2	7.8	11.1	8.9	10.6	9.4	10.7	9.3
未镇压	20.0	−2.1	13.3	6.8	11.4	8.1	10.8	9.0	10.5	9.5
差值 /℃	−5.4	+7.5	−1.1	+1.0	−0.3	+0.8	−0.2	+0.4	+0.2	−0.2

各种土壤在不同天气条件下，镇压后土壤热量交换量的大小是有差异的。一般疏松的土壤宜于在回暖天气条件下进行镇压，而偏黏重的土壤宜于在寒潮侵袭时进行镇压。只有这样才能获得较大的镇压热效应，才能达到镇压增温的效果。

由于镇压后增强了土壤的毛细管作用，深层土壤水分可以直接上升到表层，然后蒸发进入大气，因此，镇压地与未镇压地相比，蒸发速度加快。但这种措施在土壤干燥时有提墒作用（表 2-5），有利于北方地区园艺植物播种后出苗。

表 2-5　镇压对土壤湿度的影响

土壤	处理	干土层厚度 /cm	各土壤层水分含量 /%				
			干土层	干土层～10cm	10～20cm	20～40cm	40～60cm
黄土	镇压	2	2.9	14.5	16.4	17.4	17.4
	未镇压	5	3.6	14.0	15.4	15.9	15.1
黑土	镇压	3	7.0	19.7	20.2	23.6	20.4
	未镇压	6	5.4	16.4	19.8	20.4	22.3

3. 垄作　垄作属于半耕翻的耕作方法。起垄后，垄背上的表层土壤疏松，含水量减少，因此垄作对温度的影响与耕翻相似，与平作相比，垄作的热容量和导热率减小，再加上起垄后增加了土壤表层与大气的接触面积，使得地面吸收的太阳辐射比平作多，白天增温效应明显；但是由于垄作有较大的暴露面，地面有效辐射也比平作大，夜间降温幅度也较大，从而形成了较大的温度日较差。

在中高纬度地区的暖季或降水较少的地区，垄作有增温效果，而在中高纬度地区的冷季或降水较多的地区，垄作有降温效果。起垄后土壤形成上虚下实的结构，可以减少土壤水分蒸发，使下层土壤保持湿润，因此垄作还有利于有保水和排水防涝。同时，采用垄作，通风透光性较好，边际效应明显。

此外，垄向不同，垄背各部位的土壤温度也不同。一般南北垄向的东侧和西侧的温度差异不大，而东西垄向的南侧土温远高于北侧，同时，全垄平均土温为南北垄高于东西垄。因此，垄向、垄高和垄角等的不同，对太阳辐射的照射时间和辐射总量的变化，随纬度和季节而有相应的变化，因此，在不同季节和地方要注意寻求最有利的垄向。

（二）地面覆盖

利用地膜、植物秸秆、有机肥、铺砂、遮阳网等对地面进行覆盖，可以有效调控土壤温度。

1. 地膜覆盖　地膜覆盖就是利用薄而透明或不透明的塑料薄膜直接覆盖于土壤表面，不仅可以提高土壤温度，还可以增强近地面株间光照强度、保持土壤水分、促进土壤养分转化和增加土壤肥力。北方地区春季低温期间采用地膜覆盖，白天受阳光照射后，0～10cm 深的土层内可提高温度 1～6℃，最高可达 8℃以上。进入高温期，若无遮阴，地膜下土壤表层的温度可达 50～60℃，土壤干旱时，地表温度会更高。地膜覆盖的增温效应是白天优于夜间、晴天优于阴天。另外，地膜覆盖的增温效果还与地膜的颜色有关，一般以透明薄膜效果最好，其次是绿色薄膜，黑色薄膜的效果最差。

2. 植物秸秆覆盖　利用植物秸秆或杂草覆盖土壤表面，在冷季可以减少土壤热量的散失，利于保温和深层土壤热量向上传输，同时还可抵御冷风袭击，减少土壤水分蒸发，防止热容量减小。

3. 有机肥覆盖　在北方冬天用有机肥覆盖地面可以起到提高地温的作用。草木灰覆盖在土壤表面，由于加深了地面的颜色，可以减少地面反射，增加土壤对太阳辐射的吸收量。

4. 铺砂覆盖　在北方一些干旱少雨的地区，采用鹅卵石和粗砂覆盖土壤表面，具有提高地温和增加土壤含水量的效果。具体方法是：首先给土壤施肥并进行耕翻，然后在园田地表铺一层约 10cm 厚的鹅卵石和粗砂，此后若干年甚至几十年不再耕翻。也有一些地区采用细砂覆盖地面，这样免耕翻的时间短一些，但同样具有提高地温和增加土壤含水量的效果。

5. 其他覆盖 近年来发展很快的无纺布浮面覆盖技术、遮阳网覆盖技术等，在调控植物生产环境温度、保墒、抑制杂草等方面也有很好的效果。

（三）以水调温

1. 灌溉 灌溉后土壤颜色加深，吸收率增大，地面对太阳辐射的吸收量增大，并且灌溉后使得地面的蒸发耗热量增大，而地面与深层土壤、与上层空气的热量交换减少。灌溉还改变了土壤的热特性，使土壤热容量和导热率增大，白天，表层热量容易向下传输，使地表温度上升幅度不大，夜间，下层热量容易向上传输，使地表温度下降幅度不大，因此，与未灌溉地相比，灌溉地土壤温度日较差小。由于灌溉使地面蒸发耗热显著增加，乱流热交换减弱，从而减弱了空气的增温作用。因此，在高温阶段，灌溉地气温比未灌溉地低；在低温阶段，灌溉地比未灌溉地高。这使得灌溉地气温日较差也小。这种现象在贴地气层中最为明显。可见，灌溉地在白天或暖季有降温效应，在夜间或冷季有增温效应。

灌溉的这种气象效应在实际生产中有重要作用。例如，在炎热的夏季，为防止高温对植物造成伤害，通过灌溉可以降低地温和气温，增加空气湿度。在冷季为防止植物受冻，可通过灌溉提高土温。所谓“灌冬水有防冻保温作用”就是这个道理。

2. 排水 对于含水量过大的土壤，由于大量的热量用于蒸发耗热，土壤温度不易提高。在这种情况下，可采用排水方法，降低土壤含水量，以减小土壤热容量和导热率。当白天地面接受到太阳辐射能后，由于热容量和导热率减小，使得地表将大量的热量用于土壤表层升温，只有少量热量由表层土壤向地下土壤层传输，同时土壤中贮存的热量也减少，因此土壤表层的温度上升幅度较大；夜间深层土壤热量以辐射方式向大气散失的也较少，为春季作物返青提供了热量保证。适当降低土壤含水量不仅可以提高地温，还有利于土壤养分的转化和分解，创造良好的土壤结构性和通气性，促进肥力的协调和发展。

（四）施肥

肥料不仅可以肥田，还可以调温。各种有机肥，在其分解过程中，可以放出热量，按其发热量的大小，有热性肥、温性肥、凉性肥。热性肥如马粪、羊粪、莱子饼；温性肥如猪粪、人粪、秸秆肥等；凉性肥如牛粪、塘泥、阴沟泥等。“冷土上热肥，热土上冷肥”这种合理施肥方法，充分发挥了肥料的热特性，对作物生长有很大的好处。此外，施用草木灰和有机肥料，能使土色变深，增加土壤对太阳辐射能的吸收率，也起到提高土温的作用。

（五）以物理化学制剂调温

在园艺植物生产中使用工业副产品生产的高分子化合物可以调控土壤温度，一般在寒冷季节使用增温剂，在高温季节使用降温剂。

1. 增温剂 增温剂主要是一些工业副产品中的的高分子化合物，如造纸副产品或石油剂等。这种物质稀释后喷洒在地面上，与土壤颗粒结合形成一层黑色的薄膜，这种薄膜也称液体地膜。液体地膜由于颜色深，吸光性好，同时还有保水性，减少土壤水分蒸发，从而保存热量和水分，提高温度。一般可使5～10cm地温增加1～4℃；含水量可提高10%～20%，特别是蒸发量大于30%的土壤。此外，液体地膜还可以提高土壤中的微生物及生物酶的活性，促进土壤养分转化和提高利用率。这种膜降解后可以转化为有机肥，改善土壤结构特性，一般 60d 就可以降解掉，减少了“白色污染”。使用时将地面耙平，将原液稀释 3～5 倍后用喷雾器均匀喷洒在地面上，一般每公顷用量为 750kg。

2. 降温剂　降温剂实质上是白色反光物质，它具有反射强、吸收弱、导热差及通过化学物质结合的水分释放出来时吸收热量而降温的特性。可使晴天 14 时的地面温度降低 10～14℃，有效期可维持 20～30d，可有效防止热害、旱害和高温逼熟等现象发生（表 2-6）。

表 2-6　施用降温剂对土壤温度的影响

深度 /cm	0	5	10	15	25
降温幅度 /℃	14.5	7.0	5.0	3.5	1.0

（六）设施内的温度调控

1. 保温　保温措施主要是根据设施内热量支出途径，采取相应措施，尽量减少设施内热量向设施外的传输。具体的保温措施如下。

（1）保持墙体的厚度和墙体的干燥　墙体干燥时墙土间空隙多，土粒间连接差，传热慢，保温性好；而墙体潮湿时，由于水的导热率较高，必然降低墙体保温性能。因此，冬季生产时墙体一定要干燥。首先要在雨季过后尽早打墙，使墙体在入冬前充分干透。其次，墙体厚度适宜，尤其是草泥墙，墙体内部不易干透。最后，要保护好墙体，降止渗水或被雨雪打湿，可在墙顶部和外部覆盖薄膜遮雨，或在土墙外包一层砖。

（2）加厚屋顶，保持屋顶干燥　屋顶厚度根据各地设施内外温差来确定，如北方冬季严寒地区，屋顶秸秆厚度不能少于 30cm。另外，秸秆外部要用薄膜或油毡封闭起来，同时还要在上面抹一层封闭严密的泥层，以加强保温效果。

（3）设置防寒沟　通常在设施周围设置宽 30cm、深 50cm 的防寒沟，可切断室内外土壤的联系，减少热量散失，提高地温。

（4）保证覆盖厚度、质量及时间　温室的透明屋面表面积大，厚度小，散热多，夜间加盖草苫可减少热量散失，提高夜间室内温度。一般草苫越厚，保温性越好，但卷放、搬运较费力。草苫厚度在北方地区以 5cm 为宜。

覆盖草苫要严实，相邻草苫重叠≥10cm，草苫要顺风叠压，如冬季多刮西北风的地区，西边草苫压东边草苫，以免冷风吹入草苫下；草苫上端压到后屋顶中部，下端盖到温室前地面 50cm 左右处，最好盖住防寒沟；草苫被雨、雪、雾打湿后，要尽快晾干。

草苫早揭晚盖虽然可以增加室内光照时间，但揭得过早或盖得过晚都不利于保温。正确的揭盖草苫的时间要以季节和室内气温的变化来定。盖草苫等覆盖物后气温应在短时间内回升 2～3℃，然后非常缓慢地下降；若盖后气温没有回升而是一直下降，说明盖晚了。揭苫后气温短时间内下降 1～2℃，然后回升则正常，如果揭苫后气温不下降而是立即升高，说明揭晚了。各地生产上还应根据太阳高度角来掌握揭苫时间，一般当早晨阳光洒满整个前屋面时即可揭开，极端寒冷或大风天，要适当早盖晚揭。阴天、雨雪天也要短时间揭苫接受散射光。

（5）减小缝隙放热　设施密封要严实，薄膜破孔及墙体的裂缝等要及时粘补和堵塞，通风口和门窗关闭要严，门的内、外两侧应加挂保温帘。

另外，在多风地区，设施四周可设置风障，以设施的北部和西北部为宜。

2. 增温 太阳辐射是设施热量的主要来源，增加白天的透光量，提高设施墙体及土壤的蓄热量是设施增温的主要途径。临时加温是减少恶劣天气对作物伤害的有效措施，是小型设施增温的辅助措施。加温是现代大型园艺设施的基本手段，但投入的设备费和运营费较大，应用范围不广，这里不做介绍。

（1）*增加白天的透光量* 采用光照调节增加室内自然光照的措施，不仅使设施内光照条件得到改善，还能提高室内的温度。例如，用无滴薄膜覆盖的温室其最高温度可比覆盖有滴膜的温室高4～5℃，地面最低温度可提高2℃左右。

（2）*提高地温* 白天土壤吸热量加大，即地温提高后，夜间地面散放到温室中的热量增多，利于温室增温。具体措施如下。

1）高温烤地：晴天上午日出后，封闭温室使气温迅速提高，超过28℃时放风降温，中午前后保持在32℃左右，下午温度降到28℃时关闭风口。定植前多用此法。

2）高畦或高垄覆膜栽培：高垄及高畦表面积大，白天受光多，升温较快，一般垄或畦高15cm。配合覆盖地膜能明显提高地温及温室的气温。据测定，盖地膜后能使10cm地温平均提高2～3℃，近地面最低气温提高1℃。另外，由于地膜透气性差，保湿性好，可减少浇水次数，从而间接地提高地温。要注意冬季地膜不能盖严地面，否则地膜阻挡土壤夜间散热，影响夜间室内增温。一般裸露地面不少于总地面的1/4。

3）科学灌水：冬季做到晴天浇水，阴天不浇；午前浇水，午后不浇；浇小水和温水，不浇大水和冷水；浇暗水，不浇明水，即膜下浇水法。浇水后要闭棚烤地，温度上升后再放风排湿，要注意久阴骤晴不浇水，采取叶面喷洒的方法补充植物体内的水分。

4）地面喷洒增温剂：每喷洒一次，可使地面温度提高2～4℃。

5）增施有机肥：尤其是马粪等热性肥料，利于地温的提高。

（3）*采用复合墙体、屋顶* 设施内侧用蓄热能力强的材料，外侧用隔热好（导热率低）的材料，有利于白天增加蓄热量，夜间放热增温，同时又可减少热量散失。

（4）*增大保温比* 保温比是指设施内的土地面积与覆盖及围护表面积之比。保温比最大值为1。设施的保温比越大，覆盖及围护的表面积越小，通过设施表面积进行的热交换和辐射量越少，设施的保温能力越强。适当降低园艺设施的高度，缩小夜间保护设施的散热面积，有利于提高设施内夜间的气温和地温。

（5）*加温* 日光温室一般采用临时加温，主要用于连阴天或寒潮造成的连续低温及降温幅度过大等情况，方式有炉火加温、火盆加温、明火加温等。大型连栋温室和花卉用温室采用集中供暖方式的水暖加温。另外，育苗时常用电热加温线进行土壤加温。

3. 降温 园艺设施内降温最简单、最有效的方法是通风，通过开启通风口，散放出热空气，让外部的冷空气进入设施内，使温度下降，这种方法是日光温室及拱棚降温的主要途径。但在温度过高或大型设施内，依靠自然通风不能满足作物生育的要求时，必须进行人工或机械降温，减少进入设施内的太阳辐射能，增大温室的潜热消耗。

（1）*通风换气降温* 通过开启设施不同部位的通风口，散放出热空气，同时外界的冷空气进入室内，使温度下降。在通风时须注意以下两点：一要注意根据设施温度的变化情况及时调节通风口的大小，避免温度变化剧烈，或温度居高不下、居低不上。一般上午当温度升到28℃（冬季）或者25℃（春、秋季）时。对一般喜温性蔬菜开始通风，通风口大小以开启后温度不下降而缓慢上升为标准。随着光照的增强，温度进一步升高，通风口逐渐加大。中午前后的最高温度不能超过32℃，下午温度降到25～28℃时开始逐渐关闭通风口，以温度不超过32℃为宜，当温度降低到20℃时关严通风口。二要注意开闭通风口的顺序。正确的顺序是先开顶部通风口，当温度还升高时，再开前屋面通风口、后墙通风口。关闭通风口的顺序与开启时相反，先关后墙通风口，再关前屋通风口，最后关顶部通风口。

（2）*遮光降温法*　遮光20%～30%时，室温相应可降低4～6℃。在与设施顶部相距40cm左右处张挂遮光幕，降温效果显著。另外，也可在采光表面涂白，降低光照，从而降低温度。

（3）*屋面流水降温法*　流水层可吸收投射到屋面8%左右的太阳辐射，并能吸热冷却屋面，室温可降低3～4℃。采用此法时需考虑安装费和清除采光面的水垢污染问题。

（4）*蒸发冷却降温法*　使空气先经过水的蒸发冷却，降温后再送入室内，达到降温的目的。

1）湿垫排风法：在设施进风口内设10cm厚的纸垫窗或棕毛垫窗，不断用水将其淋湿，另一端用排风扇强制抽风，使进入室内的空气先通过湿垫窗被冷却再进入室内，可使温度降到适宜温度。但冷风通过室内距离过长时，室温分布不均匀，而且外界湿度大时降温效果差。

2）细雾降温法：在室内高处喷以直径小于0.05mm的浮游性细雾，用强制通风气流使细雾蒸发达到全室降温。

3）屋顶喷雾法：在整个设施屋顶外面不断喷雾湿润，使屋面下被冷却的空气向下对流，达到降温的目的。

【知识拓展】

霜冻及其防御

一、霜冻的概念和危害

霜冻是指在温暖的季节里（平均温度在0℃以上），土壤或植物表面的温度下降到足以引起植物遭受伤害甚至死亡的短时间的低温冻害。

由于不同的植物或同一植物的不同时期，忍受低温的能力不同，因此霜冻的指标也随之而异，但大多数植物当地面或叶面最低温度降到0℃以下时，就要遭受冻害，因此中央气象台把地面最低温度降到0℃以下时作为预报霜冻的标准。

植物遭受霜冻时，如果霜冻不严重，植物不会冻死，温度回升后，可通过缓慢的解冻而恢复生命力。但如果霜冻后气温急剧回升，会使细胞间的冰晶迅速融化成水，而这些水在未被细胞逐渐吸收前就被大量蒸发，这样就会造成植物枯萎，甚至死亡。因此，霜冻强度大，降温后如果天气晴朗，气温回升越急剧，则对植物的危害就越大。

二、霜冻的种类

按霜冻发生的季节可分为秋霜冻和春霜冻两种。

1. 秋霜冻 秋季发生的霜冻称为秋霜冻，又称早霜冻，是秋季植物尚未成熟，陆地蔬菜还未收获时产生的霜冻。秋季发生的第一次霜冻称为初霜冻。初霜冻来临越早对植物的危害越大。各地初霜冻出现的日期是：纬度越高，初霜冻出现越早。在我国由北向南，东北、新疆等地区在9月中下旬出现初霜冻，华北平原和黄河中下游地区在10月中下旬出现初霜冻；长江流域在11月下旬至12月上旬出现初霜冻。

2. 春霜冻 春季发生的霜冻称为春霜冻，又称晚霜冻，是春季植物苗期、果树开花期、越冬植物返青后发生的冻害。春季最后一次发生的霜冻称为终霜冻。终霜冻发生的越晚，植物的抗寒能力越弱，因此对植物的危害也越大。各地终霜冻出现的日期是：纬度越高，终霜冻出现越晚。我国由北向南，东北、新疆等地区5月上中旬出现终霜冻，华北平原和黄河中下游地区4月上中旬出现终霜冻，长江流域2月下旬至3月上旬出现终霜冻。

从终霜冻至初霜冻之间持续的天数称为无霜冻期。无霜冻期的长短是反映一个地区热量资源的重要指标。

三、影响霜冻的因素

霜冻的发生及其强度和持续时间受天气条件、地形条件和下垫面状况等因素的影响。

1. 天气条件 在晴朗、无风或微风、低湿的条件下容易发生霜冻。因为晴朗少云的天气有利于地面辐射冷却；无风或微风则减弱了空气的乱流混合作用，夜间高层较暖的空气不易传到下层，使下层空气降温幅度较大；湿度低则水汽不容易凝结，潜热无法释放，从而加强了空气的冷却程度。

2. 地形条件 在同等天气条件下，霜冻的发生及持续时间和强度，以地形的影响最为突出。洼地、盆地、山谷等闭塞地形，冷空气容易聚集而不易流散，越冷的空气越会流往地势最低处。因此，这些地方霜冻往往发生较重，持续时间也较长。对于山坡来说，迎风坡比背风坡霜冻重，山脚比山顶霜冻重，山坡中段霜冻最轻；南坡比北坡霜冻轻；西坡及西南坡比东坡及东南坡霜冻轻；陡坡比缓坡轻。

3. 下垫面状况 由于砂土和干松土壤的热容量和导热率较小，白天所接受的热量向下层传输的较少，热量主要用于地表增温，使地表温度较高；夜间由于下层土壤向表层传输的热量较少，因此土壤表面热量散失较快，地面温度极容易降低，容易形成霜冻。而黏土、潮湿土壤和坚实土壤的热容量和导热率较大，白天所接受的热量容易向下层土壤传输，白天地表升温幅度较小，夜间下层土壤将热量向上传输，使地表温度下降幅度较小，因此不容易形成霜冻。另外，较大的水域（如湖泊、水库、池塘等）附近由于水汽充沛，温度下降时水汽凝结释放潜热，使温度下降缓慢，因此不容易形成霜冻，同时可减轻霜冻，并可推迟霜冻来临，提前结束晚霜冻。

四、霜冻的防御

1. 避霜措施

（1）选择适宜的种植地　选择气候适宜的种植地区和适宜的种植地形。

（2）选择适宜的种植品种　根据当地无霜期长短，选用与之熟期相当的品种；选择适宜的播（栽）期，做到“霜前播种霜后出苗”；采用育苗移栽，移栽时间要以能避开霜冻为准。

（3）化控避霜 用一些化学药剂处理植物或果树，使其推迟开花或萌芽。

（4）其他避霜技术 如树干涂白、反射阳光、干湿籽混播、降低体温、推迟萌芽等。在地面逆温很强的地区，把葡萄枝条放在高架位上，使花芽远离地面；果树修剪时去掉下部枝条，使植株成高大形，从而避开霜冻。

2. 抗霜措施

（1）熏烟法 熏烟法是在发生霜冻的夜晚或清晨，利用化学烟雾剂或植物秸秆、杂草、树叶等在田间将其点燃后，利用所形成的烟雾来防御霜冻的方法。熏烟法可提高温度1～2℃，有时可达3℃左右。

（2）灌水法 灌水法就是在霜冻来临前1～2d给园田灌水从而防御霜冻的方法。据研究，灌水时间越接近霜冻来临时间，效果越好。在霜冻来临的前一天下午灌水效果最好，可增温2～3℃。灌水量一般以土壤充分湿透为宜。

（3）覆盖法 覆盖法就是在霜冻来临前，利用芦苇、草帘、秸秆、厩肥、草木灰、树叶及塑料薄膜等覆盖植物，以减小地面有效辐射，达到保温防御霜冻目的的方法。对于果树采用不传热的材料包裹树干，根部堆草或培土10～15cm，也可防御霜冻。

（4）加热法 这种方法是在霜冻来临前在植物株间燃烧草、油、煤等燃料，直接加热近地气层的空气。一般用于小面积的果园和菜园。

（5）喷雾法 当温度接近0℃时，向植物体喷雾，水在植株上结冰时，释放出潜热，可起到防御霜冻的作用。需要注意的是喷水时不能间断，必须持续到天亮温度上升到足以使冰全部融化为止，过早停止，会从植物体吸收热量来融化冰，反而会发生霜冻危害。

（6）防护法 这种方法是在平流辐射型霜冻比较重的地区，采取建立防护林带、设置风障等措施起到防御霜冻的作用。

【巩固训练】

一、关键词

三基点温度、农业界限温度、活动积温、有效积温

二、简答题

1. 土壤温度对园艺植物生产有哪些影响？

2. 气温日变化对园艺植物有什么影响？根据植物的三基点温度，说明“气温日较差越大对园艺植物生长发育越有利”是否正确？

3. 农业界限温度有哪些？有什么标志意义？

4. 积温有哪几种？如何计算？它们在园艺植物生产中有哪些方面的应用？

5. 园艺植物生产中合理耕作调控温度的措施有哪些？各有怎样的气象效应？

6. 采用地面覆盖调控土壤温度的方法有哪些？各有怎样的效应？

7. 为什么通过灌水和排水可以调节温度？

8. 园艺设施内的温度调控主要有哪几个方面？各有哪些具体措施？

【整理归纳】

园艺植物生产温度环境各要素知识与调控应用措施的结构及内容见图2-17。

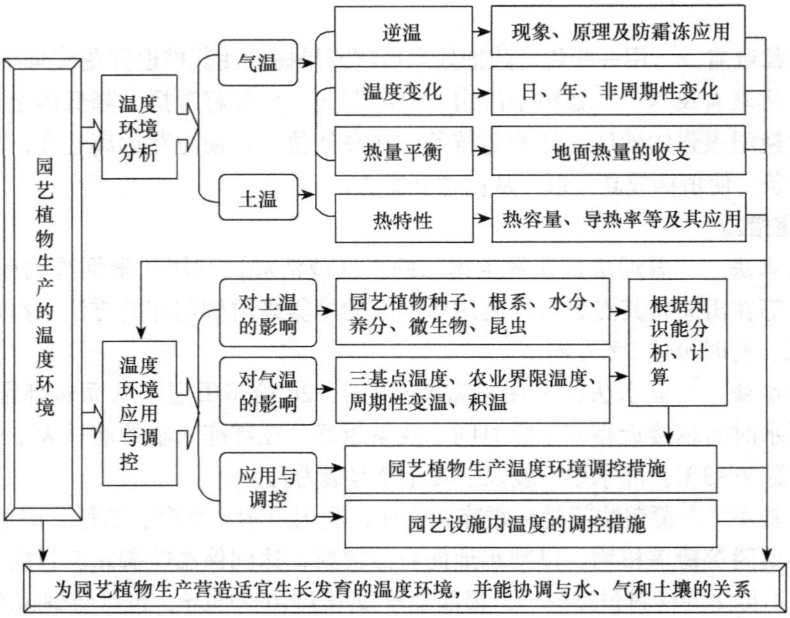

图 2-17 园艺植物生产温度环境的内容结构图

第三章 园艺植物生产的水分环境

【综合目标】

➢ 能力目标

1. 能正确计算园艺植物生产所需的不同类型土壤含水量。
2. 学会土壤含水量观测方法，并能对观测所得数据进行整理分析。
3. 能针对园艺植物生产的设施和自然环境制订适宜的水分调控方案，并能有效实施。

➢ 知识目标

1. 了解园艺植物对水分的适应性及分类。
2. 了解土壤水分的种类和有效性、水汽凝结和降水。
3. 掌握土壤含水量的表示方法、土壤中水分的分布规律和调控措施。
4. 掌握露地和设施内空气湿度的变化规律及调控措施。

【内容要点】

本章主要包括土壤水分和大气水分的类型、表示方式；水分的变化规律，水分的几种主要自然现象（降水、水汽凝结）的形成、现象，以及对植物生产的影响；水分在大气和土壤之间的运动，田间水分平衡，露地和设施内水分调控措施。

第一节 园艺植物生产的水分环境分析

【学习目标】

1. 了解土壤水分的有效性、水汽凝结及降水的种类。
2. 掌握土壤水分的类型、土壤含水量表示方法、土壤水的分布特征和土壤蒸发过程。
3. 掌握空气湿度的变化规律及园艺设施内空气湿度的特点与变化规律。
4. 学会土壤含水量的测定方法，并能对观测所得数据进行整理分析。

【内容分析】

水是园艺植物生命活动必需的条件之一。土壤中的水不但被植物吸收到体内直接参与植物的生理代谢，而且通过植物的蒸腾和土壤的蒸发将大量水汽输送到空气中，增加空气湿度，为园艺植物的生长发育提供一定的湿度环境。本节内容主要是通过对土壤水分和空气湿度的分析，学习和掌握园艺植物生产所需的土壤水分的特征和空气湿度的变化规律，为在园艺植物生产中合理利用、调控水分环境，实现生产目标提供依据。内容见图3-1。

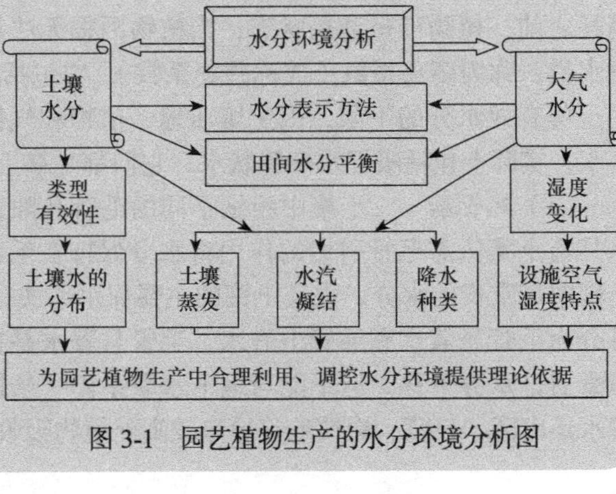

图3-1 园艺植物生产的水分环境分析图

水被喻为是农业的命脉，它既是植物进行光合作用合成有机物的原料之一，是植物体内输送养分的载体，又是植物生长发育的一个重要环境条件。园艺植物生产所需的水分环境包括土壤中的水分和大气中的水分。

一、园艺植物生产的土壤水分环境分析

土壤水分是土壤的重要组成部分，它是植物体内水分的主要来源，是自然界水循环的一个重要环节，处于不断变化和运动中，影响植物的生长发育和土壤中许多化学、物理和生物学过程。土壤水分还参与矿物质的风化、有机化合物的合成与分解等许多物质转化过程。

土壤的水分主要来自于降水、灌溉和地下水。它以固态、液态和气态三种形态存在。植物直接吸收利用的是液态水。土壤水是稀薄的溶液，不仅含有各种溶质，还有胶粒悬浮或分散于其中。通常所说的土壤水实际上是105℃温度下从土壤中驱逐出来的水。

（一）土壤水分的类型和有效性

1. 土壤水分的类型 土壤水分类型的划分，与土壤水的研究方法有关。土壤学中对土壤水的研究方法主要有两种，即能量法和数量法。能量法主要从土壤水受各种力作用后自由能的变化，去研究土壤水的能态和运动、变化规律。而数量法是对土壤水的形态和数量，实用性较强。

数量法根据土壤水分所受的力的作用，即水分在土壤中的物理状态、移动性、有效性和对植物的作用，常把土壤水划分为吸湿水、膜状水、毛管水、重力水等不同的类型。

（1）吸湿水 由于固体土粒表面的分子引力和静电引力对空气中水汽分子而产生的吸附力而紧密保持的水分称为吸湿水。其厚度只有2～3个水分子层，分子排列紧密，不能自由移动，也没有溶解能力，也不能为植物吸收，属于无效水分。

土壤吸湿水的多少，取决于周围的物理条件，主要是大气湿度与温度。当土壤空气中水汽达到饱和时，土壤吸湿水可达最大值，这时的含水量为最大吸湿量，也称为吸湿系数。一般土壤质地越细，有机质含量越高，土壤吸湿水含量也就越高；相反，则少。

（2）膜状水 膜状水是指土粒靠吸湿水外层剩余分子引力从液态水中吸附的一层极薄的水膜。膜状水受到的引力比吸湿水小，因而有一部分可被植物所吸收利用。但因其移动缓慢，只有当植物根系接触到时才能被吸收利用。吸湿水和膜状水又合称为束缚水。

膜状水达到最大时的土壤含水量，称为最大分子持水量。通常在膜状水没有被完全消耗之前，植物已呈萎蔫状态；当植物因根无法从土壤中吸水而发生永久萎蔫时的土壤含水量，称为萎蔫系数（或称凋萎系数），它包括全部吸湿水和部分膜状水，是植物可利用土壤有效水分的下限，因土壤质地、植物和气候等不同而异。通常所称的吸附水或束缚水，实际上包括吸湿水和膜状水，它们都是靠土壤吸附力作用保持的水分。

（3）毛管水 土壤中粗细不同的毛管孔隙连通在一起形成复杂的毛管体系。毛管水是指土壤依靠毛管引力的作用将水分保持在毛管孔隙中的水，称为毛管水。毛管水是土壤中最宝贵的水分，也是土壤的主要保水形式。根据毛管水在土壤中存在的位置不同，可分为毛管悬着水和毛管上升水。毛管悬着水是指在地下水位较低的土壤中，当降水或灌溉后，水分下移，但不能与地下水联系而“悬挂”在土壤上层毛管中的水分，毛管悬着水是山区、丘陵、岗坡地等地势较高处植物吸收水分的主要给源。

毛管悬着水达到最大量时的土壤含水量称为田间持水量，在数量上它包括吸湿水、膜状水和毛管悬着水。当一定深度的土体储量达到田间持水量时，若继续供水，就不能使该土体的持水量再增大，而只能进一步湿润下层土壤。田间持水量代表在良好的水分条件下灌溉后的土壤所能保持的最高含水量，是判断旱地土壤是否需要灌水和确定灌水量的重要依据，是重要的水分常数。田间持水量的大小，主要受质地、有机质含量、结构、松紧状况等的影响，见表 3-1。

表 3-1　不同质地和耕作条件下的田间持水量

土壤质地	砂土	砂壤土	轻壤土	中壤土	重壤土	黏土	二合土	
							耕后	紧实
田间持水量 /%	10～14	13～20	20～24	22～26	24～28	28～32	25	21

毛管上升水是指地下水随毛管引力作用而保持在土壤孔隙中的水分。当地下水位适当时，毛管上升水可达根系分布层，为植物需水创造了有利条件。若地下水矿化度高，盐分随水上升至根层或地表，也极易引起土壤的次生盐渍化，危害植物，必须加以防止。主要的防止方法是利用开沟排水，把地下水位控制在临界深度以下。所谓临界深度是指含盐地下水能够上升到根系活动层并开始危害作物时的埋藏深度，即这时由地下水面到地表的垂直距离。在盐碱土改良的水利工程上，计算临界深度，往往采用毛管水强烈上升高度（或毛管水上升高度）加上超高（即安全系数 30～50cm）。一般土壤的临界深度为 1.5～2.5m，砂土最小，壤土最大，黏土居中。

有机质含量低的砂质土，毛管孔隙少，毛管水很少。在结构不良、过于黏重的土壤中，孔隙细小所吸附的悬着水几乎都是膜状水。土壤砂黏适当，有机质含量丰富，具有良好团粒结构的土壤，其内部具有发达的毛管空隙，可以吸收大量水分，毛管水量最大。

当土壤含水量降到一定程度时（为田间持水量 70% 左右），较粗毛管中悬着水的连续状态出现断裂，毛管水多处断裂，呈不连续状态，但细毛管中仍充满水，蒸发速率明显降低，此时毛管水运动缓慢，难以满足植物的需要，表现出缺水症状，此时的土壤含水量称为毛管断裂含水量。这时一般应及时灌水，而不能等到土壤含水量降到凋萎系数时才抗旱，否则将严重影响植物产量。

（4）重力水　当土壤中的水分超过田间持水量时，不能被毛管力所保持，而受重力的影响，沿着非毛管孔隙（空气孔隙）自上而下渗漏的水分，称为重力水。土壤重力水饱和时的含水量，称为全需水量（或饱和含水量）。全需水量包括了土壤的重力水、毛管水、膜状水和吸湿水。全需水量是计算水田灌水量的依据。

2. 土壤水分的有效性　对某一土壤来说，土壤所保持的各种水分形态类型的最大数值变化极小或基本恒定，称为土壤水分常数。吸湿系数、凋萎系数、田间持水量等都是常见的水分常数。土壤水分常数不仅反映了土壤的持水量和含水量的大小，也反映了土壤的吸持和运动状态及可被植物利用的难易程度，对研究土壤水分状况及其对植物有效性有重要意义。

土壤水的有效性是指土壤水能否被植物吸收利用及其难易程度。可以被植物吸收利用的水分称为有效水；不能被植物吸收利用的水分称为无效水。土壤水分对植物是否有效，主要取决于土壤对水分的保持力及植物根系的吸水力。当植物根系的吸水力大于土壤水分的保持力时，土壤水分就能被植物利用；反之，则不能被植物利用。多数土壤水分必须在土壤中流动一段路程，才能达到根部。当土壤水分含量充分，土壤吸水量较小时，植物吸水容易。随着水分的蒸发和被植物吸收，根系土壤水分越来越少，土壤吸水力越来越大，植物吸水就会越来越困难。如果没有水从附近流向根际，最后土壤水吸力将趋向于和植物根部水吸力平衡，植物吸水就会停止，要使附近水流向根部，不仅要它的吸水力低于植物根部，还要有足够速率流向根部，以补偿植物蒸腾的需要。如果流动速率不能满足植物的需要，植物就会萎蔫。

通常把土壤萎蔫系数看作土壤有效水的下限。而土壤含水量大于凋萎系数，又低于毛管断裂含水量时（土壤含水量小于田间持水量的 70% 时），因水的运动缓慢，难于及时满足植物的需求量，则属无效水。在毛管断裂含水量至田间持水量之间的毛管水，因运动速度快，供水量大，能及时满足植物的需要，属速效水。土壤有效水的多少与土壤质地、有机质含量有密切关系。一般而言，质地过砂或过黏的土壤，有效水少；壤质土，有机质含量高，结构好的土壤，有效水则多，见表 3-2。

表 3-2　土壤质地与有效水最大含量的关系

土壤质地	砂土	砂壤土	轻壤土	中壤土	重壤土	黏土
田间持水量 /%	12	18	22	24	26	30
凋萎系数 /%	3	5	6	9	11	15
有效水最大含量 /%	9	13	16	15	15	15

随着土壤质地由砂变黏，田间持水量和萎蔫系数也随之增高，但增高的比例不高。黏土的田间持水量虽高，但萎蔫系数也高，所以其有效水最大含量并不一定比壤土高。因而在相同条件下，壤土的抗旱能力反而比黏土为强。

一般情况下，土壤含水量往往低于田间持水量。所以有效水含量就不是最大值，而只是当时土壤含水量与该土壤萎蔫系数之差。在有效水范围内，其有效程度也不同。在田间持水量至毛管水断裂量之间，由于含水多，土水势高，土壤水吸力低，水分运动迅速，容易被植物吸收利用，所以称为“速效水”（易效水）。当土壤含水量低于毛管水断裂量，粗毛管中的水分已不连续，土壤水吸力逐渐加大，土水势进一步降低，毛管水移动变慢，呈“根就水”状态，根吸水困难增加，这一部分水属“迟效水”。可见，土壤水是否有效及其有效程度的高低，很大程度上取决于土壤水吸力和根吸力的对比。一般土壤水吸力＞根吸力则为无效水，反之为有效水。同时，还取决于由气象因素决定的大气蒸发力及植物根系的密度、深度和根伸展的速度等。例如，在同一含水量或土水势时，大气蒸发力弱，根系分布密而深，根系伸展也大时，植物可能得到一定水分而不发生永久萎蔫。反之，大气蒸发力强，根系分布浅而稀，根伸展的速度慢，植物虽然仍能吸收一部分水，但因入不敷出，最终发生永久萎蔫。所以，通过有效措施，如深耕、培肥土壤、促进根系发育等，也是提高土壤水有效性、增强抗旱能力的重要途径。

（二）土壤含水量的表示方法

土壤水分含量是表征土壤水分状况的一个指标，又称为土壤含水量、土壤含水率、土壤湿度等。土壤含水量有多种表达方式，数学表达式也不同，常用的有以下几种。

1. 土壤质量含水量　土壤质量含水量是指土壤中水分的质量与干土壤质量的比值，又称为重量含水量，常用符号 θ_m 表示。质量含水量多用百分数形式表示，即

$$土壤质量含水量=\frac{土壤水质量}{干土质量}\times100\%$$

定义中的干土，一般是指在 105℃条件下烘干的土壤。而另一种意义是含有吸湿水的土，通常称为风干土，即在当地大气中自然干燥的土壤。由于大气湿度是变化的，因此风干土的含水量不恒定，故一般不以此值作为计算 θ_m 的基础。

2. 土壤容积含水量　土壤容积含水量是指土壤中水的容积占土壤容积的百分数，又称容积湿度、土壤水的容积分数，用以说明土壤水分占孔隙容积的比值，了解土壤水分与容积的比例关系，常用符号 θ_v 表示。多用百分数形式表达，即

$$土壤容积含水量=\frac{土壤水容积}{土壤总容积}\times100\%$$

θ_v 计算的基础是总容积。由于水的密度近似等于 1g/cm^3，可以推知 θ_v 和 θ_m 的关系如下：

$$\theta_v=\theta_m\times d$$

式中，d 为土壤容重。一般地说，质量含水量多用于计算干土重，如土壤农化分析等。多数情况下，容积含水量被广泛使用，这是因为容积含水量（θ_v）可表示土壤水的深度比，即单位土壤深度内水的深度。

例 3-1　某土壤质量含水量为 20.3%，土壤容重为 1.2g/cm^3，则土壤容积含水量为：

土壤容积含水量＝20.3%×1.2＝24.4%

若土壤孔隙度为 55%，则空气所占体积为：55%－24.4%＝30.6%。

3. 土壤相对含水量　土壤相对含水量是以土壤实际含水量占该土壤田间持水量的百分数来表示的。它可以说明土壤毛管悬着水的饱和程度、有效性和水气比例等，是园艺植物生产上常用的土壤含水量的表示方法。一般认为，土壤相对含水量为田间持水量的 60%～80% 时，最适宜旱地植物的生长发育。

$$土壤相对含水量=\frac{土壤含水量}{田间持水量}\times100\%$$

例 3-2　某土壤的田间持水量为 24%，今测得该实际含水量为 12%，则

土壤相对含水量＝（12/24）×100%＝50%

4. 土壤水贮量　为了便于比较和计算土壤含水量与降水量、灌水量与排水量之间的关系，常将土壤含水量换算为水层厚度（mm），即以土壤需水量或土壤水贮量来表示，即一定面积和厚度土壤中含水的绝对数量，它主要有两种表达方式。

（1）*水层厚度*（D_w）　指在一定厚度（h）、一定面积（s）土壤中所含水量相当于相同面积水层的厚度，量纲为［L］。

水层厚度（D_w）＝土层厚度（h）× 土壤含水量（容积含水量）（θ_v）

水层厚度适于表示任何面积土壤一定厚度的含水量，与大气降水量、土壤蒸发量等直接比较计算。D_w 是长度单位，多以 mm 为单位。

计算一定厚度土壤的 D_w，如 1m 土体内含水水深（$D_{w,100}$）不均一，则需分层计算，将 1m 内含水量均匀地划分为 n 层，每层计算出水层厚度，然后用下式计算总的 1m

（100cm）内的水层厚度（cm）：

$$D_{w,100}=D_{w,1}+D_{w,2}+\cdots+D_{w,n}$$
$$=\theta_1\cdot h_1+\theta_2\cdot h_2+\cdots+\theta_n\cdot h_n$$

例 3-3 某土层厚度为1000mm，土壤含水量（质量百分比）为20%，容重为1.2g/cm³，则水层厚度为：水层厚度（D_w）＝1000（mm）×20%×1.2＝240（mm）。

（2）**灌水定额**（$V_{方/公顷}$） 即一定面积、一定厚度土壤中所含水量的体积，量纲为［L^3］。在数量上，它可简单由 D_w 与所指定的面积（667m² 或 1hm²）相乘即可，但要注意二者单位的一致性。在灌排过程中常用到这一参数，以确定灌水量和排水量，但是，绝对水体积与计算土壤面积和厚度都有关系，参数单位中，一般在不标明土体深度时，通常是指 1m 土深。

若以 1m 土深计，每公顷含水容量（以 $D_{w\,方/公顷}$ 表示）与水深之间的换算关系可推知：

$$V_{方/公顷}=10\,D_w$$

如果已知土层厚度为 h（cm），土壤面积为 s（cm²），土壤容重为 d（g/cm³），容积含水量为 θ_v（%），则灌水定额的计算公式如下：

灌水定额（m³/m²）＝（田间持水量－土壤含水量）× 土壤容重 × 面积 × 湿润深度
＝（田间持水量－θ_v）×d×s×h

例 3-4 某土壤田间持水量为26%，当时测定该土壤含水量为16%，土壤容重为1.5g/cm³，如要灌溉 667m²，使 0.5m 深土层中的水分达到田间持水量，问需灌水多少（m³）？

灌水量（m³）＝（26%－16%）×1.5×667×0.5＝50（m³）

如以水层深度表示，则：

水层厚度（mm）＝（50/667）×1000＝75（mm）

5. 墒情表示法 我国北方地区，习惯把园田土壤的湿度称为墒，把土壤湿度变化的情况称为墒情。生产中根据土壤含水量变化与土壤颜色及性状的关系，把墒情类型分为 5 级（表 3-3）。

表 3-3 土壤墒情类型和性状（轻壤土）

墒情	汪水	黑墒	黄墒	灰墒	干土面
土色	暗黑	黑至黑黄	黄	灰黄	灰至灰白
手感干湿程度	湿润，手捏有水滴出	湿润，手捏成团，落地不散，手有湿印	湿润，捏成团，落地散碎，手微有湿印和凉爽之感	潮干，半湿润，捏不成团，手无湿印，而有微温暖的感觉	干，无湿润感，捏散成面，风吹飞动
含水量（质量百分比）	＞23%	20%～23%	10%～20%	8%～10%	＜8%
相对含水量		70%～100%	45%～70%	30%～45%	＜30%
性状和问题	水过多，空气少，氧气不足，不宜播种	水分相对稍多，氧气稍显不足，为适宜播种的墒情上限，能保苗	水分、空气都适宜，是播种最好的墒情，能保全苗	水分含量不足，是播种的临界墒情，由于昼夜墒情变化，只一部分种子出苗	水分含量过低，种子不能出苗
措施	排水，耕作散墒	适时播种，春播稍作散墒	适时播种，注意保墒	抗旱抢种，浇水补墒后再种	先浇后播

在田间验墒时，既要看表层又要看下层。先量干土层厚度，再分别取土验墒。若干

土层在 3cm 左右，而以下墒情为黄墒，则可播种，并适宜植物生长；若干土层厚度达 6cm 以上，且在其下墒情也差，则要及早采取措施，缓解旱情。

（三）土壤水的分布

1. 园田土壤水的分布　水进入土壤包括两个过程即入渗（也称渗吸、渗透）和再分布（无地下水出现情况下的土壤水运动，称为土壤水的再分布）。

入渗过程一般是指水自土表垂直向下进入土壤的过程，但也不排斥如沟灌中水分沿侧向甚至向上进入土壤的过程。它决定着降水或灌溉水进入土壤的数量，不仅关系到当季植物供水的数量，还关系到供水性或来年植物利用的深层水的贮量。

土壤入渗能力的强弱，通常用入渗速率来表示，即在土面保持有大气压下的薄水层，单位时间通过单位面积土壤的水量，单位是 mm/s、cm/min、cm/h、cm/d 等。在土壤学上常使用的 3 个指标是最初入渗速率、最后入渗速率、入渗开始后 1h 的入渗速率。对于某一特定的土壤，一般只有最后入渗速率是比较稳定的参数，故常用其表达土壤渗水强弱，又称其为透水率（或渗透系数）。表 3-4 是几种不同质地土壤的最后稳定入渗速率参考范围。根据表中不同土壤的最后入渗速率和生产实践可知，对于表土下是砂土层还是细土层，在不断入渗中最初能使上层土壤先积蓄水，以后才下渗。

表 3-4　几种不同质地土壤的最后稳定入渗速率

土壤	砂土	砂质和粉质土壤	壤土	黏质土壤	碱化黏质土壤
最后入渗速率 /（mm/h）	＞20	10～20	5～10	1～5	＜1

在地面水层消失后，入渗过程终止。土内的水分在重力、吸力梯度和温度梯度的作用下继续运动。这个过程，在土壤剖面深厚，没有地下水出现的情况下，称为土壤水的再分布。其过程可达 1～2 年或更长时间，再分布过程对研究植物从不同深度土层吸水有较大的意义，因为某一土层中水的损失量，包括植物吸水量、上层来水与本土层向下再分布的水量三者共同作用的最后结果。

土壤水的再分布是土壤水的不饱和流，在田间入渗终了，上部土层接近饱和，下部土层仍是原来的状况，它必然要从上层吸取水分，于是开始了土壤水分的再分布过程。土壤水分的再分布速率受土壤吸力梯度、重力、导水率等因素影响。

2. 土壤水分平衡　土壤水是自然水分循环的一个重要分支。大气降水或灌溉水进入土壤，一部分可能通过地表径流汇入江河湖泊，另一部分则入渗为土壤水。土壤水可能进一步下渗，补充地下水（即所谓内排水）。另外，在有植被的地块，根层周围土壤水经植物根系吸收并由叶面蒸腾，以及地面水分蒸发等途径又回到大气中。因此，土壤水在自然界的这种收支过程，为园艺植物生产管理提供依据。

园田的各种水流过程错综复杂，但仍遵循质量守恒定律。田间土壤水分平衡，是指对于一定面积和厚度的土体，在一段时间内，其土壤含水量的变化应等于其来水项与去水项之差，正值表示土壤贮水增加，负值表示减少。图 3-2 是田间土壤水分平衡示意图。

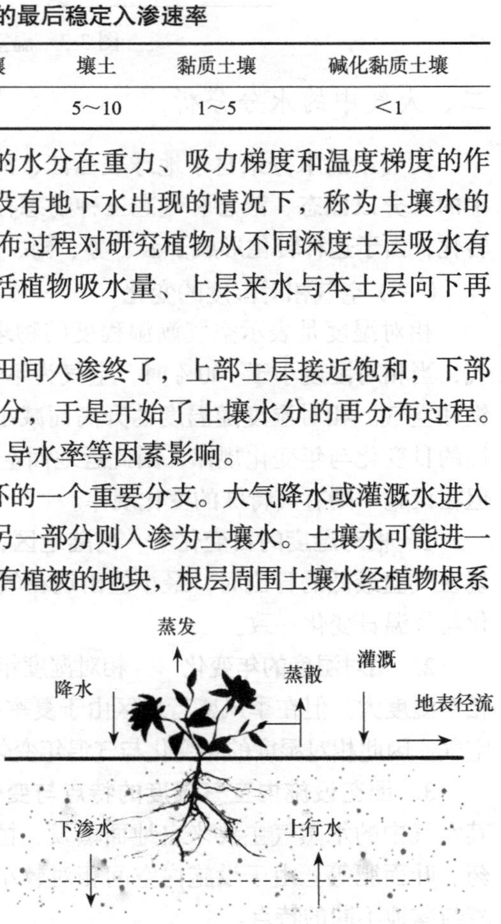

图 3-2　田间土壤水分收支示意图

设施内与露地土壤水分有一定的差异，温室水分移动模式见图 3-3。

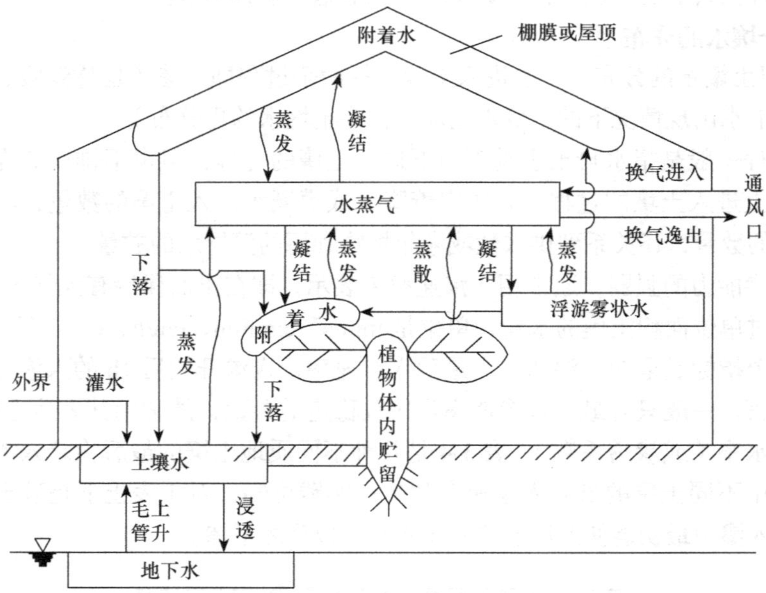

图 3-3　温室内水分移动模式图

二、大气中的水分分析

大气中的水分来自于地球表面江、河、湖、海、土壤等的蒸发和植物的蒸腾。大气中的水分以固态、液态和气态三种物态存在，并且三者之间在一定温度条件下可以相互转化，由于这种转化形成了云、雾、雨、雪等天气现象，同时伴随着能量的转化与输送。

（一）空气相对湿度的变化

相对湿度是表示空气潮湿程度的物理量，当相对湿度等于 100% 时，空气为饱和空气，当相对湿度小于 100% 时，空气为不饱和空气，当相对湿度大于 100% 时，空气为过饱和空气。相对湿度随温度的升高而减小，随温度的降低而增大。由于空气温度有周期性的日变化与年变化规律，因此近地面空气相对湿度也有周期性的日变化和年变化规律，但在设施中则有其特殊的变化规律。

1. 相对湿度的日变化　内陆地区，相对湿度日变化与气温日变化相反，最大值出现在气温最低的日出时，最小值出现在气温最高的 14～15 时。沿海地区，相对湿度日变化与气温日变化一致。

2. 相对湿度的年变化　相对湿度年变化与气温年变化相反，暖季相对湿度小，冷季相对湿度大。但在季风盛行地区由于夏季有来自海洋的潮湿空气，冬季有来自陆地的干燥空气，因此相对湿度的年变化与气温年变化相似，最大值出现在夏季，最小值在冬季。

3. 园艺设施内空气湿度的特点与变化规律　在处于封闭或半封闭的园艺设施内，其空气中的水蒸气主要来自地面蒸发、植物蒸腾、塑料薄膜表面上的露珠蒸发和喷施农药、叶面肥等。由于设施内空间相对较小，气流相对较稳定，使得设施内的空气湿度有着与露地不同的特点。

（1）空气湿度大　日光温室及大、中、小棚，由于设施空间相对较小，加上冬春季节为保温又很少通风，空气湿度均高于露地，平均相对湿度一般在 90% 左右，经常出现 100% 的饱和状态。

（2）湿度分布不均匀　由于设施内温度分布不均匀，导致相对湿度分布也不均匀。一般情况下，温度较低部位，相对湿度高，反之则低。

（3）存在季节变化和日变化　季节变化一般是低温季节相对湿度较高，高温季节相对湿度低。因此，日光温室和大棚在冬春季节生产，植物多处于高湿环境，对其生长发育不利。昼夜变化为夜晚湿度高，白天湿度低，白天的中午前后湿度最低。设施越小，这种变化越明显。一般在春季，白天温度高，光照好，可进行通风，相对湿度较低；夜间温度下降，不能进行通风，相对湿度升高。由于湿度过高，当局部温度低于露点温度时，会导致结露。图 3-4 是晴天时观测到的温室内外空气湿度日变化曲线。

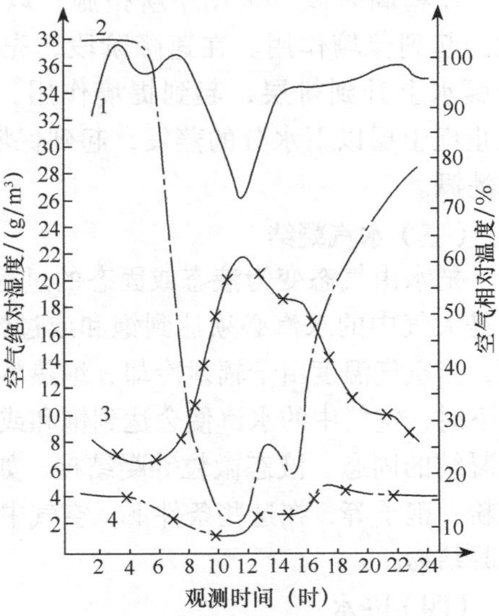

图 3-4　温室内外的空气湿度日变化

1. 温室内的空气相对湿度；2. 露地的空气相对湿度；3. 温室内的空气绝对湿度；4. 露地的空气绝对湿度

（4）设施内的空气湿度随天气情况发生变化　晴天设施内空气的相对湿度低，一般为 70%～80%；阴天，特别是雨天相对湿度则较高，可达 80%～90%，甚至能达到 100%。

（二）土壤蒸发

把水由液态或固态变为气态的过程称为蒸发。土壤蒸发是指土壤中的水汽化并向大气中扩散的过程。土壤蒸发速度的快慢取决于大气蒸发能力和土壤供水能力两个因素，大气蒸发能力包括温度、空气湿度、风速、大气压等，土壤供水能力包括土壤质地、结构、颜色、含水量、植被状况等。根据这两个因素在土壤蒸发过程中对蒸发速度所起作用的大小，将土壤蒸发分为三个阶段。

第一阶段为稳高阶段。该阶段土壤含水充足，蒸发面位于土壤表面，土壤水分通过土壤毛管不断输送到地表，蒸发进入大气中，蒸发速度很快，有时快于水面蒸发。大气蒸发能力对蒸发速度的影响作用很大，土壤供水能力对蒸发速度的影响作用很小。

第二阶段为速降阶段。该阶段土壤中含水量减少，土壤表层形成干涸层，蒸发面下降到干涸层以下，土壤水分主要存在于土壤毛管中，毛管水上升到干涸层下，蒸发速度减慢，蒸发速度等于毛管水上升的速度。大气蒸发能力对蒸发速度的影响作用减小，土壤供水能力对蒸发速度的影响作用增大。

第三阶段为稳低阶段。该阶段土壤非常干燥，毛管作用基本停止，蒸发面下降到深层土壤中，土壤中的水分汽化后以气态形式通过干涸层的土壤空隙蒸发进入大气中，蒸发速度很慢，蒸发速度等于水汽通过干涸层向外扩散的速度。大气蒸发能力对蒸发速度的影响作用很小，土壤供水能力对蒸发速度的影响作用很大。

土壤结构对土壤蒸发有很大影响。如果土粒细碎、结构紧密，则土壤毛管水上升得高，容易使较深层的水分蒸发掉；如果土粒较大、结构疏松，则毛管水上升较低，表层水很容易蒸发掉，但较深层的水却不容易蒸发掉。因此，在实际生产中，可根据土壤水分蒸发所处的不同阶段，采用不同的耕作措施来抑制土壤水分的蒸发。

在稳高阶段，采用中耕措施，以切断表层土壤毛管，阻止虚土层以下水分的蒸发，起到保墒作用。在速降阶段，先采取镇压措施，以增大土壤毛管，使较深层的土壤水上升到耕层，起到提墒作用，然后再采取中耕措施，以切断表层土壤毛管，阻止虚土层以下水分的蒸发，起到保墒作用。在稳低阶段，由于土壤很干燥，必须考虑灌溉。

（三）水汽凝结

把水由气态变为液态或固态的过程，称为凝结。水汽凝结必须同时具备两个条件，一是大气中的水汽必须达到饱和或过饱和状态，二是大气中要有凝结核。在自然条件下，当空气温度由于辐射冷却、绝热冷却、接触冷却、混合冷却等原因下降到露点温度以下时，空气中的水汽便会达到饱和或过饱和状态，再加上空气中含有大量能够促使水汽凝结的固态、液态微粒等凝结核，如含盐的微粒、硫化物、氮化物的微粒或者尘粒、花粉、孢子等，在这些条件下，空气中的水汽便会产生凝结，形成霜、露、雾、云等水汽凝结物。

（四）降水

降水有广义和狭义两个概念，广义的概念是指地面从大气中所获得的各种形态的水汽凝结物；狭义的概念是指从高空云层中降落到地面上的水汽凝结物。通常所说的降水都是指狭义的降水。

1. 降水的表示方法　这是用来描述降水多少的物理量。这里主要介绍降水量、降水强度和降水变率。

（1）降水量　指在一定时段内，从天空降落到地面上，未经蒸发、渗漏、流失而积聚在水平面上的水层厚度。单位用毫米（mm）表示。

（2）降水强度　指单位时间内的降水量。单位为：mm/d、mm/h。

（3）降水变率　这是表示降水变动幅度的特征量，分为绝对变率与相对变率两种。

绝对变率（又称降水距平）：是指某地某一时期的实际降水量与该地多年历史同期平均降水量之差。绝对变率值可正可负，为正值时，表示比正常年份降水量偏多；为负值时，表示比正常年份降水量偏少；等于或接近于零时，表示与正常年份降水量持平。

相对变率：是指绝对变率与多年历史同期平均降水量的百分比。相对变率大，说明降水变动幅度大，平均降水量的可靠程度小，发生洪涝或干旱的可能性就大。

2. 降水的种类

（1）按降水性质划分　分为4种，一是连续性降水，其特点是：降水强度变化小，持续时间长，影响范围大。二是阵性降水，其特点是：降水强度大，持续时间短，影响范围小。三是间歇性降水，其特点是：时大时小，时降时止。四是毛毛状降水，其特点是：雨滴极小，降水强度很小。

（2）按降水强度划分　这是最常用的一种分类方法。按照日降水量的多少可分为：小雨、中雨、大雨、暴雨、大暴雨、特大暴雨6种。降雪可分为：小雪、中雪、大雪、暴雪4种（表3-5）。

表 3-5　降水等级的划分标准

降水强度等级	降水量 /（mm/d）	降水强度等级	降水量 /（mm/d）
小雨	0.1～9.9	特大暴雨	＞250.0
中雨	10.0～24.9	小雪	0.1～2.4
大雨	25.5～49.9	中雪	2.5～4.9
暴雨	50.0～99.9	大雪	5.0～9.9
大暴雨	100.0～250.0	暴雪	≥10.0

（3）按降水物态形式划分　分为4种，一是雨，从云层中降落到地面上的液态降水。二是雪，从云层中降落到地面上的各种冰晶混合物。三是霰，白色或淡黄色不透明而疏松的小冰球，直径1～5mm。四是雹，从发展旺盛的积雨云中产生的坚硬球状、锥状或形状不规则的固态降水，由透明和不透明层构成，直径几毫米到几十毫米，最大雹块直径可达十几厘米。

【实践技能】

技能训练 3-1　土壤吸湿水含量的测定

测定土壤含水量的方法很多，常用的方法有烘干法、乙醇燃烧法、微波炉加热法。烘干法是目前测定水分的标准方法，其测定结果比较准确，适合于大批量样品的测定，但这种方法需要时间长。乙醇燃烧法等测定土壤水分快，但精确度较低，只适合田间速测。本次土壤水分含量的测定只进行烘干法的实践技能训练。

一、训练目标

能够理解土壤水分的形态，掌握烘干法测定土壤含水量的原理，能够熟练准确地测定土壤吸湿水含量，为土壤分析和合理排灌中数据统计奠定基础。

二、测定原理

烘干法测定水分的原理：在（105±2）℃下，水分从土壤中全部蒸发，而结构水不被破坏，土壤有机质也不致分解。因此，将土壤样品置于（105±2）℃下烘至恒重，根据烘干前后质量之差，可计算出土壤水分含量的百分数。自然风干土中含有的水分称为吸湿水，一般在进行土壤理化指标测定时用的土壤样品为风干土样，而在进行各项指标的计算时，需要用到烘干土重，因此，在土壤检测中，吸湿水含量是必测的一项指标，然后通过公式计算烘干重，即

$$烘干土重=风干土重/(1+吸湿水含量)$$

三、材料和用具

恒温干燥箱、天平（感量为0.01g和0.001g）、干燥器、称样皿、铝盒、小刀、土壤样品等。

四、操作规程和质量要求

烘干法适用于新鲜土样和风干土样，这里选用风干土样。根据要求进行下列全部或部分内容。

1. 称空铝盒重　用感量为0.001g的天平对洗净烘干的铝盒称重，记为铝盒重（W_1），并记下铝盒的盒盖和盒壁的号码。应注意铝盒的盒盖和盒壁相对应，避免出错。

2. 加风干土并称重　用牛角匙取10g左右的土样放入已称重的铝盒中，称重，记为铝盒加风干土样重（W_2），应将土样内的石砾、虫壳、根系等物质仔细剔除，以免影响测定结果。

3. 烘干　将铝盒放入预先温度升至（105±2）℃的电热恒温干燥箱内烘6～8h。稍冷却后，将铝盒盖盖上，并放入干燥器中进一步冷却至室温，注意防止土样损失，以免出现误差。

4. 冷却称重　待铝盒冷却至不烫手时，将铝盒盖盖在铝盒上，待其冷却至室温，称重，记为铝盒加烘干土重（W_3），冷却后应及时称重，避免土样重新吸水。

5. 结果计算

$$\text{土壤含水量（\%）}=\frac{W_2-W_3}{W_3-W_1}\times 100$$

平行测定结果用算术平均值表示，保留小数点后1位。

平行测定结果的允许绝对相差：水分含量＜5%，允许绝对相差≤0.2%；水分含量5%～15%，允许绝对相差≤0.3%；水分含量＞15%，允许绝对相差≤0.7%。

6. 常见技术问题处理

1）数据记录格式参见表3-6。

表3-6　土壤吸湿水含量测定记录表

样品号	盒号	铝盒重（W_1）	盒加风干土重（W_2）	盒加烘干土重（W_3）	含水量/%	平均值

2）烘干时温度的控制：温度过高会造成土壤中有机质的破坏，过低则水分散失不完全，最终影响测定结果，因此一定将温度控制在（105±2）℃。

3）操作注意：取放铝盒时，一定要戴洁净、干燥的手套，以免将手上的水分等粘到铝盒上，而影响测定结果。

4）小数位数：这是最易忽略的问题，计算完毕后，一定将结果保留1位小数，并以百分数表示结果。

技能训练 3-2　土壤田间持水量的测定

田间持水量在地势高、水位深的地方是毛管悬着水最大含量，但在地下水位高的低洼地区，它则接近毛管持水量。它的数值反映土壤保水能力的大小。实际测定时常采用实验室法和田间测定法。

一、训练目标

能够理解烘干法测定土壤田间持水量的原理，能够熟练准确地测定土壤田间持水量，为确定灌水定额，指导农业生产等提供依据。

二、仪器及材料

图 3-5　环刀

环刀（100cm³）（图 3-5）、滤纸、纱布、橡皮筋、玻璃皿、天平（1/1000）、剖面刀、铁锹、小锤子、烘箱、烧杯、滴管、铁框或木框（面积 1m×1m 或 2m×2m、高 20～25cm）、水桶、铝盒、土钻等。

三、测定原理

在自然状态下，加水至毛管全部充满。取一定量湿土放入 105～110℃烘箱中，烘至恒重。水分占干土重百分数即为土壤田间持水量。

四、操作规程和质量要求

选择种植蔬菜、果树、花卉等田间，进行下列全部内容。

（一）实验室法

1. 选点取土　在田间选择挖掘的土壤位置，用小刀修平土壤表面，按要求深度将环刀向下垂直压入土中，直至环刀筒中充满土样为止，然后用土刀切开环周围的土样，取出已充满土的环刀，细心削平刀两端多余的土，并擦净环刀外侧。环刀取土时要保持土壤的原样，不能压实土壤，否则数值不准确。

2. 湿润土样　在环刀底端放大小合适滤纸 2 张，用纱布包好后用橡皮筋扎好，放在玻璃皿中。玻璃皿中事先放 2～3 层滤纸，将装土环刀放在滤纸上，用滴管不断地滴加水于滤纸上，使滤纸经常保持湿润状态，至水分沿毛管上升而全部充满达到恒重为止（W_2）。湿润土样时，一定要注意使滤纸经常保持湿润状态。

3. 测定含水量　取出装土环刀，去掉纱布和滤纸，取出一部分土壤放入已知质量的铝盒内称重（W_1），然后放入 105～110℃烘箱中，烘至恒重，取出称重（W_3）。参照水分测定要求。

4. 结果计算

$$质量田间持水量=（湿土重-烘干土重）/ 烘干土重 \times 100\%$$

$$容积田间持水量=质量田间持水量 \times 容重$$

平行测定结果以算术平均数值表示，保留小数点后 1 位；允许绝对相差≤ 1%。

（二）田间测定法

1. 选择地点　在田间选择代表性的地块，其面积可为 1m×1m，或 2m×2m，将地表弄平。地点选择要注意代表性，应远离道路、大树、坑、建筑物等。

2. 筑埂　在四周筑起内外两层坚实的土埂（或用木棍），土埂高 20～25cm，内外埂相距 0.25m（砂质土壤）或 1m（黏土），内外土埂之间为保护带，带中地面应与内埂中测区一样平。筑埂时一定要拍实，防止渗漏或串水。

3. 计算灌溉所需水量并灌水　一般按总空隙度的 1 倍计算，然后按照需水量进行灌水。为防止水分蒸发，灌水后要用秸秆、塑料布进行及时覆盖。

4. 取样　灌水后砂壤土及轻壤土过 1～2 昼夜，重壤土及黏土过 3～4 昼夜，在所需深度用土钻进行取样。于测定区，按正方形对角线打钻，每次打 3 个钻孔，从上至下按土壤发生层分别采土 15～20g。取样时在埂上铺上木板，人站在木板上工作。

5. 测定含水量　将所采土壤迅速装入已知质量（W_1）的铝盒中盖紧，带回室内称重（W_2），在电热板上干燥，再放在烘箱中经 105℃烘至恒重（W_3），计算含水量。参照水分测定要求。

6. 重复　1～2d 后再次取样，重复测定一次含水量，至土壤含水量的变化小于 1%～1.5% 时，此含水量即为田间持水量。重复是为了提高结果的代表性，一定要给予重视。

7. 结果计算　质量田间持水量和容积田间持水量的计算同实验室法。

平行测定结果以算术平均数值表示，保留小数点后 1 位；允许绝对相差≤ 1%。数据记录格式参见表 3-7。

表 3-7　田间持水量测定结果记录表

编号	铝盒质量 /g	湿土加铝盒质量 /g	烘干土加铝盒质量 /g	水质量 /g	烘干土质量 /g	土壤质量含水量 / %	田间持水量（质量）/ %	田间持水量（容积）/ %

五、常见技术问题处理

1）尚未测定上述取样地块的容重、密度，不能计算总空隙度时，可参考如下数字，黏土及重壤土孔隙度为 50%～45%，中壤及轻壤为 45%～40%，砂壤土 40%～35%。

2）第一次先灌计划水量的一半，半天后再加入其余的水量，为了防止倒水时冲击表土，可以在倒水处垫一些草，灌完水后，用草覆盖，以防水分蒸发。

【知识拓展】

土壤水的能态

土壤中水分的保持和运动，以及被植物根系吸收、转移和在大气中散发都是与能量有关的现象。由位置或内部状况所产生的势能，在决定土壤水分的状态和运动方面具有非常重要的作用。

1. 土水势的概念　土壤水自由能的降低可用势能值的降低来表示，这就引出了土水势的概念。土水势是指为了可逆、等温地在标准大气压下从在指定高度的纯水水体中移动无穷小量的水到土壤水分中去，每单位数量的纯水所需做功的数量。土壤水总是由土水势高处流向土水势低处。同一土壤，湿度越大，土壤水能量水平越高，土水势也越高。土壤水便由湿度大处流向湿度小处。反之亦然。

例如，含水量为 15% 的黏土，其土水势一般低于含水量为 10% 的砂土，说明不同土壤不能只看土壤含水量的多少，更重要的是要看它们土水势的高低，才能确定土壤水的流向。因此，假如上述两种土壤接触时，水流将由砂土流向黏土。故用土水势研究土壤水有许多优点：一是可以作为判断各种土壤水分能态的统一标准和尺度；二是土水势的数值可以在土壤—植物—大气之间统一使用，把土水势、根水势、叶水势等统一比较，判断它们之间水流的方向、速度和土壤水有效性；三是对土水势的研究还能提供一些精确的土壤水分状况测定手段。

在土水势的研究和计算中，一般要选取一定的参考标准。土壤水在各种力如吸附力、毛管力、重力等作用下，与同样温度、高度和大气压等条件的纯自由水相比（即以自由水作为参比标准，假定其势值为零），其自由能必然不同，这个自由能的差用势能来表示即为土水势（符号为 ψ）。

2. 土壤水能态的定量表示方法　土水势的定量表示是以单位数量土壤水的势能值为准。最常用的单位数量是单位容积和单位重量。

单位容积土壤水的势能值用压力单位，标准单位帕（Pa），也可用千帕（kPa）和兆帕（MPa），习惯上也曾用巴（bar）和大气压（atm）表示；单位重量土壤水的势能值用相当于一定压力的水柱高度厘米数表示。它们之间存在以下转换关系：

1Pa＝0.0102 厘米水柱

1atm＝1033 厘米水柱＝1.0133bar

1bar＝0.9896 atm＝1020 厘米水柱

由于土水势的范围很宽，由零到上万个大气压（或巴），使用十分不便，有人建议使用土水势的水柱高度厘米数（负值）的对数表示，称为 pF。例如，土水势为－1000 厘米水柱则 pF＝3。这样可以用简单的数字表示很宽的土水势范围。

3. 土水势的测定　土水势的测定方法很多，主要有张力计法、压力膜法、冰点下降法、水气压法等。它们或测定不饱和土壤的总土水势，或测定基质势。饱和土壤的土水势，仅包括压力势和重力势，只要测量与参比高度的距离并确定好正负值就行了。

测定基质势最常用是张力计法。在田间、盆栽和室内均可使用。

张力计的底部是一个细孔陶瓷杯，孔径为 1.0～1.5μm，其上连接一塑料管或抗腐蚀的金属管，管上连一水银压力计或真空压力表。

使用时把瓷杯和管内都装满水，并使整个仪器封闭。然后插入土中，使瓷杯与土壤紧密接触，这样杯内通过细孔与土壤水相连并逐渐达到平衡。于是仪器内的水承受与土壤水相同的吸力，其数值可由真空压力表或水银压力表显示出来。由于瓷杯的孔径限制，一般只能测定的土壤水吸力在 8.0×10^4～8.5×10^4Pa 以下。超过这个范围就有空气进入瓷杯而失效。田间植物可吸收的土壤水大部分在张力计可测范围内。所以它有一定实用价值。

应该特别注意的是，张力计内的水柱不能有气泡，整个仪器必须密封，保持真空。不能与大气相通，因此，张力计在安装前必须进行校正。

【巩固训练】

一、关键词

吸湿系数、萎蔫系数、田间持水量、田间土壤水分平衡、蒸发、凝结、降水

二、简答题

1. 土壤水分有哪些类型？各有什么特征？
2. 什么是有效水？其范围包括哪些？
3. 土壤水分含量的表示方法有哪些？各有什么含义？
4. 土壤水的分布有什么特征？
5. 空气相对湿度随温度和时间有怎样的变化规律？
6. 设施内空气湿度有怎样的特点和变化规律？
7. 土壤蒸发分为哪几个阶段？各阶段的蒸发过程有什么特点？各阶段应采取怎样的耕作措施进行保墒？
8. 水汽凝结的条件有哪些？
9. 降水的种类有哪些？各有什么特点？

第二节 园艺植物生产的水分环境调控与应用

【学习目标】

1. 了解水分对园艺植物生长发育的影响及根据植物对水分环境适应情况的分类。
2. 掌握园艺植物露地和设施栽培条件下的水分环境调控措施。
3. 能科学分析园艺植物生产的水分环境特征，根据实际生产需要，制订合理的水分调控方案，并在生产中有效实施。

【内容分析】

在园艺植物生产过程中，需要及时对土壤水分和空气湿度进行调节，以保证植物正常生长发育。本节内容主要是通过对园艺植物对水分环境的适应及水分对园艺植物生产的影响分析，学习和掌握对露地与设施内水分环境进行调控的技术措施，以便于在实际生产中采取相应措施改善土壤水分和空气湿度，实现栽培目标。内容见图 3-6。

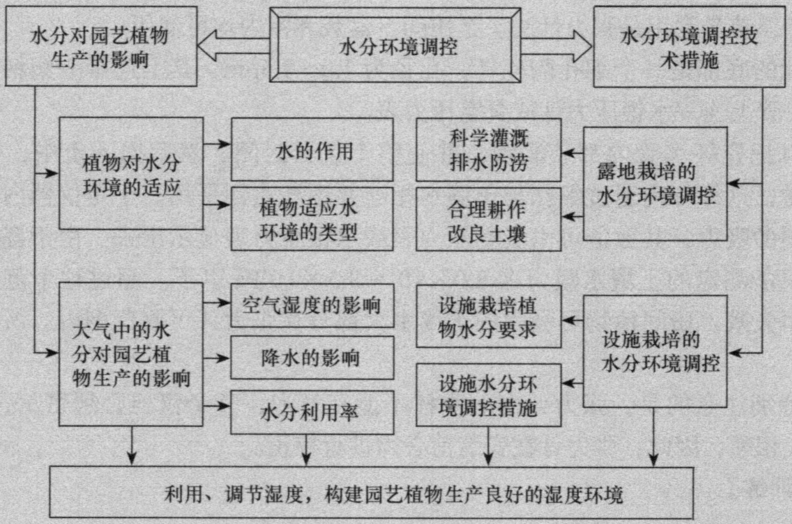

图 3-6 园艺植物生产的水分环境调控与应用分析图

一、水分环境对园艺植物生产的影响

（一）水分对园艺植物生长的影响

在园艺植物体的组成中，水是含量最多的成分，通常园艺植物体内的含水量高达80%～95%。水在植物的生命活动中，具有十分重要的作用。

1. 水是植物新陈代谢过程的重要物质　细胞原生质含水量在70%～80%，才能保持新陈代谢活动正常进行，如果细胞内水分减少，植物的生命活动就会大大减弱。例如，风干种子的含水量低，使其处于静止状态，不能萌发。如果细胞失水过多，会引起其结构破坏，导致植物死亡。

水是植物光合作用、合成有机物的重要原料，植物有机物质的合成及分解过程必须有水参与。其他生物化学反应，如呼吸作用中的许多反应，脂肪、蛋白质等物质的合成和分解反应，也需要水参与。没有水，这些重要的生化过程都不能正常进行。

2. 水是植物进行代谢作用的介质　细胞内外的物质运输、植物体内的各种生理生化过程、矿质元素的吸收与运输、气体交换、光合产物的合成、转化和运输及信号物质的传导等都需要水分作为介质。

3. 水能使植物体保持固有的姿态　植物的细胞和组织含有水分后，膨压增大，并维持细胞的紧张度，使植物枝叶挺立、叶片舒展，花朵开放，根系得以伸展，有利于叶片接受阳光和通过气孔与外界环境进行气体交换、吸收养分等。如水分供应不足，植物便萎蔫，不能正常生活。

4. 水具有重要的生态作用　水所具有的特殊理化性质，为植物的生命活动提供许多便利。因此，可作为生态因子，在维持适合植物生活的环境方面起着特别重要的作用。例如，水的汽化热（2.26kJ/g）、比热（4.19J/g）较高，导热性好，植物可通过蒸腾散热，调节体温，以减少烈日的伤害；水温变化幅度小，在寒冷的环境中也可保持体温不会下降得太快。如遇干旱时，也可通过灌水来调节植物周围的空气湿度，改善田间小气候。水有很大的表面张力和附着力，对于物质和水分的运输有重要作用。水是透明的，可见光和紫外光可透过，这对于植物叶子吸收太阳光进行光合作用很重要。此外，可以通过水分，促进肥料的释放，从而调节养分的供应速度。

俗话说："有收无收在于水"，可见水对植物的生命具有决定性作用，水是农业的命脉。因此，降水（或灌溉）适时、适量是确保稳产、高产、优质的重要条件。

（二）大气中的水分对园艺植物生产的影响

大气中的水分从两方面对园艺植物产生影响，一方面以一定的空气湿度为园艺植物的生长提供了所需的环境条件；另一方面又以大气降水的方式给土壤补充水分，为园艺植物的生理代谢提供必要的水分供应。

1. 空气湿度对园艺植物生产的影响　空气湿度与园艺植物的生长发育有着密切的关系，就一般情况而言，在园艺植物生长季内，以日平均相对湿度在70%～80%为宜，高于90%或低于60%都是不利的；高于95%或低于40%更是有害的。

当空气湿度小于60%时，土壤的蒸发和植物的蒸腾作用就显著增强，在这种情况下，如果长时间无雨或缺乏灌溉，就会发生土壤干旱，影响园艺植物的生长发育和产量。在植物的开花期，如果日平均相对湿度小于60%，就会影响开花授粉，使结实率下降或产生落花落果现象。以收获籽粒为最终栽培目标的园艺植物，在灌浆期空气过于干燥，就会影响灌浆，使籽粒不饱满，产量和品质下降；但是在成熟期，空气干燥则可促使早熟，并且在收获期空气干燥，有利于进行收获、晾晒和贮藏园艺产品。

当日平均相对湿度大于90%时，由于空气过湿，植物茎叶嫩弱，容易发生倒伏。在开花期，空气湿度过大，开花授粉也会受到一定的影响。另外，空气湿度过大，还会导致病虫害的发生和发展。

总之，空气湿度过大或过小对园艺植物生产都不利。在生产中，可以通过一些措施改造田间空气湿度，如营造防护林、实行喷灌、适当增加种植密度等，都可以增加空气湿度，减轻或避免空气干旱。而实行稀植、整枝打叶等，都可以使田间通风透光好，可以降低园艺植物株间的空气湿度。

2. 降水对园艺植物生产的影响 降水是植物水分供应与土壤水分的主要来源，尤其在一些无灌溉条件的地区更为重要。适时、适量的降水有利于园艺植物的正常生长发育，取得高产。降水对园艺植物生产的影响，主要有降水量、降水时期和降水强度三个方面。

（1）降水量与园艺植物生产 在无灌溉条件的干旱地区，降水是决定产量高低的主要因子之一，降水量与产量是呈正相关的，即降水越多，产量越高。而在湿润地区，降水量低于常年则会出现高产。

（2）降水强度与园艺植物生产 降水强度是指单位时间内的降水量。降水强度与降水的有效性关系很大。当降水强度比较大时，往往造成土壤来不及吸收，使许多雨水流失，成为无效降水。降水强度越大，径流越多，降水的有效性就越小。大雨形成的径流还容易造成水土流失。降水强度过小，连阴雨过多，雨日多，往往因光照不足导致病害发生、光合产物不足而降低产量和产品品质。一般中等强度的降水对园艺植物的生长有利。

（3）降水时期与园艺植物生产 降水对园艺植物产量的影响，不仅取决于生育期的降水量，还取决于不同发育时期降水量的分配。因为植物在不同的生育期对水分的需要和敏感程度不同，植物一生中对水分供应最敏感的时期，称为水分临界期，在这一时期，水分不足或过多都会对园艺植物产生严重的影响。但这里需要注意：水分临界期不一定是植物需水量最多的时期。不同的植物水分临界期不同，但植物的水分临界期多数在生殖生长时期，如番茄的水分临界期在结实到果实成熟期，瓜类的水分临界期在开花到成熟期。因为生殖生长时期，植物有机体的生长发育最旺盛，需水很多，加上新的生殖器官处于幼嫩阶段，对外界不良环境的抵抗能力很差，所以如果遇到干旱，必然造成明显的减产。

不同植物的水分临界期长短不一致，临界期较短的植物和品种适应不良水分条件的能力较强；临界期长的植物和品种，易受不良水分条件的危害。一般在临界期满足植物的水分要求，对保证产量是比较有利的。

3. 园艺植物需水的一般规律 在园艺植物的一生中，从种子发芽、出苗到茎叶旺盛生长、开花、结果等，要经过一系列的生理需水和生态需水过程，消耗掉大量的水分。所谓生理需水，就是经过园艺植物根系吸收、体内运输、叶面蒸腾的水分数量；生态需水则是指植株间蒸发量和田间渗透量，因未参与园艺植物的生理活动，只作为园艺植物需水的生态条件而已。

不同类型的植物或同种植物不同品种及同品种的不同生育期需水状况不同。生育期长、叶面积大、生长快、根系发达的植物需水量多；蒸腾作用强的植物需水量多；植株高大，枝繁叶茂的植物需水量多；蛋白质、脂肪含量多的植物需水量多。在植物生育过程中，苗期因叶面积系数小，根系少，生长量和生长势弱，需水量少；中期因生长发育旺盛，茎叶繁茂，叶面积系数大，根系活动能力强，需水量多；后期因生命活力逐渐减弱，部分老叶死亡，叶面积系数减少，需水量少。

4. 水分利用率及其提高途径

（1）水分利用率　植物通过蒸腾作用消耗单位重量的水分所制造的干物质的重量，称为植物的水分利用率或蒸腾效率，其倒数为蒸腾系数（生产单位重量的干物质所消耗的水量）。水分利用率可表示如下：

$$P_r=\frac{Y_d}{E_s}$$

式中，P_r 为水分利用率；Y_d 为单位土地面积上获得的干物质重量，单位为 kg；E_s 为单位土地面积上植物通过蒸腾作用消耗的总水量，单位为 kg。

显然，P_r 越大，表示蒸腾一定量的水分所获得的干物质量越多，用水越经济，水分利用率越高。P_r 越小，表示蒸腾一定量的水分所获得的干物质量越少，用水越浪费，水分利用率越低。

（2）提高水分利用率的途径

1）灌溉：灌溉的时期与方式对水分利用率的影响很大，在水分临界期灌溉比其他时期灌溉收效更好。如果缺水尚不严重，在植物发育的各个时期都能得到很好的灌溉，是提高产量和品质的最好办法。但是如果缺水严重，则不得不考虑灌溉的时期，因此提倡在缺水的地区，尽量多地蓄水，然后把水分利用到植物最需水的时期，以保证一定的产量。

灌溉次数及灌水量应根据气候特点、土壤含水量和植物需水要求作出灌水量及灌水次数预报，做到不失时宜和不过其量，良好的灌溉方式既保证灌水均匀又节约用水，既有效地调节土壤水分状况又保证土壤良好的物理性状和提高肥力。常用的灌溉方式有：畦灌、沟灌、淹灌、喷灌和滴灌等。

2）种植方式：种植方式是指种植密度、行距、行向等。就种植密度和行距而言，当土壤水分充足时，密植与缩小行距，对提高植物的水分利用率有利；当土壤水分有限时，稀植与宽行距对提高水分利用率有利。就种植行向而言，在相同的种植密度下，东西行向的水分消耗明显比南北行向多，水分利用率低，但东西行向与南北行向的总产量无明显差异。原因是东西行向收入的净辐射较多，导致更多的水丧失，并且还有较多的辐射照到了行间地面，加快了土壤蒸发。

3）风障：在一情况下，风障不改变植物的水分利用率。但在有大风时，风障可减少乱流交换，从而明显减少风障内水分消耗，提高水分利用率。

4）覆盖：在小面积上使用覆盖物可减少蒸发。例如，地膜覆盖，它不仅提高地温，而且极大减少土壤蒸发，保存土壤水分，使土壤中的有效水分能够较长时间供给植物吸收利用，从而极大提高了水分利用率。另外，干土面、砾石和干草作覆盖物相比较，以干土面防蒸发效果最好，特别在有风时效果更为显著。所以，中耕松土将表土弄成细干土，对保持土壤下层水分有明显作用。

5）植物种类的选择：根据研究，不论干湿条件，C_3 植物比 C_4 植物的蒸腾量大，因此，应针对不同气候特点选用适宜的植物种类，可以提高水分利用率。

（三）园艺植物对水分环境的适应

由于长期生活在不同的水分环境中，植物会产生固有的生态适应特征。根据水分环境的不同及植物对水环境的适应情况，可以把植物分为水生植物和陆生植物两大类。

1. 水生植物 生长在水体中的植物统称为水生植物。水体环境的主要特点是弱光、缺氧、密度大、黏性高、温度变化平缓，能溶解各种无机盐类等。水生植物对水体环境的适应特点：首先是体内有发达的通气系统，根、茎、叶形成连贯的通气组织，以保证植物体各部位对氧气的需要。例如，荷花从叶片气孔进入的空气，通过叶柄、茎进入地下茎和根部的气室，形成了一个完整的通气组织，以保证植物体各部分对氧气的需要。其次，其机械组织不发达甚至退化，以增强植物的弹性和抗扭曲能力，适应于水体流动，同时，水生植物在水下的叶片多分裂成带状、线状，而且很薄，以增加吸收阳光、无机盐和 CO_2 的面积。最典型的是伊乐藻属植物，叶片只有一层细胞。有的水生植物，出现异型叶，如毛茛在同一植株上有两种不同形状的叶片，在水面上呈片状，而在水下则丝裂成带状。

水生植物类型很多，根据生长环境中水的深浅不同，可划分为挺水植物、浮水植物和沉水植物三类。

（1）挺水植物 是指植物体大部分挺出水面的植物。这类植物根系浅，茎秆中空，如荷花、芦苇、香蒲等。

（2）浮水植物 是指叶片漂浮在水面的植物。这类植物的气孔分布在叶的上面，维管束和机械组织不发达，茎疏松多孔，根漂浮或伸入水底。又分为不扎根的浮水植物（如凤眼莲、浮萍等）和扎根的浮水植物（如睡莲、菱角和眼子菜等）。

（3）沉水植物 是指整个植株沉没在水下，与大气完全隔绝的植物。这类植物的根退化或消失，表皮细胞可直接吸收水体中的气体、养分和水分，叶绿体大而多，适应水体中弱光环境，无性繁殖比有性繁殖发达，如金鱼藻、狸藻和黑藻等。

2. 陆生植物 生长在陆地上的植物统称陆生植物，分为旱生植物、湿生植物和中生植物三种类型。

（1）旱生植物 是指长期处于干旱条件下，能长时间忍受水分不足，但仍能维持水分平衡和正常生长发育的植物。这类植物在形态上或生理上有多种多样的适应干旱环境的特征，多分布在干热草原和荒漠区。根据旱生植物的形态特征和抗旱方式，又可分为多浆液植物和少浆液植物两类。

1）多浆液植物：又称肉质植物，如仙人掌、番杏、猴面包树、景天、马齿苋等。这类植物蒸腾面积很小，多数种类叶片退化而由绿色茎代替叶进行光合作用。其植物体内有发达的贮水组织，植物体的表面有一层厚厚的蜡质表皮，表皮下有厚壁细胞层，大多数种类的气孔下陷，且数量少；细胞质中含有一种特殊的五碳糖，提高了细胞质浓度，增强了细胞保水性能，极大提高了抗旱能力。

2）少浆液植物：又称硬叶旱生植物，如柽柳、沙拐枣、羽茅、梭梭、骆驼刺、木麻黄等。这类植物在园艺植物中比较少。

（2）湿生植物　指适于生长在潮湿环境，且抗旱能力较弱的植物。根据湿生环境的特点，还可以区分为耐阴湿生植物和喜光湿生植物两种类型。

1）耐阴湿生植物：也称为阴性湿生植物，主要生长在阴暗潮湿环境里。例如，多种蕨类植物、兰科植物，以及海芋、秋海棠、翠云草等植物。这类植物大多叶片很薄，栅栏组织与机械组织不发达，而海绵组织发达，防止蒸腾作用的能力很小，根系浅且分枝少。它们适应的环境光照弱，空气湿度高。

2）喜光湿生植物：也称为阳性湿生植物，主要生长在光照充足、土壤水分经常处于饱和状态的环境中，如灯心草、半边莲、小毛茛及泽泻等。它们虽然生长在经常潮湿的土壤上，但也常有短期干旱的情况，加之光照强度大，空气湿度较低，因此湿生形态不明显，有些甚至带有旱生的特征。

（3）中生植物　是指适于生长在水湿条件适中的环境中的植物。这类植物种类多，数量大，分布最广，它们不仅需要适中的水湿条件，同时也要求适中的营养、通气、温度条件。中生植物具有一套完整的保持水分平衡的结构和功能，其形态结构及适应性均介于湿生植物与旱生植物之间，其根系和输导组织均比湿生植物发达，随水分条件的变化，可趋于旱生方向，或趋于湿生方向。

二、园艺植物生产的水分环境调控措施

（一）露地栽培的水分环境调控

1. 科学灌溉，及时排水防涝　进行灌溉时，要防止大水漫灌，发挥灌溉水的作用，根据植物的需水规律和土壤水分指标进行科学灌溉。大力推广先进的喷灌、滴灌和渗灌技术。喷灌一般比地面灌溉可节水60%左右，另外，喷灌还省工、省地、保土、保肥、改善田间小气候。滴灌是用一种固定的塑料暗管，根据植物的需水量，定量地以水滴形式将水缓慢地送到植物根部，供植物吸收利用；滴灌比地面灌溉节省用水50%～80%，比喷灌节省用水20%～30%。

在雨水过多、地下水位升高的情况下，要及时开沟排水，搞好垄、腰、围三沟配套，使地表水、潜层水和地下水能迅速排出，降低土壤湿度和地下水位。

2. 合理耕作，改良土壤结构　在容易发生干旱的地区，其中心是通过合理耕作进行蓄水保墒，做到伏雨春用、春旱秋抗。具体措施如下。

（1）秋耕壮垄　即秋收后先浅耕耙，去掉根茬杂草，平整土地，施足底肥，然后深耕翻下，以利于接纳冬季的雨雪，使春季土壤湿度提高。

（2）浅耕塌墒　为了减少土壤水分的蒸发，已壮垄的地春季不再耕翻，只是在播种前4～5d浅耕，耙耢后播种。

（3）耙耢保墒　早春土壤尚未解冻时就顶凌耙耢，播前要纵、横、斜耙耢2～3次，使表土疏松，地面平整细碎，以保护墒土，减少蒸发。

（4）镇压提墒　早春时镇压，可提高土壤墒情。镇压一般是压干不压湿，先压砂土后压壤土。

在容易发生洪涝的地区，其中心是通过合理耕作改善土壤理化性状，提高土壤渗水能力。具体措施有深耕、增施有机肥等。

（二）园艺设施内的水分环境调控

1. 设施栽培园艺植物对水分环境的基本要求 多数蔬菜作物光合作用要求适宜空气湿度为60%～85%。当空气相对湿度低于40%或大于90%时，光合作用就会受到阻碍，从而使生长发育受到影响。而蔬菜作物光合作用对土壤含水量的要求，一般为田间最大持水量的70%～95%，过干或过湿对光合作用都不利。水分严重不足易引起萎蔫和叶片枯焦等现象。水分长期不足，植株表现叶片小，机械组织形成较多、果实生长慢、品质不良，产量降低。开花期水分不足则引起落花落果，土壤水分过多时，因土壤缺氧而造成根系窒息、变色而腐烂，严重时整株死亡。

设施栽培植物病虫害的发生与空气相对湿度及土壤水分有着密切的联系。大多数蔬菜作物病害的发生均于空气湿度有关，一般适宜的空气相对湿度是80%以上。但有些病害易在干燥的条件下发生，如病毒病、白粉病等，虫害中如红蜘蛛、瓜蚜等。而蝼蛄则在土壤潮湿的条件下易于发生。几种主要蔬菜作物病虫害发生与湿度的关系见表3-8。

表3-8 几种主要蔬菜作物病虫害发生与湿度的关系

蔬菜种类	病虫害种类	要求相对湿度/%	蔬菜种类	病虫害种类	要求相对湿度/%
黄瓜	炭疽病、疫病、细菌性病等	＞95	番茄	早疫病	＞60
	枯萎病、黑星病、灰霉病	＞90		枯萎病	土壤潮湿
	霜霉病	＞85		花叶病、蕨叶病	干燥
	白粉病	25～85	茄子	褐纹病	＞80
	花叶病（病毒病）	干燥		黄萎病、枯萎病	土壤潮湿
	瓜蚜	干燥		红蜘蛛	干燥
番茄	绵疫病、软腐病等	＞95	辣椒	疫病、炭疽病	＞95
	炭疽病、灰霉病等	＞90		细菌性疮痂病	＞95
	晚疫病	＞85		病毒病	干燥

2. 设施内水分环境的调控措施 设施内水分环境的调控包括对设施内的空气湿度和土壤含水量进行合理的节控。

（1）空气湿度的调控 主要是降低空气湿度和增加空气湿度，保持设施内适宜于作物生长发育的湿度环境。

1）除湿：如果设施内的空气湿度过大，则需要降低湿度。主要措施如下。

A. 通风排湿：通风是降低湿度的重要措施，排湿效果最好，因为通风必然要降温，所以必须在高温时进行，隆冬和早春一般应在中午前后进行。其他时间也要在保证温度的前提下，尽量延长通风时间。顶部风口排湿效果最好，外界气温高时，可同时打开顶部和前部通风口，利于充分和均匀排湿。通风排湿的时间除了依据不同作物及不同生育期对空气湿度的要求而定外，还要注意加强下面5个时期的排湿：一是浇水后的2～3d；二是叶面追肥和喷药后的1～2d；三是阴雨（雪）天时；四是日落前后的几小时内；五是早春。后两个时期加强排湿是为了降低前半夜的相对湿度，减少发病。

B. 减少地面水分蒸发：由于地面水分蒸发是设施内空气湿度增大的主要原因，因此减少地面水分蒸发可有效降低设施内空气湿度。室内覆盖地膜或膜下暗沟灌溉，可抑制土壤水分蒸发。据观察，覆盖地膜的棚室内空气湿度一般比不覆盖地膜的棚室低20%～50%，特别是地面湿度比较高、棚室通风量又不足的情况下，地膜覆盖的降湿效果更为明显。浇水后立即升温烤地，促进地面水分蒸发，降低地面湿度。低温期选晴天上午浇水，然后封闭棚室，维持35℃ 1.5h，然后开风口缓慢降湿，如此连续烤地2～3d。浇水后及时中耕，切断土壤毛管，减少表层土壤水分。盖地膜的垄沟要定期中耕。

C. 合理使用农药和叶面肥：设施内尽量采用烟雾剂、粉尘剂取代叶面喷雾。传统的叶面喷雾法，药液中的99%以上都是水，同时由于每次的喷药量比较大（一般成株期，每30kg药液喷洒的范围只有120m^{2}左右），喷药后会引起设施内生雾，故设施内防治病虫害应尽量采用烟雾剂法或叶面喷粉法，叶面喷雾时，用药量一定不要过大，并且选晴暖天的上午喷药，以便喷药后有足够长的时间通风排湿。

D. 减少薄膜、屋顶的聚水量：薄膜表面的水滴多是造成设施内高湿的主要原因之一。可覆盖无滴薄膜、二道幕选用透湿和吸湿性良好的无纺布等材料，防止表面结露，并且可防止露水落到植株上，从而降低了空气湿度和作物沾湿。例如，采用有滴膜，可向薄膜表面喷涂除滴剂，也可每隔18～20d向薄膜表面喷涂100～200倍的豆粉、奶粉、小麦粉等。

屋顶覆盖水泥预制板时常常布满水滴，如果选择植物秸秆覆盖屋顶，能在一定程度上降低空气湿度。

E. 增温降湿：当寒冷季节设施内温度较低时，可以通过适当加温等措施，既满足植物对温度的要求，又能降低空气相对湿度，减少病虫害的发生。另外，增加透光量可提高室温，室温升高后常进行通风换气，也可达到降湿的目的。

F. 除湿性热交换通风装置：采用除湿性热交换器，能防止随通风而产生的室温下降。例如，日本三原试制的热交换器，是用多层塑料薄膜做成管道，使吸气和排气交叉流动，通过薄膜管道吸气和排气进行热交换，吸气温度升高到与排气温度接近再导入室内，这样连接吸气与排气的通风机启动后就可以得到高温低湿的进气，而排出的是低温高湿的空气，达到除湿的目的，同时可补充室内二氧化碳。

2）加湿：大型园艺设施在进行周年生产时，到了高温季节还会遇到空气湿度不够的问题，尤其是大型玻璃温室由于缝隙多，此问题更加突出，当栽培要求湿度高的植物，如黄瓜和某些花卉时，还必须加湿以提高空气湿度。具体方法如下。

A. 喷雾加湿：喷雾器种类多，如电动喷雾加湿器、空气洗涤器、离心式喷雾器、超声波喷雾器等，可根据设施面积选择合适的喷雾器。此法效果明显，常与降温（中午高温）结合使用。

B. 湿帘加湿：主要用来降温，同时也达到增加室内湿度的目的。温室内顶部安装喷雾系统，降温的同时可加湿。

（2）土壤水分的调控　设施内土壤水分偏多或过少均阻碍植物的正常生长发育。水分长时间偏多容易降低土壤中的含氧量，导致烂根；抑制根系伸长生长，根系分布浅，根群小；低温季节土壤水分多还易降低地温，抑制根系活动及土壤微生物的分解活动，使肥料的利用率降低；幼苗期和发棵期水分过多时，植株容易徒长。土壤水分不足可导致植株萎蔫，强光时期还易发生日灼及卷叶等现象。

土壤湿度的调控应根据作物各生育期需水量、体内水分状况及土壤湿度状况而定。

1）适时灌水：灌水时间主要根据土壤含水量、植物各生育阶段的需水规律、秧苗生长表现、地温高低、天气阴晴等情况来确定。

当土壤水分张力下降到某一数值时，作物因缺水而丧失膨压导致萎蔫，即使在蒸腾最小的夜间也不能恢复，这时的土壤含水量称为“萎蔫系数”或“凋萎点”。凋萎点用水分张力表示约为 pF4.2。一般灌水都在凋萎点以前，这时的土壤含水量为生育阻滞点。排水良好的露地土壤生育阻滞点约为 pF3.0，设施内 pF 为 1.5～2.0，即开始灌水的土壤含水量较高。因为设施内植物根系分布受到一定限止，需要在土壤中保持较多的水分。

一般播种时浇足水，出苗后控水，抑制地上部徒长，促进根系发育；定植时浇足水，发棵期适当控水，结合中耕蹲苗，大白菜叶球、萝卜肉质根等营养器官旺盛生长期大量浇水，果菜类开花结果期也要供应充足的水分。具体到各种植物应灵活安排。

秧苗的生长情况可反映出土壤是否缺水，如早晨看韭菜的叶片吐水，如果吐水严重，水滴不断滚落，则表明土壤中水分过多；水滴大但不落下，表明土壤水分合适；如果没有吐水或水滴小，则应及时浇水补充土壤水分。黄瓜是否缺水可以看龙头小叶，如近生长点小叶伸直则表示水分多，小叶拢抱到一起则表示水分过多。中午是否萎蔫也能反映土壤水分的多少，如中午秧苗无萎蔫现象，表示土壤中水分过多，如中午稍有一点萎蔫，下午15～16 时恢复正常则水分合适，到日落时秧苗仍不能恢复则表示土壤严重缺水。

地温高时浇水，水分蒸发快，作物吸收多，一般不会导致土壤过湿，10cm 地温在20℃以上时浇水合适；地温低于 15℃时要慎重浇水，必要时浇小水，并浇温水；地温在10℃以下时禁止浇水。

冬季浇水最好选择晴天上午浇，因为晴天地温、气温都有较高，浇水后可闷棚提温，不至于降低地温太多。但久阴骤晴时地温低，不宜浇水，如缺水可进行叶面喷洒。阴天、下午最好不要浇水。

2）适量灌水：设施内浇水除要满足作物的生长需水外，还要考虑浇水后空气湿度的增加幅度要小。另外，设施相对密闭，土壤水分消耗较慢，因此浇水量比露地要小。

灌水量应根据设施内栽培作物生理需求和土壤湿度而定。可以采用“蒸发蒸腾比率”来确定一次灌水量。蒸发蒸腾比率是蒸发蒸腾总量与蒸发器蒸发量的比值，两者之间有着密切的相关关系，可以通过实验测出某种作物在某季节的蒸发蒸腾比率曲线，再由蒸发器测出蒸发量，从曲线查出相应的蒸发蒸腾比率。一次灌水量（mm）为：

$$一次灌水量（h）=蒸发器蒸发量（E）\times 蒸发蒸腾比率（K）$$

用此法测定灌水量时应注意：在地下水位高时要减去由地下上升的水量，同时要考虑各种灌水方法向栽培床流失的水量，对计算值进行调整。

灌水量与作物种类、气象条件、土壤状况等有关，以蔬菜作物为例，灌水差异如表 3-9所示。另外，在低温季节，应一次多灌，间隔时间要长，以免频繁灌水降低地温。

表 3-9　设施内主要蔬菜的灌水量和间隔日数

蔬菜种类	灌水量 /mm						间隔日数 /d		
	每次			每天					
番茄	2.6	17.4	44.3	1.2	3.6	9.1	1.2	3.7	7.0
黄瓜	4.3	24.1	42.0	2.4	6.0	15.0	0.7	3.8	8.0

续表

蔬菜种类	灌水量 /mm						间隔日数 /d		
	每次			每天					
辣椒	10.0	25.1	35.0	3.8	7.1	10.0	2.6	3.4	4.3
茄子	4.7	—	19.4	3.0	—	6.0	1.6	—	2.8
芹菜	4.4	7.1	12.4	1.16	3.0	7.0	1.0	2.4	4.4

设施灌水技术的一般要求：根据作物需水要求，遵循灌溉制度，按计划灌水定额适时适量灌水；灌水均匀；田间水有效利用率一般不低于 0.90；灌溉水有效利用率不低于 0.90，微喷灌不低于 0.85；少破坏或不破坏土壤团粒结构，灌水后土壤能保持疏松状态，表土不形成板结；灌水劳动生产率高，灌水用工少；灌水简单经济，便于操作，投资及运行费用低；田间占地少，并易于和其他农业措施相结合，如与方便施肥、施药、调节田间小气候相结合。

设施灌溉的主要类型及特点如下。

畦灌：是用田埂将拟灌土地分成一系列小畦。灌水时，将水引入畦田后，在畦田上形成很薄的水层，沿畦长方向流动，在流动过程中主要借重力作用逐渐湿润土壤。主要适用于密植窄行距植物。

沟灌：在植物行间开挖灌水沟，水从输入沟进入灌水沟后，在流动的过程中主要借毛细管作用湿润土壤。和畦灌相比，其明显优点是不会破坏植物根部附近的土壤结构，不导致田间板结，能减少土壤蒸发损失，适用于宽行距的需中耕植物。

喷灌：是利用专门设备将有压力的水输送到灌溉地段，喷到空中形成细小的水滴，像降雨一样进行灌溉。其优点是对地形的适应性强，机械化程度高，灌水均匀，灌溉水利用率高，尤其适合于透水性强的土壤，并可调节空气湿度和温度。但基建投资较高。

滴灌：是利用一套塑料管道将水直接输送到每株植物的根部，水由每个滴头直接滴在根部的地表上，然后渗入土壤并浸润植物根系最发达区域。其突出优点是非常省水，自动化程度高，可以使土壤湿度始终保持在最优状态。但投资较高，滴头极易堵塞。把滴灌管布置于地膜下，可避免地面无效蒸发，称为膜下暗灌。

渗灌：是利用修筑在地下的专门设施（地下管道系统）将灌溉水引入田间耕作层，借毛管作用自上而下湿润土壤，所以又称地下灌溉。其优点是灌水质量好，蒸发损失少，少占耕地，便于机耕，但地表湿润性差，地下管道造价高，容易淤塞，检修困难。

微喷灌：又称微型喷灌。利用很小的喷头（微喷头）将水喷洒在土壤表面，微喷头的工作压力与滴头大致相同，但喷孔稍大，出口流速比滴头大，堵塞的可能性大大减小。

3）农业技术措施调控：设施内土壤水分偏多可通过中耕、提高气温等方法散墒，苗期地面可撒细干土或草木灰吸湿。采用高畦或高垄栽培，增加地面水分的蒸发量。

【知识拓展】

水 土 保 持

1. 水土保持的概念　水土保持是指对自然因素和人为活动造成水土流失所采取的

预防和治理措施。水土保持是防治水土流失，保护、改良与合理利用水土资源，维护和提高土地生产力，减轻洪水、干旱、风沙灾害，以利于充分发挥水、土资源的生态效益、经济效益和社会效益，建立良好生态环境的综合性技术。水土保持是为了避免水土的过度流失，从保护水土资源的角度出发，通过改良及合理利用，提高并维护土地的生产力，能够充分发挥水土资源的生态效益、经济效益、社会效益，所采取的综合性保护措施。水土保持不只是保护，还是改良与合理的利用；水土保持的主体是人，对象是水土资源，目标是人对水土资源的良性经营。

2. 水土保持的措施

（1）水源涵养　水源涵养主要是通过林草植被等拦蓄地表水，增强土壤下渗，提高水分有效蒸腾，均匀积雪，改变雪和土壤的冻融性质，调节区域水分循环，调节径流，并通过促进降水增加等作用为江河湖泊和供水水库提供水源。

（2）防风固沙　通过防风固沙措施来增加地表覆盖，如地膜覆盖、化学药剂覆盖、秸秆覆盖等，可起到固沙紧土、降低风速、改变风向、增温保墒和改良土壤等作用，从而削弱风的侵蚀能力，并能有效地防治流沙运动，在防沙治沙、保护土壤和园田等方面具有重要作用。在重要交通区及风沙区，建立防风固沙的经济林或果园，能起到减小风速和降低沙地风蚀危害的作用。

（3）土壤保持　土壤保持主要体现在林草措施的林冠截留作用，降雨侵蚀，增加林下枯落物和腐殖质的透水性和蓄水性，减少地表径流的流量和速度，从而使土壤侵蚀得到减轻；林草植被的根系能固结土壤，从而能减轻滑坡和泥石流的危害。同时，通过工程措施拦截泥沙是水土保持的重要体现。例如，在坡地上修筑水平梯田保土率可达95%以上，灌木防冲带保土率达73%～80%。另外，还有耕作措施等。山地丘陵的综合农业开发区是土壤保持的重要区域。

（4）蓄水保水　蓄水保水是指蓄积利用降水和地表径流及保持土壤水分。降落在陆地的水分，一部分汇集于江河形成地表径流，另一部分渗入土壤岩石，成为地下径流，两者经常相互转化。所以要防止径流流失，有效利用这部分水量就要建一些蓄水工程。主要是通过工程措施和林草措施解决干旱缺水地区及季节性缺水严重地区的水资源问题。林草植被的拦蓄、抑蒸、减缓地表径流、改善小气候等功能，在枯水期可补充河流水量，缓解水资源短缺问题。蓄水保水工程主要有水库、蓄水池、水窖、塘坎、方塘和梯田等水利工程措施，这些措施对干旱缺水地区的人畜饮水及园艺作物种植具有重要意义。

（5）园田防护　土壤侵蚀、土地退化、土地荒漠化、水源污染、土地干旱缺水等危害，直接与水土流失有关，水土流失导致土壤颗粒及其养分流失，降低了土壤肥力，造成土壤硬石化、沙化等，严重影响农业生产，威胁粮食安全。通过林草措施（如园田防护林、水土保持经济林等）、工程措施（如梯田、地埂等）和少耕免耕等措施，达到减少水蚀、风蚀和重力侵蚀的危害，改善园田小气候，增加土壤水分，提高土壤养分，增加粮食产量等作用。将平原地区作为园田防护的重要区域。

（6）节水灌溉　目前采用的节水灌溉方法主要有地下灌溉、喷灌和滴灌。这些灌溉方式用水节约，灌水均匀，不易造成水、土、肥的流失，灌溉结合地膜覆盖，还可减少水分蒸发。

此外，森林、草原、湿地的保护，可以提供维持生物多样性、调节气候、净化环境和减轻自然灾害等生态服务功能。通过造林、种草和封山育林、育草，保护湿地河道工程等措施，提高和保护林地、草地面积，维护森林系统多样性，防治草地沙化，减少入河入库泥沙，从而达到维护森林、草原、湿地等生态系统功能的作用。另外，通过工程措施，包括护岸及堤防工程、沟道疏浚工程、排洪渠、排导工程、拦挡工程、沟道治理工程和蓄水工程、削坡、减重反压、抗滑挡墙、抗滑桩、铺固、抗滑键等，可减轻山洪、泥石流、滑坡等山地灾害。水土保持是一项持续不断的工程，是建立植物 - 环境系统良性循环的基础。

【巩固训练】

一、关键词

水分临界期、水分利用率

二、简答题

1．水分对植物生长的影响有哪些？

2．园艺植物生长所需的最适相对湿度为多少？当相对湿度过高或过低时会对园艺植物产生哪些不利影响？

3．降水对园艺植物有哪些影响？

4．提高水分利用率的途径有哪些？

5．简述不同类型陆生植物的形态特点。

6．露地栽培的水分环境调控措施有哪些？

7．设施栽培园艺植物对水分环境的基本要求有哪些？如何对园艺设施内的水分环境进行调控？

【整理归纳】

园艺植物生产水分环境各要素知识与调控应用措施的结构及内容见图 3-7。

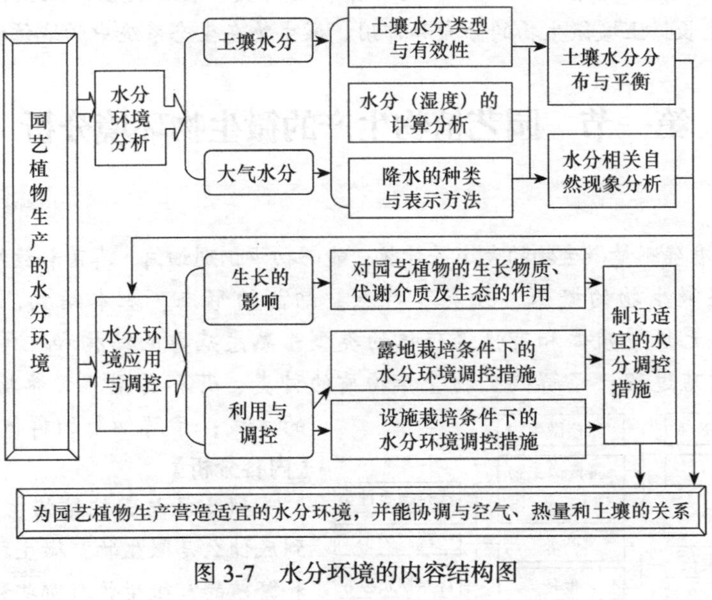

图 3-7　水分环境的内容结构图

第四章　园艺植物生产的微生物环境

【综合目标】

➢ 能力目标

1. 能够准确测量微生物的大小并进行计数。
2. 能够初步识别细菌、真菌和放线菌的形态。
3. 掌握微生物分离和纯化的技能。
4. 认识微生物在自然界物质循环中的地位和作用。
5. 能够正确分析微生物肥料、微生物农药的应用范围与注意事项。

➢ 知识目标

1. 掌握微生物、微生物肥料和微生物农药的概念、分类和特点。
2. 掌握细菌、真菌、病毒的形态。
3. 掌握生物固氮的形式和生物固氮作用，菌根微生物的类型和菌根的功能。
4. 理解微生物与生物环境之间的关系及其在食品、能源等领域的应用。
5. 了解微生物营养物质的种类、营养类型、营养物质进入细胞的方式。
6. 了解土壤微生物的分布和作用及微生物在生态系统中的地位和作用。

【内容要点】

掌握微生物的概念、分类和特点。细菌的形态、结构和菌落特征，真菌的营养体、无性繁殖体和有性繁殖体的类型，病毒的结构、化学组成、增殖过程，生物固氮的形式和生物固氮作用，菌根微生物的类型和菌根的功能，微生物肥料和微生物农药的使用方法及注意事项；正确认识微生物在自然界物质循环中的地位和作用，理解微生物与生物环境之间的关系；了解微生物的营养物质种类、营养类型，微生物的纯培养及细菌的群体生长，土壤微生物的分布和作用，微生物在生态系统中的地位和作用。

第一节　园艺植物生产的微生物环境分析

【学习目标】

1. 能够准确测量微生物的大小并计数；能够初步识别细菌、真菌和放线菌的形态。
2. 掌握微生物的概念、分类和特点，细菌的形态、基本结构，真菌的营养体、无性繁殖体和有性繁殖体的类型；熟悉病毒的结构和化学组成及病毒的增殖过程；了解微生物营养物质的种类、营养类型、营养物质进入细胞的方式；了解细菌的群体生长。

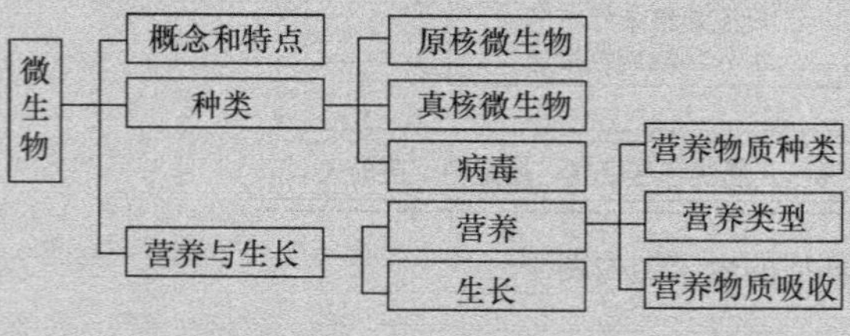

图 4-1　园艺植物生产的微生物环境分析图

【内容分析】

微生物与园艺植物生产密不可分，到底什么是微生物？微生物是如何生长和繁殖的？微生物有哪些种类？这是本节内容需要解决的问题（图 4-1）。

一、微生物的特点与种类

微生物是一类形体微小、结构简单、用肉眼不能直接看见，大量的、极其多样的，必须借助放大几十倍至几百倍的显微镜才能看见其个体形态的低等生物的统称。其中，某些藻类、蘑菇等除外，常肉眼可见。

（一）微生物的特点

1. 种类多、分布广、数量大　现已知的微生物有十几万种，但只相当于自然界微生物种类的1/10左右，已知细菌12%，真菌5%，病毒4%，而研究的就更少。分布广，有高等生物的地方均有微生物生活，动植物不能生活的极端环境也有微生物存在。在局部环境中数量众多，如每克土壤含微生物几千万至几亿。

2. 个体微小，结构简单　微生物个体微小，肉眼看不见，需用显微镜观察，细胞大小以微米和纳米计量。结构也简单，一般来说微生物是相当简单的生物，大多数的细菌、原生动物、某些藻类和真菌是单细胞的微生物，即使为多细胞的微生物，也没有太多的细胞类型。病毒甚至没有细胞结构，只有蛋白质外壳包围着的遗传物质，且不能独立存活。

3. 代谢类型多，代谢强度高　微生物体积小，比表面积大（即表面积/体积），是人的20万倍。微生物通过表面积与外界交换各种物质，新陈代谢就快，代谢强度也高。

4. 生长繁殖快　在实验室培养条件下，细菌几十分钟至几小时可以繁殖1代。例如，大肠杆菌的繁殖周期为12～17min，按20min计算，如果有充分的营养，1d能繁殖72代，大约4.72×10^{21}个，培养4～5d形成的大肠杆菌的重量将和地球相仿，实际上并不是这样，但培养3～5d繁殖为千百亿个是完全可能的。

5. 易变异　相对于高等生物而言，微生物较容易发生变异。在所有生物类群中，已知微生物种类的数量仅次于被子植物和昆虫。微生物种内的遗传多样性非常丰富。所以微生物是很好的研究对象，具有广泛的用途。

（二）微生物的种类

根据微生物不同进化水平和各种性状上的明显差别，可将微生物分为原核微生物、真核微生物和非细胞微生物三大类群。

1. 原核微生物　原核微生物是指一大类仅含一个DNA分子的原始核区而无核膜包裹，不存在核仁，无细胞器的原始单细胞微生物。原核微生物包括真细菌和古细菌两大类群。其中，除少数属于古细菌外，多数原核微生物（细菌、放线菌、蓝细菌等）属于真细菌，即细菌。

（1）细菌　细菌是一类结构简单、种类繁多、主要以二分裂方式进行繁殖和水生性较强的单细胞原核微生物。在自然界分布广，与人类关系十分密切，是微生物的主要研究对象。

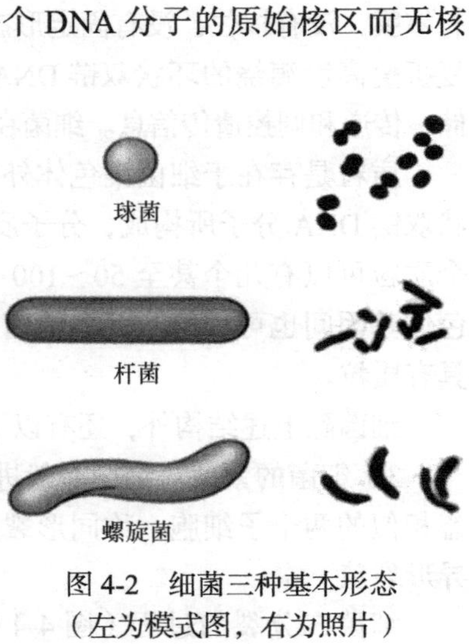

图4-2　细菌三种基本形态（左为模式图，右为照片）

园艺植物生产环境中有大量的细菌存在。在不断研究中，发掘和利用大量的有益细菌到生产实践中，给人类带来极大的经济效益和社会效益。

1）细菌的形态和大小：细菌细胞的基本形态有

球状、杆状、螺旋状三种（图 4-2），分别称为球菌、杆菌和螺旋菌，其中以杆状最为常见，球状次之，螺旋状较为少见。

球菌直径一般为 0.5～1.0μm。

杆菌细胞呈杆状或圆柱形，杆菌是细菌中种类最多的一类，大小为（0.2～0.4）μm×（3～8）μm。

螺旋菌细胞呈弯曲杆状，根据其弯曲情况可分为弧菌、螺旋菌和螺旋体。弧菌只有一个弯曲，螺旋菌有 2～6 个弯曲，螺旋体的弯曲有 6 个以上，且较柔软。大小为（0.3～1.0）μm×（1～50）μm。

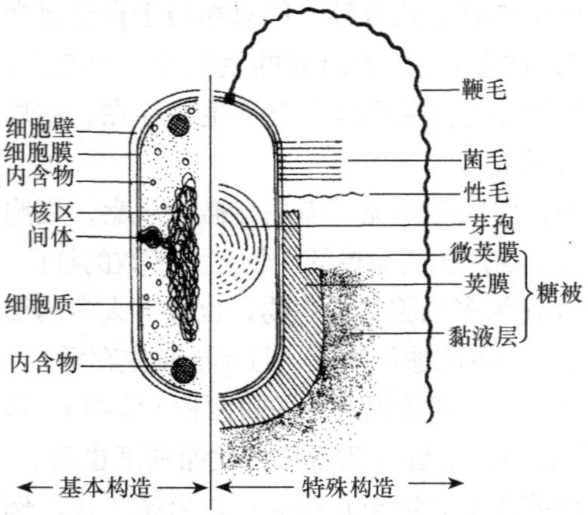

图 4-3　细菌细胞的构造模式图

2）细菌细胞的构造：典型的细菌细胞的构造可分为基本构造和特殊构造（图 4-3）。细菌的基本构造是指所有的细菌细胞所共有的，且可能为生命所绝对必需的细胞构造，包括细胞壁、细胞膜、细胞质及其内含物和核区。细菌的特殊构造是指某些细菌所特有的，可能具有某些特殊功能的细胞构造，如芽孢、糖被、鞭毛、菌毛和性毛等。

细胞壁是位于细胞最外面层。其厚度一般在 10～80nm，其重量占细胞干重的 10%～25%。

细胞膜是一层紧贴在细胞壁内侧，包围着细胞质的柔软、脆弱、富有弹性的半透性薄膜，厚 7～8nm，约占细胞干重的 10%。细胞膜的主要化学成分有磷脂（占 20%～30%）和蛋白质（占 50%～70%），还有少量糖类（如己糖）。

细胞质是指被细胞膜包围的除核区以外的一切半透明、胶体状、颗粒状物质的总称。其含水量约为 80%。细胞质的主要成分为核糖体、贮藏物、各种酶类、中间代谢物、各种营养物质和大分子的单体等，少数细菌还存在类囊体、羧酶体、气泡或伴胞晶体等。

核区又称核质体、原核、染色质体、拟核或核基因组。细菌的核区位于细胞质内，没有核膜，没有核仁，没有固定形态，结构也很简单。构成核区的主要物质是一个大型的反复折叠高度缠绕的环状双链 DNA 分子，另外还含有少量的 RNA 和蛋白质。其功能是存储、传递和调控遗传信息。细菌在一般情况下均为单倍体，只有在染色体复制时呈双倍体。

质粒是存在于细菌染色体外或附加于染色体上的遗传物质，绝大多数由共价闭合环状双链 DNA 分子所构成，分子质量为 2×10^6～1×10^8Da。菌体内有一个或几个质粒，每个质粒可以有几个甚至 50～100 个基因。不同质粒的基因可以发生重组，质粒基因与染色体基因间也可重组。很多细菌，如根瘤土壤杆菌、金黄色葡萄球菌、乳酸链球菌等均具有质粒。

细菌除上述结构外，还有以下几种特殊结构：芽孢、糖被、鞭毛等。

3）细菌的繁殖：细菌一般进行无性繁殖。绝大多数类群在分裂时产生大小相等、形态相似的两个子细胞，称同形裂殖。但有少数细菌分裂成两个大小不等的子细胞，称为异形裂殖。

细菌二分裂的过程（图 4-4 中 DNA 均为双链）：首先从核区染色体 DNA 的复制开

始，形成新的双链，随着细胞的生长，每条DNA各形成一个核区，同时在细胞赤道附近的细胞膜由外向中心作环状推进，然后闭合在两核区之间产生横隔膜，使细胞质分开。进而细胞壁也向内逐渐伸展，把细胞膜分成两层，每一层分别形成子细胞膜。接着横隔壁也分成两层，并形成两个子细胞壁，最后分裂为两个独立的子细胞。

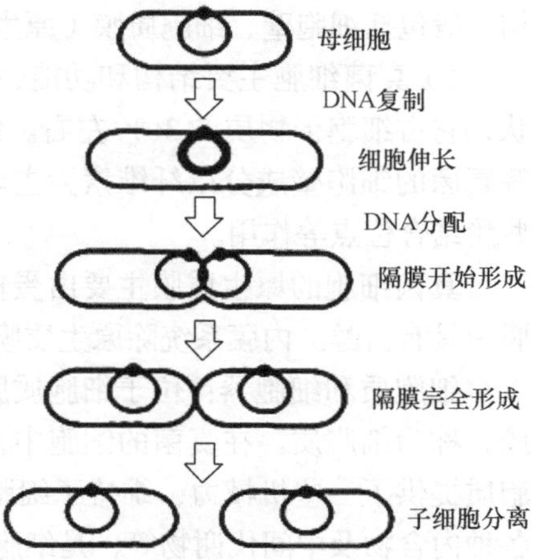

图 4-4　杆菌二分裂过程

少数细菌以其他方式进行繁殖。

4）细菌的群体特征：将单个微生物细胞或一小堆同种细胞接种在固体培养基的表面（有时为内部），当它占有一定的发展空间并处于适宜的培养条件时，该细胞就迅速生长繁殖，结果会形成一堆以母细胞为中心的、肉眼可见的、并有一定形态构造的子细胞集团，这就是菌落。

描述菌落特征时须选择稀疏、孤立的菌落，其项目包括大小、形状、边缘情况、隆起形状、表面状态、质地、颜色和透明度等（图 4-5）。多数细菌菌落呈圆形，小而薄，表面光滑、湿润、较黏稠，半透明，颜色多样，色泽一致，质地均匀，易挑取，常有臭味。这些特征可与其他微生物菌落相区别。

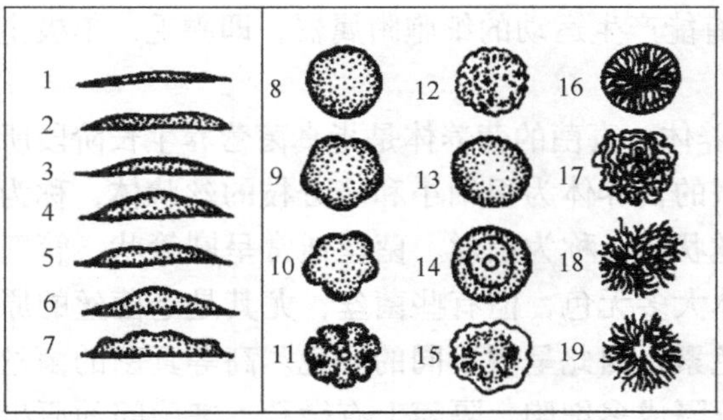

图 4-5　细菌的菌落特征

侧面观察：1. 扁平；2. 隆起；3. 低凸起；4. 高凸起；5. 脐状；6. 草帽状；7. 乳头状。正面观察：8. 圆形、边缘完整；9. 不规则、边缘波浪状；10. 不规则、颗粒状、边缘叶状；11. 规则、放射状、边缘叶状；12. 规则、边缘扇边形；13. 规则、边缘齿状；14. 规则、有同心环、边缘完整；15. 不规则、毛毯状；16. 规则、菌丝状；17. 不规则、卷发状、边缘波状；18. 不规则、呈丝状；19. 不规则、根状

菌落的形态特征对菌种的分类鉴定具有重要的意义。菌落还常用于微生物的分离、纯化、鉴定、计数、选种与育种等工作。

（2）其他原核微生物

1）放线菌：放线菌是一类主要呈菌丝状生长和以孢子繁殖的、陆生性较强的革兰氏阳性原核微生物。它是介于细菌和真菌之间的单细胞微生物。放线菌菌落中的菌丝常从一个中心向四周辐射状生长，并因此而得名。

2）蓝细菌：蓝细菌旧名蓝藻或蓝绿藻，是一类进化历史悠久、革兰氏染色阴性、无鞭毛、含叶绿素 a（但不形成叶绿体）、能进行产氧性光合作用的大型原核微生物。

此外，还有支原体、立克次氏体、衣原体、古细菌等原核微生物。

2. 真核微生物　微生物中，凡是细胞核具有核膜，能进行有丝分裂，细胞质中存在线粒体或同时存在叶绿体等细胞器的微小生物，都称为真核微生物。

（1）真菌　真菌在生长和发育的过程中，表现出多种多样的形态特征。不仅有多种多样的营养体，还有多种多样由营养体转变而成（或产生）的繁殖体。真菌的细胞结构一般包括细胞壁、细胞质膜（原生质膜）、细胞质、细胞器及细胞核。

1）真菌细胞主要结构和功能：真菌细胞壁厚100～250nm，决定着细胞和菌体的形状，它占细胞干物质的30%左右。细胞壁的主要成分为多糖，其次为蛋白质、类脂。低等真菌的细胞壁成分以纤维素为主。具有抗原性、保护细胞免受外界不良因子损伤及某些酶结合位点等作用。

真菌细胞的原生质膜主要由蛋白质和脂类组成。在化学组成中，有些真菌细胞的质膜中具有甾醇。内膜系统除原生质膜外，还有细胞核膜、线粒体膜和液泡膜等。

细胞质和细胞器：位于细胞质膜内的透明、黏稠、不断流动并充满各种细胞器的溶胶，称为细胞质。在真菌的细胞中，由微管和微丝构成了细胞质的骨架。细胞骨架为细胞质提供了一些机械力，维持了细胞器在细胞质中的位置。细胞质内含有丰富的酶蛋白、各种内含物及中间代谢物等，是细胞代谢活动的重要基地。

在真菌细胞中，除上述以外其他的细胞器还有核蛋白体、内质网、线粒体、高尔基体、边体、溶酶体、微体、液泡等。

真菌细胞核被核膜包围，其中含染色体、核仁和核质。能通过菌丝隔膜上的小孔在菌丝中很快地移动。被一层均匀的核质包围的中心稠密区，即核仁。核仁除DNA外还含有RNA，但RNA在细胞核分裂时消失。核膜一般为两层，厚8～20nm。膜上有小孔，以利于核内外物质交流。核膜的外膜常有核蛋白附着。

在低等水生真菌游动孢子和配子表面有能产生运动的细胞附属器，即鞭毛，单极生或双极生，长度为20～2000μm。

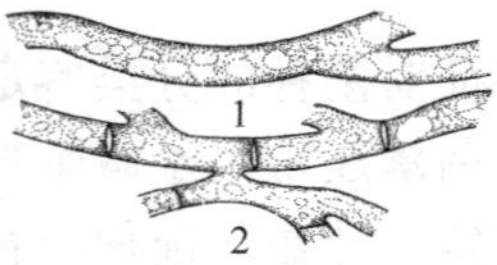

图4-6　真菌菌丝体

1. 无隔菌丝；2. 有隔菌丝

2）真菌的营养体：真菌的营养体是指真菌营养生长阶段所形成的结构。典型的营养体为很细小和多分枝的丝状体，称为菌丝体。单根的丝状体，称为菌丝。菌丝通常呈圆管状，管壁无色透明，菌丝体大多无色，但有些菌丝，尤其是老菌丝的原生质还含有多种色素，因此呈现不同的颜色。高等真菌的菌丝有隔膜，将菌丝分隔成多细胞，隔膜上有微孔，细胞间的原生质可以互相流通；低等真菌的菌丝一般无隔膜，通常认为是一个多核的大细胞（图4-6）。

3）真菌的繁殖体：真菌通过营养生长阶段之后，便进入繁殖阶段，经过繁殖产生许多新个体。真菌的繁殖方式通常分为有性繁殖和无性繁殖两类。有性繁殖以细胞核的结合为特征，无性繁殖以营养繁殖为特征。大部分真菌以无性繁殖为主。

无性繁殖是指真菌不经过性细胞或性器官的结合，直接从营养体上产生各种类型的孢子，这种孢子称为无性孢子。它相当于高等植物的无性繁殖器官，如块茎、鳞茎、球茎等。主要的无性孢子有下列几种（图4-7）：游动孢子、孢囊孢子、分生孢子（真菌最常见的一种无性孢子）、厚垣孢子（具有越冬的功能）。

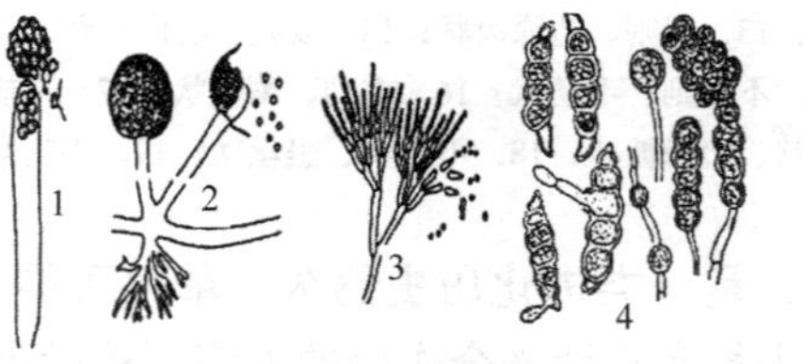

图4-7　真菌无性孢子类型

1. 游动孢子；2. 孢囊孢子；3. 分生孢子；4. 厚垣孢子

真菌的有性繁殖是指真菌通过性细胞或性器官的结合而进行繁殖的一种方式。有性繁殖产生的孢子称为有性孢子。多数真菌是在菌丝体上分化出性器官进行交配。真菌的性器官，称为配子囊。其内形成的性细胞，称为配子。常见的有性孢子有下列几种（图 4-8）：卵孢子、接合孢子、子囊孢子、担孢子。

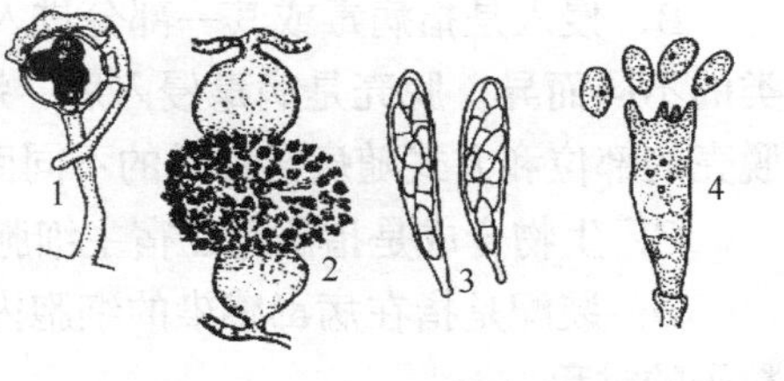

图 4-8　真菌有性孢子类型

1．卵孢子；2．接合孢子；3．子囊孢子；4．担孢子

4）真菌的菌落：在自然基质或人工培养基上由一段（或一丛）菌丝或一个（或一堆）孢子发展而成的菌丝体的整体称菌落。

霉菌的菌落和放线菌一样也是由分枝状菌丝组成。因菌丝较粗而长，形成的菌落较疏松，呈绒毛状、絮状或蜘蛛网状，一般比细菌菌落大几倍到几十倍。不同的霉菌，在颜色、气味（霉味）、大小上区别较大。故菌落特征也是鉴定霉菌的重要依据之一。

（2）*其他真核微生物*　主要包括所有植物中最古老的单细胞藻类和原生生物中较接近动物的原生动物。

3. 病毒　自然界的病毒可分为真病毒和亚病毒。真病毒是指既有核酸又有蛋白质的一类病毒；而亚病毒或只有侵染性 RNA，或只有侵染性蛋白质，亚病毒包括类病毒、朊病毒、卫星病毒和卫星核酸。

（1）*真病毒*　真病毒即人们常说的病毒，是一类没有细胞结构但有遗传复制等生命特征的大分子微生物。病毒主要成分为核酸和蛋白质，故又称分子生物；只含有 DNA 或 RNA 中的一种；只能在特定的寄主细胞内以复制的方式增殖；不含有与能量代谢有关的酶，也无核酸和蛋白质合成酶系；在离体条件下以无生命的大分子存在，可长期保持其侵染力；对干扰素敏感，对一般抗生素不敏感。

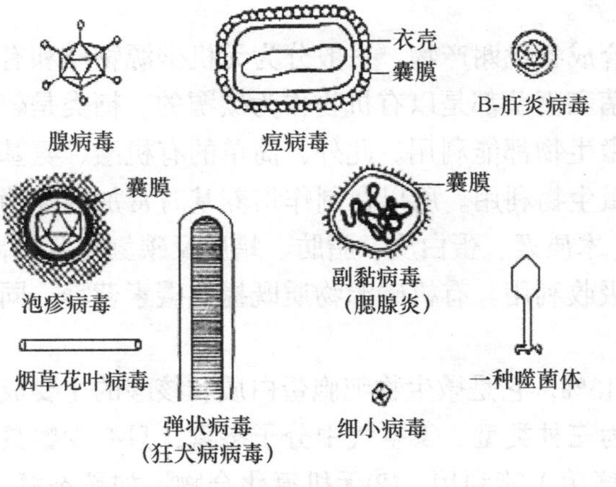

图 4-9　不同种类病毒形状

1）病毒的形状和大小：病毒的基本形态为粒体，在电子显微镜下一般为球状、杆状、线状、弹状、蝌蚪状等（图 4-9）。植物病毒和昆虫病毒多为线状和杆状。细菌病毒称为噬菌体，部分为蝌蚪状，部分为线状等。病毒的直径在 10～300nm，通常在 100nm 左右。

2）植物病毒的结构和化学组成：病毒主要由壳体和核酸两部分构成。壳体和核酸统称为核壳。有些病毒在核壳外面还有一层外套，称为包膜，有的包膜还有刺突。包膜由脂肪或蛋白质组成。

病毒的化学组成比较简单，多数病毒只含蛋白质和核酸两种成分，少数大型病毒还含有脂类和糖类。

病毒粒子进入细胞内增殖发育成熟的全过程，大体上分为吸附、侵入和脱壳、生物合成、装配、释放 5 个阶段。不同病毒的增殖过程在细节上有所差异。

A. 吸附是指病毒以其表面的特殊结构与宿主细胞的病毒受体发生特异性结合的过程，这是发生感染的第一步。

B．侵入是指病毒或其一部分进入宿主细胞的过程。侵入的方式因病毒或宿主细胞种类的不同而异。脱壳是病毒侵入后，病毒的包膜或衣壳被除去而释放出病毒核酸的过程。脱壳的部位和方式随病毒种类的不同而异。

C．生物合成是指病毒在宿主细胞内合成病毒蛋白质，并复制核酸的过程。

D．装配是指在病毒感染的细胞内，将分别合成的病毒核酸和蛋白质组装为成熟病毒粒子的过程。

E．释放是指病毒粒子从被感染的细胞内转移到外界的过程。

（2）*亚病毒*　这类病毒没有蛋白质的外壳，但这种小 RNA 分子单独能够侵染宿主植物，并在植物体内进行自我复制，称为类病毒。类病毒经带毒叶片、种子及媒介昆虫传播，可引起番茄等多种植物严重病害。

此外，还有朊病毒（毒朊）、卫星病毒和卫星核酸，在植物中不多见。

二、微生物的营养与生长

微生物在生长过程中，需要不断从外界环境吸收营养物质，并加以利用，以获得能量和合成细胞物质，这个过程称为微生物的营养。而被微生物吸收和利用的物质，称为微生物的营养物质。

（一）微生物的营养

根据营养物质的性质和作用分为：水、碳源、氮源、矿质元素、生长因子。

1. 营养物质的种类

（1）*水*　水是微生物生长所需的重要成分，它在细胞的化学成分中含量最多。一般来说，细胞含水量为湿重的 75%～80%，丝状真菌为 85%～90%。各类微生物的含水量因种类、生活条件及不同的发育时期而有差异。

（2）*碳源*　碳源物质被微生物用于合成各代谢产物。一般分为无机碳源物质和有机碳源物质。绝大多数的细菌及全部放线菌和真菌都是以有机物作为碳源的。糖类是较好的碳源，尤其是单糖、双糖，绝大多数微生物都能利用。此外，简单的有机酸、氨基酸、醇、醛、酚等含碳化合物也能被许多微生物利用。所以在制作培养基时常加入葡萄糖、蔗糖作为碳源。淀粉、果胶、纤维素、木质素、蛋白质、脂肪、蜡质及碳氢化合物，只要微生物具有分解它们的能力也能加以吸收利用。有机碳源物质既提供碳素营养，同时又是能源物质。

（3）*氮源*　微生物细胞中含氮 5%～13%，它是微生物细胞蛋白质和核酸的主要成分。微生物营养上要求的氮素物质可以分为三种类型。①空气中分子态氮：只有少数具有固氮能力的微生物（如自生固氮菌、根瘤菌）能利用。②无机氮化合物：如铵态氮、硝态氮和简单的有机氮化物（如尿素），绝大多数微生物可以利用。③有机氮化合物：大多数寄生性微生物和一部分腐生性微生物需以有机氮化合物（蛋白质、氨基酸）为必需的氮素营养。尿素要经微生物先分解以后再加以利用。氨基酸能为微生物直接吸收利用。蛋白质等复杂的有机氮化合物需经微生物水解成氨基酸等简单小分子化合物后才能被吸收利用。

（4）*矿质元素*　微生物细胞中的矿物元素占干重的 3%～10%，它是微生物细胞结构物质不可缺少的组成成分和微生物生长不可缺少的营养物质。有些自养微生物需要利用无机矿质元素作为能源。根据微生物对矿质元素需要量的不同，分为常量元素和微量元素。

常量矿质元素是磷、硫、钾、钠、钙、镁等。磷、硫的需要量很大，磷是微生物细胞中许多含磷细胞成分，如核酸、核蛋白、磷脂、腺苷三磷酸（ATP）、辅酶的重要元素。硫是细胞中含硫氨基酸及生物素、硫胺素等辅酶的重要组成成分。钾、钠、镁是细胞中某些酶的活性基团，具有调节和控制细胞质的胶体状态、细胞质膜的通透性和细胞代谢活动的功能。

微量元素有铁、钼、锌、锰、钴、铜、硼等，一般在培养基中含有 0.1mg/L 或更少就可以满足需要。过量的微量元素反而对微生物有毒害作用。

（5）*生长因子*　生长因子是微生物维持正常生命活动所不可缺少的、微量的特殊有机营养物，这些物质微生物自身不能合成，但缺少生长因子会影响各种酶活性，新陈代谢不能正常进行。

生长因子是指维生素、氨基酸、嘌呤、嘧啶等特殊有机营养物。这些微量营养物质一般不被分解，而是直接参与或调节代谢反应。在自然界中自养型细菌和大多数腐生细菌、霉菌都能自己合成许多生长辅助物质，不需要另外供给就能正常生长发育。

2. 微生物的营养类型　根据微生物对碳源的要求是无机碳化合物还是有机碳化合物，可以把微生物分成自养型微生物和异养型微生物两大类。根据微生物生命活动中能量的来源不同，将微生物分为两种能量代谢类型，一种是利用吸收的营养物质的降解产生的化学能，称为化能型微生物；另一种是吸收光能来维持其生命活动，称为光能型微生物。根据碳源物质的性质和代谢能量的来源将微生物分为光能自养型、光能异养型、化能自养型和化能异养型 4 种营养类型。

根据生态习性微生物可分为腐生型和寄生型两类。一是腐生型，从无生命的有机物获得营养物质。引起园艺产品腐败变质的某些霉菌属这一类型。二是寄生型，必须寄生在活的有机体内，从寄主体内获得营养物质才能生活，这类微生物称为寄生微生物。

上述营养类型的划分并非是绝对的，只是根据主要方面决定的。绝大多数异养型微生物也能吸收利用 CO_2，可以把 CO_2 加至丙酮酸上生成草酰乙酸，这是异养生物普遍存在的反应。因此，划分异养型微生物和自养型微生物时的标准不在于它们能否利用 CO_2，而在于它们是否能利用 CO_2 作为唯一的碳源或主要碳源。

（二）微生物的生长

生长是代谢的结果。当同化超过异化，细胞质量增加，个体重量和体积增大。

1. 纯培养微生物的生长　在微生物学当中，由一个细胞繁殖得到的后代称为这种微生物的纯培养。获得纯培养的方法在实验室条件下第一步是分离培养，最常用的分离方法有稀释法、划线法、单细胞挑取法、组织分离法及利用选择培养基分离法等。

（1）*液体稀释法*　首先将待分离的材料接种于培养液中，经培养测定或估计单位容积中的含菌数目，然后进行稀释，使稀释后的一定容积（如两滴或三滴）液体中大约只含一个微生物个体；其次将已稀释好的菌液接种一滴（0.05mL）至液体培养基试管中，摇匀，静置培养 24～48h 后观察，如果管底只出现一个菌落，它可能就是由一个细胞繁殖而成。这种方法适用于细胞较大的微生物。

（2）*平板划线分离法*　将已融化的培养基倒入无菌平皿中，冷却凝固后，用接种环蘸取少许待分离的材料，在平板表面进行平行划线、扇形划线或其他形式的连续划线，微生物逐渐减少，划到最后，常可形成单个孤立的菌落，这种菌落可能由一个细胞繁殖而来，故可获得纯培养。

（3）单细胞挑取法　从待分离材料中挑取一个细胞，获得纯培养。具体方法是将显微镜挑取器装置安装在显微镜上，把一滴细菌悬液置于载玻片上，用安装在显微镜挑取器上极细的毛细吸管，在显微镜下对准某一个细胞后挑取，再接种于培养基上培养。此法需要非常熟练的操作人员，多限于高度专业化的科学研究中采用。

（4）膜过滤培养法（浓缩法）　当样品中菌数很低时，可以将一定体积的湖水、海水、饮用水或者空气通过膜过滤器，然后将膜转到相应的培养基上进行培养，对形成的菌落进行统计。

（5）利用选择培养基分离法　通过营养物质、生长环境（pH、高温等）、化学试剂的特性，配制适合某种微生物生长，而限制其他微生物生长的各种选择性培养基，以达到纯种分离的目的。例如，实验室常用含有 1∶（20 000～50 000）结晶紫的培养基抑制大多数革兰氏阳性细菌的生长，加入青霉素抑制革兰氏阳性细菌生长，加入链霉素抑制许多原核微生物的生长。分离自生固氮菌时，最好用无氮培养基。

2. 细菌的群体及生长曲线　将少量的单细胞微生物纯种接种到一定容积的液体培养基后，在适宜的条件下培养，定时取样测定细胞数量。在最初的一个短暂期间中，细胞数目并不增加；之后菌数增加很快；接着细胞数目又趋于稳定；最后逐渐下降。如果以细胞数目的对数值为纵坐标，以培养时间为横坐标作图，可以绘出一条类似于“S”形的曲线，这条曲线就是细菌的生长曲线。生长曲线反映了细菌在新的生长环境中生长、分裂、衰老直至死亡的动态过程。按细菌各个时期生长繁殖速率的不同，生长曲线可以分为延迟期、对数期、稳定期和衰亡期 4 个阶段。

（1）延迟期　接种到新鲜培养液中的细菌细胞一般不立即开始繁殖，往往需要一段时间进行调整来适应新环境，准备细胞分裂，生长曲线中的这段时期称为延迟期，属于细胞分裂启动之前的恢复或调整时期，而不是生长的休眠或停滞期。

（2）对数期　在延迟期末，细菌细胞开始大量分裂，培养基中的菌数以几何级数急剧增加，代数稳定，生长曲线表现为一条上升的直线，此为对数期。对数期的细菌细胞数目按 2^n 增加。

（3）稳定期　在对数期中，细菌细胞因生长活跃而消耗了大量的营养物质，而且在有限的培养液中它们不可能高速率无限生长繁殖，所以在对数末期细菌细胞活力减退，生长速度逐渐下降，死亡率增加，使新增殖的细胞数和死亡的细胞数趋于平衡，这时的活菌数保持相对稳定，称为稳定期。

（4）衰老期　稳定期后如再继续培养，细菌细胞死亡率将逐渐增加，导致死亡数远远超过新生数，总的活菌数明显下降，即衰老期（也称衰亡期）。在衰老期中，虽然镜检直接计数获得的细胞总数保持不变，但通过活菌菌落计数检测到的活细胞数目却在减少，且伴随着细胞的裂解或自溶可释放出一些代谢产物，如氨基酸、转化酶、外肽酶和抗生素等。

总之，细菌生长曲线的不同时期反映了某种微生物在某种生活环境中（如试管、摇瓶、发酵罐）的生长、繁殖和死亡规律，延迟期、对数期、稳定期、衰老期只适用于群体细胞而不适用于单个细胞。掌握细菌的群体生长规律具有重要的实践意义。

【实践技能】

技能训练 4-1　微生物大小的测量与计数

一、微生物细胞大小的测量

（一）目的

学习并掌握测量微生物大小的方法。

（二）材料和器皿

1）材料：啤酒酵母菌菌液、无菌水。

2）器皿：显微镜、目镜测微尺、镜台测微尺、滴管、载玻片、盖玻片。

（三）方法和步骤

（1）目镜测微尺的校正　将目镜测微尺装入接目镜的隔板上。使刻度朝下，把镜台测微尺置于载物台上，使刻度朝上，先用低倍镜观察，对准焦距，看清镜台测微尺的刻度后，转动目镜，使目镜测微尺与镜台测微尺的刻度平行，移动推动器，使两尺重叠，再使两尺的“0”刻度重叠定位后，仔细寻找两尺第二个重叠的刻度，计数两重叠刻度之间目镜测微尺的格数和镜台测微尺的格数。因为镜台测微尺的刻度每格长 10μm，所以由下列公式就可以算出所校正的目镜测微尺每格所代表的长度。用同法校正高倍镜（或油镜）下目镜测微尺每格代表的长度。

$$\text{目镜测微尺每格长度}=\frac{\text{镜台测微尺格数}\times 10}{\text{目镜测微尺格数}}$$

（2）菌体大小的测量　取啤酒酵母菌制成水浸片，取下镜台测微尺，将酵母菌水浸片置于载物台上，先用低倍镜找到目的物，再在高倍镜下用目镜测微尺测量菌体的长和宽。一般在测定微生物细胞大小时，通常随机测量 10～20 个菌体，求出其平均值，即可代表该菌的大小。

（四）注意事项

1）因不同的显微镜放大倍数不同，因此校正目镜测微尺必须针对所使用的显微镜和附件（接目镜、物镜、镜筒长度等）进行，而且只能在这种特定情况下重复使用和测量，当更换不同放大倍数的目镜或物镜时，必须重新校正目镜测微尺每格代表的长度。

2）因镜台测微尺的刻度被放大后变成粗线条，所以在校正目镜测微尺寻找重叠刻度时必须在与“0”重叠刻度的同一方位寻找，否则校正不准。

3）测量菌体时必须随机进行，这样才有代表性。

（五）实验作业

1）分别计算出目镜测微尺在低倍镜、高倍镜（注明目镜和物镜的放大倍数）下校正结果。

2）测量 10 个酵母菌的大小，将结果填入表 4-1 中，然后用平均值来表示酵母菌的大小：长（μm）× 宽（μm）。

3）当接目镜不变，目镜测微尺也不变，只改变接物镜，目镜测微尺每格所量的镜台上物体的实际长度是否相同？为什么？

表 4-1 微生物大小的测定

菌体号	长（格）	宽（格）	长（μm）× 宽（μm）
1			
2			
…			

二、微生物的计数

在一定条件下，某些微生物细胞数量的多少，是该种微生物生命活动强弱的重要表现之一，也是某些微生物制品的重要质量指标。因此，在微生物学工作中，经常要通过测定微生物细胞的数量来了解微生物的活动强度。

（一）目的

了解测定微生物细胞数量的原理，掌握几种常用的测定方法。

（二）材料和器皿

1）材料：啤酒酵母菌悬液、滴管、无菌水、吸水纸等。

2）器皿：细胞计数板及特制的盖玻片、显微镜。

（三）方法和步骤

1）视待测菌液浓度，加无菌水适当稀释，以每小格的菌数可数为度（一般为 5～10 个菌体）。

2）取干净的细胞计数板和盖玻片，把盖玻片盖在计数板的方格网上，用滴管取已稀释的菌液，从盖玻片的一端注入，使菌液沿两玻片间渗入（勿使菌液流到两边平台上，也不能使槽中菌液太多，否则使盖玻片被抬高）。

3）静置数分钟后，用显微镜观察，因计数网线无色，故应将光照调弱些。先用低倍镜找到计数室所在位置，再换成高倍镜计数。对角线观察 5 个大方格。最后算出每个小方格的平均菌数。

由于菌体细胞在细胞计数板上处于不同的空间位置，要在不同的焦距下才能看到，因而观察时必须不断调节微调螺旋，方能数到全部菌体，防止遗漏。如菌体位于小方格线上，计数时则“数上线不数下线，数左线不数右线”，以减少误差。

4）计算：代入公式计算。每样品应重复计数两次，取其平均值。

5）细胞计数板用后，必须用清水冲洗干净，干燥后妥善保存，不得用粗糙物品抹擦中央格网，以免破坏小格刻度。

（四）实验作业

将实验结果填于表 4-2，并计算出原菌液的浓度。

表 4-2 微生物的计数

计数次数	各大格中菌数					1mL 菌液中总菌数	二次平均数
	1	2	3	4	5		
第一次							
第二次							

【知识拓展】

环境对微生物生长的影响

微生物生长离不开环境。只有当外界环境条件适宜时，微生物才能进行正常的生长、繁殖。外界不适宜时，微生物的生命活动就受到抑制或引起变异甚至死亡。不同微生物对各种理化因子的敏感性不同。这里主要分析物理、化学环境因子对微生物生长的影响。

1. 温度　温度是微生物生长的诸多重要因素之一。微生物生长的温度范围很广，从0℃以下到100℃以上的环境中都有微生物生存，但具体到某一种微生物，则只能在较狭窄的温度范围内生长。也就是说，不同微生物对温度的要求不同。

最低温度是指微生物能生长的温度下限。在此温度范围内，微生物尚能生长，但生长速度非常缓慢。最高温度是指微生物能生长的温度上限。在此温度下，微生物仍能生长，而超过这个温度时，微生物即停止生长或死亡。最适合生长的温度称为最适温度。在这个温度下，微生物迅速生长。值得指出的是，最适的生长繁殖温度不一定是微生物代谢的最适温度。

根据微生物的生长温度范围和最适温度不同，通常将微生物分为高温、中温和低温三种类型（表4-3）。

表4-3　微生物的生长温度类型

温度	类型	最低温度/℃	最适温度/℃	最高温度/℃	分布
低温型	专性嗜冷	−12	5～15	15～20	两极地区
	兼性嗜冷	−5～0	10～20	25～30	海、河、湖及冷藏食品
中温型		10～20	25～40	40～50	土壤、水、空气和动植物等
高温型	嗜热	30	45～60	70	堆肥和沼气发酵池
	极端嗜热	30	70～90	100以上	温泉和火山口

2. 水分　水是微生物细胞的主要组分，也是微生物生命活动的基本条件之一。一些微生物在水溶液中生活，还有一些微生物可以从培养基质表面的水膜吸取水分。空气湿度对微生物的生命活动也有很大影响。空气湿度大有利于它们的生存和传播。在长江流域梅雨季节，物品容易发霉，主要是因为空气湿度大和温度较高。若环境过于干燥，微生物则不能生长，长期失水会导致菌体死亡。

3. 氢离子浓度（pH）　环境中的氢离子浓度即酸碱度对微生物的生命活动有很大影响。自然界中pH1～11都有微生物生活，大多数种类生活在pH4～9的环境中。要求低pH或高pH的微生物分别称为嗜酸菌和嗜碱菌。有的微生物生活在pH10～11的碱湖和高碳酸钠的土壤中。一般而言，每种微生物都有最适宜的pH和一定的pH适应范围。大多数细菌、藻类和原生动物的最适宜pH为6.5～7.5。放线菌一般以微碱性即pH为7.5～8.0最适宜。真菌许多种类适于pH为5.0～6.0的酸性环境（表4-4）。

表 4-4 一些微生物生长的 pH 适应范围

微生物	pH		
	最低	最适	最高
褐球固氮菌	4.5	7.4～7.6	9.0
大豆根瘤菌	4.2	6.8～7.0	11.0
亚硝酸细菌	7.0	7.8～8.6	9.4
氧化硫杆菌	1.0	2.0～2.8	4.0～6.0
嗜酸乳酸杆菌	4.0～4.6	5.8～6.6	6.8
放线菌	5.0	7.0～8.0	10.0
酵母菌	3.0	5.0～6.0	8.0
黑曲霉	1.5	5.0～6.0	9.0

4. 氧气和氧化还原电位 氧气对微生物具有不同的影响。分子态氧（O_2）对许多微生物是必需的，而对某一些种类则起抑制甚至毒害作用。根据微生物与氧气的关系可将它们分为不同类群（表 4-5）。

表 4-5 氧气与微生物生活的关系

类群	氧气的影响
需氧性（也称好气性）微生物	必须有 O_2 才能生活
专性需氧性	有 O_2 时生活更好
兼性需氧性	仅需低于大气中 O_2 含量的条件
厌氧性（也称厌气性）微生物	无需 O_2 而能生活
微耐氧性	不需 O_2，有 O_2 时可以生活
兼性厌氧性	有 O_2 或无 O_2 均能生活
专性（严格）厌氧性	O_2 有毒害或致死作用

需氧性微生物包括大多数细菌、丝状真菌和藻类。氧气是需氧性微生物呼吸链的最终电子受体，是不可缺少的生活条件。已知的进行专性厌氧生活的微生物在自然界中很少，较常见的是一些细菌。厌氧性微生物接触氧气就停止生长甚至很快死亡。此外，氧还可以改变环境中的氧化还原势。

将一个铂丝电极与标准参考电极同时插入待测系统，通过敏感伏特计显示出系统电位差。这种电位差为氧化还原电位，简写为 Eh，能综合反映环境的氧化还原状况。微生物本身的代谢作用也会反过来影响和改变 Eh 值。在培养环境中，微生物代谢消耗氧气并积累一些还原性物质，能导致环境中 Eh 值的降低。各种微生物要求不同的 Eh 值。一般地，Eh 值在 0.3V 以上适宜好氧微生物生长；0.1V 以下适宜厌氧微生物生长；兼性厌氧微生物在氧化还原电位高或低的情况下都能生长，0.1V 以上时进行好氧呼吸；0.1V 以下时进行发酵作用。

5. 辐射 辐射是能量以电磁波形式通过空间传播或传递的一种物理现象。

（1）可见光 可见光波长为 400～760nm，这是光合微生物的能量来源。可见光对于一般非光合微生物也有很大的直接影响。一些真菌在形成子实体和孢子时，也需要一些散射光刺激。

强烈的可见光可引起微生物死亡，这是由光氧化作用所致。当光线被细胞内的色素吸收后，在有氧时引起一些酶或其他敏感成分失去活性。例如，类胡萝卜素等保护色素以防止光氧化作用，分布在细胞质膜内，可以吸收光，以阻止光达到细胞光敏感区域。

（2）紫外线　波长为240～300nm的紫外线对微生物具有致死效应。其最强作用波长为265～266nm，这是核酸的最大吸收波长。紫外线的诱变和杀菌效果因微生物种类、生理状态、照射时间及剂量不同而异。为避免发生光复活现象，紫外线照射后的分离培养工作须在避光下进行操作或处理。照射到地面的太阳光除可见光外，还有短波长的紫外线，在直接曝晒的阳光下对微生物有杀菌作用。

6. 化学杀菌剂和抑菌剂　有许多化学物质能抑制或杀死微生物。根据它们的效应可分为灭菌作用、消毒作用和防腐作用。灭菌作用是指杀死一切微生物及其孢子；消毒作用是指杀死或消除所有病原微生物；防腐作用是一种抑菌作用，而不是杀死它们。相应的有杀菌剂、消毒剂和防腐剂（抑菌剂）之分。它们之间没有本质的区别，通常一种化学物质在某一浓度下是杀菌剂，而在更低的浓度下是抑菌剂（表4-6）。

表4-6　常用化学杀菌剂、消毒剂的种类

类别	实例	常用浓度	应用范围
醇类	乙醇	70%～75%	器械消毒
酸类	乳酸	0.33～1.00mol/L	空气消毒（喷雾或熏蒸）
	食醋	3～5mL/m^3	熏蒸空气消毒
碱类	石灰水	1%～3%	地面消毒消毒等
酚类	苯酚	5%	空气消毒、地面或器皿消毒
	来苏儿	2%～5%	空气消毒
醛类	甲醛（福尔马林）	40%溶液（2～6mL/m^3）	接种室、接种箱或器皿消毒
重金属离子	氯化汞	0.1%	植物组织（如根瘤）表面消毒
	硫汞	0.01%	生物制品防腐
氧化剂	高锰酸钾	0.1%～3.0%	水果、蔬菜、器皿消毒
	氯气	0.2～1.0mg/L	水消毒
	漂白粉	2%～5%	培养基容器消毒

【巩固训练】

一、关键词

微生物、微生物的纯培养

二、简答题

1. 简述微生物的分类和特点。
2. 细菌的三种形态和大小分别是什么？细菌的基本结构和特殊结构有哪些？
3. 真菌的营养体、无性繁殖体和有性繁殖体各是什么？
4. 病毒的结构和化学组成是什么？试述病毒的增殖过程。
5. 微生物的营养物质有哪几种？微生物的营养类型有哪几种？微生物营养物质进入细胞的方式有哪几种？

第二节　微生物对园艺植物生产的影响分析

【学习目标】

1. 掌握微生物的分离和纯化的技能；正确认识微生物在自然界物质循环中的地

位和作用。

2. 掌握生物固氮的类型、菌根微生物的类型和菌根的功能；理解微生物与生物环境之间的关系；了解土壤微生物的分布和作用，了解微生物在生态系统中的地位和作用。

【内容分析】

微生物在生态系统中分解大分子有机物的过程中起到了重要的作用，微生物对植物的生长也起到重要的积极作用；但微生物也会对农业和环境产生不利影响。微生物会引起植物病害；但是植物的生长又离不开有益微生物的参与。本节内容将带领大家正确认识微生物，全面了解微生物与园艺植物生产之间的关系。内容见图 4-10。

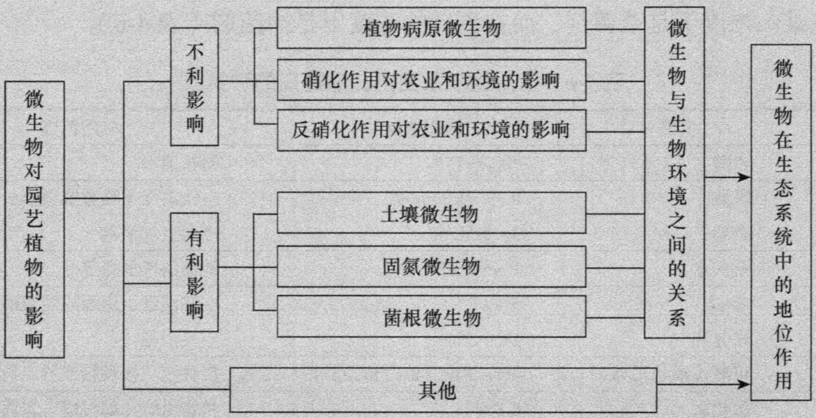

图 4-10　微生物对园艺植物生产的影响分析图

一、微生物的作用及其与环境之间的关系

（一）微生物在园艺植物生产中的功能

1. 微生物是有机物的主要分解者　微生物最大的价值也在于其分解功能。它们分解生物圈内存在的动物和植物残体等复杂有机物质，并最后将其转化成最简单的无机物，再供初级生产者使用。

2. 微生物是物质循环中的重要成员　微生物参与所有的物质循环，大部分元素及其化合物都受微生物的影响。在一些物质的循环中，微生物是主要的成员，起主要作用；而一些过程只有微生物才能进行，起独特作用；还有的是循环中的关键过程，起关键作用。

3. 微生物是生态系统中的初级生产者　光能营养和化能营养微生物是生态系统的初级生产者，它们具有初级生产者所具有的两个明显特征，即一方面可直接利用太阳能、无机物的化学能作为能量来源；另一方面其积累下来的能量又可以在食物链、食物网中流动。

4. 微生物是物质和能量的贮存者　微生物和动物、植物一样，也是由物质组成和由能量维持的生命有机体。在土壤、水体中有大量的微生物生物量，贮存着大量的物质和能量。

5. 微生物在地球生物演化中的作用　微生物是最早出现的生物体，并进化成后来的动植物。藻类的产氧作用，改变了大气圈中的化学组成，为后来动植物出现奠定基础。

（二）微生物与环境之间的关系分析

微生物与环境间的关系非常密切。一方面，微生物的生命活动需要依靠环境得到物质和能量，得到信息和栖所，微生物离不开环境；另一方面，微生物的生命活动又不断改变着环境的存在状况，影响环境的发展变化，微生物改造着环境。微生物与环境是一个不可分割的整体。

自然界中的某一种微生物很少以纯种的方式存在，而是与其他微生物和动植物共同生活在某一环境中，构成生物群落的一个群体。生物群落中各个群体内部和群体间相互作用，形成复杂的关系。

1. 中立关系　中立关系是指两个生物种群之间没有影响或存在着无关紧要的相互作用。

2. 互生关系　互生关系包括偏利共栖和协同共栖两种类型。

（1）偏利共栖　偏利共栖是指两个生物群体生活在一起时，其中一个生物群体的生命活动对另一个生物群体产生有利影响，而本身不受害，也不得利。例如，微氧环境中需氧性细菌生长消耗了氧气，使厌氧性细菌得以生长。有时存在链状的偏利共栖。又如，污泥中的某微生物群体可以厌氧代谢有机物产生有机酸，有机酸可被一些微生物群体代谢产生甲烷，甲烷有利于甲烷氧化菌的生长，甲烷氧化菌氧化甲烷产生甲醇，甲醇有利于甲基营养菌的生长。

（2）协同共栖　协同共栖是指两个生物群体生活在一起时，互相获利，但这两者之间的关系没有专一性。它们能单独生活在各自的自然环境中，但形成协作关系时，双方均能受益，其中任何一个群体可以被其他群体所代替。微生物中这种关系的重要意义在于不同的微生物群体共同参与某一物质的代谢过程。自然界中这种关系相当普遍，如亚硝酸细菌氧化氨为硝酸细菌提供了代谢基质；亚硝酸被硝酸菌利用避免了亚硝酸在环境中的积累，消除了对亚硝酸菌的毒害作用。植物体表面也存在着许多正常的微生物区系，如种子表面的生假单胞菌可以抑制霉菌（青霉、曲霉）及酵母菌的生长。

3. 共生关系　共生关系也称互利共栖关系，指两种生物群体紧密地生活在一起，互相依存，互换生命活动的产物，生理上形成一个整体乃至特殊的共生结构，并且两者之间的结合具有专一性和选择性，其中任何一个群体不能被其他群体所代替。互惠共生的两个典型例子是藻类或蓝细菌与真菌共生形成地衣；根瘤菌和豆科植物之间也能形成共生关系，根瘤为它们的共生结构。微生物与昆虫之间存在外共生和内共生现象等。

4. 对抗关系　两种生物间的对抗关系表现为竞争、拮抗、寄生和捕食几种类型，是生物群体之间的相互作用。

（1）竞争　两种生物之间的竞争包括对食物和生存空间的竞争，竞争的结果对两个群体均产生不利影响，使两个群体的密度下降，生长速度减缓，两个关系较近的群体各自分开，不再占据同一生态环境。

（2）拮抗　拮抗是指一种生物产生一些代谢产物可抑制另一种生物的生长发育甚至杀死它们的一种相互关系。非特异性拮抗，无专一性。例如，酵母菌产生的乙酸（无氧条件下）可以抑制其他微生物。乳酸菌、醋酸菌，发酵产生乳酸和乙酸，使pH下降，而抑制多种不耐酸的微生物生长。

5. 寄生　寄生现象一般是指一种小型生物生活在另一种较大型生物的体内或体

表，从中取得营养和进行生长繁殖，同时使后者蒙受损害或被杀死的现象。前者称为寄生物，后者称为寄主或宿主。

6. 捕食 捕食是一种较大型的生物直接捕捉、吞食另一种小型生物以满足其营养需要的关系。在微生物间的捕食关系主要是原生动物吞噬细菌和藻类的现象。某些具有菌环或菌套的真菌可捕食线虫。

二、微生物在园艺植物生产中的促进作用

微生物与园艺植物生产的关系，存在有利的方面和不利的方面。微生物在自然界生态系统中分解大分子有机物方面起到了重要的作用，对植物的生长起到了重要的积极作用；但微生物也会对农业和环境产生一定的不利影响。例如，植物生长过程中常常会被病原物侵染发病，这些病原物大多数是微生物；微生物在分解大分子有机物的同时也会对农业和环境产生一定的不利影响，主要表现在植物病原微生物的作用（何承苗，2011），以及土壤中氮素营养的硝化和反硝化对环境的影响（孙向阳，2005）等。

微生物在园艺植物生产过程中有重要的积极作用，主要表现在土壤微生物及在土壤中重要的固氮微生物和菌根微生物的作用。

（一）土壤微生物

1. 土壤微生物的数量与分布 土壤是微生物生活的良好天然基质：生物残体为微生物提供了良好的碳源、氮源和能源，岩石风化为微生物提供了大量的矿质元素和微量元素；土壤水分尽管因土壤类型、植物情况、季节、气候和植被不同有所差异，但基本上都能满足微生物的需要；土壤环境有合适的酸碱度：大多数土壤的 pH 在 5.5～8.5，是多数微生物生活的适宜 pH；土壤是不均匀介质，微环境通气状况不同，满足了对氧气有不同要求的各类微生物的需求；土壤温度随季节和昼夜的变化幅度远远低于气温的变化，而有利于微生物的生长；土壤能保护微生物不受烈日的暴晒，从而可使微生物免受各种射线的伤害。

土壤中微生物种类齐全、数量多（表 4-7），代谢潜力大。它们主要聚集在表土层和耕作层，多以微菌落的形式分布在土壤颗粒和有机质表面及植物根际，但由于土壤是一个很不均一的介质，存在着许多不同的微生态位，不同生理型微生物生活在这些微环境中，因而甚至在微小土壤颗粒中也存在不同的生理类群。一般而言，土壤中细菌数量最多，放线菌和真菌次之，藻类和原生动物较少，但若以生物量计算，则以真菌最多。

表 4-7 土壤剖面不同层次中微生物数量

深度 /cm	细菌 / 个	放线菌 / 个	真菌 / 个	藻类 / 个
3～8	9 750 000	2 080 000	119 000	25 000
20～25	2 179 000	245 000	50 000	5 000
35～40	570 000	49 000	14 000	500
65～75	11 000	5 000	6 000	100
135～145	1 400	0	3 000	0

（1）微生物的数量 肥沃土壤约几百万至几十亿个 /g，贫瘠土壤约几百万至几千万个 /g。其中细菌占土壤中微生物总量的 70%～90%，多为自养菌，少为异氧菌；多

为中温型好气菌，或兼性厌气菌。

放线菌数量仅次于细菌，孢子数量几千万至几亿个 /g，占微生物总数 5%～30%，分布于碱性、有机质丰富的温暖地带。酸性、贫瘠土地中放线菌少。由于放线菌菌体大，有分支，虽数量少，但生物量与细菌相近。种类主要是链霉菌、诺卡氏菌、小单胞菌等。真菌数量几万至几十万个 /g，好气性，分布于土壤表层。真菌在土壤中以菌丝及孢子状态存在。由于真菌菌丝粗且长，因此生物量不小于细菌，真菌分布于酸性土壤，分解纤维素、果胶质、木质素等。酵母菌在土壤中较少，几个至几千个 /g，果园中可达几十万个 /g。藻类在土壤中很普遍，多为单细胞藻类，丝状绿藻和裸藻。分布于土壤表层，数量少，生物量大。藻类可进行光合作用，有色素，可为土壤积累有机质。原生动物单细胞，能运动，如纤毛虫、鞭毛虫、变形虫等，多为异养型，以有机物为食，或吞噬细菌、单细胞藻类、真菌孢子等。

（2）微生物在土壤中分布　土壤垂直温度的增加，养料、水分、空气相对减少，微生物分布逐渐减少，土表由于阳光照射和水分散失易造成微生物的死亡，在 5～20cm 土壤层中微生物数量最多，植物根系附近微生物数量更多，自 20cm 以下，微生物数量随土层深度增加而减少，100cm 以下养料、氧气减少，微生物数量开始减少，减少至 1/20 左右，至 2m 深处，因缺乏营养和氧气每克土中仅有几个。土壤中的微生物种类和数量是土壤环境条件的综合反应。不同土壤、不同气候都影响微生物已有的组成和数量。

2. 土壤微生物的作用　土壤中微生物的种类较多，有细菌、真菌、放线菌、藻类和原生动物等。大部分土壤微生物对植物生长发育是有益的，它们对土壤的形成发育、物质循环和肥力演变等均有重大影响。

1）土壤微生物可以形成土壤结构。土壤微生物通过代谢活动中 O_2 和 CO_2 的交换，以及分泌的有机酸等，帮助土壤粒子形成大的团粒结构，最终形成真正意义的土壤。土壤微生物的区系组成、生物量及其生命活动与土壤的形成和发育有密切关系。

2）土壤微生物最显著的成效就是分解有机质。例如，植物的残根败叶和施入土壤中的有机肥料等，只有经过土壤微生物的作用，才能腐烂分解，释放出营养元素，供植物利用，并形成腐殖质，改善土壤的结构和耕性。

3）土壤微生物还可以分解矿物质，其代谢产物能促进土壤中难溶性物质的溶解。例如，磷细菌能分解出磷矿石中的磷，钾细菌能分解出钾矿石中的钾，以利植物吸收利用，提高土壤肥力。另外，尿素的分解利用也离不开土壤微生物。这些土壤微生物就好比土壤中的肥料加工厂，将土壤中的矿质肥料加工成植物可以吸收利用的形态。

4）土壤微生物有固氮作用。氮气占空气组成的 4/5，但植物不能直接利用，某些微生物可借助其固氮作用将空气中的氮气转化为植物能够利用的固定态氮化物。

5）在植物根系周围生活的土壤微生物还可以调节植物生长，植物共生的微生物如根瘤菌、菌根和真菌等能为植物直接提供氮素、磷素和其他矿质元素的营养，以及有机酸、氨基酸、维生素、生长素等各种有机营养，促进植物的生长。土壤微生物与植物根部营养有密切关系。

土壤中各种微生物之间有互惠互利的，也有相互对立的。例如，土壤中存在一些抗生性微生物，它们能够分泌抗生素，抑制病原微生物的繁殖，这样就可以防治和减少土壤中的病原微生物对植物的危害。

6）微生物还可以降解土壤中残留的有机农药、城市污物和工厂废弃物等，把它们分解成低害甚至无害的物质，降低残毒危害。

目前，科学研究的热点是，将土壤中的微生物，通过开发和筛选有效菌种，培育高效菌种，利用这些菌种修复污染的土壤、生产菌肥、生物农药等。但对土壤微生物的认识、了解和利用还很有限。从土壤微生物资源中分离筛选、开发出功能微生物，将是今后加强研究的重要工作。随着科技的进步，分子生物技术为科学家探索微生物个体、群体间作用及其与环境关系的奥秘找到了一把钥匙，微生物的大世界渐渐展现在人类眼前。为了充分开发微生物（特别是细菌）资源，1994 年美国发起了微生物基因组研究计划，通过研究完整的基因组信息，开发和利用微生物重要的功能基因，不仅能够加深对微生物的致病机制、重要代谢和调控机制的认识，更能在此基础上发展一系列与人们生活密切相关的基因工程产品，如应用于工农业生产的各种酶制剂等。通过基因工程方法的改造，促进新型菌株的构建和传统菌株的改造，全面促进微生物工业时代的来临。随着研究的不断深入，土壤管理者可根据实际情况，通过各种措施，有目的地调理土壤微生物数目和种类，制订农业生产措施；也可以根据土壤微生物客观条件制订耕作制度。通过改进施肥、栽培制度、人为引入有益的土壤微生物等措施，来恢复原有的微生物群落或增加某些功能，从而抑制植物土传病菌、提高土壤微生物多样性，有助于土壤生态肥力的提高，从根本上防治植物土传病害、连作障碍。

3. 根圈微生物

（1）根圈和根圈效应　根圈，也称根际，指生长中的植物根系直接影响的土壤范围，包括根系表面至几毫米的土壤区域，为植物根系有效吸收养分的范围，也是根系分泌作用旺盛的部位，因而是微生物和植物相互作用的界面。植物在其生长过程中，既从外界吸收养料和水分，也向外界释放各种无机和有机物质，根圈中有丰富的各类有机物质，可分下列几类：渗出物，为根细胞向外渗出的低分子物质，如碳水化合物、有机酸和氨基酸等；分泌物，为根细胞主动向外分泌的化合物，如维生素和核酸等；植物黏液，包括植物分泌的和微生物分解植物细胞的产物；黏质，由植物黏液、微生物细胞及其代谢产物组成；溶胞产物，由植物老的表皮细胞分解而来。因而使得根圈成为微生物的特殊生态环境。

同根圈外土壤中的微生物群落相比，生活在植物根圈中的微生物，在数量、种类和活性上都有明显不同，表现出一定特异性，这种现象称为根圈效应。根土比，即根圈中微生物数量同相应的无根系影响的土壤中微生物数量之比，是反映根圈效应的重要指标。前人研究结果表明，植物具有明显的根圈效应，离根越近，微生物数量越多。根圈效应是普遍现象，在不同土壤和植物上均有表现。

大量的研究结果表明，根土比一般在 5～20。由于不同植物和土壤的特性不一样，这一比值也产生较大差异。农作物一般比树木表现出较大的根土比，豆科植物根圈较非豆科植物更能刺激细菌的生长与繁殖。即使同一种植物，在不同生长期的根圈效应也不一样。

（2）根圈微生物类群　根圈环境对根圈微生物的类群有一定选择作用。根圈细菌的研究表明，至生长后期，根脱落物增多，并且老根开始死亡腐解时，棒状杆菌、芽孢杆菌、放线菌逐渐增多。根圈效应对细菌生理群的影响来自两个方面，即根分泌物及根圈内其他微生物合成并释放的物质。在数量上，根圈对细菌的生长刺激作用较放线菌、真菌和藻类要大得多。但由于根系分泌物的选择作用，根圈细菌的种类较少，以简单有机物为养料的 G^- 无芽孢杆菌类占绝对优势，能分解纤维素和果胶物质等复杂化合物的种类很少。最常见的根圈细菌有假单胞菌、黄杆菌、产碱杆菌、无色杆菌、色杆菌、土壤杆菌和气杆菌等。在某些植物根圈，节杆菌也有较大数量。随着植物的生长，细菌类群也发生变化，G^- 杆菌逐渐减少。

根圈真菌可以生长于根面或侵入皮层细胞，甚至到达中柱。不同部位中的真菌也各具特征。生活在健康根段上的真菌往往是由几个优势属组成的稳定群落。最常见的有镰孢霉属，主要是尖镰孢、黏帚霉属、青霉属、柱孢属、丝核菌属、被孢霉属、曲霉属、腐霉属、木霉属等。它们在分解高分子碳水化合物中起着主要作用，大多数能分解利用纤维素、果胶质和淀粉。

存在于植物根面或根内的各属真菌的相对比例取决于植物和土壤条件。例如，镰孢霉常见于酸性土壤，柱孢霉则多见于中性土壤。丝核菌、黏帚霉、青霉、被孢霉多栖于根面，即使入侵根内，也只局限于外皮层细胞；而镰孢霉和柱孢霉则能侵入内皮层，甚至到达中柱。真菌的活性无论是以呼吸作用为度量，还是以土壤中菌丝体的长度为度量，都是随植物的生长而增强的；当植物的营养生长速率达到最大值时，真菌的活性也达最高峰。

根圈原生动物是捕食性微生物，细菌是它们最好的猎物。原生动物的根土比一般多为 2∶1 或 3∶1，少数情况下也可高达 10∶1。根圈所见种类仍为土壤中常见的食细菌类型，如波多虫、尾滴虫、肾形虫和小变形虫。有实验表明根圈食细菌线虫的活动可以促进细菌细胞所固定养分的释放，如产生铵态氮供植物吸收。

（3）根圈微生物对植物的影响　根圈微生物对植物生长的有益影响表现为以下几点。

1）改善植物的营养，加强有机物质的分解，促进了营养元素的转化，提高了土壤中磷素与其他矿质养料的可给性。有些生活在根圈内的自生固氮微生物，进行固氮作用，可增加植物的氮素营养。

2）根圈微生物分泌的维生素、氨基酸、生长刺激素等生长调节物质能促进植物的生长。例如，假单胞菌是多种维生素的产生者；一些放线菌产生维生素 B_{12}；固氮菌在固定氮素过程中生成一些含氮化合物分泌于细胞外，其中有氨基酸和酰胺类物质，也有硫胺素、核黄素、维生素 B_{12} 吲哚乙酸等。维生素含量根圈中比非根圈中要多。

3）根圈微生物分泌的抗生素类物质，有利于植物避免土传性病原菌的侵染。例如，豆科植物根圈常发育着小麦根腐病病原菌——长蠕孢菌有拮抗性的细菌，从而可减轻下茬小麦的根腐病类。当拮抗性微生物产生的抗生素类物质分泌至植物根部周围被植物吸收后，还可增强植物对某些病原菌的抵抗能力。

4）产生铁载体，这是一些植物促生细菌的重要功能之一。铁载体是微生物在缺铁性胁迫条件下产生的一种特殊的对微量 Fe^{3+} 具有超强络合力的有机化合物。有研究证明，有些 PGPR 因其产生铁载体的速度快且量大，在与不能产生铁载体或产生较少的有害微生物竞争铁素时占有优势，从而可以抑制这些有害微生物的生长繁殖，保护植物免受病原菌的侵害。

根圈微生物对植物生长的不利影响表现为：引起植物病害。某些有害微生物虽无致病性，但它们产生的有毒物质能抑制种子的发芽、幼苗的生长和根系的发育。竞争有限养分。再者，细菌对某些重要元素的固定作用会严重影响植物吸收有效养分。

（二）固氮微生物

生物固氮是指固氮微生物将大气中的氮气还原成氨的过程。

在自然界中，有很多原核微生物，包括细菌和放线菌，它们可以在特定条件下把氮气还原为氨，因而被称为固氮生物。由于固氮生物都属于个体微小的原核生物，因此，固氮生物又称为固氮微生物。

1. 生物固氮作用类型 根据固氮微生物的固氮特点及与植物的关系，可以将它们分为非共生固氮微生物、共生固氮微生物和联合固氮微生物三类。

（1）共生固氮作用 固氮微生物依靠与之共生的生物为其提供生活必需的能源和碳源，而固氮微生物则将固定的氮素供给共生生物作为合成氨基酸和蛋白质的氮源。主要有以下两种类型。

豆科植物与微生物的共生固氮：其中最重要的是豆科植物与根瘤菌的共生。土壤中的根瘤菌侵入根部后形成根瘤，固氮即在根瘤中进行。可营这种共生固氮作用的豆科植物约有600多种。

非豆科植物与微生物的共生固氮：营这种共生固氮作用的微生物主要是放线菌和蓝藻。中国经鉴定的非豆科结瘤固氮植物已有40余种，大多数属于对不利环境有较强抗逆性的植物。

（2）非共生固氮作用 又称自生固氮作用。自生固氮微生物在土壤或培养基中生活时，可以自行固定空气中的分子态氮，对植物没有依存关系。这类固氮作用的全过程均在其自身细胞中进行，所固定的氮素常在细胞死亡腐败后释放到土壤中。

属于这类的微生物主要有细菌、蓝藻和放线菌，常见于温带中性土壤的有固氮菌属中的圆褐固氮菌，常见于热带和亚热带的酸性土壤中的是贝氏固氮菌属。广泛分布于各类土壤中的有巴斯德芽孢梭菌和许多微嗜氧菌。

上述固氮菌在固氮过程中必须依靠外源能量，且对能量的利用效率较低，通常每固定1分子氮所消耗的能量要比根瘤菌大10倍。此外，当土壤含有机化合态氮时，其固氮作用的进行还会受抑制。因而自生固氮作用在农业上的应用一直是个难题。但最近已选育出这类固氮菌突变株，当有氨存在时，其固氮酶活性比同条件的野生型高5万倍。

（3）联合固氮作用 某些固氮微生物可生长在植物根系中的黏质鞘套内或皮层细胞之间，虽对植物有一定的专一性，但不形成密切的共生关系，也不形成特殊的形态结构，是一种松散的共生现象。这些微生物还能够自行固氮，它们的固氮特点介于自生固氮和共生固氮之间，这种固氮形式称为联合固氮。

2. 固氮微生物的种类 自然界中有两类固氮微生物：根据固氮微生物的固氮特点及与植物的关系，可以将它们分为自生固氮微生物、共生固氮微生物，二者的异同见表4-8。

表4-8 共生固氮微生物和自生固氮微生物的异同

项目	共生固氮微生物	自生固氮微生物
分类标准	与绿色植物互利共生	能够独立固氮
是否形成根瘤	是	否
与豆科植物关系	与豆科植物互利共生	与豆科植物无关
固氮的量	占自然界中生物固氮的绝大部分	占自然界中生物固氮的小部分
形态	棒槌状、“T”形、“Y”形	成对的菌体呈“8”字形
举例	根瘤菌	圆褐固氮菌

（1）共生固氮微生物　共生固氮微生物是指与一些绿色植物互利共生的固氮微生物。人们熟悉的共生固氮微生物是根瘤菌。根瘤菌在土壤中分布广泛，但是只有侵入豆科植物的根内才能固氮。根瘤菌固定的氮素，占自然界生物固氮总量的绝大部分。

（2）自生固氮微生物　自生固氮微生物是指在土壤中能够独立进行固氮的微生物，其中，多数是一类称为自生固氮菌的细菌。自生固氮菌大多是杆菌或短杆菌，单生或对生。

（三）菌根微生物

菌根是真菌与植物共生的根，真菌从植物获取所需的有机营养。反过来，它又供给植物体以水分和无机盐，有些真菌还有固氮作用。

1. 菌根的类型　根据植物根系与真菌菌丝结合的位置，菌根主要包括外生菌根、内生菌根和内外生菌根。这种现象常在森林的树木根部、农作物和和野生草本植物中发现。菌根具有提高植物根吸收面积、提高植物抗逆性等作用；植物为菌根的生长提供了良好的生态环境和有机养料等。

2. 菌根功能及应用前景　菌根菌和植物间在共生作用中的生理分工为：植物为菌根菌提供定居场所，供给光合产物；菌根菌的菌丝纤细，表面大，可扩大根系吸收面积，如 1mg 直径为 10μm 的菌丝的吸收功能，相当于 1600mg 直径为 400μm 的根。

菌根形成以后，可以明显地增加植物对各种营养元素的吸收，如磷、锌、铜、氮、钾、锰、硫等元素的吸收，尤其是当营养元素贮藏在土壤复杂有机物中时，植物主要依赖菌根获取营养。另外，菌根真菌能够调节植物体内酶活性、改变植物体内内源激素平衡状况、分泌植保素、能刺激根的生长等，从而改善植物营养和水分状况，提高抗旱性、抗病性，促进生长，增加产量和改善品质。

不同植物及植物的不同发育阶段对菌根的依赖性不同。有些植物必须有菌根的辅助才能存活，而有些植物形成菌根会生长更好。兰科菌根可以帮助兰花微粒种子发芽，即使形成叶绿素后仍需要菌根为其提供部分营养元素。水晶兰属的植物则是一种无叶绿素，全靠菌根提供养分的植物，菌根真菌是其生长发育不可或缺的一部分。欧石南类菌根则可以辅助杜鹃花、蓝莓、欧石南等杜鹃花科植物生长发育，提供抵抗环境胁迫的能力。

目前，美国、德国、日本等国家已经有部分“菌根制剂”生物肥料推出，菌根机制应用于菌根化苗木培育是非常奏效的。尤其是组培苗接种菌根可克服其生长缓慢的弱点，增加对环境的适应能力，缩短缓苗期，同时还可降低组培苗在未消毒土壤中染病的概率。所以组培苗菌根化将会成为培育优质种苗的重要途径和发展趋势。

菌根在促进植物生长发育方面的重要作用今天已经得到充分肯定。经济发达国家如美国、英国、加拿大、澳大利亚、德国、法国等都重视菌根的研究，发展中国家如印度、中国、马来西亚等也都在加紧研究和开发菌根。“绿化与菌根”已成为国际科学基金资助的七大领域之一。

【实践技能】

技能训练 4-2　土壤微生物的分离与纯化

在自然条件下，微生物常常混杂在一起成群落存在。为了研究某种微生物的特性，或者要大量的培养和使用某一种微生物，必须从这些混杂的微生物群中获得纯培养。纯培养是指从自然界中分离出单个微生物个体来进行培养，产生大量后代的过程。获得纯培养的方法称为微生物的分离和纯化。这一方法必须严格执行无菌操作程序。

获得微生物纯培养的方法很多，这些方法都是根据各类微生物生长要求，用人为的方法加以控制，采用适当的分离方法，使某一微生物在培养基上出现单个菌落，再将其移到适宜培养基上生长繁殖，进一步反复纯化后即得到纯培养体。

一、目的

了解从土壤中分离微生物的原理，掌握和巩固稀释平板分离法。

二、原理

土壤是微生物生活的大本营。在这里生活的微生物数量大，且种类也是极其多样的，因此土壤是人们开发利用微生物资源的重要基地。由于土壤中的微生物是各种不同种类微生物的混合体，因此，为了研究某微生物的特性，或者要大量地培养和利用某微生物，必须把它们从这些混杂的微生物群中分离出来。从而获得某一菌株的纯培养。

三、材料和器皿

1）材料：牛肉膏蛋白胨琼脂培养基、高氏一号培养基、马丁氏孟加拉红培养基、10% 的酚。

2）器皿：90mL 锥形瓶装（有玻璃珠 5～10 个）无菌水、9mL 试管装无菌水、无菌吸管（1mL、0.1mL）、培养皿、天平、玻璃刮铲、酒精灯等。

四、方法和步骤

（一）土样的采集和处理

1）用灭菌的土铲刮去表土，取下层耕作土 1000g，用灭菌布袋或纸袋装回。

2）尽快在室内无菌条件下过粗筛，将土内的石块、草根等杂质除去，土块捣碎并搅拌均匀。

3）称两份 100g 测定土壤含水量（做计数用）。

（二）土壤悬液的制备

1）称土样 10g，在火焰旁倒入盛有 90mL 无菌水的锥形瓶中，用手振荡 10～20min，即为 10^{-1} 的土壤悬液。静置片刻备用。

2）另取装有 9mL 无菌水的试管 5 支，按顺序编号 10^{-2}、10^{-3}、10^{-4}、10^{-5}、10^{-6}。

3）用 1mL 的无菌吸管从锥形瓶取 10^{-1} 的土壤悬液 1mL，加入编号 10^{-2} 的无菌水试管中，并用此吸管吹吸 2～3 次，使之混合均匀，即为 10^{-2} 土壤稀释液。用同一支吸管依同法由 10^{-2} 试管中吸取 1mL 稀释液加入编号 10^{-3} 的无菌水试管中，混合均匀，即为 10^{-3} 土壤稀释液。以此类推，直至稀释到最后一个稀释度。

上述操作要迅速。因为放线菌的孢子很轻。加之某些放线菌的孢子表面有一层蜡质，它们往往都浮在水面，所以动作要快，否则，土壤悬液放置太久，孢子都浮到悬液上层后，会影响分离效果及计数结果。

（三）细菌的分离（混合法）

1）取无菌培养皿 9 套，编号 10^{-4}、10^{-5}、10^{-6}，每号重复 3 个，并注明“细菌”及日期等。

2）用 1mL 的无菌吸管吸 10^{-6} 土壤悬液 1mL 放入编号 10^{-6} 的无菌培养皿中，用同一吸管取 10^{-5}，再取 10^{-4} 土壤悬液各 1mL 分别放入编号 10^{-5}、10^{-4} 培养皿中。每次取土壤悬液时都用吸管先吹吸几次，使之均匀再取。

3）向每个培养皿中注入已熔化并冷却至 45℃左右的牛肉膏蛋白胨琼脂培养基 15～20mL，小心摇动使培养基与土壤悬液均匀混合，静置、冷却。

4）待培养基凝固后，将培养皿倒置于 28～30℃的恒温箱中培养 2～3d 后观察菌落生长情况。

5）将长出的单个菌落分别挑取接种到斜面培养基上，置 28～30℃下培养，待菌苔长出。检查菌苔是否单纯，若有其他杂菌混杂，要再次进行分离纯化，直到获得纯培养体。

（四）霉菌的分离（涂抹法）

1）取无菌培养皿 9 套，写上编号 10^{-3}、10^{-4}、10^{-5}，每号重复 3 个。

2）将马丁氏孟加拉红培养基熔化后，冷却至 55～60℃时加入 0.03% 的链霉素溶液（每 10mL 培养基加 1mL），充分摇匀，倒入上述编号的 9 套培养皿中，每皿 15～20mL，冷却凝固成平板。

3）用无菌吸管取 10^{-5} 土壤悬液，向编号 10^{-5} 的各平板上分别放入 0.1mL。以同一吸管取土壤悬液，向编号 10^{-4} 的平板上分别放 0.1mL，最后取 10^{-3} 的稀释液同样处理。

4）最后用无菌玻璃刮铲（蘸乙醇在火焰上烧 2～3 次）先在编号 10^{-5} 的平板上将土壤悬液涂抹均匀，再用此刮铲涂抹 10^{-4} 的，最后涂 10^{-3} 的平板。

5）涂抹后静置 1h 后翻转，25～28℃下培养 3～5d，观察菌落形态。

6）挑取单个菌落移接斜面，若不纯可进一步分离纯化，直到获得纯培养体。

（五）放线菌的分离（涂抹法）

1）取无菌培养皿 9 套，写上编号 10^{-2}、10^{-3}、10^{-4}，每号重复 3 个。

2）向每个培养皿中倒入熔化并冷至 50℃左右的高氏一号培养基，制成平板。

3）向标号 10^{-2}、10^{-3}、10^{-4} 土壤悬液中分别加 10% 酚液 1 滴，充分摇匀。

4）用 1mL 的无菌吸管取 10^{-4} 土壤悬液，向编号 10^{-4} 的各平板上分别放入 0.1mL，以同一吸管取 10^{-3} 土壤悬液向编号 10^{-3} 各平板上分别放 0.1mL，最后取 10^{-2} 稀释液同样处理。

5）用灭菌的玻璃刮铲先将 10^{-4} 平板上的土壤悬液涂匀，再涂 10^{-3}、10^{-2} 各平板。

6）将培养皿静置 1h 后翻转，于 28～30℃下培养 4～5d，观察菌落。

7）挑取单个放线菌菌落转接于斜面上，培养。若不纯，进一步分离纯化，直至获得纯培养。

五、实验作业

1）从三种培养基上选择典型菌落，描述其菌落特征。

2）为什么培养微生物的时候要把培养皿倒置培养？

【知识拓展】

微生物在自然界的分布

微生物种类繁多。它们在自然界的分布非常广泛，土壤、水中均有它们的踪影，在一些极端环境中也发现有大量微生物生存。当然，微生物聚集最多的地方还是土壤，那里为微生物生长提供了所需要的各种基本要素，而且还具有保温性能好、缓冲性强等优点，因此，土壤是微生物的大本营，是人类最丰富的菌种资源库。土壤中细菌最多，土壤中数量较多的其他微生物是放线菌（抗生素的主要产生菌）和真菌，而藻类和原生动物等较少。土壤微生物是构成土壤肥力的重要因素。除此之外，空气和农产品中也存在有大量的微生物。由于在前面讲解了土壤微生物，在此不再重复。

1. 水环境中的微生物 水中溶解或悬浮着多种无机或有机物质，可供给微生物生长繁殖所需要的营养。因此，水环境是微生物栖息的第二天然场所。城市的生活污水及工业废水，有机物含量高，种类复杂，其中的微生物多数为腐生型细菌和原生动物，能够在天然水体的自净和污水处理中发挥作用。海水中的微生物多为嗜盐菌，有些细菌能发光，对一些化学药剂与毒物敏感，可用于环境污染物的监测。

2. 空气中的微生物 空气缺乏营养物质和水分，易受紫外线照射，故不适于微生物生长繁殖，但空气中也有相当数量的微生物。空气中微生物的来源有灰尘、水滴、呼吸道排泄物、体表脱落细胞等。空气微生物生物特点是：种类、数量不稳定，短暂可变；空气中微生物也随空气流动而流动（千里之外，5000m 高空）；不同场所空气中微生物的数量不同；近地面空气中灰尘多，城市、公共场所、人口密度大的地方微生物多，反之则少。空气中微生物存活时间多数几小时，少数几周，个别几个月或更长。微生物存活时间取决于空气条件，如温度、湿度、阳光、微生物种类等。病原微生物在空气中易死亡。病原微生物包括结核杆菌、白喉杆菌、葡萄球菌、链球菌、肺炎双球菌、炭疽杆菌、流感病毒、脊髓灰质炎病毒、麻疹病毒等，还有微球菌、叠球菌、细菌芽孢、霉菌、放线菌孢子等。

3. 农业产品中的微生物

（1）*农产品上的微生物* 各种农产品上均有微生物生存，粮食尤为突出。粮食、食品、油料含丰富的营养物质，是微生物的天然培养基。种类有：霉菌 100 多种，酵母菌几十种，细菌、放线菌近百种。粮食、油料种子有 100 多种植物病原微生物。原生微生物区系是植物（种子）本身固有的微生物，属正常菌群（区系），是微生物与植物在长期相处的关系中形成的。同一种作物产生的粮食上都具有一些共同的微生物种类。例如，粮食中的草生假单胞菌可抑制青霉和曲霉的生长，次生性微生物区系是贮存、加工、运输中经各种途径感染的微生物，可以来自空气、土壤、仓库（加工）等。

全世界每年因霉菌而损失的粮食占总产量的 2% 左右。粮食和饲料上的微生物种类以曲霉属、青霉属和镰孢（霉）属为主。以曲霉为害最大，青霉次之。黄曲霉产生的黄曲霉毒素是致癌物。黄曲霉毒素是一种强烈的致肝癌毒物，对热稳定（300℃时才能被破坏），对人、家畜、家禽的健康危害极大。现已成为研究的热点。

（2）*园艺产品上的微生物* 园艺产品上微生物主要是霉菌，使植物变质，降低营养价值，还可产生 50 多种毒素，如黄曲霉，可产生黄曲霉毒素 B_1、黄曲霉毒素 G_1

等。不仅对人和动物有剧毒还可以致肝癌。水果、蔬菜等含有蛋白质、糖、脂肪等，是天然培养基，常污染很多微生物。有的微生物在冰箱中的食品上也可繁殖，如嗜冷细菌、沙门氏菌、葡萄球菌、变形杆菌、致病菌等引起中毒。罐头杀菌不彻底也可能有芽孢菌。

4. 其他产品上的微生物　微生物广泛存在。引起工业产品霉腐的微生物，如许多工业产品是部分或全部由有机物组成，因此易受环境中微生物的侵蚀，引起生霉、腐烂、腐蚀、老化、变形与破坏，即便是无机物如玻璃也可因微生物活动而产生腐蚀与变质，使产品的品质、性能、精确度、可靠性下降。此外，微生物还可通过菌体的大量繁殖和代谢产物对工业产品造成危害，如霉腐微生物在矿物油中生长后，不但因产生的大量菌体阻塞机件，而且其代谢产物还会腐蚀金属器件；有些霉菌分泌的有机酸会腐蚀玻璃，以致严重降低显微镜、军远镜等光学仪器的性能。还有如纤维素酶破坏棉、麻、竹、木等材料；蛋白酶分解革、毛、丝等产品；一些氧化酶和水解酶可破坏涂料、塑料、橡胶和黏合剂合成材料等。

【巩固训练】

一、关键词

固氮微生物、生物固氮、菌根微生物、根圈

二、简答题

1. 微生物与环境存在哪几种关系？
2. 土壤微生物的分布及作用有哪些？
3. 微生物在生态系统中的地位和作用有哪些？
4. 固氮微生物分哪两类？试述它们的异同点。
5. 菌根有哪些类型？菌根在农业生产中的作用有哪些？
6. 我国古代的农民早就有“种豆肥田”的生产经验。试分析其中的科学道理。

第三节　微生物在园艺植物生产中的应用

【学习目标】

1. 能够正确掌握微生物肥料、微生物农药的概念；了解微生物食品、微生物饲料、微生物能源、微生物环境保护剂的相关概念。
2. 熟悉微生物肥料、微生物农药的分类；掌握微分物肥料、微生物农药的特点；了解微生物肥料的使用方法及注意事项。

【内容分析】

农业微生物资源的开发利用已呈现出美好前景。在现代园艺业，主要包括微生物肥料、微生物农药和微生物环境保护剂等方面的应用。随着研究的不断深入，微生物在园艺植物生产中具有重要作用，也在逐渐对微生物进行开发和利用。微生物肥料和微生物农药现已作为一种高新技术产品。在熟悉基本理论的基础上，掌握微生物肥料和微生物农药的使用方法及注意事项，以期为其广泛应用提供依据。本节内容见图 4-11。

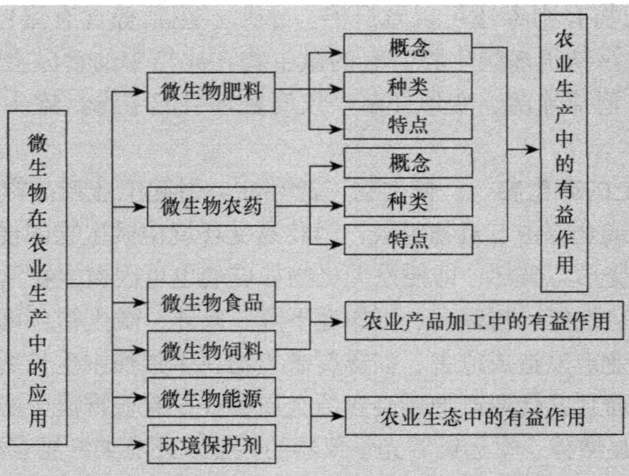

图 4-11 微生物在农业生产中的应用分析图

人类进入 20 世纪以来，随着现代化工业的发展，大幅度提高了生产力，增加了人类创造财富和改造环境的能力，扩大了人类的活动领域，丰富了人类的物质生活。但同时也带来了诸如人口剧增、环境污染、生态破坏等一系列问题，人类社会的发展应注重人口、经济、社会、环境和资源相互协调，走既能满足当代人的需求、又对后代人的发展不构成威胁的可持续发展道路。微生物资源产业化的工业型园艺生产，即通过开发利用微生物资源，发展以微生物肥料和微生物农药等为核心的所谓“白色农业”将成为未来园艺植物生产可持续发展的重要方向之一。农业微生物资源的开发利用具有明显的现实意义和深远的历史意义。

一、微生物肥料的应用

我国微生物肥料的研究应用与国外相类似，是从豆科植物上应用根瘤菌接种剂开始的，只是国外比我国有更长的研究应用史。我国起初只有大豆和花生根瘤菌剂；20 世纪 50 年代，开始从苏联引进自生固氮菌、磷细菌和硅酸盐细菌剂，称为细菌肥料；20 世纪 60 年代推广使用放线菌制成的“5406”抗生菌肥料和固氮蓝绿藻肥；70～80 年代中期开始使用 VA 菌根以改善植物磷素营养条件和提高水分利用率；80 年代中期至 90 年代相继应用联合固氮菌和生物钾肥作为拌种剂；近几年来主要推广应用由固氮菌、磷细菌、钾细菌和有机肥复合制成的生物肥料，作基肥施用。我国微生物制剂的发展经历了根瘤菌剂、细菌肥料（菌肥）到微生物肥料的变迁，由豆科接种剂、菌种拌种发展为各种园艺植物的基肥，有的微生物由于能产生活性物质，有时也用作叶面喷施肥料。目前，国内外出现了基因工程菌肥、作基肥和追肥用的有机无机复合菌肥、生物有机肥、非草炭载体高密度的菌粉型微生物接种剂肥料及其他多种功能类型和名称的微生物肥料。

微生物肥料在我国称为菌肥或生物肥。有些国家称其为接种剂。狭义的微生物肥料是指微生物接种剂，即由具有特殊效能的微生物经过扩大培养（根瘤菌用草炭或蛭石等载体培养），此类制品主要用于拌种。而广义的微生物肥料，是指含有活微生物的特定制品，应用于农业生产中，能够获得特定的肥料效应，制品中活的微生物起关键作用。

微生物肥料并不直接含有园艺植物所需的各种营养元素，但可以通过有益微生物的繁殖活动分解土壤中植物难以利用的元素，如解钾、解磷及固定空气中的氮素使植物营养得到改善；或将土壤中一些植物不能直接利用的物质，转换成可被吸收利用的营养物质，或提高植物的生产刺激物质，或抑制植物病原菌的活动，从而提高土壤肥力，改善植物的营养条件，直接或间接促进植物增产和改善土壤品质。

（一）微生物肥料的分类

作为商品的微生物肥料，要经过一系列的严格检验，证明对植物有益而无害，更不能含人畜致病菌；同时微生物肥料要有田间试验的应用效果报告和有效菌数数据；符合标准的产品才可出售，包装袋上要标有适用植物、土壤情况和使用方法等。微生物的种类繁杂，根据不同的分类方法，其类别也有变化。微生物肥料的种类参见表 4-9。

表 4-9 微生物肥料（制剂）种类（袁江莉和王贺祥，2011）

肥料类别	菌种	主要作用	主要用途
根瘤菌肥料	根瘤菌属（*Rhizobium*）、中华根瘤菌属（*Sinorhizobium*）等的菌种	固氮	豆科共生固氮，增加土壤中氮素含量
固氮菌肥料	圆褐固氮菌（*Azotobacter chroococcum*）、肺炎克雷伯氏菌（*Klebsiella pneumoniae*）、固氮螺菌（*Azospirillum*）等的菌种	固氮	谷物、棉花、蔬菜的氮肥，增加土壤中氮素含量
磷细菌肥料	解磷巨大芽孢杆菌（*Bacillus megaterium*）、氧化硫硫杆菌（*Thiobacillus thiooxidans*）等的菌种	将土壤中不溶磷转化为可溶磷	各种植物磷肥
硅酸盐（钾）细菌肥料	胶冻样芽孢杆菌（*Bacillus mucilaginosus*）等	分解长石等硅酸盐类矿物，产生有效钾	各种植物钾肥
放线菌制剂	细黄链霉素（*Streptomyces microflavus*）	产生抗生素抗病驱虫，分泌刺激素，促进植物生长，转化矿物质	促进各种矿物质生长、抗病驱虫
光合细菌制剂	沼泽红假单胞菌	将光能转化成生物代谢活动能量	用于植物物叶面喷施，水产养殖净化水体等
菌根菌制剂	外生菌根和内生菌根两大类	植物根部形成菌根，增强吸收养分和水分	育苗造林，引种，防治病害，促进各种作物生长
植物根际促生细菌肥（PGPR）	各类有益于植物的根际微生物的混合菌种	分泌植物促生物质，抗病驱虫，增加土壤的养分	增强各种植物抗病能力，增肥效，促生长
有机物料腐熟剂	芽孢杆菌属（*Bacillus*）、假单胞菌属（*Pseudomonas*）、弧菌属（*Vibrio*）、木霉菌属（*Trichoderma*）	具有分解、腐熟、转化有机物料的功能	有机物由大分子变成小分子，物质转化，杀害有害生物，实现资源利用和无害化

1. 按微生物肥料的功效划分

1）通过其中所含微生物的生命活动，增加植物营养元素的供应量，包括土壤和生产环境中植物营养元素的供应总量和植物营养元素的供应量，通过植物营养状况的改善，导致产量增加，如根瘤菌肥。

2）微生物生命活动的关键作用不仅限于提高植物的营养元素供应水平，还包括它们所产生的植物生长激素对植物的刺激作用，促进植物对营养元素的吸收作用，或者是拮抗某些病原微生物的致病作用，减轻植物病虫害而导致产量的增加，如PGPR。

2. 按作用机制划分

1）能将空气中的惰性氮素转化为作物可直接吸收的离子态氮素。属于这一类的有根瘤菌肥料、固氮菌肥料、固氮蓝细菌肥料等。

2）能分解土壤中的有机质，释放出其中的营养物质供植物吸收的微生物制品。

3）能分解土壤中难溶性的矿物，并把它们转化成易溶性的矿质化合物，从而帮助植物吸收各种矿质元素的微生物制品。其中主要的是硅酸盐细菌肥料和磷细菌肥料。

4）对某些植物的病原菌具有拮抗作用，能防治植物病害，从而促进植物生长发育的微生物制品，如某些芽孢杆菌制剂和抗生菌肥料等。

5）菌根菌肥料。使用的菌种主要是内囊菌科的一些种类形成的丛枝状菌根，此外，还有部分担子菌和少数子囊菌形成的外生菌根。

6）复合生物肥料：①微生物 - 微量元素复合肥料；②联合固氮菌复合肥料；③固氮菌、根瘤菌、磷细菌和钾细菌复合生物肥料；④有机 - 无机生物复合肥料；⑤多菌株、多营养生物复合肥料。

3. 目前主要的微生物肥料

（1）*根瘤菌肥料*　根瘤菌肥料的出现有100多年的历史，普遍应用也有70多年的历史。它是公认推广最早，效果最稳定、最好的一种高效菌肥。根瘤菌的多样性是目前生物固氮资源调查和利用的一个热点。

我国目前生产的根瘤菌肥料使用的菌种有花生根瘤菌、大豆根瘤菌、苕子根瘤菌、蚕豆根瘤菌、豌豆根瘤菌、苜蓿根瘤菌、菜豆根瘤菌、沙打旺根瘤菌。此外，还有一些针对不同豆科作物生产的根瘤菌剂品种，如三叶草根瘤菌肥、百脉根根瘤菌肥、胡枝子根瘤菌肥、绿豆根瘤菌肥等。主要分类如下。

根瘤菌剂型：根瘤菌剂主要有粉状（系草炭、蛭石或其他载体）、液体、种衣剂三种剂型及少数冻干菌。

复合菌种：用同一根瘤菌的不同菌株复合的，也有用根瘤菌与其他微生物，如假单胞菌、粪产碱菌等合用以增强其结瘤性能，国外有人将此种制剂称为第二代接种剂。

根瘤菌肥在实际应用过程中，传统上有两种基本方法即种子拌菌和土壤混菌。种子拌菌是最常用的方法，它简单易行，仅需拌种和晾干。拌种时将选好的种子倒入内壁光洁的瓷盆或木盆内，将菌剂［用量（100～250）g/666.7m^2］用凉水250～500g调成浆糊状，再把种子倒入拌匀，使每粒种子都沾上菌剂。然后晾干，要求拌种后在阴凉处摊开，稍阴干，使根瘤菌剂牢固地吸附在种子上，播种时也易于撒开，立即播种，随即覆土。土壤混菌是将根瘤菌剂混合到植物根圈的主要部位。土壤混菌比种子拌菌更能提高接种菌的固氮效率，在土著根瘤菌多的情况下尤为明显。但土壤混菌法的缺点是菌剂用量多，大面积混菌也不方便。

（2）*磷细菌肥料*　磷细菌肥料是一类促使土壤中不能被植物利用的有机态或无机态磷化物转化为有效磷，从而改善植物的磷素营养，促进植物增产的菌肥。

磷细菌是可将不溶性磷化物转化为有效磷的某些腐生性细菌的总称。

1）无机磷细菌（分解磷酸三钙的细菌）：是通过细菌产生的酸使不溶性磷矿物溶解

为可溶性的磷酸盐，如氧化硫硫杆菌。

2）有机磷细菌：是通过某些细菌（如巨大芽孢杆菌和蜡状芽孢杆菌）等产生的一些酸类物质，如乳酸、柠檬酸和植物酶类物质，使土壤中的难溶性磷素和磷酸铁、磷酸铝及有机磷酸盐矿化，形成植物能够吸收利用的可溶性磷，供植物吸收利用。

磷细菌肥料可用于拌种、浸种、蘸根、基肥、追肥使用。

提高磷细菌肥效的措施包括，无机磷细菌菌肥和有机磷细菌菌肥混合使用；磷细菌肥和固氮菌肥混合使用；早施磷细菌肥料；提高土壤含水量，土壤含水量在15%～23%时，有利于磷细菌的生长和活动。

（3）固氮菌肥料　现代科学技术研究中发现具有固氮活性的细菌至少有14个科200多种，但不是具有固氮酶活性的细菌就可以作为菌种生产固氮菌菌剂。已用于生产或可能被用于生产的固氮菌菌种有以下几种。

1）重组固氮菌：根瘤菌和豆科植物共生固氮自19世纪末以来一直是生物学固氮研究的重点，20世纪70年代以后已深入到分子遗传学研究范畴。我国近年来开展了重组大豆根瘤菌——大豆慢生根瘤菌和费氏中华根瘤菌研究。部分菌株在室内条件下固氮效率和竞争结瘤能力有明显提高，为了能进一步走向田间应用，目前正在加强生物固氮与竞争结瘤分子机制、基因的表达调控，以及应用技术等方面的研究。随着基因工程技术的发展，固氮基因的分离和研究不断取得新的进展。

2）重组联合固氮菌：以豆科植物结瘤作用为先导的生物固氮研究迄今已有100多年的历史。作为它的一个新的分支，植物根际微生物联合固氮的研究不过才20年左右的时间。然而，由于种类繁多的联合固氮菌在改善禾本科植物氮素营养方面的潜在价值，特别是具有植物内生作用的联合固氮菌的利用有可能为非豆科植物打开一条“体内固氮”的新途径。这类固氮菌的分子遗传和基因工程已成为新的研究热点。实验应用的主要作物是水稻和玉米，近年来还扩大到黄瓜、番茄等多种蔬菜。多年的实验研究结果表明，经过重组修饰的耐铵工程菌能显著提高固氮效率、有效减轻铵对固氮的阻遏作用，但田间效果常因受到诸多生态因子的影响而不太稳定。在特定的土地下（如砂壤土、白浆土、盐渍化土）并采用科学的施用方法（如菌液浸根与叶面喷施结合），田间应用可节约化肥15%以上。

（4）植物根圈促生细菌肥（PGPR）　近20年来，在微生物资源的研究工作中，有一个新的热点，这就是植物根圈促生细菌肥（plant growth promoting rhizobacteria，PGPR）的研究。

植物根圈促生细菌是指自由生活在土壤或附生于植物根圈的一类可促进植物生长、防治病害、增加作物产量的有益菌类。植物根圈促生细菌是存在于植物根圈范围内，在它们的生长代谢过程中能产生促进植物生长的物质的一类细菌。目前已报道的种类有芽孢杆菌属（*Bacillus*）、类芽孢杆菌属（*Paenibacillus*）、短芽孢杆菌属（*Brevibacillus*）、假单胞菌属（*Pseudomonas*）、伯克霍尔德氏菌属（*Burkholderia*）、节杆菌属（*Arthrobacter*）、不动杆菌属（*Acinetobacter*）、农杆菌属（*Agrobacterium*）、纤维单胞菌属（*Cellulomonas*）、固氮螺菌属（*Azospirillum*）、慢生根瘤菌属（*Bradyrhizobium*）、弗兰克氏菌属（*Frankia*）、泛菌属（*Pantoea*）、根瘤菌属（*Rhizobium*）、沙雷氏菌属（*Serratia*）、链霉菌属（*Streptomyces*）、硫杆菌属（*Thiobacillus*）等。

目前，已在美国、加拿大等北美地区和印度、中国等亚洲地区开发出了一些 PGPR 制剂，并进行了大规模生产、注册登记及推广应用。在重组 PGPR 的构建和风险评估方面也取得了重要进展。绝大多数商品化的 PGPR 产品是在无菌条件下单一菌株或几个菌株的组合生产的。其中，美国 Advanced Microbial Solutions（AMS）利用一个复杂微生物群落发酵过程，生产制造出一种土壤改良剂。这类产品除含有有益微生物菌群外，还含有微生物副产物。通过微生物群落发酵过程生产的农用微生物制剂具有复杂的生理生化和生物学特性，不仅具有促进植物生长能力，还具有改善土壤的功能。该发酵技术与传统的土壤改良剂发酵技术相比具有显著的优点。其有益作用已经超出了目前对微生物肥料的认识，尤其是高度定向 PGPR 的应用方面。

（5）*光合细菌肥料*　能利用光能作为能量来源的细菌，统称为光合细菌。根据光合作用是否产氧，可分为不产氧光合细菌和产氧光合细菌；又可根据光合细菌碳源利用的不同，将其分为光能自养型和光能异养型，前者是以硫化氢为光合作用供氢体的紫硫细菌和绿硫细菌，后者是以各种有机物为供氢体和主要碳源的紫色非硫细菌。

光合细菌使园艺植物增产增质的原因，可归纳为以下两个方面。

1）光合细菌能促进土壤物质转化，改善土壤结构，提高土壤肥力，促进植物生长。光合细菌大都具有固氮能力，能提高土壤氮素水平，通过其代谢活动能有效地提高土壤中某些有机成分、硫化物和氨态氮，并促进有害污染物如农药等的转化。同时能促进有益微生物的增殖，使之共同参与土壤生态的物质循环。此外，光合细菌产生的丰富的生理活性物质如脯氨酸、尿嘧啶、胞嘧啶、维生素、辅酶 Q、类胡萝卜素等都能被植物直接吸收，有助于改善植物的营养，激活植物细胞的活性，促进根系发育，提高光合作用和生殖生长能力。

2）光合细菌能增强植物抗病防病能力。光合细菌含有抗细菌、抗病毒物质，这些物质能钝化病原体的致病力及抑制病原体生长。同时光合细菌的活动能促进放线菌等有益微生物繁殖，抑制丝状真菌等有害菌群生长，从而有效地抑制某些植物病害的发生与蔓延。

目前的研究和实验已显示出光合细菌作为重要的微生物资源，其开发应用的前景是广阔的，必将具有不可替代的应用市场，在人类活动中必将发挥越来越重要的作用。

（二）微生物肥料的使用

1. 微生物肥料的特点　与传统化肥相比，微生物肥料具有极大的优势。能够有效改良土壤肥力，提高化肥利用率的同时提高能源利用率。同时，微生物肥料在绿色有机食品生产、农业生态环境保护及高产、优质、高效农业的持续发展中发挥着重要的作用。其作用主要体现在以下 5 个方面。

（1）*改善植物品质、提高植物产量*　微生物肥料促进植物生长的机制是产生生长素、抑制病原菌、根圈固氮和分解难溶性磷钾元素等。

（2）*降低生产成本*　微生物肥料之所以能降低生产成本是因为它能够增加土壤中的有效养分，因而需用量并不大，而微生物的生产过程中耗能较少，同时由于土壤元素利用率的增加，施用的化肥量会减少，这些因素的综合作用是降低了生产成本。

（3）*减少环境污染*　微生物本身一般无毒害作用，不污染环境，同时，施用生物肥料如固氮类生物肥料，不但可适当减少化学肥料的施用量，而且其所固定的氮素可直接贮存在生物体内，相对而言，对环境污染的机会也就小得多。

（4）有效利用大气中的氮素或土壤中的养分资源　如何将土壤中的无效态磷、钾转化成可供植物吸收利用的有效态养分，微生物肥料的应用无疑为这一问题的解决提供了一个很好的方案，目前已知的各类固氮微生物可能在其中扮演重要角色。

（5）能在一定程度上改善土壤的理化性质　化肥的使用量减少，就减少了其对土壤养分、结构等方面的不良影响，又能够减少土壤营养流失和富营养化的产生，同时又使微生物的活动能力得到增强，还可以实现固体废弃物的资源化堆肥，实现可持续发展。微生物肥料有它的有效期限，通常为半年至一年。

2. 微生物肥料的应用前景

1）适用广泛，市场容量大。我国日前微生物肥料年产量在10×10^4～40×10^4t，而同期化肥年产量约为1.2×10^8t。另外，我国仅大豆种植面积每年约为1000×10^4hm^2，花生约330×10^4hm^2，而实际应用微生物肥料接种的大豆面积仅1%左右。市场应用还具有相当大的潜力。

2）生产成本低、应用效果好。

3）生产无公害绿色食品、减少环境污染的需求。

4）微生物肥料本身的发展为其扩大应用奠定了基础。

3. 选购微生物肥料的注意事项　外包装完好，无破袋、漏袋；是否有中华人民共和国农业部的“登记证”号；产品名称、商标、生产企业、地址、有效期限等是否齐全；仔细阅读产品说明，明确微生物肥料类型，适用植物，选择性地进行购买。

4. 微生物肥料使用时注意事项　微生物肥料是活的生物体，由它自身的特点，施用方法比化肥、有机肥料要求严格。

1）及时施用，一次用完。微生物肥料购买后，要尽快施到地里，并且开袋后要一次用完；如需贮存，贮存温度要合适。通常要求微生物肥料产品的贮存温度不超过20℃为宜，4～10℃最好。

2）可以单独施入土壤，最好与有机肥料混合使用，不要和化学肥料混合使用。

3）要施入植物根正下方，不可离根太远，同时盖土，不要让阳光直射到菌肥上。

4）微生物肥料主要用作基肥使用，不宜叶面喷施。

5）微生物肥料的使用，不能代替化肥的使用。

6）未用完的微生物肥料，要妥善管理，防止微生物肥料中的细菌传播。

二、微生物农药的应用

近20年来，利用昆虫病毒防治园艺植物物害虫已成为国内外生物防治的一个重要发展方向。HaSNPV是棉铃虫特异性病原病毒，由中国科学院武汉病毒研究所分离，自20世纪70年代起被用于棉铃虫的防治。在武汉病毒所和兄弟单位的协助之下，该病毒在1993年被登记注册为我国的第一个病毒杀虫剂，目前年产200～400t，年应用面积达3000×10^4hm^2，在国际上具有较大的影响。我国许多地方都开展了不同规模的田间治虫试验，在园艺植物上，面积较大的菜粉蝶颗粒体病毒（GV）等病毒杀虫剂，取得了较好的防治效果。现在，微生物农药的产量或防治面积已占农药总产量或防治面积的5%以上，如冈霉素一个品种的常量杀菌剂总产量达9%左右。微生物农药作为一种高新技术产品，在保护环境、保障人类健康和无公害园艺植物生产中，将发挥越来越重要的作用。

（一）微生物农药的特点和类型

微生物农药是指利用微生物活体及其代谢产物对有害生物进行防治的一类农药制剂。现在应用较多的，有细菌、真菌、昆虫病毒等构成的微生物杀虫剂、微生物杀菌剂、微生物除草剂及微生物植物生长调节剂四大类。微生物杀虫剂均为有害昆虫的致病微生物，通过人工生产和施用这些微生物农药，使害虫感染疾病而死亡。微生物杀虫剂主要包括细菌制剂（如苏云金芽孢杆菌）、放线菌制剂、真菌制剂、霉菌制剂和病毒制剂等。农用抗生素主要是应用微生物的代谢产物，以及提取其中的抗生素来防治园艺植物病害。如链霉素、土霉素、灰黄毒素等。微生物除草剂的原理和微生物杀虫剂一样。

1. 微生物农药的特点

（1）选择性强，对人畜安全　它们一般只对病虫有作用，对人畜及各种有益生物比较安全。

（2）对生态环境影响小　微生物农药主要是利用一些特殊微生物或其代谢产物所具有的杀虫、防病作用控制有害生物。有效活性成分的最大特点是易降解。因此，对自然生态环境的影响较小。

（3）不易使害虫产生耐药性　微生物农药杀虫防病的作用机制不同于其他农药，并且常常是综合作用的结果，相对于其他农药来说，不易产生耐药性。

（4）使用得当，可以诱发害虫流行病　害虫的病原微生物，在一定的条件下，具有定殖、扩散和发展流行的能力，可对当年当代、后代或者翌年的有害生物发挥控制或抑制作用，具有明显的后效作用。

（5）生产设备通用性较好　微生物农药的工业生产一般采用固体培养或液体深层发酵生产，所用设备大多为通用设备。另外，微生物农药的生产原料主要是其他产业的副产品，如豆饼粉、麦麸、糖蜜等。这些生产原料来源十分广泛，有利于人类自然资源的保护和永久利用。

（6）微生物农药对生产不利的一面　药效一般比较缓慢；易受环境因素的影响；产品有效期短，质量稳定性差。

2. 微生物农药的类型

（1）微生物杀虫剂

1）细菌杀虫剂：是利用对某些昆虫有致病或致死作用的杀虫细菌，以及其所含有的活性成分制成，用于防治和杀死目标害虫的生物杀虫制剂。作用机制是胃毒作用，通过肠细胞吸收，进入体腔和血液，使之得败血症导致全身中毒死亡。

全世界约有 30 多个国家 100 多家公司生产细菌杀虫剂，品种可达 150 多个，并已逐渐应用于蔬菜、林业、园艺、卫生害虫等领域的害虫防治中。

微生物杀虫剂中研究最多，用量最大的是苏云金芽孢杆菌（简称 *Bt*）。该菌在生成芽孢时菌体中可形成一个或多个具有强烈杀虫作用的称为内毒素的蛋白晶体，因而能广泛用于粮食、经济作物与蔬菜、林业及一些卫生害虫的防治，*Bt* 的另一突出优点是选择性强，对人畜、天敌、植物都非常安全，堪称“无公害农药”。但是 *Bt* 也存在一些缺点与不足，如毒素蛋白晶体易受环境因素作用而分散；杀虫作用不持久，田间防治效果仅能维持 3～4d；杀虫谱偏窄，仅对部分鳞翅目害虫有效；常年使用，害虫可能产生抗药性等。国外目前已有十余种工程菌获准进入市场销售，国内中国农业科学院生物技术研究所、中国农业科学院植物保护研究所、华中农业大学和中山大学等近年来鉴定发现了crylAcl0、crylFb3、cry2Ab3、cry3Aa7、crylCab、p21zb等十余种新的杀虫蛋白或分子伴侣基因。并在此基础上分别构建了对棉铃虫、小菜蛾、甜菜夜蛾、斜纹夜蛾和马铃薯甲虫等害虫高效的工程菌，现已部分投入应用。

昆虫杆状病毒也是一类重要的、应用较早的昆虫病原微生物。这类病毒同样对人畜与环境十分安全，但野生型病毒也存在作用缓慢（从害虫感染病毒到死亡需1～2周）、杀虫谱狭窄等不足。为了进一步扩大应用，也需要对它们进行遗传改良。杆状病毒基因工程的基本路线是，去除某些不影响病毒复制和感染的基因，在其强启动子后面插入能增强杀虫毒力的外源基因，如利尿激素基因、昆虫保幼激素酯酶基因、*Bt*杀虫蛋白基因、蝎神经毒素基因等。例如，国内外先后将蝎基因*Aalt*或*Belt*插入苜蓿银纹夜蛾核多角体病毒（AcMNPV）后，工程病毒使害虫致病的时间可缩短25%～40%，进食量可减少30%～50%，防治效果有明显改善。

武汉大学、中国科学院等采用与上述类似的策略构建了重组苜蓿银纹夜蛾和棉铃虫核多角体病毒（AcMNPV和HaSNPV），现已分别进入田间试验和环境释放阶段。昆虫病原真菌对害虫具有广泛的寄生性和致病性，但因其遗传背景复杂，杀虫分子机制和遗传改良的研究较昆虫病原细菌和病毒相对滞后。值得一提的是，这方面的研究近年已有显著的进展，如研究者已从绿僵菌中分离了一种类似枯草菌素的蛋白酶，该蛋白酶的编码基因*prl*在工程菌中高表达后使烟草天蛾的食量减少了40%，死亡时间加快一倍以上。

其他细菌性农药还有：青虫菌、乳状芽孢杆菌、球形芽孢杆菌、金龟子芽孢杆菌、蜡状芽孢杆菌、幼虫芽孢杆菌、枯草杆菌、放射形土壤杆菌、洋葱球茎病假单胞菌、荧光假单胞菌、丁香假单胞菌、灰绿链霉菌等。

2）真菌杀虫剂：世界上已记载的杀虫真菌约有100属，800多种。各国应用研究最多的是白僵菌，其次是绿僵茵。此外，还有赤僵菌、虫生藻菌等。

白僵菌研制较早，普及面积大、应用最广。美国已经产业化的两种白僵菌制剂，即*B. bassiano* Strain TBI，Bb-147和CHA，以及*B. brongniar*。菌株Bb-147是从被感染的玉米螟幼虫体上分离得到，其生产工艺由INRA研制而成。菌株TBI由美国的一家研究中心从墨西哥棉铃虫体内获得。

绿僵菌被用于防治螯草等地下害虫、天牛等蛀干害虫及苹果食心虫，并且对蚊子幼虫也有效。最近，由我国研制的绿僵菌农药，虽速效性较低，但7～9d可使蝗虫集中大量死亡，能有效控制蝗虫种群数量。药后持效期15d以上。

3）昆虫病毒杀虫剂：目前，已有30多个国家和地区，在开展病毒防治害虫工作，20多个国家的30多种病毒杀虫剂已进行登记、注册、生产应用。病毒杀虫剂宿主特异性强，能在害虫群内传播形成流行病。也能潜伏于虫卵，传播给后代，持效作用长。缺点是施用效果受环境影响大，宿主范围窄。

已知的昆虫病毒有1600多种，其中60%为杆状病毒，可引起1100种昆虫和螨类发病，可控制近30%的植物主要害虫。在昆虫病毒研究领域中，我国已发现报道的昆虫病毒近220种，约250株，其中，110株为我国首次分离得到。目前，已有20多种昆虫病毒进入试验推广，针对园艺害虫的有12株。

4）线虫杀虫剂：如斯氏线虫已在田间用于防治小菜蛾、桃小食心虫、地老虎、蝇蛆等害虫。异小杆线虫“泰山1号”防治害虫的效果也很好。

5）微孢子杀虫剂：微孢子杀虫剂是原生动物，是经宿主口、卵或皮肤感染，并在其中增殖，使宿主死亡。目前用于植物防治的微孢子杀虫剂有三种：行军虫、云杉卷叶蛾和蝗虫微孢子虫。

（2）微生物杀菌剂　微生物之间相互竞争是自然界普遍的现象，早已发现，许多微生物对植物病原菌具有抑制和拮抗作用。例如，不少细菌、放线菌和真菌通过产生抗生素或争夺营养与生存空间而阻止病害的发生与蔓延，但防制病害的效果也受到复杂环境条件的影响而不能稳定或持久。现在，有些问题已经可以通过基因工程加以克服和解决。

微生物杀菌剂是一类控制植物病原菌的制剂，主要有农用抗生素、细菌杀菌剂、真菌杀菌剂和病毒杀菌剂等类型。微生物杀菌剂主要抑制病原菌能量产生、干扰生物合成和破坏细胞结构。内吸性强、毒性低，有的兼有刺激植物生长的作用。目前，生产上应用的微生物杀菌剂，包括有井冈霉素、公主岭霉素、赤霉素、春雷霉素、农抗120、农抗5102、中生菌素、武夷菌素、浏阳霉素等。

（3）微生物除草剂　微生物除草剂是利用杂草的病原微生物制剂大面积喷洒来防除杂草的。现代生物技术的进步，使得以生防菌为基因供体，以园艺植物为受体的转基因技术得以实现。目前，我国微生物农药的研究还不够深入，主要表现为基础研究欠缺，研究开发时间长，剂型单一等。需要加大对微生物农药基础研究的投入，开发新型高水平剂型，如水分散性粒剂（WG），加强对具有抗病、虫、草害的基因的筛选和克隆，以及转基因抗性植株的获得等研究。

现在较常用的微生物除草剂主要有双丙胺磷。双丙胺磷具有强烈的广谱杀草活性，能防治一年生和多年生的杂草，同时具有很高的杀螨活性。1963年，我国首次将真菌用于杂草的生物防治，利用炭疽病“鲁保一号”防治菟丝子。之后，生物除草剂“鲁保一号”推广到全国20多个省、市、自治区，防治效果稳定在80%以上。

（4）微生物植物生长调节剂　植物生长调节剂中的品种有细胞分裂素、赤霉素、脱落酸、多聚寡糖和超敏蛋白。中国农业科学院于20世纪50年代发现“5406”，其活性有效成分为玉米素和激动素，在浙江嘉善微生物农药厂实现产业化生产，现已广泛用于蔬菜、柑橘、茶叶、烟草、人参等多种植物上。目前，国内植物生长调节剂发酵罐单罐生产最大吨位已达到50t，最小吨位也达20t。

（二）微生物农药的使用方法

1）科学保管。必须保存于闭光、低温、通风、干燥的地方。

2）看天用药。最佳使用时间选择在气温10～27℃，5～9月的阴天或晴天下午。

3）对症选用农药。微生物农药应用范围相对较窄，要求要针对不同病害用药。

4）适当提前用药。掌握病害发生的规律，提前3～5d施药为宜。

5）浓度适宜，科学间隔。细菌性杀虫剂一般每公顷用活孢子数在100亿/g上的菌粉2200～2500g。虫口量大、世代重叠、虫龄不齐、单位面积一次用药量大，间隔期短；苏云金杆菌防治小菜蛾、大菜粉蝶间隔10～15d；防治三化螟间隔5～6d。

6）喷洒均匀。一般以胃毒为主，均匀喷施可提高防效。

7）正确配方，混合使用。农药混配可扩大应用范围，提高药效。

三、微生物在其他方面的应用

（一）微生物园艺产品

在微生物园艺产品中，以微生物食品应用最广。而在我国微生物食品中，食用菌分布最广、食用最普遍、历史最悠久，园艺产品香菇、木耳等就属于此类。微生物食品是利用有益微生物加工和生产出来的一类无害化营养保健类食品。利用野生真菌的某些特性和种类，来驯化或人工栽培生产可供人类食用，多种菌类食品的培育生产就是很好的农业实践。在医疗保健的微生物食品开发方面，也有较为广阔的发展前景。例如，利用真菌与昆虫间的寄生关系，生产冬虫夏草等名贵药材。

（二）沼气发酵

我国微生物能源的应用主要是沼气。微生物在人畜粪便处理、城市污染和生活垃圾堆肥、沼气发酵等方面应用较广，这方面成熟的例证有很多。例如，利用有机废物生产甲烷；应用酵母和光合细菌净化高浓度有机无毒废水生产细胞蛋白等，同时生产饲料和饵料；利用木材废弃物所含非纤维素生产燃料乙醇；利用木材废弃物所含的半纤维素生产木糖及木糖醇等，已成为废弃物能源化与资源化的有效途径。

沼气是有机物在厌氧条件下经微生物分解作用而产生出来的一种生物气。自然界中，沼泽、粪窖、阴沟、水田、海洋深处及人和动物的消化道中都有沼气存在。沼气的产生需要厌氧微生物的作用，是目前改善农村生态环境的有效措施，其废液、废渣是园艺植物生产中很好的有机肥，在南方地区，这种循环模式被广泛采用。

（三）环境净化

微生物对有机物质用量较大的设施栽培或污水导致的环境污染方面，起到了环境净化的作用，形成现在应用较广的微生物环境保护剂。还有利用园艺植物产品的废弃物生产乙醇等能源等，发挥了较大的作用。生物修复也是发挥微生物作用的最大领域，是将土壤、地下水或海洋中的危险性污染物现场降解成二氧化碳和水转化成无害物质的绿色工程技术系统。

21 世纪是生命科学的世纪，微生物学已是当今研究最活跃、对其他学科影响最大、对人类和环境都非常重要的生命学科之一。微生物的运用也是一个相当热门的课题。

【知识拓展】

微生物与污水处理

1. 水体的自净作用　在自然界的水体中，存在着许多的生物。其中细菌等微生物能将有机物分解成无机物；藻类能将无机物合成有机物；鱼类以藻类、细菌和原生动物为食；人以鱼为食；人又不断将废弃物排入水体，这是一个平衡的系统。但随着工业的发展，城市人口的密集，这种平衡被打破了，于是就出现了水体污染。如果注入水体的污物不超过某一值，则由于较重物质的下降，污水中微生物的死亡，水体中微生物分解有机物，水体会随着流途的加长，而恢复原来的状态，这个过程就是水体的自净作用。

2. 污水处理的主要方法

（1）*氧化塘法* 氧化塘是一个面积大，能接受阳光的浅池，污水从一端流入，从另一端溢出，此法在对污水进行处理时，存在三种作用：①由好氧菌和厌氧菌对污水中的有机物进行分解；②光合作用，由水中的藻类和水生植物完成，合成一些有用有机物；③藻类细胞的消除，由水生动物完成，实际上这是一个小的生态系统。它的优点是投资少，设备简单，易操作，缺点是占地面积大，如图 4-12 所示。

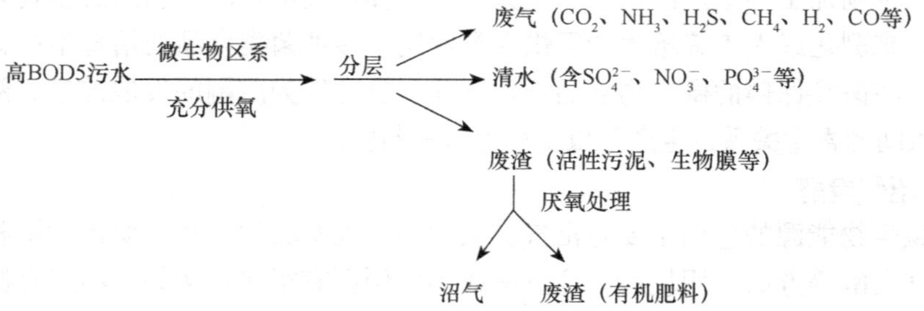

图 4-12 污水处理原理简图

（2）*洒水滤床法* 其原理是将污水通过由一层石块及其上面附着的生物膜组成的滤床，使污水中的有机物被生物膜中的各种微生物区系强烈地吸附、降解、吸收和氧化，从而使污水变清。

洒水床面积可大可小，碎石层厚度为 2m 左右，石块大小适宜。工作时污水从上面洒下，由于微生物的吸附和繁殖，在石块表面形成一层滑腻的生物膜。

生物膜上除了有大量的微生物外，还生长着丰富的动物群落，主要是原生动物，如植鞭毛虫、纤毛虫、吸管虫等。它们可吞食有机物和细菌，在污水处理中发挥重要作用。

这种污水处理装置一般在春季开始运转，以便有足够的时间培养生物膜。其优点是污物去除率高，节约能源，对有毒物质有较高的耐受力。

（3）*活性污泥法* 又称生化曝气法，所谓活性污泥是指由细菌、原生动物和其他微生物群体与污水中的有机物、胶状物和吸附物质在一起构成的凝絮团。此凝絮团在污水处理中具有很强的吸附、分解和利用有机物或毒物的能力。

活性污泥中的微生物与生物膜相似，以细菌和原生动物为主。利用活性污泥进行污水处理的具体方法很多，如图 4-13 所示。此方法还需注意，为使污泥中微生物生长得更

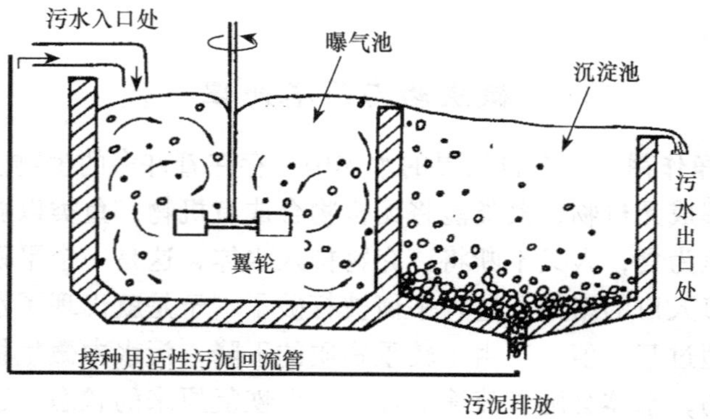

图 4-13 完全混合曝气法处理污水的基本装置

好，还应人工补充氮和磷。

（4）生物膜法　在实际操作中，生物膜法又采用生物转盘法和塔式生物滤池法。

1）生物转盘法：是用质地轻、耐腐蚀的材料做成一个类似叶轮的装置，然后浸入污水中，不断搅拌。开始时，要让叶轮先“挂膜”，即让污水处理微生物生长。随着叶轮的不断搅拌、充氧，污水得到了处理。

2）塔式生物滤池法：如图 4-14 所示，此装置呈圆筒状，有的高度超过 20m，直径与高度之比常为（1∶6）～（1∶8），塔顶有布水器，中间有许多层横栅，横栅上有填料（可以是蜂窝纸、滤渣、矿渣等）。运行时要在横栅上先挂膜，污水提至塔顶，像下面一样布水，经横栅时，有机物等被微生物吸附消化。

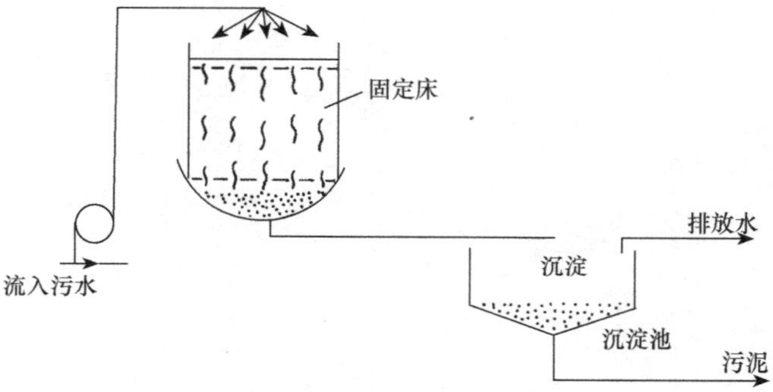

图 4-14　塔式生物滤池的简单流程

这种方法易设计，占地面积小，造价低，还可作通风处理。缺点是污水滞留时间短。

【巩固训练】

一、关键词

微生物肥料、微生物农药、PGPR、生物修复

二、简答题

1．微生物肥料的特点是什么？微生物肥料的使用方法有哪些？

2．微生物菌剂如何保存？常用的吸附剂有哪几类？使用最广泛的是什么？

3．PGPR 的作用有哪些？

4．什么是固氮接种剂？固氮菌种有哪些？

5．使用根瘤菌接种剂时应注意哪些事项？

6．微生物农药有哪几类？微生物农药的优缺点是什么？

7．以苏云金芽孢杆菌（*Bt*）为例说明它的杀虫原理及杀虫对象。

8．白僵菌杀虫靠什么完成？主要用于防治什么虫？什么地区禁止使用白僵菌？

9．沼气的主要成分是什么？什么是甲烷发酵？

【整理归纳】

园艺植物生产与微生物密不可分。园艺植物生长离不开有益微生物的参与，特别是园艺植物生产中的微生物资源开发利用，已在多个领域呈现出美好前景，包括微生物肥料、微生物农药、微生物园艺产品等（图 4-15）。

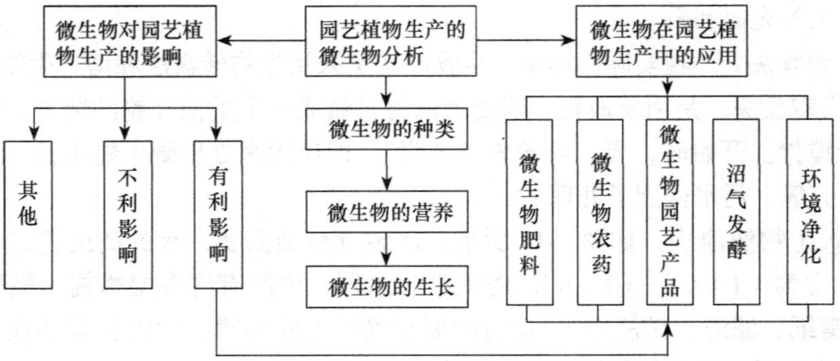

图 4-15　园艺植物生产与微生物环境内容结构图

第五章　园艺植物生产的土壤环境

【综合目标】

➢ 能力目标

1. 能够通过土粒辨别土壤风化类型、识别土壤质地，制订不同土壤质地的改良措施。
2. 会测定、分析水稳性团粒结构，并能提出具体的团粒结构培育方案。
3. 会测定、分析土壤水溶性盐含量对园艺植物生产的影响。
4. 会根据容重、孔隙度和团粒结构及耕性内容调节土壤物理性质。
5. 能根据土壤吸附性和酸碱性调节土壤保肥和供肥肥力状况。
6. 能提出园艺植物生产的不良土壤培肥措施，并制订方案。

➢ 知识目标

1. 掌握风化作用在土壤形成中的作用、特点，以及与土壤组成物质的关系。
2. 掌握土壤质地和土壤有机质与园艺植物生产的关系及调控。
3. 掌握土壤基本物理性质孔性、结构性和耕性在园艺植物生产中的科学应用。
4. 掌握阳离子交换作用和盐基饱和度的相关概念与计算。
5. 熟悉酸碱性土化学改良的相关计算。
6. 了解岩石矿物的种类；了解阴离子吸附性能与土壤养分的关系。

【内容要点】

本章主要包括土壤的组成；土壤的物理、化学特性；土壤的形成；土壤的肥力特征；土壤的开发利用改良和保护等。目的在于为园艺植物合理利用土壤资源、消除土壤低产因素、防止土壤退化和提高土壤肥力水平等提供理论依据和科学方法。

第一节　园艺植物生产的土壤形成与组成分析

【学习目标】

1. 会根据土粒特性、气候特点判断主要的风化类型；能够分析自然肥力和人为肥力的作用；能够有针对性的制订土壤质地改良措施。
2. 掌握土壤、土壤肥力、土壤质地的概念；掌握岩石、矿物风化作用及类型；土壤质地的类型及特性；知道地壳的元素组成及含量；了解形成土壤的岩石和矿物种类与特性；了解土壤质地的不同分类法。

【内容分析】

本节主要是在掌握形成土壤的成土因素、风化作用，以及土壤肥力与作用的基础上，分析土壤质地的不同特性及改良方法，能够根据土粒及气候分析出风化作用的主要类型，并判断肥力情况，为园艺植物生产的土壤选择提供依据。内容见图 5-1。

土壤是植物栽培的基础，植物从土壤中吸收水分和营养元素，以供应生长发育所需，保证其正常的生命活动。那么，土壤是如何形成的，是由什么组成的呢?

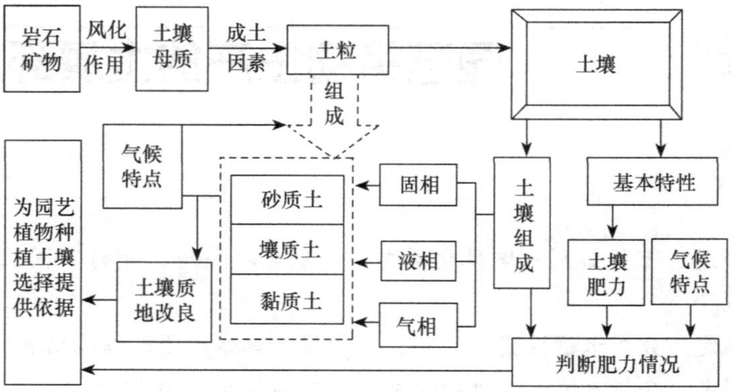

图 5-1　土壤形成过程与分析图

一、土壤的形成分析

土壤是植物生长发育的基础。绿色植物生长所需的基本要素主要有光、热量、空气、水分、养分、微生物和土壤，其中，水分和养分主要来自土壤，微生物通过分解有机物质为植物提供可吸收利用的养分（图 5-2）。

图 5-2　植物生长的主要环境要素

园艺植物生产在农业生产中占有非常重要的地位。土壤是不可替代的自然资源，主要表现在以下几个方面：营养库作用，植物需要的矿质元素主要来自土壤；养分转化和循环作用；雨水涵养作用，土壤具有很强的吸水和持水能力，可接纳或截留雨水；生物的支撑作用，为绿色植物提供根系机械支撑；稳定和缓冲环境变化的作用，土壤具有抗外界温度、湿度、酸碱性、氧化还原性变化的缓冲能力；土壤具有净化作用。

土壤与大气、生物、岩石、水共同构成自然地理环境的五大要素，土壤是其他要素连接的纽带，构成了结合无机界和有机界，即生命和非生命联系的中心环境（图 5-3），是最珍贵的自然资源。土壤和水资源、大气资源一样是再生资源，只有科学用养，方可持续利用；从土壤的数量来看又是不可再生的，是有限的自然资源；土壤质量关系到人类的可持续发展，农谚“民以食为天，食以土为本”，说明了土壤是人类赖以生存的根本所在，所以土壤的质量与健康直接关系到人类的可持续发展（图 5-4）。

图 5-3　地球外圈与土壤的关系

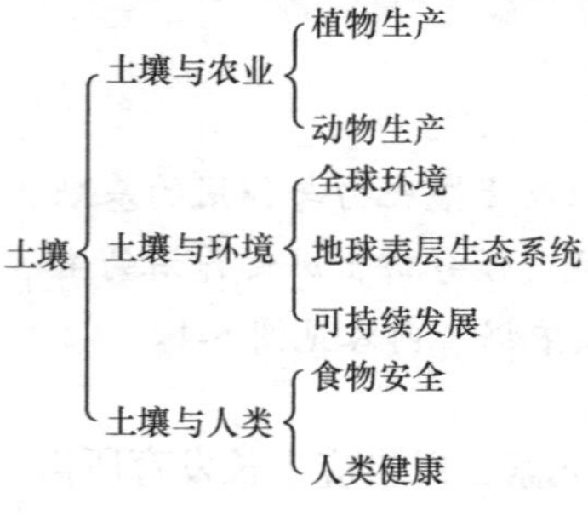

图 5-4　土壤的重要作用

二、土壤形成过程

土壤是指发育于地球陆地表面能够生长绿色植物疏松多孔的表层。北方的土壤多称土，如黑钙土、栗钙土等；

南方的土壤多称壤，如红壤、砖红壤等。常根据栽培植物不同，将土壤分为大田土壤、草原土壤、城市土壤、园艺土壤等。在这里，园艺土壤主要是指栽培蔬菜、花卉、果树的土壤。

土壤之所以能够生长植物，是因为其具有肥力，这是土壤最基本的特性。土壤肥力是土壤能经常适时适量供给并协调植物生长发育所需的水分、养分、空气、热量和扎根条件及无毒害物质的能力。通常把水分、养分、空气、热量，即水、肥、气、热称为四大肥力因素。土壤肥力一般分为自然肥力和人为肥力，其中，自然肥力是自然状态下土壤所具有的可以生长植物的能力，如尚未开垦的原始土壤。人为肥力是指土壤在人类生产活动的影响下发展的肥力，是对土壤进行耕作、施肥等人为因素使肥力增强。耕作土壤的肥力是自然肥力和人为肥力的综合表现。园艺植物生长的土壤，其肥力以人为肥力为主，如蔬菜的栽培土壤，俗称菜园土，是精耕细作、有机质含量高的肥沃土壤代表。

土壤是由岩石风化后再经成土作用形成的，主要是在生物、气候、母质、地形、时间五大成土因素和人类活动综合作用下形成的产物。可以理解为，土壤来源于土壤母质；土壤母质由土壤矿物质风化而来；土壤矿物质又来自于地壳中岩石的风化物；岩石是构成地壳的基本物质；地壳的成分极其复杂，以氧、硅、铁、铝 4 种元素为主，而作为植物所需的营养元素不仅含量少，而且大多以难溶化合物形式被封闭在坚硬的岩石中，所以地壳表层岩石必须经过一系列的风化，最终形成土壤，植物营养元素才可能被释放，土壤才具有肥力，植物才能生长。

（一）主要的成土矿物和岩石

1. 矿物 由化合物组成的具有一定物理性质、化学组成或内部构成的化合物或单质。几种主要成土矿物的化学成分、风化特点和分解产物见表 5-1。

表 5-1 主要成土矿物

种类	名称	化学成分	风化特点和分解产物
原生矿物	石英	SiO_2	不易风化，是土壤中砂粒的主要来源
	正长石 斜长石	$KAlSi_3O_8$ $n NaAlSi_3O_8 \cdot m CaAl_2Si_2O_8$	较易风化，风化后产生高岭土、二氧化硅和盐基物质，正长石含钾较多，是土壤中钾素和黏粒的主要来源
	白云母 黑云母	$KAl_3Si_3O_{10}(OH)_2$ $K(Mg, Fe)_3[AlSi_3O_{10}](OH, F)_2$	白云母抗风化，黑云母易风化，均形成黏粒，是土壤中钾素和黏粒的主要来源
	角闪石 辉石	$(CaNa)_{2-3}(Mg, Fe, Al)_5[(Si, Al)_8O_{22}(OH)_2]$ $Ca(Mg, Fe, Al)[(Si, Al)_2O_6]$	易风化，风化后形成黏粒，并释放出盐基养分
	橄榄石	$(Mg, Fe,)_2[SiO_4]$	易风化，风化后形成蛇纹石
	方解石 白云石	$CaCO_3$ $CaMg(CO_3)_2$	易风化，是土壤中碳酸盐和钙、镁的主要来源
	磷灰石	$Ca_5(PO_4)_3(F, Cl, OH)$	风化后是土壤中磷素的主要来源
	赤铁矿	Fe_2O_3	易风化，是土壤中红色的来源
	褐铁矿	$2Fe_2O_3 \cdot 3H_2O$	易风化，是土壤黄色、棕色的来源
	磁铁矿	Fe_2O_3 或 $FeO \cdot Fe_2O_3$	难风化，风化后形成赤铁矿、褐铁矿
	黄铁矿	FeS_2	易风化，是土壤中硫的来源

续表

种类	名称	化学成分	风化特点和分解产物
次生矿物	高岭石 蒙脱石 水云母	$(OH)_8Al_4Si_4O_{10}$ $(OH)_4Al_4Si_8O_{20}\cdot nH_2O$ $K_y[Si_{8-2y}Al_{2y}]Al_4O_{20}(OH)_4$	是长石、云母风化后形成的次生矿物，是土壤中黏粒的主要来源

资源来源：熊顺贵主编《基础土壤学》

2. 岩石 由两种或两种以上矿物组成的天然集合体。其特点是：质地致密，坚硬；不易风化。各类型主要岩石的种类及风化特点与产物见表 5-2。

表 5-2 主要成土的岩石

种类	名称	矿物成分	风化特点和分解产物
岩浆岩（火成岩）	花岗岩与流纹岩	主要含石英、正长石、云母及少量角闪石等	含二氧化硅 65% 以上，称为酸性岩。抗化学风化能力强，易发生物理风化，石英变成砂粒，正长石变成黏粒，且钾素丰富，形成的土壤母质砂黏适中
	正长岩与粗面岩	正长岩主要含正长石，粗面岩含正长石和角闪石	含二氧化硅 52%～65%，为中性岩。较易风化形成大量黏土矿物，砂粒较少，含钾素多
	辉长岩与玄武岩	辉长岩主要由辉石和少量角闪石和黑云母组成。玄武岩主要由辉长石、斜长石组成	含二氧化硅 42%～52%，为基性岩（碱性岩）。易风化成黏土，含钙、镁、铁等盐基较多
	闪长岩与安山岩	主要由斜长石、角闪石组成，含少量云母和辉石	为中性岩，易风化，风化产物含黏粒多，钙、镁等盐基成分较多
沉积岩（水成岩）	砾岩	由直径大于 2mm 的碎石砾胶结而成	圆形石砾胶结而成的不易风化，角砾岩易风化，风化产物含砂粒砾石多，养分贫乏
	砂岩	由 0.1～2mm 的砂粒胶结而成	不易风化，风化后形成的土层薄，砂粒多
	页岩	黏土压实脱水和胶结硬化而成	易风化，风化产物含黏粒多，养分含量多
	石灰岩	由碳酸钙沉积胶结而成	易风化，形成土壤土层薄，质地黏重，富含钙质
变质岩	片麻岩	由花岗岩经高温高压变质而成	片状结构，有条带状特征，对土壤影响与花岗岩相似
	板岩	由泥质页岩变质而成	较粗脆，较难风化，风化土壤母质较黏
	石英岩	由砂岩变质而成	极硬，不易风化，形成砂质土或砾质土，质地粗，
	大理岩	由石灰岩变质而成	性质与石灰岩相似

资料来源：熊顺贵主编《基础土壤学》

由表 5-1 和 5-2 可看出，不同岩石矿物与土壤的化学组成和物理性质有密切关系。它们对土壤的质地、养分含量、酸碱性等有较大的影响。

（二）岩石矿物的风化作用

岩石矿物的风化作用是指地壳表面或者是近地球表面的岩石或矿物，在水、空气、温度及生物作用下，逐渐发生的崩解和分解作用。

风化过程的结果是形成土壤母质。因此，风化过程是形成土壤的基础。风化作用实质上表现为一系列崩解和分解。崩解是指岩石矿物由大块变成碎块，再渐变成细粒，其形状和大小改变了，但化学成分不发生变化；分解则是岩石矿物风化过程中化学成分发生变化。根据风化的作用因素和作用性质分为物理风化、化学风化、生物风化三个类型。

1. 物理风化 物理风化是指岩石矿物在外力影响下，机械地分裂成碎屑，只改变其大小与外形，而不改变成分的过程。

（1）产生物理风化的主要影响因素

1）温度：引起岩石内外胀缩不一致，因为岩石是热不良导体。

2）结冰（冰劈作用）：积水后冻结，体积增大，冰对岩石矿物周围产生940kg/cm^{2}的压力，尤其是频繁的冻融交替，对岩石的撑开作用显著（图5-5）。在北方露地果树栽培中，在深秋浇冬水、冬季结冰、春季融化的农艺措施，提高土壤的疏松度，促进土壤熟化，利于根系生长。

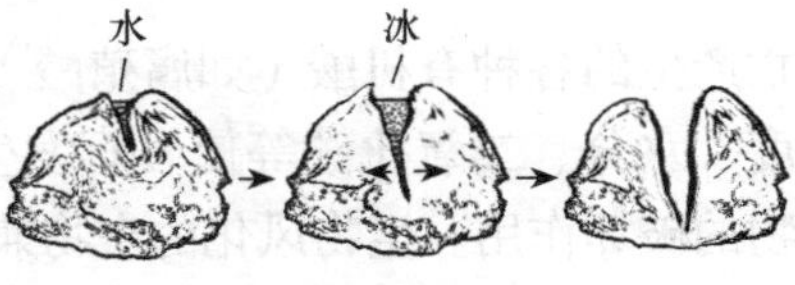

图5-5 结冰对岩石的作用

3）风和水的磨蚀：风沙磨蚀岩石，使之表面裸露，加速物理风化。尤其是在我国西北地区，风沙大且频繁，岩石矿物的物理风化作用特别强烈。例如，日光温室内蔬菜吊蔓用的塑料绳，时间长了会成为碎屑。

（2）物理风化的产物　物理风化的产物以原生矿物为主，颗粒较粗，多偏砂、石砾多，养分不易释放出来，形成土壤的砂粒。

2. 化学风化 化学风化是指岩石矿物在水、二氧化碳和氧气的作用下，逐渐发生的分解作用。化学风化的特点是：岩石矿物可进一步破碎成胶体状微粒，使原生矿物成分发生改变，产生在地表条件下比较稳定的次生矿物。

（1）化学风化步骤　包括溶解作用、水化作用、水解作用、氧化作用4个步骤。

1）溶解作用：水是一种极性溶剂，地表水还常常溶有CO_2、NO_2及有机酸等，极大提高了水的溶解能力。溶解作用的最终结果是使岩石矿物表面变得坑洼不平。

2）水化作用：水化作用是指无水矿物与水结合成为含水矿物的作用，即岩石中的矿物与水结合成带水的化合物。

$$CaSO_4 + 2H_2O \longrightarrow CaSO_4 \cdot 2H_2O$$（由硬石膏生成石膏）

$$2Fe_2O_3 + 3H_2O \longrightarrow 2Fe_2O_3 \cdot 3H_2O$$（由赤铁矿生成褐铁矿）

3）水解作用：化学风化中最主要的过程，也是养分有效化的过程，如钾的有效化。

水解：$2KAlSi_3O_8 + 3H_2O \longrightarrow H_2Al_2Si_2O_8 \cdot H_2O + 4SiO_2 + 2KOH$

钾长石　　　　　　　　高岭石

碳酸化水解作用：$2KAlSi_3O_8 + CO_2 + 2H_2O \longrightarrow Al_2Si_2O_8 \cdot H_2O + 4SiO_2 + K_2CO_3$

4）氧化作用：空气中的氧在有水的条件下，氧化能力很强，含硫、铁的矿物普遍进行着氧化作用，如硫铁矿（FeS_2）的氧化反应：

$$4FeS_2 + 2H_2O + 15O_2 \longrightarrow 2Fe_2(SO_4)_3 + 2H_2SO_4$$

原生矿物经过风化以后，一部分以残存的原生矿物存留在风化物内；另一部分为可溶性盐及黏土矿物存留在风化层内，成为成土母质。

（2）化学风化产物　化学风化的产物以次生矿物为主，颗粒细小，多胶体颗粒，矿质元素由结合态转变成有效的可溶态养分，可被植物吸收利用，形成土壤的黏粒。

3. 生物风化 生物风化是指岩石中矿物在生物及其分泌物或有机质分解产物的

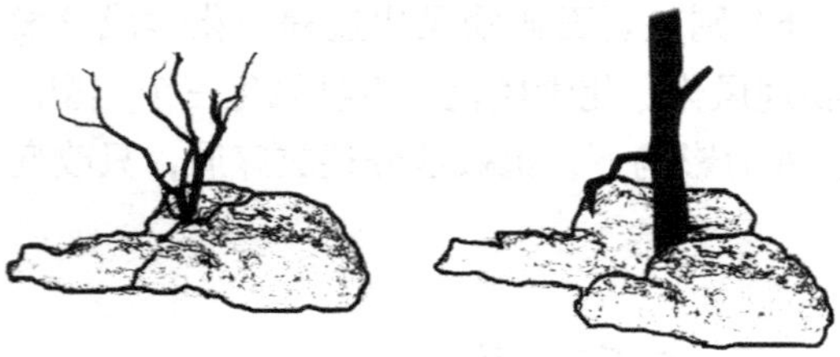

图 5-6 植物根系的作用

作用下，进行的机械性破碎和化学分解过程。生物风化的作用因素是生物及其代谢物发生的风化，物理风化和化学风化并存。生物对岩石的物理风化，如植物根系在岩隙中长大、穴居动物的挖掘等，都会引起岩石的崩解和破坏（图 5-6）；生物的化学风化进行得更为广泛，生物生命活动或死亡产生的各种有机酸（如腐殖酸）、无机酸（如硝酸、硫酸等）对岩石的腐蚀；生物的温度、水分、二氧化碳等使岩石发生分解；人类的活动，如开矿、灌溉和耕作等对岩石矿物的破坏作用。生物风化的产物兼有物理风化和化学风化产物的特点。

各种风化作用的结果是形成土壤母质。土壤母质是指岩石矿物经过风化、搬运、堆积等过程于地表形成的一层疏松的地质矿物质层，它是形成土壤的物质基础，所以称土壤母质。母质是土壤的骨架，是植物矿质养料元素的最初来源。具有物质颗粒的分散性，疏松多孔，有一定的吸附作用、透水性和蓄水性；可释放出少量矿质养分，但难以满足植物生长的需要。土壤母质成因及性质见表 5-3。土壤母质在成土因素作用下形成土壤。

表 5-3 土壤母质的类型

类型	成因	性质
残积母质	就地风化未经搬运的风化物	分布在山地和丘陵上部；性质受基岩影响；未磨圆，棱角分明
运积母质	风化物在重力或流水的作用下，被搬运到山坡的中下部而堆积	分布在山坡或山路；层次稍厚，无分选性；坡积物的性质取决于山坡上部的岩性
洪积母质	山洪搬运的碎屑物在山前平原形成的沉积物	形如扇形，扇顶沉积物分选差，往往是石砾、黏粒与砂粒混存，在扇缘其沉积物多为黏粒及粉砂粒，水分条件好，养分也较丰富
冲积母质	河水中挟带的泥沙，在中下游两岸与入海口沉积而成	具有明显的成层性和条带性；上游粗，下游细，含卵石、砾石；土层深厚，养分丰富，常为重要的农业区
湖积母质	由湖泊的静水沉积而成	沉积物细，质地偏黏，夹杂有大量的生物遗体
海积母质	海边的海相沉积物	各处粗细不一，质地细的养分含量较高，粗的则养分少，而且都含有盐分，形成滨海盐土
风积母质	是由风力将其他成因的堆积物搬运沉积而成	粒度均一，90% 的颗粒直径在 0.25～0.5mm；磨圆度很高，表面如毛玻璃状；成分以石英为主，质地粗，形成的土壤肥力低
黄土母质	是风积或风积后被流水搬运再沉积的	土色灰黄色至褐黄色不等。黄土母质层次深厚、疏松、呈中性至微碱性；形成的土壤有一定的肥力
红土母质	潮湿炎热的自然环境下，层积物被强烈风化	层次深厚，富含铁和铝的红色母质，其透气透水性差，呈酸性到强酸性，形成的土壤肥力较低

三、土壤的组成分析

（一）土壤的组成与性质

1. 土壤颗粒的组成与性质 岩石矿物风化后形成各种大小不同的矿物颗粒，统称为土壤矿物质，也称矿物质土粒，土壤矿物质如按重量计，一般占土粒的 95% 以上；在有机质的作用下形成的土粒称为有机质土粒。土粒是矿物质土粒和有机质土粒的统称。

土壤中的矿物质颗粒，其成分和性质各不相同。可按土粒大小和特性分为若干级。国际上土壤粒级的分级标准中土粒大致分为石砾、砂粒、粉粒和黏粒四大组，也称为4个基本粒级。中国科学院南京土壤研究所等单位根据中国的土壤情况，制订了我国的土粒分级标准，见表5-4。

表 5-4　几种土壤粒级分级标准

<table>
<tr><th>当量粒径 /mm</th><th>国际制（1930）</th><th>美国制（1951）</th><th colspan="2">苏联卡庆斯基制（1957）</th><th>中国制（1987）</th></tr>
<tr><td>2～3</td><td>石砾</td><td>石砾</td><td colspan="2" rowspan="2">石砾</td><td rowspan="2">石砾</td></tr>
<tr><td>1～2</td><td rowspan="4">粗砂粒</td><td>极粗砂粒</td></tr>
<tr><td>0.50～1.00</td><td>粗砂粒</td><td rowspan="8">物理性砂粒</td><td>粗砂粒</td><td rowspan="2">粗砂粒</td></tr>
<tr><td>0.25～0.50</td><td>中砂粒</td><td>中砂粒</td></tr>
<tr><td>0.20～0.25</td><td rowspan="2">细砂粒</td><td rowspan="4">细砂粒</td><td rowspan="4">细砂粒</td></tr>
<tr><td>0.10～0.20</td><td rowspan="3">细砂粒</td></tr>
<tr><td>0.05～0.10</td><td>极细砂粒</td></tr>
<tr><td>0.02～0.05</td><td rowspan="4">粉粒</td></tr>
<tr><td>0.01～0.02</td><td rowspan="3">粉粒</td><td rowspan="2">粗粉粒</td><td rowspan="2">粗粉粒</td></tr>
<tr><td>0.005～0.010</td><td>中粉粒</td><td>中粉粒</td></tr>
<tr><td>0.002～0.005</td><td rowspan="5">物理性黏粒</td><td rowspan="2">细粉粒</td><td>细粉粒</td></tr>
<tr><td>0.001～0.002</td><td rowspan="4">黏粒</td><td rowspan="4">黏粒</td><td>粗黏粒</td></tr>
<tr><td>0.0005～0.0010</td><td>粗黏粒</td><td rowspan="3">细黏粒</td></tr>
<tr><td>0.0001～0.0005</td><td>细黏粒</td></tr>
<tr><td><0.0001</td><td>胶质黏粒</td></tr>
</table>

资源来源：黄昌勇主编《土壤学》

土壤矿物质的化学组成很复杂，几乎包括地壳中所有的元素。其中氧、硅、铝、铁、钙、镁、钠、钾、钛、碳10种元素占土壤矿物质总量的99%以上，这些元素中以氧、硅、铝、铁4种元素含量最多。土粒越粗，二氧化硅（SiO_2）的含量越高，铝（Al）、铁（Fe）、钙（Ca）、镁（Mg）、钾（K）、磷（P）的含量下降；随着颗粒变细，这些元素含量的变化趋势正好相反，即硅的含量降低，而其他元素的含量升高。在分子组成中，一般以R_2O_3代表Al_2O_3与Fe_2O_3之和，SiO_2与R_2O_3的分子比率称为硅铝铁率；SiO_2与Al_2O_3的分子比率称为硅铝率，研究土壤黏粒部分的硅铝铁率和硅铝率对于说明土壤成土过程的特征及了解次生矿物的组成等都有十分重要的意义。

2. 土壤三相组成与性质　土壤包括固相、液相、气相三相物质。固相即土壤颗粒，约占土壤体积的50%。固相包括矿物质和有机质，其中，土壤中体积为38%的矿物质占固相质量的95%左右。它包括原生矿物、次生矿物及其他一些无机物质；土壤中体积为12%的有机质的含量一般占土壤固相质量的5%左右，虽然含量不多，但它却是土壤肥力高低的主要因素。肥沃的菜园土中，有机质含量可高达20%左右。

液相为土壤溶液（体积为15%～35%），它由水和各种可溶及不可溶的物质组成，统称土壤水，土壤水是土壤三相组成中最活跃的物质，它直接参与土壤的形成、变化及植物的吸水吸肥等过程，它在土壤中的保持和运移状况对各项物理性质产生重要的影响。

气相即土壤空气（体积为 35%～15%），存在于土壤孔隙中。直接影响着种子萌发和植物根系及微生物的生长。土壤空气主要来源于与大气交换，其次还有少量来源于土壤中生物化学过程产生的气体。越是接近地表，土壤中空气与大气组分越相似（表 5-5）。

表 5-5　土壤空气与大气组成比较（容积 %）

气体类型	氮气（N_2）	氧气（O_2）	二氧化碳（CO_2）	其他气体
土壤空气	78.80～80.24	18.00～20.03	0.15～0.65	0.98
近地表大气	78.05	20.94	0.03	0.98

资源来源：黄昌勇主编《土壤学》

土壤溶液和土壤空气体积之和为 50%。

（二）土壤质地的特征与改良

1. 土壤质地及特征

（1）土壤质地及分类　土壤质地是指组成土壤的矿物质颗粒各粒级含量的百分率，又称为土壤机械组成、土壤颗粒组成。土壤中矿物质颗粒组成对土壤的肥力特征有显著的影响，在颗粒组成基本相似的土壤中，所具有的肥力特征也类似。土壤质地分类就是根据土壤的粒级组成对土壤颗粒组成状况进行的类别划分，土壤质地分类制主要有国际制、卡庆斯基制、美国制和中国制。这些分类制基本上将土壤划分为砂质土、壤质土和黏质土三大类。

中国制土壤质地分为砂土、壤土和黏土 3 类 12 级土壤质地。其分类特点：首先以砂粒和黏粒含量为分界线，含有砂粒的为砂土和壤土类；含有黏粒的为黏土类；然后在砂土类和壤土类中，根据粉砂粒确定，含有粉砂粒的为壤土类；不含的为砂土类；最后根据土粒含量细划（表 5-6）。中国制 12 个质地分类中，一般常用的土壤质地有：砂土、砂壤土、轻壤土、中壤土、重壤土、黏土 6 个类型。

表 5-6　中国土壤质地分类

质地组	质地名称	颗粒组成 /%		
		砂粒（1～0.05mm）	粗粉粒（0.05～0.01mm）	细黏粒（<0.001mm）
砂土	极重砂土	>80	—	—
	重砂土	70～80	—	—
	中砂土	60～70	—	—
	轻砂土	50～60	—	—
壤土	砂粉土	≥20	≥40	<30
	粉土	<20		
	砂壤土	≥20	<40	—
	壤土	<20		
黏土	粉黏土	—	—	30～35
	中黏土	—	—	35～40
	重黏土	—	—	40～60
	极重黏土	—	—	>60

资源来源：黄昌勇主编《土壤学》

我国北方以砂土居多，而南方则以黏土为主，在南北方过渡区的中等风化程度土壤，常以其含量最多的粗粉粒作为划分壤土的主要标准，再参照砂粒和细黏粒的含量来区分。

（2）不同质地的特征　不同土壤质地的机械组成不同，对土壤的基本性质和生产特性有显著影响，主要原因在于土壤的孔隙状况和表面性质不同，这些性质影响土壤的通气与排水、有机物质的分解与转化、土壤溶质的运移、水分渗漏、植物养分供应、根系生长、出苗、耕作质量、植物的生长反应等。各类质地的土壤对园艺植物的生长发育及园艺产品的产量和品质有着不同的影响。砂土、壤土和黏土在上述各方面的差异见表 5-7。

表 5-7　不同土壤质地的特性

序号	性质	砂土	壤土	黏土
1	土粒比例	砂粒含量≥50%	粉粒含量≥30%	黏粒含量≥30%
2	通气透水性	粒间孔隙大，毛细管作用弱，通气透水性强，内部排水通畅，不易积聚还原性有害物质	良好	粒间孔隙小，多为极细毛细管孔隙和无效孔隙，通气透水性差，易积累还原性有毒物质
3	养分含量	以石英（SiO_2）、长石为主，养分少	养分均衡	养分含量高，特别是钾、钙、镁等
4	保水肥性	饱和导水率高，排水快，保水肥性差	良好	饱和导水率低，保水肥性强，易内涝
5	有机质	有机质含量低，分解快、易释放有效养分	中	有机质含量高，分解慢、易积累
6	耕性	耕作阻力小，宜耕期长，耕作质量好	良好	耕作阻力大，宜耕期短，耕作质量差
7	热状况	热容量小，易升温和降温，昼夜温差大；称为“热性土”或“暖性土”	适中	热容量大，升温和降温慢，昼夜温差小；称为“冷性土”
8	植物生长状况	出苗早，发小苗，易早衰。俗称“发小苗不发老苗”	良好	出苗难，易缺苗，贪青晚熟。俗称“发老苗不发小苗”

壤质土壤由于砂黏适中，兼有砂质土、黏质土的优点，消除了砂土和黏土的缺点，是园艺植物生产上质地理想的土壤，壤土偏砂性土质也是园艺栽培中常用的土壤，尤其是在育苗及盆栽时普遍采用。邹养军等（2004）研究得出，适宜苹果幼树生长的土质是壤土，其次是砂土，黏土最差。

2. 不良土壤质地的改良

（1）增施有机肥，改良土性　由于有机质对土粒的黏结力比砂粒大，而弱于黏粒，使用有机肥后，可以促进砂粒的团聚，而降低黏粒的黏结力，达到改善土壤结构的目的。采用秸秆还田、翻压绿肥、施用厩肥等都可以提高土壤有机质含量。园艺植物最适宜在有机质含量高的壤质土壤上生长，尤其是盆栽花卉，对土壤要求严格，需要具有良好团粒结构、有机质含量高的园土进行配制，培养土一般为园土、腐叶土、松针土、泥炭土、煤烟灰等有机质含量高的材料按一定比例配制而成。

（2）掺砂掺黏，客土调剂　若砂地附近有黏土、胶泥土、河泥，可采用搬黏掺砂的办法；黏土附近有砂土、河砂可采取搬砂压淤的办法，逐年客土改良，使之达到“三泥七砂”或“四泥六砂”的壤土范围。掺砂掺黏的方法有遍掺、条掺和点掺（或称穴掺）三种。遍掺效果好、见效快，但用量大、成本高；条掺和点掺用量较少，成本低，但需要连续几年方可达到改良的效果。这项措施在面积较小的温室、大棚等环境下较为适宜。

（3）引洪放淤，引洪漫沙　对于沿河沿江的砂质土壤，采用引洪放淤方法，因为洪水中所夹带的淤泥，大多是冲蚀的表层土壤，含养分丰富，既可增厚土层，又可肥沃土壤，达到改良砂质土壤质地的目的，民间有“一年洪水三年肥”之说。对于黏质土壤，采用引洪漫沙，方法是将畦口开低，每次不超过 10cm，逐年进行，可使大量的粗砂进入园田，使黏质土壤得到改良。园艺植物栽培中，露地蔬菜或果树栽培的地理环境符合这一条件时，可以采取此种方式进行改良。

（4）翻淤压砂，翻砂压淤　具有“上砂下黏”或“上黏下砂”质地层次的土壤，对植物生长非常不利。可以通过深翻法，将上下层的砂粒与黏粒充分混合，起到改善土壤质地的作用。在园艺植物设施栽培建棚时，如果土壤质地符合这一特性，可以用此措施，以达到砂黏混合，改良土壤的效果。

（5）种植绿肥，培肥改土　适宜于任何土壤的改土，如果树或露地栽培的蔬菜地，可在果树或蔬菜行间或前作种植豆科绿肥植物（苜蓿、草木犀等），翻入土中增加土壤有机质含量、丰富土壤的氮素，促进团粒结构形成，从而改良质地。

（6）因土制宜，加强管理　例如，在园艺植物的露地果树栽培中，对于大面积过砂土壤：首先营造防护林，防风固沙；其次选择宜种植物；再次是加强管理，如采取平畦宽垄，播种宜深，播后镇压，早施肥、勤施肥，勤浇水，水肥宜少量多次等措施。对于大面积过黏土壤，注意秋翻冬灌，特别是北方地区，春季的冻融有利于土壤疏松、控制好播种期，以利于出苗和发苗。

【知识拓展】

园艺植物生产的土壤营养判断与分级

1. 根据土壤的成分判断

（1）根据土粒进行判断　根据土粒的化学组成判断土壤成因。硅铝率（SiO_2/Al_2O_3）、硅铁铝率［$SiO_2/(Al_2O_3+Fe_2O_3)$］均是指黏粒中的分子质量比或物质的量比；这两个值如果小于母质的比值，说明风化和成土作用强烈，以物理风化为主，反之则是以化学风化为主。土壤的形成往往是物理风化、化学风化、生物风化共同作用的结果。

土粒大小是对土壤性质影响较大的因素，主要是土粒的成分和比表面积。土粒越细，比表面积越大，反应速率越快。土壤中所含各粒级的相对含量，常用的颗粒分级方法有两种，一是筛分法，二是沉淀法。沉淀法又可分为比重计法或吸管法。粒径大于 0.1mm 的土粒可用筛分法，即根据研究或生产所需，用土壤筛进行筛分、称重、计算；而小于 0.1mm 的土粒只能用沉淀法。根据表 5-8 不同粒级土粒的物理性质划分所含土粒的级别，从而在计算百分比判断土壤成因的同时分析养分含量。

表 5-8　不同粒级土粒的水分物理性质

粒级名称	粒径 /mm	吸湿系数 /%	最大分子持水量 /%	毛管水上升高度 /mm	渗水系数 /（cm/s）	湿胀 /%（占最初体积的）	可塑性 /% 上限至下限
石砾	3.0～2.0	—	0.2	0	0.5	—	不可塑
	2.0～1.5	—	0.7	1.5～3.0	0.2	—	
	1.5～1.0	—	0.8	4.5	0.12	—	
粗砂粒	1.0～0.5	—	0.9	8.7	0.072	—	不可塑
中砂粒	0.5～0.25	—	1.0	20～27	0.056	0	不可塑
细砂粒	0.25～0.10	—	1.1	50	0.030	5	不可塑
粗粉粒	0.10～0.05	—	2.2	91	0.005	6	不可塑
	0.05～0.01	<0.5	3.1	200	0.0004	16	
中粉粒	0.01～0.005	0.1～3.0	15.9	—	—	105	28～40
细粉粒	0.005～0.001	—	31.0	—	—	160	30～48
黏粒	<0.001	15～20	—	—	—	405	34～87

注：表中“—”表示无此项指标，下同

（2）根据气候进行判断　不同的风化作用，其影响因素不同。在各个气象因子中，以水、温度对岩石的风化作用占主导。物理风化的影响因素是风蚀、冰冻等物理因素，形成土粒较粗，无成分的改变；化学风化的影响因素是水、二氧化碳、氧气等，是通过化学反应使成分发生改变，形成较细小的土粒。

根据我国的气候进行分析，北方昼夜温差大、降雨少，气候寒冷，以物理风化为主，形成的土壤以砂性土为主，养分不易释放，多为贫瘠的土壤；而南方或东北地区降雨多，温暖（35～37℃），则以化学风化为主，形成的土壤以黏性土为主，土壤比较肥沃。这与实际情况相吻合，但在分析时，一定明确物理风化、化学风化、生物风化三种风化作用，不是孤立存在的，而是相互联系、相互促进的，只有在不同的条件下，各种因素作用的强度不同而已。这一判断是建立在对气候条件进行全面分析的基础上进行的经验判断，在进行土壤学的研究和科学分析时，可作为辅助判断。

2. 根据土壤元素含量进行营养判断　根据土壤肥力的定义及分类可以得出，土壤之所以能够生长植物，是因为具有肥力，肥力分为自然肥力和人为肥力。根据其定义，只要知道土壤肥力的提高是否有人为因素即可。例如，在尚未开垦的原始森林，其土壤肥力只有自然肥力；而在蔬菜等植物的栽培中，则既有自然肥力，又有人为肥力，那么在对土壤进行营养补充时就要考虑两方面的因素。因此判断土壤肥力状况，对于园艺植物在栽培中做到合理施肥将起到重要的作用。

土壤中的养分含量对于判断土壤肥力、确定施肥量非常重要。全国第二次土壤普查的土壤养分分级标准见表 5-9。

表 5-9　全国第二次土壤普查养分分级标准

分级	一级（很高）	二级（高）	三级（中上）	四级（中下）	五级（低）	六级（很低）
有机质 /（g/kg）	>40.0	30.0～40.0	20.0～30.0	10.0～20.0	6.0～10.0	<6.0
全氮 /（g/kg）	>2.0	1.5～2.0	1.0～1.5	0.75～1.0	0.5～0.75	<0.5

续表

分级	一级（很高）	二级（高）	三级（中上）	四级（中下）	五级（低）	六级（很低）
全磷 /（g/kg）	＞1.0	0.8～1.0	0.6～0.8	0.4～0.6	0.2～0.4	＜0.2
全钾 /（g/kg）	＞25.0	20.0～25.0	15.0～20.0	10.0～15.0	5.0～10.0	＜5.0
有效磷 /（mg/kg）	＞40.0	20.0～40.0	10.0～20.0	5.0～10.0	3.0～5.0	＜3.0
速效钾 /（mg/kg）	＞200.0	150.0～200.0	100.0～150.0	50.0～100.0	30.0～50.0	＜30.0
缓效钾 /（mg/kg）	＞500.0	400.0～500.0	300.0～400.0	200.0～300.0	100.0～200.0	＜100.0
有效硅 /（mg/kg）	＞230.0	115.0～230.0	70.0～115.0	25.0～70.0	＜25.0	—
有效硫 /（mg/kg）	＞30.0	16.0～30.0	＜16.0	—	—	—
有效钙 /（mg/kg）	＞1000.0	700.0～1000.0	500.0～700.0	300.0～500.0	＜300.0	—
有效镁 /（mg/kg）	＞300.0	200.0～300.0	100.0～200.0	50.0～100.0	＜50.0	—
有效硼 /（mg/kg）	＜0.2	0.2～0.5	0.5～1.0	1.0～2.0	＞2.0	—
有效铜 /（mg/kg）	＜0.1	0.1～0.2	0.2～1.0	1.0～1.8	＞1.8	—
有效锌 /（mg/kg）	＜0.3	0.3～0.5	0.5～1.0	1.0～3.0	＞3.0	—
有效锰 /（mg/kg）	＜1.0	1.0～5.0	5.0～15.0	15.0～30.0	＞30.0	—
有效钼 /（mg/kg）	＜0.1	0.1～0.15	0.15～0.2	0.2～0.3	＞0.3	—
有效铁 /（mg/kg）	＜2.5	2.5～4.5	4.5～10.0	10.0～20.0	＞20.0	—

【巩固训练】

一、关键词

土壤、土壤肥力、岩石、矿物、岩石矿物的风化作用、土粒、土壤母质、土壤质地

二、简答题

1. 选择一个花卉生产特色地区，分析其气候特点对土壤形成的影响。
2. 调查你所在地区的土壤质地类型有哪几类？
3. 结合我国南方和北方的气候特点，简述岩石矿物的风化作用。
4. 通过调查，对园艺植物生长的土壤质地按适宜、一般、不适宜进行排序。
5. 栽培园艺植物的日光温室，土壤改良时通常采用哪几种措施？
6. 简述砂土地和黏土地的肥力特性和生产特性。

第二节　园艺植物生产的土壤有机质分析与土壤培肥

【学习目标】

1. 能够根据园艺植物生产的不同土壤类型及有机质含量，提出土壤培肥的措施。
2. 掌握土壤腐殖质的成分与特性；熟悉土壤有机质平衡与土壤肥力的关系；了解土壤有机质的来源与作用。

【内容分析】

本节内容主要是掌握土壤有机质的主要成分——腐殖质的特性，土壤矿质化和腐殖化过程及有机质平衡对土壤肥力的影响。熟悉土壤酶在有机质转化中的作用，土壤有机质对土壤肥力的调节。分析园艺植物生产中存在的主要土壤障碍因素，针

对瘠薄型与污染型土壤进行培肥改良，为园艺植物生产提供良好的肥沃土壤。内容见图 5-7。

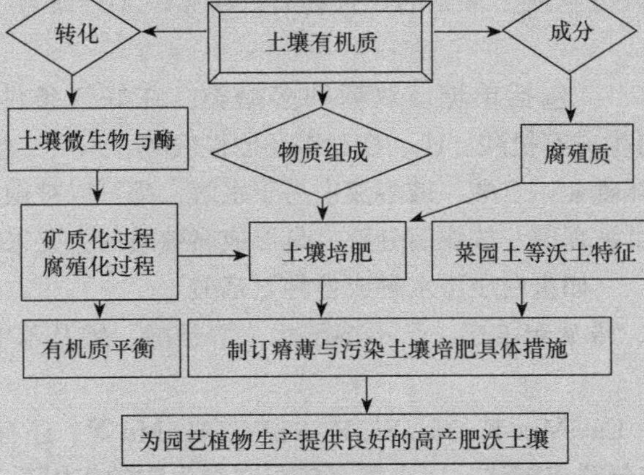

图 5-7　土壤有机质与土壤培肥分析图

土壤有机质是土壤固相的重要组成部分，好像动物的“肌肉”一样，和矿物质土粒“骨骼”紧密结合在一起，对土壤肥力起着极其重要的作用。众所周知，蔬菜栽培的菜园土和分布在东北的黑土地都是沃土，也就是说这类型土壤的有机质含量相对较高、土壤的理化性质有利于植物生长。有机质是土壤肥力的重要物质基础，在其他条件相似的情况下，土壤有机质含量的多少，可以反映土壤肥力的高低。

一、土壤有机质的分解、转化与调节

由于土壤类型及人类生产活动的影响，土壤中的有机质含量差异较大，一般耕层土壤有机质含量在 5～50g/kg，我国土壤有机质含量差异较大，华北、西北地区大部分在 10g/kg 左右，南方的水田一般在 15～35g/kg，而东北的黑土可高达 10～100g/kg；菜园土的有机质含量一般在 20～30g/kg，泥炭土可高达 200g/kg 或 300g/kg 以上，漠境土和砂质土壤不足 5g/kg，水分充足的自然土壤有机质含量可达 50g/kg。通常将大于 200g/kg 的土壤称为有机质土壤，小于 200g/kg 的土壤称为矿质土壤。

广义地讲，土壤有机质包括土壤中各种动植物残体和微生物分解与合成的有机化合物。狭义地讲，土壤有机质是土壤中的各种动植物残体，在土壤生物的作用下形成的一类特殊的、复杂的、性质比较稳定的高分子有机化合物，即土壤腐殖质。腐殖质是土壤有机质的主要成分，其吸水量可达自身重量的 5 倍；腐殖质的主要成分是腐殖酸，腐殖酸由胡敏酸和富里酸组成，如图 5-8 所示。

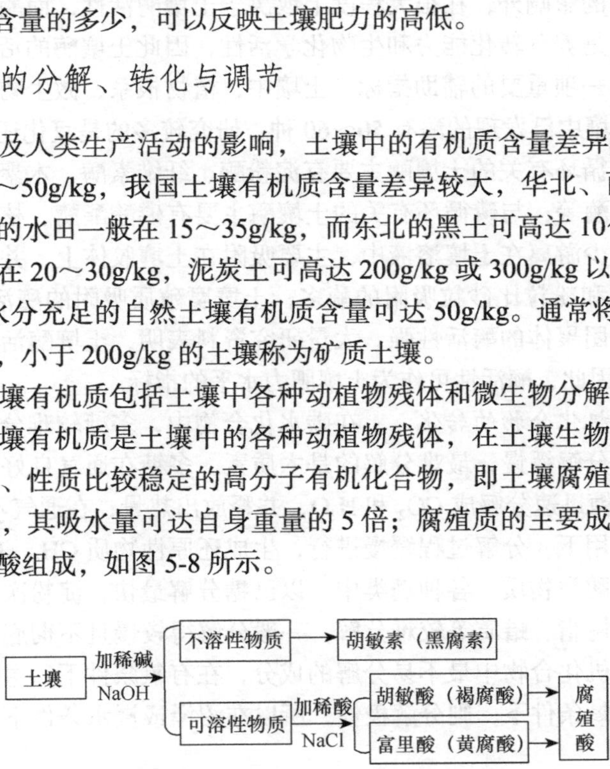

图 5-8　土壤腐殖质组分分离步骤图

（一）土壤有机质的组成与转化

1. 土壤有机质的物质组成 土壤有机质的化合物组成可分为：腐殖质和非腐殖物质。其中腐殖质占土壤有机质的60%～80%，非腐殖物质占20%～40%。土壤有机质主要有5类有机化合物和灰分物质，常见的化合物有纤维素、半纤维素、蛋白质、木质素及脂类。

（1）糖类化合物　包括单糖、双糖和多糖类，在好气条件下可分解为CO_2和H_2O；在厌氧条件下可生成有机酸、H_2、CH_4等还原性气体。

（2）纤维素、半纤维素　酸、碱溶液中易于水解，都可以被微生物分解。

（3）木质素　可被真菌、放线菌分解，是形成腐殖质的主要来源。

（4）含氮化合物　如蛋白质可水解成各种氨基酸。

（5）脂肪、树脂、蜡质和单宁　不溶于水，溶于醇、醚及苯中，对于化学分解和细菌分解作用稳定。

（6）灰分物质　Ca、Mg、K、Na、Si、P、S、Fe、Al、Mn等，还有少量的I、Zn、B、F。

2. 土壤有机质的分解与转化 土壤有机质在微生物的作用下，通过矿质化过程与腐殖化过程为植物提供养分，并实现土壤肥力的保蓄。矿质化过程是复杂的有机物质分解成简单的无机化合物的过程；腐殖化过程是形成高分子聚合物腐殖质的过程。

土壤中的有机质是如何实现其养分的释放与保蓄的呢？这一过程与土壤微生物和土壤酶密切相关。土壤酶是一种由生物体产生的，具有蛋白质性质的高分子生物催化剂。土壤中各种有机物质的转化，腐殖质的合成与分解，以及一切生物化学的进程和强度除受微生物本身活动的影响外，在很大程度上取决于土壤酶活性，而酶活性的强弱反映了土壤肥力水平尤其是养分转化能力和生物化学活性，因此土壤酶的活性强度，可作为评价土壤肥力水平的一项重要的辅助指标。土壤中，植物根系、微生物和动物区系均能分泌释放土壤酶。土壤中已发现的酶有50～60种，研究较多的是氧化还原酶、转化酶和水解酶，与土壤碳氮循环有关的土壤酶主要有淀粉酶、纤维素酶、木聚糖酶、蔗糖酶、多肽酶、蛋白酶、脲酶等；与磷循环有关的土壤酶主要有磷酸酯酶、核酸酶、无机焦磷酸盐酶等。这些酶较少游离在土壤溶液中，主要吸附在土壤胶体上，并以复合状态存在于土壤中。土壤黏粒和粉粒比砂粒吸附的酶多；土壤腐殖质吸附的酶活性大于矿质土粒，土壤微团聚体比大团聚体的酶活性强。大量研究资料表明，土壤酶活性与土壤物理化学性状等密切相关，因此，酶活性可作为土壤肥力水平的指标。

（1）不含氮有机化合物的转化　在碳水化合物中，多糖较难分解，纤维素、半纤维素、脂肪、蜡质分解缓慢，最难分解的是木质素。多糖在通气良好的条件下，经好氧微生物作用，葡萄糖迅速分解成CO_2和H_2O，并释放出热量；在通气不良、缺氧条件下，在厌氧微生物的作用下，分解过程缓慢进行，生成还原性物质CH_4、H_2等；在半嫌气条件下，则累积有机酸类物质。各种糖类中，以已糖分解最快，淀粉次之，半纤维素再次之，纤维素最慢。树脂、蜡质等较难分解，一般分解得较慢且不彻底。不同种类植物的木质素，是各类有机化合物中最不易分解的成分，在有氧条件下，主要是通过真菌和放线菌的作用；在无氧条件下，则分解极慢，所以在沼泽或浸水条件下的土壤中，木质素含量一般都特别高。

（2）含氮有机化合物的转化　土壤中含氮有机化合物主要为蛋白质、腐殖质、生物碱、络合态氨基酸和氨基糖等，其中多数为难溶性化合物，不能直接被植物吸收利用，最终分解为无机态氮（铵态氮和硝态氮）才能被植物吸收，对于蔬菜类园艺植物，硝态氮是最易吸收的氮素形态。以蛋白质的转化为例，介绍如下。

第一步：水解作用——蛋白质在水解酶的作用下，水解成氨基酸。

第二步：氨化作用——在多种微生物及其酶的作用下，将酰胺态氮（NH_2—N）转化为氨态氮（NH_4^+—N），氨化作用在有氧和无氧条件下都可以进行。

第三步：硝化作用——在通气良好的条件下，氨态氮通过亚硝化细菌和硝化细菌的相继作用，逐级转化成亚硝酸态氮（NO_2^-—N）和硝酸态氮（NO_3^-—N）。这一作用，称为硝化作用。

第四步：反硝化作用——硝态氮在厌氧条件下，还原成气态氮（N_2 和 N_2O）而逸散在空气中，这种生化反应称为反硝化作用，也称脱氮作用。

（3）含磷有机化合物的转化　　土壤中的磷绝大部分是以植物不能吸收或不能直接利用的难溶性无机物和有机态（占全磷含量的26%～50%）存在。在多种腐生性微生物的作用下形成磷酸，成为植物可利用的物质。在厌氧条件下，引起磷酸的还原作用，经亚磷酸，形成磷化氢。

（4）含硫有机化合物的转化　　土壤中含硫的有机化合物，如含硫蛋白质、胱氨酸等，在厌氧条件下，经微生物作用产生硫化氢等有毒物质。在好气条件下，硫化氢在硫细菌作用下生成硫酸，与盐离子结合生成硫酸盐，既为植物生长提供了养分，又对土壤起到减毒作用。如果氧气条件发生变化，这一过程是可逆的。

总之，在好氧条件下，微生物活动旺盛，分解作用进行得较快且彻底，有机物质产生 CO_2 和 H_2O，而N、P、S等则以矿质盐类释放出来；在厌氧条件下，好氧微生物的活动受到抑制，分解作用进行得既慢又不彻底，同时往往还产生有机酸、乙醇等中间产物；在极端嫌气的情况下，还产生 CH_4、H_2、H_2S 等还原物质，其中的养料和能量释放很少，对植物生长不利。

土壤有机质转化的主要驱动力是土壤微生物，因此影响土壤微生物活动的因素都会影响有机质的转化过程，如植物残体的特性（主要是C/N、C/P、C/S）；土壤水、气、热条件；土壤酸碱性等。

（二）土壤有机质的调节

土壤有机质是土壤中一种复杂而处于不断动态变化的物质，在表层土壤中它具有强大的保水性和阳离子交换能力。土壤有机质含有大量的营养物质而且多以缓效养分的形式缓慢释放出来，是一个巨大的缓效养分储备库，特别是氮素。土壤有机质还为土壤微生物提供能源和碳源，有利于土壤微生物在土壤中活动和土壤酶活性的增强。此外，土壤有机质的矿化释放出 CO_2 于大气中，土壤有机质的转化对全球碳平衡的调节具有重要作用。土壤腐殖质在土壤中以胶体形式存在，吸附和溶解类似农药的有机污染物，并能与重金属形成溶于水的络合物，随水排出土壤，减少对植物的毒害和对土壤的污染。因此，需要提高土壤有机质的含量和调节有机质的分解速率，以使植物、土壤、生态环境健康、和谐发展。

提高土壤有机质含量需遵循平衡原则和经济原则，具体措施有合理耕作制度（合理的耕作制度可促进土壤有机质含量的提高并维持较高的水平）；施用有机肥（包括绿肥、粪肥、厩肥、堆肥、沤肥、饼肥、蚕沙、鱼肥、河泥、塘泥等）；种植田菁、紫云英、苜蓿等绿肥植物，养用结合；实施秸秆还田。

1. 土壤有机质含量的决定因素 土壤中有机质的含量取决于有机质的年生成量和年矿化量的相对大小。

（1）年生成量 与施用有机物质的腐殖化系数有关。通常把每克干重的有机质经过一年分解后转化为腐殖质（干重）的克数，称为腐殖化系数。腐殖化系数通常在0.2～0.5，一般来讲，同一物质的腐殖化系数，因生物、气候、土壤、耕作等条件而异。菜园地较旱地高。从有机物质的化学组成看，木质化程度高的腐殖化系数也较高，即形成较多的腐殖质。通常用腐殖化系数作为土壤有机质的换算系数，表5-10是我国不同地区耕地土壤中有机物质的腐殖化系数，由于水热条件和土壤性质不同，同类有机物质在不同地区的腐殖化系数依次为：东北＞华北、江南＞华南。同一地区不同土质及不同有机物质的腐殖化系数依次为：黏重土壤的腐殖化系数高于砂质土壤，根厩肥＞秸秆＞绿肥。

表5-10 我国不同地区耕地土壤中有机物质的腐殖化系数

有机物料		东北地区	华北地区	江南地区	华南地区
作物秸秆	范围	0.26～0.65	0.17～0.37	0.15～0.28	0.19～0.43
	平均	0.45（9）*	0.26（33）	0.21（53）	0.34（18）
作物根	范围	0.30～0.96	0.19～0.58	0.31～0.51	0.32～0.51
	平均	0.60（5）	0.40（14）	0.40（54）	0.38（14）
绿肥	范围	0.16～0.43	0.13～0.37	0.16～0.37	0.16～0.33
	平均	0.28（14）	0.21（46）	0.24（33）	0.23（31）
厩肥	范围	0.28～0.72	0.28～0.53	0.30～0.63	0.20～0.52
	平均	0.46（11）	0.40（21）	0.40（38）	0.31（8）

* 括号内为样品测定个数

资料来源：沈善敏主编《中国土壤肥力》

（2）年矿化量 与土壤有机质的矿化率有关。每年因矿化而消耗的有机质量占土壤有机质总量的百分数，称为矿化率。我国耕地土壤的年矿化率在1%～4%，土壤有机质的年矿化量受生物、气候条件、水热状况、耕作措施等各种因素的影响。一般来说，温度较高的地区，土壤有机质的年矿化量较高；耕作频繁的土壤其年矿化量较高。

（3）土壤有机质平衡 只有每年加入土壤中的各种有机物质所生成的土壤有机质的量等于年矿化量时，才能保持土壤有机质的平衡。在分析不同地区不同类型土壤有机质平衡时，可依据本地区腐殖化系数的实测值或参照表5-10的数值，对本地区土壤有机质的年形成量即年积累量作出评估。同时结合本地区土壤有机质年分解量的研究，对保持或提高土壤有机质含量所必需施入的有机物料量作出估算。

例5-1 土壤原含有机质为2%，即每公顷土壤耕层的有机质量为____kg。若矿化率为2%，则每年消耗的有机质量为____kg，若这种有机物质的腐殖化系数为0.25，则需加入____kg干有机物质即可达到土壤有机质的平衡（已知每公顷耕层土壤干重为2250t）。

解： 每公顷土壤耕层的有机质量：2250×1000×2%＝45000（kg）

每年消耗的有机质量（等于生成的有机质量）：45000×2%＝900（kg）

设需加入 Akg 干有机物质即可达到平衡：$A\times0.25=900$；$A=3600$（kg）

答：例题中 3 个空分别为：45 000、900、2600。

2. 土壤有机质的转化　土壤有机质的转化是通过微生物活动进行的。为了充分发挥有机质的有益作用，就必须调节土壤微生物的活动，使有机质能及时分解，既不能太慢，也不能太快。

如图 5-9 所示，土壤中有机物质分解得太慢，释放出来的养分就太少，不能满足植物生长所需；而分解得太快，不但会使土壤有机质产生无益的损耗，还会造成养分供应一时过多，使植物徒长或从土中逸散流失。另外，土壤有机质的过快消失，还必然会导致土壤结构的破坏，使土壤理化性状变劣，耕性恶化。因此，采取正确措施，以调节土壤有机质的分解速率，使之适应植物生长发育的需要。尤其是设施栽培的园艺植物，由于环境温度和湿度较大，有机质的分解速率较露地高，因此可以通过控制有机物质的施入量和通气降温、排湿的作用进行物理性调节。

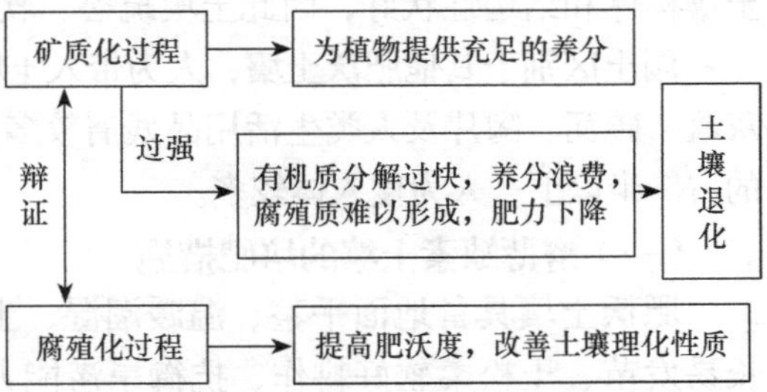

图 5-9　土壤有机质矿质化过程和腐殖化过程与土壤养分的关系

二、贫瘠土壤和设施土壤培肥

相对于贫瘠缺素土壤，高产肥沃土壤有北方的园土和南方的水稻土。园土在园艺植物生产中，除可以直接在生产中发挥作用外，还是配制各种盆栽植物的主要原料，园土也称菜园土、田园土、肥熟土，园土是指具有≥50cm 厚的厚熟表层的人为土，是培养土的主要成分，是经耕作并栽培过花木、蔬菜的土壤。园土作为高产肥沃土壤，其特征特性表现如下。

（1）*有机质累积与腐殖质层深厚*　园土等肥沃的土壤，共同点在于大量施用有机肥，厚度＞35cm；每年施（15.0～22.5）$\times10^4$kg/hm^2 以上，故有机质累积明显。0～25cm 的有机质含量＞20g/kg。

（2）*氮磷钾营养丰富*　磷的高度累积、土体富营养化。园土中有效磷、有机质的富集和累积是最为突出的属性特征，因此以肥熟表层的厚度及有效磷和有机质的含量作为园土的重要诊断属性及指标。肥熟层元素富集顺序为有效磷＞全磷＞全硫＞全氮＞碱解氮＞速效钾＞全钾。元素深层富集顺序同表层，全磷可富集到 70cm，高达 2.5～7.0g/kg，有效磷富集到 80～100cm 深处，含量仍达 18～35mg/kg。园土的氮磷钾元素中，0～25cm 的全氮（N）含量＞1g/kg、全磷 P_2O_5≥2.5g/kg 或速效磷（钼锑抗比色法）≥35mg/kg、速效钾含量＞100mg/kg。

（3）*有益微生物数量多，活性大*　无论园土，还是水田、旱地，肥沃土壤有益微生物比一般大田高几倍至几十倍，特别是纤维分解细菌和硝化细菌的活动更为显著，从而有利于土壤养分的转化和作物对氮素的吸收。

与微生物活动有关的是土壤酶活性。土壤酶活性是评价土壤肥力水平、鉴别土壤类型的指标。土壤酶活性随着土壤肥力水平逐渐提高而不断增强，土壤越肥，提供生物酶活动基质越丰富，越能促进酶的活性。例如，参与有机质转化的过氧化氢酶活性大小，可以反映土壤有机质的转化程度，表明有效养分的供应状况。

（4）具有良好的水、气、热等物理性质　肥沃土壤良好的物理性质包括土壤孔隙状况和温热性质，肥沃的土壤有孔隙多、孔隙粗、部位深的特点。一般表层总孔隙度增至 56.3%±3.4%，容重＜1.25g/cm³，非毛管孔隙≥15%，犁底层明显消失。水稳性团聚体增加。而且大多土性温和，稳温性能较强。由于肥沃土壤熟化土层厚，有机质含量高，土壤构体和结构性状好，因此土壤疏松、软绵，易耕易种，宜耕期长，整地质量好。

园土区别于其他肥沃土壤，人为带入土壤的残留物多。园土中蚓穴及蚓粪较多，炭渣、灰渣、砖瓦、陶片及人类生活用品残屑较多。土体呈粒状、团块状结构；蚯蚓穴距＜10cm 的占一半以上；人为侵入体较多。

（一）瘠薄缺素土壤的培肥措施

肥沃土壤具备地面平整、温暖潮湿、土壤活土层厚、通气好、蓄水性能高、肥劲稳长易发苗、土松柔软好耕作、抗御旱涝能力强、适种作物种类多、适时管理能高产等条件。如果缺少某些条件，肥力就可能不高或者是低产、瘠薄土壤。

据第二次全国土壤普查统计，在全国现有耕地中，有 78.5% 的中低产耕地。根据农业部 1996 年 12 月发布的《全国中低产田类型划分与改良技术规范》，结合我国主要退化土壤类型防治和土壤改良要求的技术特点，我国土壤存在的主要限制因素划分为：水土流失型、盐碱型、风蚀沙化型、渍涝潜育型、干旱型、障碍层次型、瘠薄缺素型和污染型 8 种类型。针对园艺植物生产的限制因素主要是瘠薄缺素型。

1. 瘠薄缺素型土壤的特征　瘠薄缺素型土壤受气候、地形等难以改变的大环境（干旱、无水源、高寒等）影响，以及距离居民点相对较远，施肥不足，土壤结构不良，养分含量低或营养不均衡，产量低于当地高产园田，如果树栽培的坡耕地、山前地等。

2. 瘠薄缺素型土壤的培肥措施　土壤生产力不高，除土壤本身存在某些不良因素外，很大程度上还与土壤所处的地理环境及人类的经营管理有关。因此，土壤改良应遵循的原则有：改良土壤与改造自然环境相结合、长远措施与当前措施相结合、单项改良措施与综合治理相结合、综合改良与因地制宜相结合、改良与利用相结合、用地与养地相结合。

（1）增施有机肥料，培育土壤肥力　施用厩肥、泥炭等有机肥料，可以提高土壤有机质的含量，为植物提供营养，改善土壤物理性质，提高土壤肥力。

（2）发展旱作农业，建设灌溉农业　旱作土壤是指降水量低（年均降水量 250～500mm）或降水量虽然多（年均降水量 500～700mm），但分配不匀，而且无灌溉条件的农业土壤。例如，我国西北地区有大量旱作土壤，在园艺植物中，多用于种植果树或瓜类植物。这类型土壤，水分是主要限制因子，目前北方地区广泛采用滴灌或膜下滴灌的节水方式，如在果树根系双侧进行交替灌溉。

（3）合理轮作倒茬，用地养地结合　轮作倒茬是促进植物均衡营养、健康生长的重要栽培技术措施，在园艺植物生产中尤为重要。因为园艺植物中存在明显的“忌地”现象，连作必然导致的营养失调、病虫害加重、微生物菌群等问题，都会影响植物的生长发育。

忌地的程度以忌地系数作为衡量标准。忌地系数＝100× 连作时后作的生长量 / 各种后作的平均生长量。忌地系数小说明连作生长不良。无花果和枇杷忌地现象明显，其忌地系数分别为48和53；苹果、梨、葡萄也有忌地现象，忌地系数分别为77、78、78；柑橘、核桃的忌地现象较轻，忌地系数分别为86、87，而桃的忌地现象则极为明显。因此采用轮作倒茬既可以减轻土传病虫草害，又可以均衡营养，减少有毒有害物质的累积，并能促进良好土壤结构的形成。

用地与养地相结合，是土壤资源合理利用和改良的重要方面，不注重种养结合，就会使土壤越种越贫瘠，甚至引起严重的水土流失、土壤次生盐渍化和沙化。另外，可采用间、混、套的办法，在果树等林木的间隙种植适宜当地生长的牧草、绿肥或耐贫瘠草类，以利护土养土，翻压后可培肥土壤。因此，为了均衡满足植物生长需求，必须补充土壤养分，通过有机肥与无机肥配合施用是减少缺素现象、提高土壤供肥能力的有效途径。

（4）合理耕作改土，加速土壤熟化　合理耕作可调节土壤固、液、气三相物质比例，增强土壤通透性。深耕结合施有机肥料，是增肥改土的一项重要措施。深耕的作用是加厚耕作层，改善土壤结构和耕性，降低土壤容重，使土肥水相融，促进微生物的活动，改善植物生长的环境条件，加速土壤熟化。园艺植物生产中，可利用植物换茬间隙，或在北方露地栽培蔬菜和花卉的深秋季节，进行深耕改土；在果树生长期进行合理中耕。并与耙耱、施肥、灌溉相结合，都可以形成良好的土体结构，为园艺植物的生长提供良好的熟化土壤。

（5）防止土壤侵蚀，保护土壤资源　土壤侵蚀是指土壤在水和风等外力的作用下，发生冲刷或吹失的现象，包括沙化、退化、水土流失和土壤污染。在坡耕地或山前果树种植时，充分考虑周边环境的影响，在周边可以通过建造防风林带、加强水土保持工程建设、防止水蚀和风蚀。

（二）设施栽培土壤的改良

1. 设施栽培土壤的特点　设施内，由于缺少酷暑、严寒、雨淋、暴晒等自然条件的影响，加上栽培时间长、施肥多、浇水少、连作严重等一系列栽培特点的影响，土壤性状的主要特点表现如下。

（1）土壤营养失衡　设施内地温、水分含量相对较高，土壤中微生物活动比较旺盛，这就加快了养分分解、转化的速度。如果施肥量不足或没有及时补充肥料，引起植物出现缺素症状。

种植植物种类单一，长期单一或过量施用某种肥料，会破坏各元素间的浓度平衡关系，一方面影响土壤中本不缺少的某种元素的吸收，使植物发生缺素症；另一方面过量施用的肥料引起营养过剩，植物被动吸收导致体内各种养分比例不正常，甚至出现毒害作用，如植株根冠比失调，抗病虫害能力差，产品品质变劣等。

（2）土壤盐分浓度大　由于设施是一个相对密闭的空间，自然降雨受阻，土壤中的盐分失去雨水的淋溶作用而大量积累；设施内温度高，植物生长旺盛，土壤水分自下而上的蒸发和作物蒸腾作用比露地强，根据“盐随水走”的规律，也加速了土壤表层积累较多的盐分；在设施栽培条件下，为了追求高产，施肥量往往是露地作物栽培的几倍，远远超过作物的需求量，使大量剩余肥料及其副成分在土壤中积累，成为土壤盐分的主要来源；在生产中为防止温室内湿度增加和地温下降，常采用“小水勤浇”和滴灌等灌溉方式，不能把多余的盐分带到土壤深层，也在一定程度上增加盐分在表层的积累。

土壤表层干燥时有明显返盐现象，地表形成一层白霜或斑块状盐结皮。湿润时土壤颜色较正常土壤发暗。土壤电导率（EC）是露地的 8～10 倍；作物出现生理性干旱和生长不良。叶色深绿，叶小且萎缩，叶边缘翻卷，有波浪状枯黄色斑痕，严重时转为褐色枯斑，落花及“僵果”率明显增加；根系发黄，不发新根，根毛变为褐色继而腐烂；植株生长发育受抑，严重时萎缩并枯死；植株抗病能力下降，病虫害加剧，产品品质变劣。

（3）土壤酸化　氮肥施用量过多，如底肥中大量施用含氮量高的鸡粪、饼肥、油渣等，追肥还施入较多氮素化肥，土壤中积累的硝酸根（NO_3^-）较多；过多地施用氯化钾、硫酸钾、氯化铵、硫酸铵、过磷酸钙等生理酸性肥也可导致土壤酸化。

土壤酸化对植物危害主要表现在：破坏作物根系的生理功能，导致根系死亡；降低土壤中磷、钾、钙、镁、钼的可溶性，间接降低这些营养元素的吸收量，引发缺素症；铝、锰吸收过量，会抑制酶的活性，影响矿物质的吸收；不利于土壤微生物的活动，使肥料分解、转化缓慢，尤其影响氮素的转化和供应；病虫害加重。

（4）土壤中病原菌聚集　由于设施连作栽培种植茬次多，土地休闲期短，而使植物有害的病原菌不断繁殖、积累；同时设施内的环境比较温暖湿润，为一些土壤中的病虫害提供了越冬场所，土传病虫害严重，使得一些在露地栽培可以消灭的病虫害，在设施内难以绝迹，如青枯病、枯萎病、早疫病、根结线虫等。

2. 设施土壤环境的调控措施

（1）防止营养过剩或营养失调　定期养分检测。定期测定土壤中各元素的有效浓度，并结合植物需肥规律确定施肥量及施肥时期，避免盲目施肥。

增施有机肥。有机肥中含有各种蔬菜生长所需的营养成分，能够全面补充营养，且各元素释放缓慢，不会发生营养过剩危害。此外，有机肥中含有大量微生物，能促使被土壤固定的营养元素释放出来，从而增加土壤中的有效营养成分。

根据肥料特性施肥，多种肥料配合施肥。氮肥的当年利用率只有 30%～40%，残留较多，且多为水溶性氮，应测土施肥，防止过量造成危害；施肥时应基肥、追肥并重。磷肥易被土壤固定，且当年利用率低，应以基肥为主，集中深施，可隔年施用。钾肥在缺钾地块利用率高，并以基肥为主、追肥为辅，且施于表土下，减少被土壤固定。此外，氮、磷、钾肥配合施用，可提高肥效，避免营养失调。

（2）防止土壤积盐危害　科学施肥。采用测土配方施肥；基肥应以有机肥为主，少施化肥，增加土壤缓冲能力；提倡根外追肥，且严格用量，少量多次；深翻土壤与有机肥结合；氮肥过剩的土壤可适当施用半腐熟的有机肥等。

灌水洗盐。对于盐分过大的土壤，在生长期间可明显增加灌水次数和灌水量；在夏季休闲期进行深翻后灌大水洗盐，使盐分随水向下渗透或排出；每隔 2～3 年利用夏季休闲期，揭开棚膜接受降雨淋洗。

生物除盐。换茬种植玉米等禾本科作物，可把土壤中的无机态氮转变为植物体内的有机态氮，从而降低土壤溶液浓度，把玉米变为绿肥，在分解过程中土壤微生物还要消耗土壤中的可溶性氮，进一步消除盐分积累。也可在休闲期种植生长快、吸肥能力强的苏丹草、盐蒿等，吸收土壤中盐分。

换土除盐。积盐太多或用上述方法效果不理想时，要及时更换耕层熟土，把肥沃的田土移入设施内，或采用基质无土栽培。

改进灌溉技术和减少蒸发。设施内灌水时浇足灌透，将表土积聚的盐分下淋，减轻根系周围的盐害。另外，在温室种植畦内覆盖地膜、稻草等，可减少土壤水分蒸发，降低盐分上升速度。加强中耕松土，切断土壤毛管，避免盐分随水上移至土壤表面。

（3）防止土壤酸化　根据土壤 pH 需要选择合适的肥料。一般施用硝酸钙等生理碱性肥料可增加土壤 pH，而施用硫酸铵等生理酸性肥料可降低土壤 pH，容易造成土壤酸化。而用硝酸铵和碳酸氢铵等生理中性肥料不会引起土壤酸度的变化。

施用石灰增加 pH。温室土壤酸化时，需用地面撒石灰的方法提高土壤 pH，如用熟石灰，可迅速提高 pH，但用量为生石灰的 1/3～1/2，且不能对正在生长植物的土壤施用。

（4）消除土壤中病原菌　实行有计划的轮作换茬。参照各种园艺植物的最低轮作年限，合理安排几种植物轮作，并尽量考虑不同植物科属类型、根系深浅、吸肥特点及分泌物的酸碱性。

土壤消毒，包括药剂消毒和蒸汽消毒。药剂消毒根据药剂性质，或灌入土壤，或洒在土壤表面。使用时一定要注意药品的特性，常用药剂有 40% 甲醛（也称福尔马林，浓度为 50～100 倍，用于杀菌）；氯化苦（主要用于防治土壤中的线虫）；硫黄粉（主要用于防治白粉病菌、红蜘蛛等）。蒸汽消毒是土壤热处理消毒中最有效的方法，它是以杀灭土壤中有害微生物为目的。大多数土壤病原菌用 60℃蒸汽 30min 即可杀死，但对 TMV（烟草花叶病毒）等病毒，需要 90℃蒸汽消毒 10min。多数杂草种子，需要 80℃蒸汽消毒 10min 才能杀死。

【知识拓展】

土壤腐殖质的组成及性质

农业土壤中，有机质的重要来源是每年施入土壤的有机肥料和植物的根茬及分泌物等，还有少量的微生物、动物遗体及分泌物。土壤中各种有机质，被微生物分解，呈三种形态，即新鲜的有机质（最基本的来源）、半分解的有机质（如泥炭等）、腐殖质。

腐殖质是有机质经过微生物分解和再合成的一类特殊的、复杂的、性质比较稳定的高分子有机化合物，是一种褐色或暗褐色的大分子胶体物质，与土粒紧密结合，不能用机械的方法分离，是有机质的主要成分，占总量的 85%～90%。

1. 腐殖质的组成　土壤有机质在土壤微生物及其土壤酶的作用下，分解成简单的化合物 CO_2 和 H_2O，并释放出矿质养分，这一过程称为矿质化过程，有机质分解成植物可利用养分的这种作用称为矿化作用。同时，土壤有机质在微生物及其土壤酶的作用下，还可把有机化合物及分解的中间产物转化为更为复杂的、稳定的、特殊的高分子有机化合物，这一过程称为腐殖化过程，形成的产物为腐殖质。腐殖质的形成过程到现在为止，只是推断（图 5-10）。

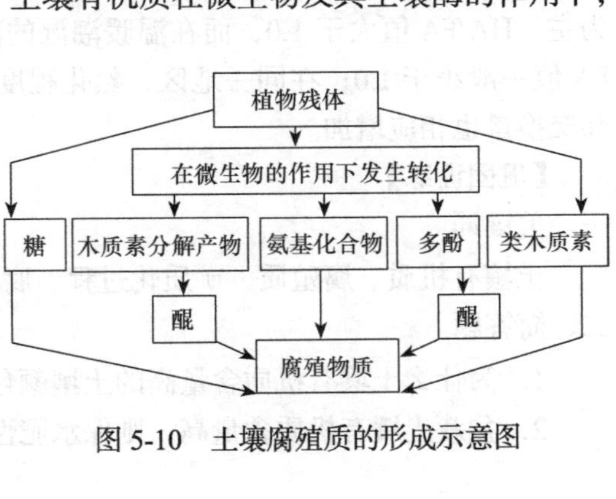

图 5-10　土壤腐殖质的形成示意图

腐殖质的主要成分是腐殖酸。腐殖酸可分为三个组分：富里酸（黄腐酸）、胡敏酸（褐腐酸）与胡敏素（黑腐素）。胡敏素为黑色不溶物、胡敏酸为褐色沉淀、富里酸为黄色溶液。腐殖酸的主要组成是胡敏酸和富里酸，通常占腐殖酸总量的60%左右。在腐殖质的三个组分中，构成腐殖酸的胡敏酸和富里酸均由碳、氢、氧、氮、磷和硫组成，此外，还含有少量的钙、镁、铁、硅等灰分元素。一般腐殖质含碳55%～60%，平均为58%。含氮量3%～6%，平均为5.6%，其C/N为（10∶1）～（12∶1）。胡敏酸和富里酸两种酸中的各元素含量不同，见表5-11。因此，在土壤有机质测定中，有机碳以58%为其平均值，故有机质的含量等于有机碳乘以1.724。

表5-11　我国主要土壤腐殖质的元素组成

腐殖酸	碳（C）/%	氢（H）/%	氧（O）/%	氮（N）/%
胡敏酸（HA）	50～60	3.1～5.3	31～40	2.8～5.9
富里酸（FA）	45～53	4.0～4.8	40～50	1.6～4.3

资料来源：熊顺贵主编《基础土壤学》

土壤腐殖质在土壤中最重要的存在形态是与黏粒结合成有机无机复合体，我国北方的中性和石灰性土壤主要以钙离子键结合的腐殖质为主。其次是由铁、锰、铝（特别是铁）离子而结合的，这种结合有高度的坚韧性，有时甚至可以把腐殖质和砂粒结合起来，但不一定具备水稳性，所以对团粒的形成及肥力的提高，关系比较次要。我国南方酸性土壤中主要是铁、铝离子键结合的腐殖质。

2. 腐殖质的性质　腐殖质的吸水性及溶解性较强。腐殖质是亲水胶体，吸水能力强，吸水量可以超过其自身质量的5倍，具有较强的膨胀性和收缩性。与黏粒相比，黏粒吸水量为自身质量的15%～20%，其黏结性、黏着性和可塑性高于腐殖质。腐殖酸是一种弱酸，可溶于碱性溶液生成腐殖酸盐。

腐殖质的化学稳定性高。抗分解能力强，分解周期长。温带地区一般植物残体在自然状态下的半分解期少于3个月，新形成的有机质其半分解期为4～9年。

腐殖质双带电性和代换量较强。腐殖质是一种两性胶体。通常以带负电荷为主。腐殖质所带的电荷属可变电荷，负电荷数量随土壤pH的变化而变化。腐殖质的阳离子交换量可高达1500～4500cmol/kg。

腐殖质具有变异性。腐殖质在不同的土壤含量不同，而且其组分比例、各组分的复杂程度等也有差异。HA/FA值表示胡敏酸与富里酸含量的比值，是表示土壤腐殖质成分变异的指标之一。一般我国北方的土壤，特别干旱区与半干旱区的土壤腐殖质以胡敏酸为主，HA/FA值大于1.0，而在温暖潮湿的南方酸性土壤中，土壤中以富里酸为主，HA/FA值一般小于1.0；在同一地区，熟化程度高的土壤的HA/FA值较高，且功能团的数量和交换量也相应增加。

【巩固训练】

一、关键词

土壤有机质、腐殖质、矿质化过程、腐殖化过程、园土、土壤污染

二、简答题

1. 为什么土壤有机质含量高的土壤颜色较深？

2. 盆栽土壤有机质含量高，则保水肥性较强，试用腐殖质的特性加以解释。

3. 为什么说土壤有机质是土壤肥力判断的重要指标？如何提高土壤有机质含量？
4. 肥沃土壤的特征有哪些？如何改良贫瘠缺素土壤？
5. 试述设施土壤环境的调控措施。

第三节　园艺植物生产的土壤基本理化性质与调节

【学习目标】

1. 会根据容重、孔隙度和团粒结构及耕性内容调节土壤物理性质；能够根据土壤吸附性和酸碱性调节土壤保肥和供肥肥力状况。
2. 掌握用土壤容重和孔隙度判断土壤松紧状况的方法；掌握不同土壤耕作方法的适用范围；掌握阳离子交换作用和盐基饱和度的相关概念与计算；熟悉酸碱性土化学改良的相关计算；了解阴离子吸附性能与土壤养分的关系。

【内容分析】

本节主要讲解运用土壤孔隙性、结构性和耕性等物理性质；土壤吸附性能、土壤酸碱性等化学性质，通过各种农艺措施，创造疏松的土壤、良好的土壤结构，适当协调的养分供应与土壤保蓄，实现园艺植物生长所需的水、肥、气、热协调供应和土壤保肥能力的提高，树立园艺植物生产与土壤环境共同发展的管理理念。内容见图 5-11。

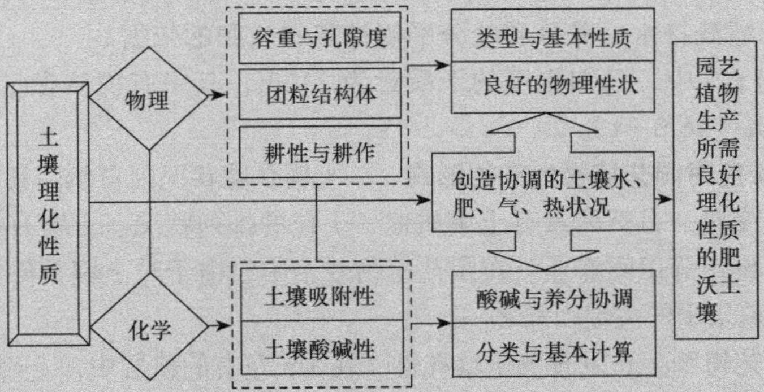

图 5-11　土壤基本理化性质与调控分析图

土壤物理性质包括土壤孔隙性、土壤结构性和土壤耕性等，人们通过一系列措施创造土壤良好的结构状态与松紧状态，使之具有适宜的土壤孔隙与良好的土壤耕性，从而提高土壤肥力水平。土壤化学性质包括土壤保肥性、土壤供肥性、土壤酸碱性等。

一、土壤物理性状与调节

（一）土壤疏松程度的判断与调节

土壤的疏松程度可以用土壤孔隙性判断。通常把土壤孔隙度、大小孔隙搭配比例及其在土层中分布情况的综合反映称为土壤孔隙性。土壤固、液、气三相中，占 50% 的后两项与孔隙密切相关，孔隙就像动物体内的“血管”，承载着将养分带到全身“血液”的任务。通过土壤容重和土壤孔隙度这两项指标可以判断土壤的疏松程度。

1. 土壤容重和孔隙度在园艺植物生产中的应用

（1）土壤容重和孔隙度的计算　容重是单位容积原状土壤（包括孔隙）的干质量。用“d”表示，单位为 g/cm^3、t/m^3。公式为：$d=m/v$，式中，m 为干土重；v 为土壤的体积。

土壤孔隙度可以用下列公式计算：孔隙度=（1－土壤容重／相对密度）×100%

其中，农业土壤的相对密度常用平均值 $2.65g/cm^3$ 进行计算。

（2）土壤容重和孔隙度的应用　土壤容重和孔隙度可以反映土壤的松紧状况，即疏松土壤容重小、孔隙度大；紧实板结的土壤则容重大、孔隙度小，见表 5-12。

表 5-12　容重、孔隙度与土壤松紧度的关系

松紧程度	容重 /（g/cm^3）	孔隙度 /%
最松	＜1.00	＞60
松	1.00～1.14	60～56
适合	1.14～1.26	56～52
稍紧	1.26～1.30	52～50
紧	＞1.30	＜50

资料来源：王荫槐主编《土壤肥料学》

计算土壤质量和土壤各组分的数量。根据公式：$Ms=S\cdot h\cdot d$ 计算土壤的重量，式中，Ms 是土壤的干质量、S 是土壤面积、h 是土壤深度、d 是土壤容重。

例 5-2　种植黄瓜的土壤，已知 $1hm^2$ 的面积，耕层 20cm 土壤的容重是 $1.15g/cm^3$，土壤的质量为：$Ms=10000m^2\times0.20m\times1.15g/cm^3=2300t$。

一般情况下，耕层土壤干土质量可以作为常数应用，即每公顷为 2250t；每 $667m^2$ 为 150t，在这里的耕层是指默认值 20cm。

已知一定深度土壤的干质量，则该土壤的水分、有机质含量、养分等含量就可以计算得出，作为灌溉排水、养分和盐分平衡计算和施肥的依据。

例如，在例 5-2 中，已知土壤的干质量为 2300t，其中有机质含量 2%，则有机质的量：2300×2%=46.0（t）。

2. 土壤疏松度对园艺植物生产的影响　土壤孔隙状况因自然因素和人为因素的共同作用不断发生变化。自然因素有土壤质地、土粒的排列状况、土壤有机质含量等；人为因素有施肥、耕作等田间作业。在园艺植物栽培中，由于对土壤条件要求甚严，因此孔隙状况是优质栽培中的关键因素之一。

通常适于园艺植物生长发育的土壤孔性，在 1m 左右的耕层中，上部（0～15cm）的孔隙度为 55% 左右，通气孔隙度达 15%～20%；下部（15～30cm）的孔隙度为 50% 左右，通气孔隙度达 10% 左右。上部有利于通气透水和种子的发芽与出土；下部则有利于保水和根系扎稳。在心土层，也应保持一定数量的大孔隙，以便于促进根系深扎，增强微生物活性和养分的转化，以扩大植物的营养范围，同时在多雨季节，可增强排水和洗盐。不同植物对土壤松紧能力的适应是不一样的，直接影响植物的根系生长、种子萌发、幼苗出土，表 5-13 是部分花卉对土壤容重与孔隙度的要求。另外，土壤孔隙状况，直接影响着土壤的保水通气、养分的有效化和保肥供肥能力，松紧与孔隙状况由于影响水气含量，进而在通气情况下促进养分的转化，在水渍条件下则有利于养分的保蓄，同时还能影响土壤的增温与稳温，所以根据园艺植物的生产需求、不同植物生长发育特性与生育时期的差异，通过农艺措施等调节土壤松紧和孔隙状况对土壤肥力的影响是巨大的。例如，在干旱或过松的土壤上露地播种，通常采取深播、浅盖、镇压措施，保墒、控墒，以利于植物苗齐苗壮，便于科学管理。

表 5-13　部分花卉的适宜土壤容重和孔隙度

花卉名称	容重 / (g/cm^3)	孔隙度 /%	花卉名称	容重 / (g/cm^3)	孔隙度 /%
杜鹃	0.1～0.3	96.2～88.7	香石竹	0.9～1.1	66.0～58.5
菊花	0.7～1.1	73.6～58.5	仙客来	0.5～0.7	81.1～73.6
山茶	0.2～0.5	92.5～81.1	樱草	0.7～1.0	73.6～62.3
月季	0.9～1.1	66.0～58.5	瓜子海棠	0.7～0.9	73.6～66.0
石楠	0.2～0.5	92.5～81.1	非洲菊	0.6～1.1	77.4～58.5
大岩桐	0.4～0.7	84.9～73.6	天竺葵	0.7～0.9	73.6～66.0
一品红	0.6～0.9	77.4～66.0	非洲紫花地丁	0.5～0.7	81.1～73.6
秋海棠	0.3～0.5	88.7～81.1	西洋八仙花	0.4～0.7	84.9～73.6

资料来源：范树春主编《土壤与肥料》

（二）土壤良好结构体的形成与创造

土壤结构是土粒（单粒和复粒）的排列、组合形式，它是土粒（单粒和复粒）互相排列和团聚成为一定形状和大小的土块或土团。土壤结构性是指土壤中结构体的形状、大小及其排列情况和相应的孔隙状况等综合特性，影响着土壤中水、肥、气、热状况，从而在很大程度上反映了土壤肥力水平。土壤结构性是土壤的一种重要的物理性质，土壤结构包括块状结构、核状结构、柱状结构、片状结构、团粒结构，其中，团粒结构是良好的土壤结构。团粒结构的土壤大小孔隙兼备，不但总孔隙度大，而且大小孔隙比例适当（表 5-14），为优化肥力奠定了基础；团粒结构能调节土壤水分与空气的矛盾；能协调土壤养分的消耗与积累的矛盾；能稳定土温，调节土壤热状况；能改善土壤耕性和有利于植物根系伸展。

表 5-14　团粒结构大小与土壤孔隙性质的关系

孔隙类型	团粒直径 /mm				
	<0.3	0.5～1.0	1.0～2.0	2.0～3.0	3.0～5.0
总孔隙度 /%	47.5	50	54.7	59.6	62.6
通气孔隙度 /%	2.7	24.5	29.6	35.1	38.7
毛管孔隙度＋无效孔隙度 /%	44.8	25.5	25.1	24.5	23.9

资料来源：金为民主编《土壤肥料》

1. 土壤良好结构体的形成

（1）土粒的团聚　单个土粒或复粒相互吸引聚集在一起形成更大的土粒团聚体，进而形成土壤结构。这种作用机制包括胶体的凝聚作用、胶结作用、外力作用。

土壤胶体的凝聚作用是指分散在土壤溶液中的胶粒互相凝聚而从介质中析出的过程。通过胶体电荷与离子间的中和作用而凝聚，形成粒径约 0.05mm 的复粒。

产生胶结作用的物质有无机胶体、有机胶体和黏粒。无机胶体类胶结物质主要包括 $Fe_2O_3 \cdot H_2O$、$Al_2O_3 \cdot H_2O$、$SiO_2 \cdot H_2O$、$MnO_2 \cdot H_2O$ 的化合物等，有机胶体类胶结物质主要是腐殖质。这些物质可使土粒互相团聚在一起，起到了黏结剂的作用。

外力的作用，主要有植物根系及真菌菌丝的缠绕、土壤动物的搅拌及混合等，使土粒或微团粒聚集成更大的团聚体。

（2）*团粒结构的形成过程*　凝聚次生单粒，通常还必须在一定的物理因素作用下才能形成一定形状的结构体。主要有土壤的干湿交替作用，当土壤干燥时，因土体脱水不均而产生不等的变形，从而依脆弱面碎裂成块。当干土变湿时，因水分的进入，引起整个土块不均匀的膨胀而沿裂面破碎；同时土壤的冻融交替作用，即水被吸入毛管孔隙，容易引起闭塞的空气压缩，当封闭在碎土块中空气压力超过土粒间的黏结力时，土块就会崩裂。水结冰后体积增大9%，使土块的孔隙内产生膨压，土体破碎，导致大土块变成松散的结构体，因此，冻融交替进行可以起到酥土作用；再者是生物的作用，植物根系的穿插、挤压作用，土壤微生物、根系分泌物对土壤的凝聚和胶结作用，可以形成稳定的团粒，还有鼠类的活动会制造裂痕、蚯蚓的粪便本身就是一种很好的团粒；另外，适时合理的土壤耕作如耕、锄、耙、压等外力作用，均能促进结构体的形成。

2. 土壤团粒结构的培育措施　在园艺植物的生产过程中，土壤频繁的耕作，再加之灌水的作用、土壤胶体和代换性离子的变化、微生物的活动等方面，使得团粒结构不可避免地要遭到破坏。因此园艺植物生产中，必然要采取适当的措施增加团粒结构的产生速率，而降低其破坏速率。

（1）*精耕细作，增施有机肥*　北方的夏耕晒垡、冬耕冻垡、南方的犁冬晒白等，都能够促进团粒结构的形成；增施有机肥可以促进微生物的活动，增加胶结物质，促进水稳性团粒结构的形成。

（2）*合理轮作与间套种*　不同植物的根系特征、残体的数量与质量及耕作改土提供的条件均不相同，因而植物的合理配置可充分发挥改土效果。例如，园艺植物与绿肥植物轮作、间作、套作可起到用养结合作用，是形成良好土壤结构行之有效的措施。

（3）*调节土壤酸碱性*　酸性土中Fe^{3+}、Al^{3+}、H^{+}过多，易胶结成大块，可施石灰等进行调节；碱性土中Na^{+}过多，易造成分散，不易凝聚，可施石膏等调节；中性土中Ca^{2+}较多，有利于团粒结构的形成和土壤酸碱性的中和。

（4）*土壤结构改良剂的应用*　能使无结构土壤变成有结构土壤的物质称为土壤结构改良剂，如近年来我国广泛推广的腐殖酸类肥料；人工合成的聚乙烯醇、聚丙烯铵等。这些物质施入土壤中，能与土粒相互作用，转变为不溶态并吸附在土粒表面，黏结土粒成为水稳性团粒结构。

（三）土壤耕性与土壤合理耕作

土壤耕性是土壤重要的物理性质。土壤耕性是指土壤的耕作难易程度、耕作质量的优劣和宜耕期的长短等性能，宜耕期的性状直接影响园艺植物的生产。

1. 土壤物理机械性与土壤耕性

（1）*土壤物理机械性*　主要有以下几方面。

黏结性：土壤水分含量很少而呈干燥状态时，主要表现黏结性，耕作时阻力极大，形成硬块、土坷垃，耕作质量很差。

黏着性：土壤水分逐渐增加，呈潮润状态时，土粒表面有一定的水分子层，使黏结力降低，但还不足以形成滑润状态的水膜，所以不表现可塑性，黏着力也很小。由于只受局部少量水分的影响，土壤呈酥脆的状态，不成硬块，耕作阻力小，耕作质量也好。

可塑性：水分继续增多至形成连续水膜，润滑作用明显，表现出可塑性，但水分还未能与外物联结，因此无黏着性，耕作时有大土块。

胀缩性：湿度再增大，有水膜连接外物，土壤膨胀；待土壤中水分蒸发，土壤即收缩，这种特性称为胀缩性。例如，干旱严重出现的龟裂，会造成根系拉断的现象。

（2）土壤宜耕状态分析　土壤的宜耕性取决于土壤的黏结性、黏着性和可塑性等物理机械性，而这些性质又与土壤质地、土壤含水量密切相关。质地相同的土壤，在不同的含水量情况下，由土壤的黏结性、黏着性和可塑性等综合反映的土壤状态称为土壤的结持状态，通常土壤的结持状态分为6类，也可以说是水分由少到多的一种表现（表5-15）。

表5-15　土壤的结持状态与土壤水分、耕性的关系

水分含量状况	少 → 多								
	干燥	湿润		潮湿		泞湿		多水	极多水
土壤结持状况	坚硬	酥软		可塑		黏韧		浓泥浆	薄浆
主要性状	具有固体的性质，不能捏成团，强黏结性	松散无可塑性，黏结性低，不成块	下塑限	有可塑性，但无黏着性	黏着限	有可塑性和黏着性	上塑限	成浓泥，可受重力影响而流动	成悬浮体，如一体一样易流动
耕作阻力	大	小		大		大		大	小
耕作质量	成硬土块	成小土块		成大土块		成大土块		成稠泥状	成稠泥状
宜耕性	不宜	宜		不宜		不宜		不宜	宜稻田耕作

资料来源：林成谷主编《土壤学》北方本

土壤处于“酥软”状态阶段，土壤耕性表现最好。因为这时候水分在可塑下限以下，无可塑性，黏结性也小，黏着性也未表现出来。耕作阻力小、耕作效率高、质量好。这就是最适于土壤耕作的“宜耕期”。由此可见，土壤的宜耕期主要取决于土壤水分含量。土壤宜耕期长短在有机质少和无团粒结构的条件下主要取决于土壤质地。黏土的黏结性、黏着性强，塑性范围也大，其下塑限与黏结性降低时的含水量变化范围小，因此宜耕期短；砂性土则相反，宜耕期长。

2. 土壤耕作及其作用　土壤耕作的目的是利用机械作用，为植物创造深厚、疏松、平整、肥沃的耕作层，建立良好的水、肥、气、热环境，使植物生长良好，获得高产。

（1）翻耕　翻耕是最普遍的一种耕作措施。主要工具是铧式犁。翻耕对土壤有三种作用：一是翻土，实现上下土层翻转；二是松土，使原来较紧实的耕层翻松；三是碎土。畜耕深度一般为13～16cm；机耕的深度较深，为20～22cm。

（2）深松耕　以无壁犁、深松铲、凿形铲对耕层进行全面或间隔的深位松土，不翻转土层。耕深可达25～30cm，最深为50cm。深松耕节省动力、打破翻耕形成的犁底层、保持地面残茬覆盖、保水抗旱、减轻盐碱危害。深松耕的不足之处是翻埋肥料、残茬和杂草的作用效果差，地面比较粗糙等，适合土层深厚的干旱、半干旱地区，以及耕层土壤瘠薄，不宜耕翻的盐碱土等。

（3）*旋耕* 运用旋耕机进行旋耕作业，既能松土，又能碎土，地面也相当平整，集犁、耙、平三次作业于一体。旋耕机按其机械耕作性能可耕深16～18cm，实际运用中只耕深10～12cm。旋耕时需注意，临播前旋耕，深度不能超过播种深度，否则因土壤过松，不能保证播种质量，也不利于出苗。故旋耕应和翻耕轮换应用。

（4）*免耕和少耕* 免耕及少耕耕作法是现代农业生产中一项革新的耕作技术。主要由三个环节组成：一是残茬覆盖，二是联合免耕播种机，三是应用广谱的除草剂。典型的免耕形式是在前茬植物收获后，在园田上保留其残留物、秸秆和根茬，后茬植物在前茬植物的残留物中开一条窄缝，直接种植在未经翻动过的土壤中。前茬植物的残留物在土壤表面形成一个保护层，可防止冲刷或风蚀，并保持土壤水分。缺点是需要有专用机具。

（5）*深耕施肥改土耕作法* 集深耕与施肥为一体的耕作法，深耕利于打破犁底层，加厚活土层，疏松土壤，提高土壤蓄水保肥能力，加大土壤通气度，促进土壤团粒结构的形成，减轻病、虫、草、鼠危害，促进植物根系的发育。增施有机肥料，可加速土壤熟化，使土壤具有深厚、肥沃的耕层，是保水、保肥、保证植物高产稳产的一种耕作方法。

为了保证耕作质量，还需与耙地、耱地、中耕、镇压等次级耕作措施相配套。

二、土壤化学性质与调节

土壤胶体是土壤中最活跃的物质，与土壤物理、化学反应密切相关。土壤胶体的带电性是一种最重要的特性，胶体的双电性决定了其既可带正电荷又可以带负电荷，换句话说，是既可以吸附土壤溶液中的阳离子，又可吸附土壤溶液中的阴离子。大多情况下，土壤胶体带负电荷，因而阳离子吸附与交换作用比较普遍。土壤的吸附性能直接关系到土壤的保肥和供肥能力，是土壤的重要化学性质之一。

（一）土壤保肥、供肥能力及调节

土壤吸收性能是指土壤能吸收和保留土壤溶液中的分子和离子，悬液中的悬浮颗粒、气体及微生物的能力。土壤吸收性能也称土壤吸收保肥性能。土壤具有的这种特性称为土壤吸收作用，如粪水通过土壤后臭味消失、污水通过土壤变清澈等。

1. 土壤阳离子吸附与交换作用 通常情况下，土壤胶体带有负电荷，胶体表面靠静电作用力吸附着多种正电荷的阳离子，这些吸附态的阳离子可以被土壤溶液中的另一种阳离子交换而从胶体表面解吸，将这种可以交换的阳离子称为交换性阳离子，把发生在土壤胶体表面的交换反应称为阳离子交换作用，也称为土壤物理化学吸收性能。

$$\boxed{\text{土壤胶体}}\ Ca^{2+} + 2KCl \xlongequal{\quad} \boxed{\text{土壤胶体}}\begin{matrix}K^+\\K^+\end{matrix} + CaCl_2$$

离子从溶液中转移到胶体上的过程，称为离子的吸附过程；原来吸附在胶体上的离子转移到溶液中的过程，称为离子的解吸过程。

阳离子交换作用是一种可逆反应，并遵循等价、等量交换的原则，如用1个三价的Fe^{3+}需要1个H^+、1个Na^+和1个K^+去交换；还有一种情况就是，离子价数较低、交换能力较弱的离子，如果提高其浓度，也可以交换出离子价数较高、吸附能力较强的离子。例如，在盐碱地中钠盐含量高，可以交换下吸附在土壤胶体表面的Ca^{2+}。园艺植物的施肥，就是使高浓度的营养元素被吸附到土壤胶体表面，而利于养分的保持。

（1）阳离子交换能力　是指一种阳离子将胶体上另一种阳离子交换出来的能力。各种阳离子交换能力大小的顺序为：$Fe^{3+}>Al^{3+}>H^{+}>Ca^{2+}>Mg^{2+}>K^{+}\geqslant NH_4^{+}>Na^{+}$。电荷的数量、离子半径和离子水化半径、离子浓度等，是主要影响阳离子交换能力的因素。电荷数量多、离子半径大、离子浓度高时，阳离子的交换能力强。例如，在给园艺植物施用铵态氮肥时，NH_4^{+}在土壤溶液中的浓度增高，同样可以交换土壤胶体表面吸附态的Ca^{2+}，而将NH_4^{+}保存在胶粒表面，不致随水流失。

（2）土壤阳离子交换量（CEC）　也称吸收容量，是指在一定 pH 条件下每 1000g 干土所能吸附的全部交换性阳离子的物质的量，即 cmol（＋）/kg。

土壤阳离子交换量可以作为衡量土壤保肥力的指标，CEC 的大小，受胶体数量、胶体类型、土壤 pH 和土壤质地的影响。例如，不同土壤质地的阳离子交换量为：砂土 1～5cmol（＋）/kg、砂壤土 7～8cmol（＋）/kg、壤土 15～18cmol（＋）/kg、黏土 25～30cmol（＋）/kg；pH 的升高使土壤可变负电荷增加，土壤的阳离子交换量增大，一般情况下，阳离子交换量在 20cmol（＋）/kg 以上为保肥力强的土壤，10～20cmol（＋）/kg 为保肥力中等的土壤，＜10cmol（＋）/kg 为保肥力弱的土壤。保肥力强的土壤不易脱肥，施肥次数可以少，一次施用量可以多；而保肥力弱的则正好相反。

我国土壤的阳离子交换量由南向北、由东向西呈逐渐增加。北方土壤的阳离子交换量在 20cmol（＋）/kg 以上，高的可达 50cmol（＋）/kg；而南方的红壤阳离子交换量通常在 20cmol（＋）/kg 以下。

（3）土壤的盐基饱和度　土壤胶体吸附的阳离子分为两类，一类是盐基离子，包括Ca^{2+}、Mg^{2+}、K^{+}、Na^{+}、NH_4^{+}等；另一类是致酸离子，即H^{+}、Al^{3+}。当土壤胶体上吸附的离子全部是盐基离子时，土壤呈盐基饱和状态，称为盐基饱和土壤；若土壤胶体上吸附的离子既有盐基离子、又有致酸离子，土壤呈盐基不饱和状态，称为盐基不饱和土壤。盐基饱和的土壤呈中性或微碱性反应，盐基不饱和的土壤呈酸性反应。土壤的盐基饱和程度用盐基饱和度表示。

土壤中交换性盐基离子总量（cmol/kg）占阳离子交换量（cmol/kg）的百分数称为土壤的盐基饱和度，即

盐基饱和度＝(交换性盐基离子总量 / 阳离子交换量)×100%

例如，交换性盐基离子总量为 15cmol（＋）/kg，阳离子交换量为 20cmol（＋）/kg，则该土壤的盐基饱和度为：(15/20)×100%＝75%。

土壤中盐基饱和度的高低反映了土壤中致酸离子的含量，即土壤 pH 的高低。我国土壤的盐基饱和度有由北向南逐渐减小的趋势。在干旱、半干旱的北方地区，土壤的盐基饱和度大，土壤的 pH 较高；而在多雨湿润的南方地区，土壤盐基饱和度较小，土壤 pH 低。

2. 土壤保肥性和供肥性的调节措施　土壤胶体上吸附的离子养分可以保存在土壤中，也可以被植物利用，既能保肥，又能供肥。土壤保肥性和供肥性是可以改变的，可以通过生产技术措施调节。

（1）增施有机和无机肥料　增施有机和无机肥料，提高土壤的保肥和供肥性能。施用厩肥、泥炭、绿肥等有机肥料，可以保证土壤养分全面持续地供应，促进土壤理化性质和生物性质的改善，以及土壤肥力的提高，是提高土壤保肥和供肥能力的基础。无机肥料具有养分含量高、肥效快的特点，施用尿素、硫酸钾等无机肥料可迅速增加土壤

中养分含量，因此，有机肥和无机肥配合施用，既使土壤肥力提高，又可以满足植物生长发育的养分需求，对于土壤的保肥性和供肥性是有利的。

（2）精耕细作　精耕细作，疏松耕层，以耕保肥、促肥。耕作对养分的转化与保蓄作用较为明显，深耕可以有效改善土壤孔隙松紧状况，提高蓄水力和通气性，促进微生物的活动，加速土壤矿物质成分的风化释放和有机质的分解转化，从而使土壤有效养分显著增加，相反，如果土壤板结会造成透气性差，土壤中嫌气微生物活动旺盛，促进土壤腐殖质的形成，则有利于养分的保蓄。适当的中耕就是破除土壤板结，达到通气、增温、促进养分转化的过程，而频繁耕作则会使养分分解快而不利保蓄，从而造成土地退化。另外，对于不同深耕可以对不良质地进行改良，有利于砂土中土壤胶体数量的增多、黏土中孔隙数量的增加，使土壤保肥和供肥作用均衡发展，促进园艺植物的生长。

（3）科学合理的灌溉与排水　保持适宜的土壤水分，可以改善土温和通气性，加强矿质养分的溶解、水解和氧化作用，促进有机物质的分解，提高土壤的供肥能力；而土壤水分含量高，则促进土壤腐殖质的形成，提高土壤保肥的能力。一般要求土壤含水量控制在田间持水量的60%～80%，土壤水、气、热状况较为合适，养分的释放、供应和根系吸收较为有利；在园艺植物生产中，追施肥料，要结合灌水施用，以便于溶解而发挥肥效，达到以水促肥的目的；干旱时施肥，会增加旱害或影响肥效的发挥。

（4）调节交换性阳离子组成　酸性土壤施用适量石灰、草木灰；碱性土壤施用石膏等，可以调节土壤胶体表面吸附的阳离子数量及组成比例，使土壤的酸碱性发生改变，达到改善土壤保肥性和供肥性的目的。

（二）园艺植物生产的土壤酸碱性调节

土壤酸碱性对土壤养分的有效化、土壤性状及园艺植物的生长发育等均有明显的影响。土壤酸碱反应的程度取决于土壤溶液中游离的 H^+ 与 OH^- 浓度的比例，也取决于土壤胶体上致酸离子（H^+ 或 Al^{3+}）或碱性离子的数量及土壤中酸性盐和碱性盐类的存在数量。土壤胶体上吸附的 H^+ 和 Al^{3+} 是土壤酸性的根源；$CaCO_3$ 是维持中性至微碱性反应的物质基础；Na_2CO_3 是土壤表现碱性与强碱性反应的最主要原因。

氢离子在土壤水溶液中的含量很少，1L 中性水溶液在 22℃时，氢离子的浓度是 10^{-7}mol，当氢离子浓度大于 10^{-7}mol/L 时为酸性；而小于 10^{-7}mol/L 时为碱性。通常用 pH 表示溶液中 H^+ 的浓度，pH 是 H^+ 浓度的负对数值，也就是通常所说的土壤酸碱性。《中国土壤》上将我国土壤的酸碱性分为五级（表 5-16）。我国土壤在地理分布上呈线“东南酸而西北碱”的规律性，大致以长江为界（北纬 33°），长江以南的土壤多为酸性或强酸性，长江以北的土壤多为中性或碱性。例如，华北、西北的石灰性土壤，因含碳酸钙多，呈中性或微碱性，pH7.0～8.5，少数土壤 pH＞8.5，呈强碱性；华中、华东地区土壤 pH5.5～6.5；华南、西南的红壤、黄壤 pH 则大多为 4.5～5.5。

表 5-16　我国土壤酸碱性的分级

土壤 pH	＜5.0	5.0～6.5	6.5～7.5	7.5～8.5	＞8.5
级别	强酸性	酸性	中性	碱性	强碱性

影响土壤酸碱反应的因素很多，有气候、生物、土壤空气中的 CO_2 的分压、施肥、灌溉、土壤胶体特性及土壤含水量等因素。土壤 pH 一般随土壤含水量增加有升高的趋

势，因此在测定土壤pH时应注意土水比，在土壤检测的国标中规定，砂质土壤在进行pH检测时的土水比应为1∶1；黏质土壤在进行pH检测时的土水比应为1∶2.5；而分散性极强的盐碱土进行pH检测时的土水比则为1∶5。

土壤酸碱性直接影响园艺植物的生长发育（表5-17）、土壤养分和微生物的活性。因此过酸过碱的土壤需进行改良，才能很好地加以利用。

表5-17　部分园艺植物适宜的土壤酸碱性范围

最适pH范围	园艺植物种类	最适pH范围	园艺植物种类	最适pH范围	园艺植物种类
4.0～5.0	兰花、凤梨	5.0～7.0	柑橘	5.5～7.5	番茄、贴梗海棠
4.5～5.5	杜鹃、锦紫苏	5.5～6.5	萝卜、辣椒	6.0～7.5	菠菜、紫丁香
5.0～5.5	茶	5.5～7.0	黄瓜、秋海棠		菊花、牵牛花
5.0～6.0	菠萝、板栗		朱顶红、橡皮树	6.0～8.0	油菜、南瓜、苹果、樱桃、梨
5.0～6.5	草莓、大岩桐、椰子类、冬海棠	6.0～7.0	西瓜、甘蓝、芹菜、洋葱、百合	6.0～9.0	芍药

1. 土壤酸性的调节　土壤酸性主要由胶体吸附的交换性H^+和Al^{3+}所控制。通常以施用石灰或石灰粉来调节改良。沿海地区可以用蚌壳灰、草木灰，它们既是良好的钾肥，同时也起中和酸性的作用；沿海的咸酸田在采用淡水洗盐的同时，也能把一些酸性物质除掉。

（1）*酸性土通常通过施用石灰，人为调节酸度*　石灰施入土壤后，与CO_2的作用和与土壤胶体上吸附性铝的交换作用。在土壤空气中，因为CO_2的浓度往往比大气中的CO_2大几十倍甚至几百倍，CO_2溶于水生成碳酸与石灰或石灰粉起反应。依据阳离子交换量和盐基饱和度计算式为：

石灰需要量＝土壤体积×容重×阳离子交换量×（1－盐基饱和度）

在生产实践中一般多根据田间试验的实际效果来确定石灰需用量。

（2）*根据植物的生物学特性和土壤性质确定石灰的施用量*　石灰石粉（$CaCO_3$），含钙（CaO）约55%，溶解度小，中和土壤酸度的能力缓和而持久；生石灰（烧石灰），由石灰石或白云石煅烧而成，含钙47%～95%，白色粉末，强碱性，中和土壤酸度能力强；熟石灰（消石灰），由生石灰加水而成，含钙70%左右，碱性，中和力介于上述两者之间。

施用石灰除中和酸度、促进微生物活动外，还增加钙营养，有利于改善土壤结构，并减少磷被活性铁、铝离子的固定。施用石灰的量和方法应根据植物的生物学特性和土壤性质及石灰的种类而定。施用原则是不耐酸的植物要多施，耐酸的植物要少施；质地黏、有机质多的土壤，缓冲力强，应多施。砂性强、有机质少的土壤，应酌量少施用。

2. 土壤碱度与碱性土的调节

（1）*土壤总碱度和碱化度*　这是除pH外的两个反映土壤碱性强弱的指标。对于土壤溶液或灌溉水、地下水来说，其CO_3^{2-}和HCO_3^-的总量称为总碱度（cmol/L或g/L），或土壤总碱度，单位为cmol/kg；CO_3^{2-}和HCO_3^-含量占阴离子质量的百分数也称为总碱度，单位为%。我国碱化土壤的总碱度占阴离子总量的50%以上，高的可达

90%。总碱度在一定程度上反映土壤和水质的碱性程度，故可作为土壤碱化度或灌溉用水的碱化指标。

通常把钠饱和度［交换性钠离子占阳离子交换量（cmol/kg）的百分率］称为碱化度。

碱化度（ESP）=（交换性钠 / 阳离子交换量）×100%。

土壤碱化度常被用来作为碱土分类及碱化土壤改良利用的指标和依据，我国则以碱化层的碱化度来分类：5%～20% 时称为碱化土，大于 30%、且表层含盐量＜0.5% 和 pH＞9.0 时定为碱土。当碱化度为 5%～10% 为轻度碱化土；当碱化度为 10%～15% 为中度碱化土；当碱化度为 15%～20% 为强碱化土。

土壤碱化与盐化有着发生学上的联系，盐土的碱度一般都在 pH8.5 以下；钠离子饱和度小于 15%。碱土的钠离子饱和度大于 15%；pH 大于 8.5，甚至高达 10。土壤碱化过程是在盐土积盐和脱盐频繁交替发生时，促进 Na^+取代胶体上吸附的 Ca^{2+}、Mg^{2+}交换，演变为碱化土壤，其土粒高度分散，湿时泥泞，通透性差，干时固结，耕性极差。在生产实践中，盐土和碱土总是伴随而生的，统称为盐碱土，也常把盐碱土中含量较高的离子——K^+、Na^+、Ca^{2+}、Mg^{2+}、CO_3^{2-}、HCO_3^-、SO_4^{2-}、Cl^-称为八大离子，这 8 种离子的含量和比例常用来判断盐碱土的组成；而把含量高的中性盐 Na_2SO_4 和 NaCl 和碱性盐 Na_2CO_3 和 $NaHCO_3$ 作为盐碱土的代表盐类。

（2）碱性土的调节与改良

1）配合种植绿肥、施用有机肥料，增加有机质，改良土壤结构。利用有机肥分解释放出的大量 CO_2、有机酸降低土壤 pH。

2）建立排灌系统，加强排水，淋洗土壤盐碱成分。

3）施用硫黄、硫化铁及废硫酸或黑矾（$FeSO_4$）等。利用它们在土壤中氧化或水解产生硫酸，硫酸再中和碳酸钠或胶体上钠离子造成的碱性。

4）对碱化土、碱土，可施用石膏、硅酸钙。以钙将土壤胶体上的钠替换下来，并随水排出，从而降低土壤的 pH，改善土壤的理化性状。

石膏需用量可根据钠碱化度（ESP）进行计算，即所用化合物（石膏、氯化钙等）的剂量必须相当于要排走的交换性钠的量。交换性钠百分率（ESP）的临界指标一般为 10，即 ESP 小于 10 可不发生明显不良作用。石膏用量 R 可按下式计算：

$$R=[(ESP_{初}-ESP_{后})/100]\cdot CEC$$

例 5-3 某土壤初始的 ESP 为 35，CEC 为 25，则石膏需用量：

$$R=[(ESP_{初}-ESP_{后})/100]\cdot CEC=[(35-10)/100]\times 25$$
$$=6.25\ (cmol/kg)=0.0625\ (mol/kg)$$

以 20cm 土层厚度，容重为 1.3 计算，每公顷需用石膏为（纯石膏 $CaSO_4\cdot 2H_2O$ 的相对分子质量为 172）：

$$0.2\times 10000\times 1.3\times 1000\times 0.0625=162500\ (mol/hm^2)$$
$$162500\ (mol/hm^2)\times 172/2=13975000\ (g/hm^2)=13975\ (kg/hm^2)$$

【实践技能】

技能训练 5-1 土壤三相比的测定

土壤中固、液、气三相，可评价农业土壤的松紧程度和宜耕状况。

一、测定原理

土壤中固、液、气三相的容积比，用计算法取得，指标有容重和土壤含水量，土壤容重（g/cm^3 或 t/m^3）是衡量土壤松紧状况的指标。土壤容重的大小主要取决于土壤质地、腐殖质、结构和松紧状况。在园艺植物生产中，需要了解田间土壤含水量，以便适时灌溉或排水，保证植物生长，并利用耕作等措施进行调控，达到高产丰收目的。

将一定容积的环刀插入土壤中采取土样，经烘干后求出干土重，由环刀的容积算出单位容积的干土质量，并根据用铝盒称取的鲜土烘干前后质量之差计算出含水量。农业土壤的密度用常数 $2.65g/cm^3$，按下列公式进行计算各项指标。

1. 固相率　根据实测的土壤密度和土壤容重计算：固相率＝容重 / 密度 ×100%

2. 液相率（容积含水率）　由烘箱法或其他方法测定土壤质量含水量，再通过实测的土壤容重值换算：

土壤质量含水量（%）＝土壤水质量 / 干土质量

土壤容积含水率（%）＝土壤质量含水量（%）× 土壤容重

3. 气相率　由土壤孔隙度减容积含水率得到，而前者则根据土壤容重和密度而得：

孔隙度＝1－固相率＝1－土壤容重 / 土壤相对密度

气相率＝孔隙度－容积含水率

土壤三相比＝固相率：容积含水率：气相率

二、仪器设备

天平（0.001g）、环刀（$100cm^3$）、大铝盒、切土刀、铁锹、恒温干燥箱。

三、测定方法

土壤容重的测定采用环刀法；自然含水量的测定采用烘干法。

四、操作步骤

1）取干燥的有盖环刀，且配有大铝盒，共3套，逐一为环刀编号。

2）在实验室内，用天平（0.001g）称环刀重（W_1）。

3）测定表层土壤容重，用切土刀去除土表杂物，将环刀向下垂直压入土中，直至环刀筒中充满土样为止。

4）用切土刀（或铁锹）切开环刀周围的土样，取出已充满土的环刀，细心削平环刀两端多余的土（先削上端土壤，后削下端土壤），擦净环刀外围的土，立即盖盖。并将取好样的环刀立即放入大铝盒中，以免水分散失。

5）将盛有环刀的大铝盒带回实验室，取出环刀在天平上立即称重（W_2）。

6）然后将环刀放入恒温干燥箱内，在105℃下烘干至恒重。称环刀和干土重（W_3）。

五、结果计算

将在实验中取得的数据及计算结果全部录入表5-18中。

表 5-18 土壤三相比测定记录表

项目	Ⅰ	Ⅱ	Ⅲ
环刀重（W_1）/g			
环刀+湿土重（W_2）/g			
环刀+干土重（W_3）/g			
环刀容积（V）/cm^3			
土壤容重=（W_3-W_1）/V/（g/cm^3）			
土壤孔隙度=（1−土壤容重 / 土壤相对密度）×100%			
土壤质量含水量=（W_2-W_3）/（W_3-W_1）×100%			
土壤容积含水量=土壤质量含水量 × 土壤容重			
固相率=土壤容重 / 土壤相对密度 ×100%			
液相率=土壤容积含水量 /%			
气相率=孔隙度−容积含水量			
土壤三相比=固相率：容积含水率：气相率			

六、分析总结

1）根据土壤三相比分析，土壤质地属于哪种类型，结合地表植物分析质地的特性。

2）在测定时，大铝盒的作用是什么？环刀倾斜压入土中吗？为什么？

技能训练 5-2　土壤团聚体组成的测定

团粒结构体是土壤结构体的类型之一，土壤团粒结构体是由团聚体组成的，是鉴定土壤肥力的指标之一，它对土壤中水分、空气、养分、温度状况及土壤的耕作栽培都有一定的调节作用，具有一定的生产意义。土壤结构性状通常由测定的土壤团聚体鉴别。

一、测定原理

本实验介绍人工筛分法，此法分两部分，先对风干样品进行干筛，以确定干筛样品中各级团聚体的含量，然后观察放在水中的同一粒级（如 2～3mm）的团粒，团粒遭受水的破坏而散碎，记载所需要的时间，比较不同土壤团粒的水稳度。

二、仪器

沉降筒（1000mL），水桶（直径 33cm，高 43cm）。

土壤筛一套（直径 20cm，高 5cm），并附有装袋子的铁夹子。

天平（感量 0.01g），铝盒，电热恒温箱，电热板，干燥器等。

三、操作步骤

1. 样品的采集和处理　田间采样要注意土壤不宜过干或过湿，在土不沾锹，经接触而不易变形时采取，采样要有代表性，采样深度依需要而定，一般耕作层分两层采取，要注意不使土块受挤压，以尽量保持原来结构状态，最好采取一整块土壤，削去土块表面直接与铁锹接触而已变形部分，均匀地取内部未变形的土样（约 2kg），置于封闭的木盘或白铁盒内，带回室内。

室内将土块沿自然结构轻轻地剥成直径 10～12mm 的小样块，弃去粗根和小石块，剥样时应避免土壤受机械压力而变形，然后将样品放置风干 2～3d，至样品变干为止。

2. 测定步骤

（1）干筛　将剥样风干后的小样块，通过孔径顺次为 10mm、7mm、5mm、3mm、2mm、1mm、0.5mm、0.25mm 的筛组进行干筛，筛完后，将各级筛子上的样品分别称重（精确列 0.01g），计算各级干筛团聚体的百分含量和＜0.25mm 的团聚体的百分含量，记载于分析结果表内。

（2）湿筛

1）根据干筛法求得的各级团聚体的百分含量，把干筛分取的风干样品按比例配成 50g（不把＜0.25mm 的团聚体倒入湿筛样品内，以防在湿筛时堵塞筛孔，但在计算中都需计算这一数值）。

2）将上述按比例配好的 50g 样品倾入 1000mL 沉降筒中，沿筒壁徐徐加水，使水由下部逐渐湿润至表层，直至全部土样达到水分饱和状态，让样品在水中浸泡 10min。这样，逐渐排出土壤中团聚体内部及团聚体间的全部空气，以免封闭空气破坏团聚体。

3）样品达到水分饱和后，用水沿沉降筒壁灌满，并用橡皮塞塞住筒口，数秒钟内把沉降筒颠倒过来，直至筒中样品完全沉下去，然后再把沉降筒倒转过来，至样品全部沉到筒底，这样重复倒转 10 次。

4）将一套孔径为 5mm、3mm、2mm、1mm、0.5mm、0.25mm 的筛子，用白铁（或其他金属）薄板夹住，放入盛有水的木桶中，桶内的水层应该比上面筛子的边缘高出 8～10cm。

5）将塞好的沉降筒倒置于水桶内的一套筛子上，拔去塞子，并将沉降筒在筛上（不接触筛底）的水中缓缓移动，使团粒均匀分散落在筛子上，当大于 0.25mm 的团聚体全部沉到筛子上后，即经过 50～60s 后塞上塞子，取出沉降筒。

6）将筛组在水中慢慢提起（提起时勿使样品露出水面）然后迅速下降，距离为 3～4cm，静候 2～3min，直至上升的团聚体沉到筛底为止，如此上下重复 10 次，然后，取出上面两个筛子，再将下面的筛子如前上下重复 5 次，以洗净其中各筛的水稳性团聚体，最后，从水中取出筛子。

7）将筛组分开，留在各级筛子上的样品，用水洗入铝盒中，倾去上部清液，烘干称重（精确到 0.01g），即为各级水稳性团聚体质量，然后计算各级团聚体含量百分数。登记于分析结果表中（表 5-19）。

表 5-19　土壤团聚体分析结果表

样品编号	各级团聚体含量百分数 %																	
	＞10mm		7～10mm		5～7mm		3～5mm		2～3mm		1～2mm		0.5～1mm		0.25～0.5mm		＜0.25mm	
	干筛	湿筛	干筛	湿筛	干筛	湿筛	干筛	湿筛	干筛	湿筛	干筛	湿筛	干筛	湿筛	干筛	湿筛	干筛	湿筛

四、结果计算

1）各级团聚体含量=（各级团聚体的烘干重）/ 烘干样品重）×100%。

2）各级团聚体（%）的总和为总团聚体（%）。

3）各级团聚体=（各级团聚体的百分含量 / 总团聚体百分含量）×100%。

4）总团聚体占土样的百分比=（总团聚体的烘干重 / 烘干样品重）×100%。

五、注意事项及要求

1）必须进行 2～3 次平行实验，平行绝对误差应不超过 3%～4%。

2）>0.25mm 的颗粒（粗砂、石砾等）影响团聚体分析结果，应从各粒级重量中减去。

3）有时为了方便，快速测定水稳性和非水稳性团粒的数量也可用下法：取 9 个直径为 150mm 的培养皿（内垫同样大小的滤纸）顺序排列，贴上标签，分别将已过干筛的各级团聚体，各任选 50 粒，放于皿中的滤纸上，用胶头滴管加水（加水时要特别注意适量），直到滤纸上出现亮水膜为止。开始记录时间，20min 后，计算破碎的土粒占所有土粒的百分数，即为非水稳性团聚体的含量。将其乘以原来干筛后计算出的该粒级含量，则得实际非水稳性团聚体含量。

六、结果分析

水稳性团聚体含量=该级团聚体的总含量－该级实际非水稳性团聚体含量

根据测定结果，结合采样点的植物长势，判断土壤肥力状况。

技能训练 5-3　土壤酸碱度的测定

pH 是土壤重要的基本性质，也是影响肥力的因素之一。因此对植物的生长发育有直接影响。在盐碱土中测定 pH，可以作为改良和利用土壤的参考依据。

一、混合指示剂比色法

方法原理：利用指示剂在不同 pH 的溶液中显示不同颜色的特性。因而可根据指示剂显示的颜色确定溶液的 pH。

1. 主要仪器与试剂

仪器：白瓷板（或石蜡浸纸和聚乙烯薄膜）；玛瑙研钵。

试剂：pH4～11 混合指示剂：称 0.2g 甲基红，0.4g 溴百里酚蓝，0.8g 酚酞在玛瑙研钵中混合研匀，溶于 400mL 95% 乙醇中，加蒸馏水 580mL，用 0.1mol/L NaOH 调至 pH=7（草绿色），定容至 1L。此指示剂的 pH 变化范围如下：

pH：	4	5	6	7	8	9	10	11
颜色：	红	橙	黄（稍带绿）	草绿	绿	暗蓝	紫蓝	紫

2. 操作步骤　用角匙取少量土壤样品，放于白瓷板凹槽中，加蒸馏水 1 滴，再加 pH 混合指示剂 3～5 滴，以能润湿样品而稍有余为宜，用玻璃棒充分搅拌。稍澄清，倾斜瓷板，观察溶液色度，与相应的土壤碱度（pH）比色卡进行比较，确定 pH。

也可用宽2～3cm、长6～8cm的白色石蜡浸纸代替白瓷板。

二、电位测定法

1. 测定原理（电位法） 用水浸提液测定pH，用蒸馏水浸提土壤测定的pH，代表土壤的活性酸度（碱度）。

电位法的精确度较高。pH误差约为0.02单位，现已成为室内测定的常规方法。野外速测常用混合指示剂比色法，其精确度较差，pH误差在0.5左右。

应用指示电极PHS-3C复合电极测定该试液或悬液的电位差。由于电极的电位是固定的，因而该电位差的大小取决于试液中的氢离子活度，在酸度计上可直接读出pH。

适用范围：精确度较高，pH的误差在0.10左右，适用于室内精确测定pH。当玻璃电极与甘汞电极H^+浓度发生变化时，玻璃电极与甘汞电极之间的电动势也随之变化，它符合一定规律，故可测定pH。

$$\Delta E\,(\mathrm{mV}) = -58.16\times\frac{273+t}{293}\times\Delta\mathrm{pH}$$

式中，t为被测溶液的温度（℃）；ΔpH表示溶液pH的变化。

2. 仪器、试剂 天平、PHS-3C数显酸度计、磁力搅拌器、电炉、烧杯。

1）pH4.01标准缓冲液：称取经105℃烘干的苯二甲酸氢钾（$KH_5C_8O_4$）10.21g，用蒸馏水溶解后稀释至1000mL。

2）pH6.87标准缓冲液：称取在45℃烘干的磷酸二氢钾（KH_2PO_4）3.39g和无水磷酸氢二钠（Na_2HPO_4）3.53g，溶解在蒸馏水中，定容至1000mL。

3）pH9.18标准缓冲液：称取3.80g硼砂（$Na_2B_4O_7\cdot 10H_2O$）溶于蒸馏水中，定容至1000mL。此溶液的pH容易变化，应注意保存。

3. 操作步骤

（1）待测液的制备

1）称取通过1mm孔径筛子的风干土25g，置于50mL烧杯中。

2）用量筒加25mL无CO_2蒸馏水或氯化钙溶液（中性、石灰性或碱性土测定用，本实验用水）。

3）放在磁力搅拌器上搅动1min，使土体充分散开。

4）放置0.5～1.0h使其澄清。此时应避免空气中有二氧化碳或挥发性酸。

5）将pH复合电极插入悬浊液中测定。

（2）仪器校正

1）仪器在使用之前，必须将电极浸泡在蒸馏水中。

2）使用时，接通电源，开启电源开关，预热15min。

3）将开关达到pH档。

4）将斜率顺时针设到最大。

5）用温度计测出缓冲液或（待测液）的温度，将温度旋钮调至此温度。

6）将电极放入pH为6.86的缓冲溶液中，调定位旋钮，使仪器显示6.86。

7）将电极冲洗干净后，再放入pH为9.18（或4.00）的缓冲溶液中，调斜率使仪器显示9.18（或4.00）。

8）如此重复步骤6）、7）直到仪器显示相应的pH较稳定为止。

（3）测定　用蒸馏水清洗电极，并用滤纸吸干。将洗干净的电极放入待测液中，摇动电极使电极上水膜去除，使H^+能够互动，仪器即显示待测液的pH，待显示数字较稳定时读数即可，即为待测液pH。

4. 仪器使用注意事项

（1）仪器需重新标定的情况　溶液T与标定时T有较大变化；电极干燥过久；换了新电极；“定位”钮有变动；测量过pH＜2，pH＞12之后；含有氯化物溶液pH＜7及较浓有机溶液后。

（2）测量时遇到的情况　T不同时，将T钮指向溶液T即可，其他相同。

（3）酸性土壤（包括潜性酸）pH的测定　可用氯化钾溶液［c（KCl）＝1.0mol/L］代替无CO_2蒸馏水，其他操作步骤均与水浸提液相同。

（4）测定时注意事项

1）土壤不要磨的过细，以通过1mm孔径筛为宜。样品不立即测定时，最好贮存于有磨口的瓶中，以免受大气中氨和其他挥发气体的影响。

2）加水或氯化钙后的平衡时间对测得的土壤pH是有影响的，且随土壤类型而异。平衡快者，1min即达平衡；慢者可长达1h。一般来说，平衡30min是合适的。

5. 测试分析　比较土壤酸碱度测定的目测比色、酸度计、pH试纸三类方法的优缺点及应用范围。

技能训练5-4　土壤全盐量的测定（电导法）

一、测定目的

园田盐分过高，植物受盐分毒害生长受到抑制，严重者死亡。因此，测定土壤盐分含量，确定土壤的盐渍程度，并且可以据此拟订改良、利用盐碱土的措施。

二、测定原理

土壤中可溶性盐是强电解质，所以土壤溶液具有导电作用，用电导率表示。在一定浓度范围内，其电导率和溶液浓度呈正相关，含盐量越高，溶液的渗透压越大，电导率也越大。土壤浸出液的电导率用电导仪测定，直接用电导率数值表示土壤的含盐量。

三、仪器药品

仪器：电导仪、天平（精确至0.0001g）、铂电极、温度计、500mL烧杯、25mL量筒、玻璃棒。

试剂：0.02mol/L氯化钾标准溶液，称取1.4910g于105℃烘4h的氯化钾（KCl）溶于无CO_2的水中，并稀释至1000mL。25℃时的电导率为0.2765S/m。

四、测定步骤

1）待测液的制备：称取通过1mm筛孔的风干土样50.000g，置于干燥的500mL锥形瓶中，加入250.00mL无CO_2蒸馏水，加塞，放在振荡机上振荡3min；然后离心分离，取得清亮的待测浸出液。

2）将铂电极引线接到电导仪相应的接线柱上，接通电源，打开电源开关。

3）调节电导仪至工作状态。

4）将铂电极用待测液冲洗几次后插入待测液中，打开测量开关，读取电导数值。

5）取出铂电极，用水冲洗，用滤纸吸开，再做下一土样测定。同时测待测液的温度。

五、结果计算

按下式计算25℃时1∶5土壤浸出液的电导率：

$$L=C\times f_t\times K$$

式中，L为25℃时1∶5土壤浸出液的电导率，mS/cm；C为测得的电导值，mS/cm；f_t为温度校正系数；K为电极常数（电导仪上如有补偿装置，不需乘电极常数）。

其中，温度校正系数f_t=［1/（1+0.02（待测液温度−25）］；电极常数K=氯化钾标准溶液的电导率/测得氯化钾标准溶液的电导值。

不同温度时，氯化钾标准溶液的电导率见表5-20。

表5-20　0.0200mol/L 氯化钾标准溶液在不同温度下的电导率

温度/℃	电导率/（S/m）	温度/℃	电导率/（S/m）	温度/℃	电导率/（S/m）
—	—	17	0.2345	24	0.2712
11	0.2043	18	0.2397	25	0.2765
12	0.2093	19	0.2449	26	0.2819
13	0.2142	20	0.2501	27	0.2873
14	0.2193	21	0.2553	28	0.2927
15	0.2243	22	0.2606	29	0.2981
16	0.2294	23	0.2659	30	0.3036

六、注意事项

1）待测液最好保持清液状态。因为悬浊液增加溶液的电阻，使电导值减小。因而在测定悬浊液前应先使其澄清，并在测定时不再搅动，以免损害铂电极。

2）测定时待测液温度应保持一定，因溶液改变1℃，就会使电导产生2%左右的误差。

3）若土壤含水溶性盐总量很高，可将浸提液稀释后再进行电导率测定，然后按稀释倍数换算水溶性盐总量。

4）单位换算。电导率的单位有西门子/米（S/m）、毫西门子/厘米（mS/cm）和微西门子/厘米（μS/cm），它们之间的关系是：1S/m=10mS/cm；1mS/cm=1000μS/cm。

七、测试分析

通过查资料，比较分析用的土壤水溶性全盐量电导法测定结果（mS/cm）与质量法测定结果（g/kg），对于土壤盐渍化程度判断的相关性。

【知识拓展】

土壤氧化还原反应和缓冲性对园艺植物生长的影响

1. 土壤氧化还原反应

（1）土壤中的氧化还原体系　氧化还原反应中的氧化剂和还原剂构成了氧化还原体系。土壤中主要的氧化剂是大气中的氧；土壤中主要的还原性物质是有机质，尤其是新鲜未分解的有机质。土壤中有多种多样氧化还原体系存在，并有生物参与。

（2）土壤氧化还原电位　随着土壤中氧化还原反应的不断进行，氧化物质和还原物质的浓度也在随时调整变化，进而使溶液电位也在相应改变。这种由于溶液氧化态物质和还原态物质的浓度关系而产生的电位为氧化还原电位（Eh），单位为mV。在生产实践中，土壤中氧化态和还原态物质的相对浓度主要取决于土壤溶液的氧压或溶解态氧的浓度，这就直接与土壤的通气性相联系。因此，氧化还原电位可以作为土壤通气性的指标。

（3）土壤氧化还原状况与土壤肥力及植物生长的关系　土壤氧化还原电位的变化，影响土壤微生物类群的更替。通常把Eh值300mV作为土壤氧化还原状况的分界线，大于300mV时土壤呈氧化状态，低于300mV则呈还原状态。当大于700mV时，土壤中好气条件太强，有机质分解快，易造成养分的大量损失，植物易缺铁而发生“失绿”症；因缺锰发生“灰斑”或“白斑”病。在Eh下降时，土壤排气不良，硝化细菌的数量逐渐减少，土壤速效氮中硝酸盐减少，铵盐相对增多。

氧化还原过程还影响土壤pH。不论酸性或碱性土，渍水后随还原条件的发展都趋于中性；在中性土壤中，当Eh达到550mV，或酸性土壤Eh达到620mV时铁从溶液中以$Fe(OH)_3$沉淀出来，常使一些植物发生铁素营养缺乏的“黄化病”。

植物体内按生理需求有其一定的氧化还原电位，通过中耕松土、灌溉排水、施肥等农艺措施调节土壤的通气状况，可达到调整土壤氧化还原电位，植物高产优质的目的。

2. 土壤的缓冲性　缓冲性是土壤的自我适应能力，即通过自身的调控机制抗拒外界干扰而保持状态稳定的性能。土壤经常与外界进行物质和能量交换。也是一个复杂的缓冲体系，水分、空气、热量、营养元素和污染物质的增减，在一定范围内，不至于引起土壤物理、化学和营养条件的显著变化，从而为植物生长和土壤微生物的活动保持一个相对稳定的土壤环境条件，或把土壤的缓冲性作为表征土壤质量和土壤肥力的指标。高产肥沃土壤有机质丰富，缓冲性能较强，尤其适合种植园艺类高经济价值的植物。

土壤的酸碱缓冲性是最重要的缓冲体系。土壤胶体的阳离子代换作用是土壤产生缓冲性的主要原因。当土壤溶液中H^+或OH^-增加时，胶体表面的交换性盐基离子或阳离子与溶液中的H^+或OH^-交换，生成了中性盐或水，使土壤溶液的H^+或OH^-的浓度基本上无变化或变化很小，最终结果是pH基本不变。一般胶体数量多，阳离子交换量大的土壤，缓冲性强，所以黏质土及有机质含量高的土壤，比砂质土及有机质含量低的土壤缓冲性强；如两种土壤的阳离子交换量相同，则盐基饱和度越大的，对酸的缓冲能力越强；相反盐基饱和度越小，潜在酸度越大的土壤，则对碱的缓冲能力越强。土壤溶液中含有碳酸、硅酸、磷酸、腐殖酸及其他有机酸及其盐类，构成了一个良好的缓冲体系，所以对酸碱均有缓冲作用。

土壤缓冲能力的大小一般用缓冲容量来表示，即土壤溶液改变一个单位pH时所需要的酸或碱的量，它是土壤酸碱缓冲能力强弱的指标。土壤缓冲容量可用酸、碱滴定法获得，即在土壤悬液中连续加入标准酸或碱液，测定 pH，以纵坐标表示 pH，横坐标表示加的酸或碱的量，绘制滴定曲线，又称为缓冲曲线。从曲线图上可以看出该土壤缓冲能力及缓冲作用的最大范围，并可推算其缓冲容量。

土壤养分的缓冲性也是园田土壤中比较重要的缓冲体系，可以综合反映土壤养分的供保关系。

【巩固训练】

一、关键词

土壤孔隙度、团粒结构、土壤耕性、阳离子交换量、土壤碱化度

二、简答题

1．为什么说团粒结构的土壤比较疏松，并能协调养分供应与保蓄的关系？
2．举例说明 5 种耕作方法在园艺植物生产中什么情况下最适宜。
3．简述精耕细作，疏松耕层，以耕保肥、促肥的科学依据。
4．简述盐土和碱土在碱化度、pH、盐分组成上的区别。
5．如何调节土壤的保肥性和供肥性？

【整理归纳】

园艺植物生产的土壤环境各要素知识与应用的结构内容见图 5-12。

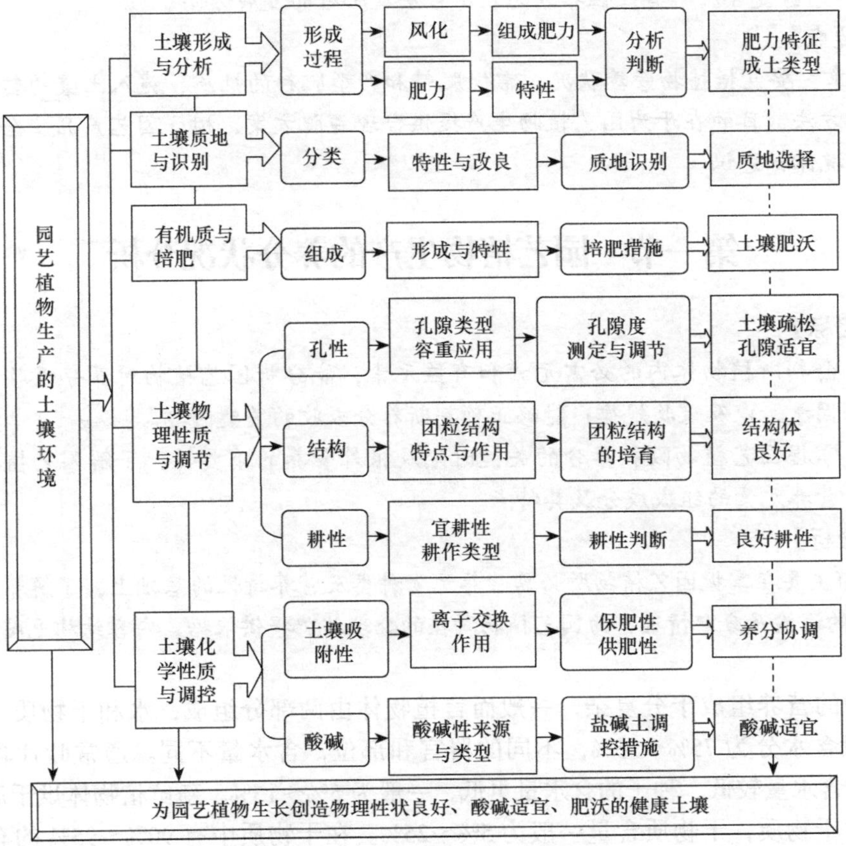

图 5-12　土壤环境的内容结构图

第六章　园艺植物生产的养分环境

【综合目标】

➢ 能力目标

1. 能够熟练测定植物中氮、磷、钾的含量。
2. 熟悉常规肥料的选择和合理施用。
3. 熟练对常规化学肥料进行鉴定与识别。
4. 能确定施肥量、施肥时期和施肥方法。
5. 可以综合应用合理施肥应遵循的三项基本原理。
6. 能熟练对有机肥进行腐熟并掌握每个阶段的特征。

➢ 知识目标

1. 理解植物必需元素与营养特性，了解有益元素的一般功能。
2. 掌握各种化学肥料的性质、施入土壤的转化、损失途径。
3. 掌握微量元素肥料的施用方法及注意事项。
4. 掌握园艺植物生产中常用有机肥的种类及施肥方法。
5. 掌握生物肥料的作用与性质。
6. 掌握复合肥料有效性养分的表示方法及肥料的发展方向。

【内容要点】

本章主要包括植物营养状况，常规肥料和新型肥料的性质、施入土壤的转化及合理施用方法，目的在于为园艺植物生产提供合理施肥方案，树立园艺产品安全合理施肥与环境保护意识。

第一节　园艺植物生产的养分状况分析

【学习目标】

1. 会判断植物体内的必需元素和有益元素；能分析园艺植物对养分吸收的影响因素，以及吸收规律；能够正确判断养分吸收的关键时期。
2. 掌握园艺植物吸收养分的关键时期及根外营养的重要性；了解园艺植物体内营养元素的组成成分及其特点。

【内容分析】

本节主要在掌握园艺植物所必需营养元素种类及营养特性的基础上，了解养分在植物体内的运输及分配情况，为园艺植物种植的合理施肥提供依据。内容结构见图 6-1。

植物的营养组成十分复杂，一般而言植物体由两部分组成，水和干物质，新鲜植物体一般含水分为 75%～95%，不同的器官和部位，含水量不同。通常叶片含水量较高，茎秆含水量较低，种子的含水量更低，一般为 5%～15%。新鲜植物体烘干后，剩余的部分为干物质，干物质含量一般为 5%～25%。在干物质中有 90%～95% 的有机质和

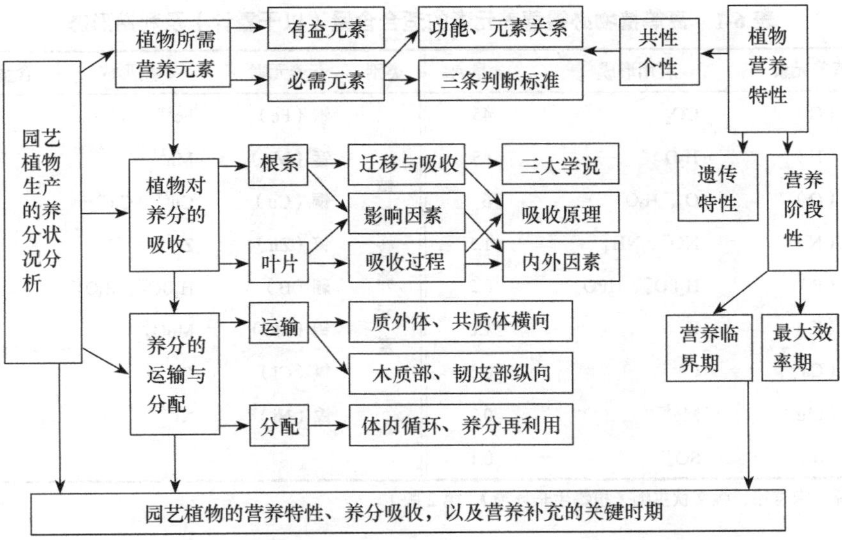

图 6-1　养分状况分析图

5%～10% 的矿物质。

植物体内主要的有机质为蛋白质和其他含氮化合物、碳水化合物，它们都是由碳、氢、氧、氮等元素组成，当干物质燃烧时这些元素以气体的形式挥发掉，所以称为气态元素。干物质燃烧后残留的部分称为灰分，也就是矿物质。灰分中所含有的矿质元素称为灰分元素。在植物体中检测出的矿质元素很多，如磷、钾、钙、镁、硫、铁、锰、铜、锌、硼、钼、氯、镍、钠、硅等。

一、园艺植物对养分的选择与吸收分析

（一）植物必需营养元素及相互关系分析

现代科学分析测定表明，植物体内的化学元素有 70 多种，有些是生命活动所必需的，有些是有益的，还有一些是有害的（多数是在特定环境下被动吸收的）。另外，植物体内的元素含量并不相等，如番茄富钾，而白菜富氮等，所以种类和含量差异较大。

1. 植物必需营养元素的确定　利用水培或砂培技术，在培养基中系统地去掉某些元素，然后观察它对植物生长发育的影响，这样就可以确定必需元素。必需元素必须满足以下三个条件。

（1）专一性　这种元素对所有植物的生长发育都是必需的，缺少这一元素，植物就不可能完成其生命周期。

（2）不可替代性　缺少这一元素植物会表现出特有的症状，其他任何元素都不能代替其作用，只有补充这一元素后，症状才能减轻或消失。

（3）直接性　这一元素必须是直接参与植物的新陈代谢，对植物起着直接的营养作用，而不是改善植物生活环境的间接作用。

到目前为止，已确认的植物必需营养元素有 17 种，见表 6-1。

表 6-1　高等植物必需营养元素的适合含量（以干重计）及利用形态

类别	营养元素	利用形成	含量 /%	类别	营养元素	利用形成	含量 /（mg/kg）
大量营养元素	碳（C）	CO_2	45	微量营养元素	铁（Fe）	Fe^{2+}、Fe^{3+}	100
	氢（H）	H_2O	45		锰（Mn）	Mn^{2+}	50
	氧（O）	O_2、H_2O	6		铜（Cu）	Cu^{2+}、Cu^{+}	6
	氮（N）	NO_3^-、NH_4^+	1.5		锌（Zn）	Zn^{2+}	20
	磷（P）	$H_2PO_4^-$、HPO_4^{2-}	0.2		硼（B）	$H_2BO_3^-$、$B_4O_7^{2-}$	20
	钾（K）	K^+	1.0		钼（Mo）	MoO_4^{2-}	0.1
	钙（Ca）	Ca^{2+}	0.5		氯（Cl）	Cl^-	100
	镁（Mg）	Mg^{2+}	0.2		镍（Ni）	Ni^{2+}	—
	硫（S）	SO_4^{2-}	0.1				

资料来源：宋志伟、姚文秋主编《植物生长环境》（第 2 版）

2. 必需营养元素之间的相互关系

（1）*植物必需营养元素同等重要，不可相互替代*　实验证明，各种必需营养元素对于植物所起的作用是同等重要的，它们各自所起的作用不能被其他元素所代替。例如，叶菜类植物缺氮叶片失绿，缺铁时叶片也会失绿。氮和铁是叶绿素的主要成分，缺一不可。所以说铁和氮对植物营养来说都是同等重要的。在生产实践中，植物施肥时应根据营养元素的不可代替的规律，考虑植物本身对各种养分的需求，从而选择不同的肥料品种配合施用，以保证各营养元素的供应平衡。

（2）*植物必需营养元素之间的拮抗作用*　拮抗作用是指一种元素的存在阻碍或抑制另一种元素吸收的生理作用。产生拮抗作用的原因很多，凡离子大小、电荷和配位体结构及电子排列相类似的元素，容易产生相互抑制吸收的现象。

（3）*植物必需营养元素之间的协同作用*　协同作用是指一种营养元素的存在促进另一种元素吸收的生理作用，即两种元素结合后的效应超过其单独效应之和。

协同作用能导致植物体中另外一种元素或多种元素含量的增加，而拮抗作用则使其含量或有效性降低。由于元素间的相互作用，均是以特定的植物、品种及一定的养分浓度范围为前提的，因此从植物营养的观点来看，协同作用或拮抗作用的实际效果均可能有有利和不利两个方面。

植物营养元素之间的相互作用非常复杂，它们可发生在两种养分离子之间，也可发生在三种养分离子之间。微量营养元素与大量营养元素之间的关系，大多以拮抗作用为主，但不同元素之间，也可同时发生拮抗作用和协同作用。

3. 植物必需营养元素的一般功能

（1）*构成植物体的结构物质、能量贮存物质、生命活性物质*　结构物质主要是多种碳水化合物，如纤维素、半纤维素、木质素、果胶物质等；能量贮存物质主要是淀粉、脂肪、植素等；生命活性物质有氨基酸、蛋白质、核酸、叶绿素、酶及辅酶等。

（2）*在植物体内的新陈代谢过程中起催化作用*　植物的新陈代谢过程是由一系列复杂的生化反应构成的，而这些生化反应是需要酶来催化的，多数营养元素可作为酶的活化剂或组分，在代谢反应中传递电子，使植物的生命活动正常进行。

（3）对植物的生长发育有特殊的功能 一些营养元素对植物起着特殊作用，如细胞的渗透调节、增强植物的抗逆性等，钾、钙就是这样的元素。

总之，各种营养元素在植物的生命活动中各有其独特的营养功能，只有满足植物体对各种营养元素的需求，这些元素才能密切配合，各种代谢过程才能正常进行，从而达到提高产量、增加效益、改善品质的目的。

在植物生长发育非必需营养元素中，有些元素对一些植物的生长发育有益，或者为某些植物在特定条件所必需，这些元素被称为有益元素。例如，豆科植物需要钴，钠则是藜科植物的必需元素等。

必需营养元素的缺乏会造成园艺植物生理性病害，可通过植物表现的症状加以识别，最科学的方法是化学检测。

（二）园艺植物对养分的吸收分析

吸收是指营养物质由外部介质进入植物体内的过程，即外部营养跨过细胞的原生质膜进入细胞的过程。植物吸收营养主要靠根系和叶片（根系吸收为主）。

1. 根系对养分的吸收分析 养分进入植物体是一个复杂的过程，这一过程主要分两步完成，即养分向根表的迁移和根系对养分离子的吸收。

（1）养分离子向根表的迁移 土壤中的养分到达根表有三个途径：截获、质流、扩散。

1）截获是指根系直接从所接触的土壤中获取养分的方式。根系通过截获取得的养分量是由根系容积（根的总表面积）和土壤中养分的浓度决定的。对于整个土体而言，根系所占据的土壤容积大约为3%，截获到的养分一般不到总量的10%。

2）质流是指养分作为土壤溶液中的溶质随土壤溶液运送到根表的过程。质流是由植物的蒸腾作用引起的。通过这种方式迁移的距离较长，数量较多，是植物吸收养分的主要形式。

3）扩散是养分依靠自身的化学势自发地从浓度高向浓度低的地方迁移的过程。根系对养分的不断吸收使根表养分离子的浓度明显降低，并在根表垂直方向上形成养分离子浓度梯度，从而造成土体养分顺浓度梯度向根表运输。在短距离内，扩散对于根系获取养分更为重要。

土壤养分到达根表，因植物根系的特点而异，所以不同植物吸收的养分总量，这三种养分运送方式所占的比例也不同；同一种植物吸收的不同养分，三种运送方式所占的比例也相差较大。由表6-2可知，扩散和质流是土壤养分迁移到根表的主要途径，但二者所起的作用不同。长距离时，质流是补充养分的主要形式；而在短距离内，扩散则起主导作用。

表6-2 月季根部的养分供应

养分	供应比例/%		
	质流	扩散	截获
氮（N）	82	11	7
磷（P_2O_5）	20	56	24
钾（K_2O）	30	63	7

（2）根系对养分离子的吸收　土壤中的养分通过截获、质流、扩散到达根表后，一般认为，土壤溶液中的养分离子穿过原生质膜进入根细胞有两种方式，一种是被动吸收，另一种是主动吸收。

1）被动吸收是指离子顺电化学势梯度由外部溶液进入根细胞的扩散过程。这是一种物理或物理化学过程，它具有吸收速度快，无选择性，不需要能量等特点。通常土壤溶液中浓度较大的养分离子靠此方式进入根细胞内。矿质养分离子被动吸收的方式主要是离子扩散。

2）主动吸收是指根细胞逆电化学势梯度吸收养分的过程，即离子由低浓度向高浓度转移，这一过程需要能量，有明显选择性，持续时间长，它是一种有生命的有机体所特有的吸收方式。主动吸收进入细胞的养分离子正常情况下不会再释放出来。一般土壤溶液中含量较少的养分离子通过这种方式进入植物体内。主动吸收假说目前被人们所接受的主要有载体学说、离子泵学说和胞饮学说。

载体学说认为，某些离子态养分不易单独通过原生质膜，而需要载体携带进去，载体学说在理论上较圆满地解释了离子吸收过程存在的三个问题：即离子的选择吸收，离子跨过原生质膜及其在质膜上的转移，离子吸收与代谢关系。

离子泵学说认为，离子泵（存在于原生质膜上的一种蛋白质）能够在外部介质中养分离子浓度很低的情况下使植物吸收并富集这些离子。

胞饮学说是指，植物能够吸收有机养分，如各种氨基酸、核酸、低分子蛋白质、磷酸糖类、磷脂等。当有机大分子靠近生物膜时，原生质膜发生内陷，形成囊胞，把那些有机分子包围起来，然后逐步向细胞内部运动，使之进入细胞内部。

（3）影响根系吸收养分的环境因素　植物生长的许多内外因素共同影响着根系对养分吸收，植物的遗传特性对养分的吸收影响较大，如根毛的存在使根系的表面积增加到原来的2～10倍，根毛多（或大），则对养分的吸收速率和数量增强。一年生植物的根系大部分集中于0～30cm的土层中，因此要注意表层土壤的养分供应。植物生理学特性如根分泌物的种类和数量的变化，也影响植物对养分的吸收。

影响养分吸收的外界环境条件主要有光照、温度、水分、通气状况、土壤的酸碱反应、离子间的相互作用、外部介质浓度、生育阶段等。

1）光照：光照对根系吸收矿质养分起间接的影响作用，即通过影响光照强度、气孔的开闭和蒸腾强度，影响根系对养分的吸收速率。光照强度直接影响了光合产物的数量及运输，而这些碳水化合物又可被运至根系，为根系对矿质营养的吸收提供能量和物质供应。

2）温度：根系对养分的吸收主要依赖于根呼吸作用所提供的能量，而呼吸作用中的一系列酶的活性又受温度的影响，从而温度对根系吸收养分也有一定的影响。一般在6～38℃，养分的吸收随温度的升高而增加，但温度过高（>40℃）或温度过低（<6℃），植物代谢能力下降，从而也影响养分的吸收。温度低对氮、磷、钾的吸收影响最为明显。

3）通气和水分状况：良好的通气状况能使根系获得充足的氧气，促进呼吸作用的正常进行，有利于根系对矿质养分的吸收。土壤水分是化肥溶解和有机肥矿化的先决条件，养分以质流和扩散的方式向根表迁移及根系对养分的吸收都离不开水分。

4）土壤酸碱反应：土壤溶液的 pH 直接影响着根系对养分的吸收。介质中不同的 pH 表明 H^+、OH^- 的比例不同，当外界溶液的 pH 较低时，H^+ 的数量高于 OH^-，由于离子间的竞争作用，从而促进了阴离子的吸收，抑制了植物对阳离子的吸收，即 pH 的变化影响着土壤养分的有效性。pH 除具有上述影响外，还与细胞膜的透性有关，在 pH<5.5 时，细胞膜结构的联结离子 Ca^{2+} 被 H^+ 取代，从而使膜的透性增强，选择性降低，引起大量离子外溢，影响根的吸收。

2. 叶片对养分的吸收分析　植物除根部吸收营养外，还能通过叶片（或茎）吸收营养，这种营养方式称为植物的根外营养。

（1）根外营养的优点和局限性　在一定条件下，根外追肥是补充营养的有效途径，能明显提高植物的产量并改善植物的品质。与根部营养相比，有其优点和局限性。

优点在于：第一，可以直接供给养分、防止养分固定，特别是对易被土壤固定的元素，如铁、锰、铜、锌、磷等；第二，叶片对养分的吸收和运转比根部快，能及时满足植物对养分的需要；第三，促进根系活力，弥补根系吸收养分不足的缺点，尤其是在干旱条件下，由于缺乏水分，使施入土壤的固体肥料难以发挥作用，造成植物生长不良。叶片营养可以促进光合作用和呼吸作用，增加了叶片向根部输送同化产物，从而增强根系吸收水分和养分的能力；第四，根外追肥还可以节省肥料，提高经济效益。

局限性是：易受气候影响；叶面小的植物效果差；每次喷施的肥料量不宜太大，否则会烧伤叶片，叶片喷施需要少量多次；对于从吸收部位很难向其他需求部位转移的元素，不适合用叶面追肥；由于每次喷施的养分总量是有限的，对于植物需求量较多的营养元素，单靠叶面营养是不够的。

由此可见，植物的叶面营养不能全部代替其根部营养，它仅是一种辅助施肥手段。因此，叶部营养主要用来解决某些特殊问题。

（2）影响叶吸收效率的因素

1）养分的种类：不同种类的养分元素被叶片吸收的效率不同。例如，钾被叶片吸收的速率为氯化钾>硝酸钾>磷酸氢二钾；而氮元素被叶片吸收的速率为尿素>硝酸盐>铵盐。在喷施生理活性物质和微量元素时，加入尿素可提高吸收速率和防止叶片暂时出现黄化。

2）养分浓度：一定浓度范围内，营养物质进入叶片的速度与数量随浓度的增大而提高。如浓度过高，易使叶片组织中养分失去平衡，叶片受到损伤，添加少量的蔗糖可以抑制这种损伤。

3）叶片对养分的吸附能力：叶片对养分的吸附能力与溶液湿润叶片的时间长短有关，实验证明，叶片湿润时间保持在 0.5～1h，叶片吸收养分的速度快，数量多。因此，喷施时间应选择下午或傍晚进行效果较好。如加入表面活性物质，可降低溶液的表面张力，增大溶液与叶片的接触面积，促进叶片对养分的吸收。

4）叶片类型：植物叶片类型不同，对养分的吸附能力不同。双子叶植物，如黄瓜、油菜等，叶片面积大，叶片角质层较薄，溶液中养分易被吸收，对此类植物，喷施的浓度要小。

二、园艺植物所需养分的运输与分配分析

（一）养分的运输

植物根系从土壤中吸收的矿质养分，一部分在根细胞内同化利用，另一部分经输导

组织转运到植物所需要的部位。矿质养分在植物体内的运输途径包括横向运输（短距离运输）和纵向运输（长距离运输）。

1. 横向运输 根外介质中的养分从根表皮细胞经根内皮层组织到达中柱的迁移过程称为养分的横向运输。养分的横向运输有两条途径：质外体途径和共质体途径。

（1）*质外体途径* 质外体是由细胞壁和细胞间隙所组成的连续体，它与外部介质相通，养分和水分可以自由出入，养分的迁移速度较快。一般而言，以被动吸收的养分、在土壤溶液中浓度较高的养分主要通过质外体进行横向运输。

（2）*共质体运输途径* 共质体是由穿过细胞壁的胞间连丝连成的原生质的统一体。在共质体运输中，胞间连丝起运输养分的桥梁作用。在土壤溶液中浓度较低的养分、以主动吸收为主的养分主要通过共质体进行横向运输。

2. 纵向运输 养分通过横向运输进入中柱后，通过中柱中的输导组织进行纵向运输。纵向运输有两条途径：木质部运输、韧皮部运输。

（1）*木质部运输* 养分在木质部中运输的动力是根压和蒸腾作用，在驱动力的作用下养分只能随木质部汁液向上运动，而不可能有相反方向的运动，因此养分在木质部中的运输是单向的。一般在蒸腾作用强的条件下，蒸腾起主导作用，根压作用微弱；而在蒸腾作用微弱或停止的条件下，根压起主导作用。钙只能在木质部中运输，所以蒸腾作用与钙在植物各器官的分布关系密切。

（2）*韧皮部运输* 养分在韧皮部运输的特点是：运输方向是双向的，可上可下，通常以下行为主。韧皮部除了运输少部分矿质元素外，植物产生的同化物质主要通过韧皮部运输到各个部位，供其生长发育需要。不同的营养元素在韧皮部中的移动性是有差异的。

（3）*木质部与韧皮部之间养分的转移* 在养分浓度方面，韧皮部高于木质部，养分由韧皮部向木质部的转移是顺浓度梯度的，而养分由木质部向韧皮部转移是通过转移细胞来实现的。

（二）养分的分配

养分进入植物体以后，其在体内的分配规律包括两个方面，一是植物体内的养分循环，二是养分的再利用。

1. 植物体内的养分循环 体内的养分循环是植物正常生长所必不可少的一种生命活动。它是指在韧皮部中移动性较强的矿质养分，从根的木质部中运输到地上部，其中又有一部分养分通过韧皮部再运回根中，而后和所吸收的养分再转入木质部继续向上运输，从而形成养分自根至地上部的循环流动。

体内养分的循环不仅可使根系吸收的养分运输至植物所需要的部位，而且还对根系吸收养分的速率具有调控作用。

2. 养分的再利用 植物某一器官或部位中的矿质养分可通过韧皮部运往其他器官或部位，这种现象称为矿质养分的再利用。

在植物生长过程中，养分由老器官向新器官转移是经常的，也是很必需的。

由表 6-3 可知，铁、锰、铜、锌、钼是韧皮部中移动性较差的营养元素，再利用程度一般较低。因此缺素症首先表现在幼嫩器官。但老叶中这些微量元素的转移能力还取决于体内可溶性有机化合物含量，当能螯合这些元素的有机成分含量较高时，它们在韧皮部的移动性随之增大，因此老叶中微量元素向幼叶的转移量增加。例如，对生长后期的菜豆叶片进行遮光处理，使其中大分子的蛋白质分解为小分子的氨基酸，从而使铜的再利用程度提高。

表 6-3　缺素症状表现部位与养分再利用程度之间的关系

矿质养分种类	缺素症出现的部位	再利用程度
氮、磷、钾、镁、氯	老叶	高
硫	新叶	较低
铁、锰、铜、锌、钼	新叶	低
硼、钙	顶端分生组织	很低

三、园艺植物营养特性分析及合理施肥

（一）植物营养的个性和共性

植物生长发育必需的 17 种营养元素，属于植物营养的共性。但有些植物或同种植物在不同的生育期，所需要的养分也是有差异的。甚至个别植物还需要特殊的养分，如番茄需要硅，豆科植物固氮时需要钴，这些特性都属于植物营养的个性，即营养的特殊性。

（二）植物营养的阶段性

植物在整个生长周期中，要经历几个不同的生长发育阶段。在这些阶段中，除种子营养和植物生长后期根部停止吸收养分的阶段外，其他阶段都要从土壤中吸收养分，通常把植物从土壤吸收养分的整个时期，称为植物营养期。在植物的营养期中，不同生育阶段植物对养分的吸收有不同的特点，主要表现在对营养元素的种类、数量和比例等方面有不同的要求，这就是植物的营养阶段性。植物吸收养分的一般规律是：植物生长初期吸收养分少，到营养生长与生殖生长并进时期，吸收养分逐渐增多，到植物生长的后期又趋于减少。

研究表明，植物在不同的生育时期，对养分吸收的数量是不同的，而有两个时期，如能及时满足植物对养分的需要，则能显著提高植物产量和改善产品品质。这两个时期即是植物营养的关键时期，也就是植物营养的临界期和植物营养最大效率期。

1．植物营养临界期　在植物生长发育过程中，有一时期虽对某种养分要求的绝对数量不多，但要求迫切，不可缺少。如果此时缺少这种养分，就会明显影响植物的生长发育，即使以后补施该种养分再多，也很难弥补由此而造成的损失。这个时期称为植物营养的临界期，不同植物、不同营养元素的临界期是不同的，但多出现在植物生育前期。此时种子中贮存的养分大部分已被消耗，而幼小根系吸收能力较弱，急需土壤中有较多的养分供其利用，如果此时土壤营养不能满足其需要，对植物的产量会有一定的影响。所以施足基肥，施好种肥，轻施苗肥，对满足植物营养临界期的需要，提高植物产量是有一定科学道理的。

2．植物营养最大效率期　在植物生长发育过程中，有一个时期对养分的需要量最多，吸收速率最快，产生的肥效最大，增产效率最高的这一时期，就是植物营养的最大效率期，也称强度营养期。

植物的临界营养期和营养最大效率期是整个营养期中的两个关键施肥时期，在这两个时期保证植物适当养分，对提高植物产量具有重要意义。在园艺植物栽培中，盆栽对植物生长产生较大的限制，不能只靠土壤，还需要通过施肥来补充养分。不同种类的园

艺植物对养分要求的种类也不同，如杜鹃花、米兰、茉莉忌碱性肥；球根类的百合、唐菖蒲和大丽花等，对钾的需求量大于氮；而白菜等叶菜类或观叶类植物，则需要氮多于磷钾。因此，应根据园艺植物的营养特点，采取基肥、种肥、追肥相结合的施肥方法，因地制宜地制订施肥计划，以充分满足植物对养分的需要，做到合理施肥。

（三）肥料的种类及合理施用

1. 肥料的概念及类型 凡能够直接供给植物生长必需营养元素的物料，称为肥料。肥料可分为化学肥料、有机肥料和生物肥料。化学肥料又称无机肥料，是含有植物所需营养元素的简单化合物，这些化合物大多数为化学合成，也有部分是自然矿物经过加工形成。现在使用的大多数是化学方法制成的，简称“化肥”。有机肥料又称农家肥料，是利用各种有机物质，就地取材、就地积制的自然肥料的总称。生物肥料是指由一种或数种有益微生物活细胞制备而成的肥料，又称“菌肥”，如新型肥——生命素，是从泥炭中提取出来的腐殖质肥。常用的化学肥料和有机肥料的区别见表 6-4。

表 6-4 化学肥料和有机肥料的区别

项目	化学肥料	有机肥料
肥料来源	化学合成	广泛、种类多
有机质	不含有机质	富含有机质和大量微生物
改土作用	无改土作用	具有改土作用
养分种类	种类单一	种类多，含多种营养元素
养分含量	含量高	含量低
供肥特性	供肥时间短、供应数量多、肥效快	供肥时间长、供应数量少，肥效慢
保水肥性	不具有保水、保肥作用	能保水保肥
溶解性	大多易溶于水	大多难溶于水，分解后多数溶于水
土壤损失	易挥发、淋失、固定而降低利用率	施入土壤中不易损失

2. 化学肥料与有机肥料的特性 化学肥料和有机肥料各有优缺点，而且这些优缺点正好可以相互补充，所以应强调化学肥料和有机肥料的配合施用，使两者能取长补短，相互补充，相互促进，才能更好地为植物生长提供均衡的养分。

【知识拓展】

植物有益元素——硒的作用与用途

硒是一种化学元素，化学符号是 Se，在化学元素周期表中位于第四周期Ⅵ A 族，是一种非金属。可以用作光敏材料、电解锰行业催化剂、动物体必需的营养元素和植物有益的营养元素等。

1. 硒的种类 硒存在于地壳中，通常极难形成工业富集，硒的赋存状态大概可分为三类：一是以独立矿物形式存在，二是以类质同相形式存在，三是以黏土矿物吸附形式存在。

硒分为植物活性硒和无机硒两种，无机硒一般指亚硒酸钠和硒酸钠，包括有大量无机硒残留的酵母硒、麦芽硒，从金属矿藏的副产品中获得，无机硒有较大的毒性，且不易被吸收，不适合人和动物使用。植物活性硒通过生物转化与氨基酸结合而成，一般以硒代蛋氨酸的形式存在，植物活性硒是人类和动物允许使用的硒源。

2. 硒的生物功能　1973年，WHO和国际营养组织确认硒为人和动物体内必需的微量元素。硒的营养主要是通过蛋白质特别是与酶蛋白结合发挥抗氧化作用。硒与其他微量元素、维生素具有协同作用，如硒与锌、铜及维生素E、维生素C、维生素A、胡萝卜素等协同清除体内代谢废物——自由基。

3. 硒的生物功能　硒是食物源抗氧化剂，硒能清除人体内过多的氧自由基，防止细胞膜脂质过氧化的破坏，它的抗自由基作用是维生素E和维生素C的300～500倍。

提高整体免疫力，具有辅助防癌抗癌功能。减低血脂、血压，防止动脉粥样硬化，减少血栓形成，缩小心肌梗死面积。防止肝脏病毒疾病、肝硬化、肝脏癌变、脂肪肝、酒精肝等。代替胰岛素功能，激活胰岛细胞正常工作。提高前列腺局部抗感染能力，控制炎症，控制增生。保护视力，防止不孕、抗衰老。清除体内垃圾，排出体内毒素，排出重金属毒物。硒能促进T细胞和中性粒细胞的增殖和杀伤作用，促进免疫球蛋白的合成和抗体生成，增强人体抗病毒的能力，抑制病毒活化，减少脂褐斑的形成。硒除能防治克山病、大骨节病外，还能够抗病毒、抗过敏、抗衰老、消炎、抗黄曲霉毒素B1和苯并蒽、亚硝胺等致癌作用，减轻放疗、化疗的毒性作用。摄入量过多会引起人体生化反应紊乱和中毒。增加蛋白质如鸡蛋蛋白的摄入可降低硒的毒性，甲硫氨酸、维生素E可促进硒的排泄，减轻硒的毒性作用。

另外，硒与40多种常见疾病有直接和间接关系。补硒可有效防治克山病，有效预防大骨节病，补硒可使肝癌发生率下降35%，补硒可提高人体免疫功能。缺硒是冠心病发生的重要原因。正常人每日需补充膳食硒50～250μg，肿瘤患者推荐300～400μg。硒的基本作用是人体生命活动中必需的微量元素之一，是人体内的抗氧化剂，能提高人体免疫力，具有多种生物功能。

过量的硒可引起中毒，表现为头发变干变脆、极易脱落，指甲变脆、有白斑及纵纹、易脱落，皮肤损伤及神经系统异常，严重者死亡。

4. 含硒量丰富的植物　含硒比较多的植物及其含硒量如下（μg/100g）。豆类：红花豆（19.05），虎皮芸豆（9.75），花豌豆（9.72），黄豆（6.16），红芸豆（4.61），蚕豆（4.29），绿豆（4.28），花生仁（3.94）。果蔬类：苜蓿（8.53），红菜苔（8.43），白菜苔（菜苔、菜心）（6.68），鲜龙牙豆（玉豆）（5.60），大蒜（紫皮）（5.54），鲜龙豆（4.06），瓢儿白（菜）（3.40），胡萝卜（黄）（2.80），毛豆（青豆）（2.48）。桑葚，梨，芒果等，比果蔬类富含的硒元素相对较少。

硒在人体内无法合成，所以要满足人体对硒的需求，就需要每天补充硒。按世界卫生组织要求：人体膳食中每日最低硒需求量为40μg，而营养补充硒以50～250μg为宜。科学考察表明，硒还可以与其他的一些重金属元素产生拮抗作用，所以食用富硒食品既可以增强体质，达到预防疾病的目的，还可以预防人体重金属元素中毒。硒与其他矿物元素一样具有两重性，即适量有益，超量有害。

【巩固训练】

一、关键词

必需元素、有益元素、养分吸收、植物养分个性和共性、植物营养的阶段性

二、简答题

1. 你认为有益元素在园艺植物生产中作用有哪些?

2. 植物营养元素在植物营养中的地位是同等重要的，而在园艺植物生产上重要性差异却很大，如何理解?

3. 植物的营养阶段性对施肥有何指导意义？

4. 植物营养元素交互作用的类型及其决定条件是什么？

第二节　园艺植物生产中常规肥料的合理安全施用

【学习目标】

1. 会根据园艺植物特点，结合土壤质地，选择肥料品种；能够提出园艺生产中控制肥料损失的途径和方法。

2. 掌握常用肥料的性质和施用方法；掌握厩肥的腐熟方法及过程中各阶段的特征；理解肥料施入土壤的转化；了解常规肥料的制作过程和原理。

【内容分析】

本节主要是在掌握各种常见肥料的性质、转化及施用方法的基础上，控制肥料损失途径，高效合理安全地施用肥料，确保养分平衡供应，提高土壤肥力，改善环境质量。内容见图 6-2。

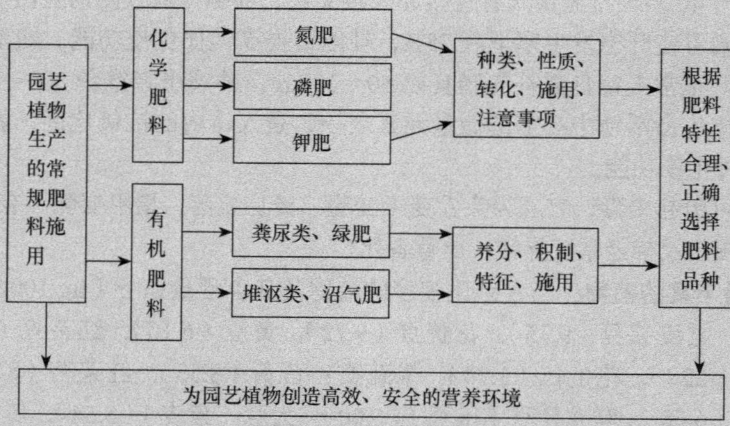

图 6-2　常规肥料的合理安全施用分析图

一、化学肥料的合理安全施用

这里所指的化学肥料主要是氮肥、磷肥和钾肥。

（一）氮肥的性质、转化及施用技术

科学合理施用氮肥，不仅能降低农业成本，增加植物产量，还有利于环境保护。根据氮素的形态，分为铵态氮肥、硝态氮肥、酰胺态氮肥和长效氮肥 4 种类型。

1. 铵态氮肥　铵态氮肥有碳酸氢铵（NH_4HCO_3）、氯化铵（NH_4Cl）、硫酸铵［（NH_4）$_2SO_4$］、氨水（$NH_3 \cdot H_2O$）及液氨（NH_3）等。

铵态氮肥都易溶于水，易被植物吸收利用，肥效迅速；在碱性环境中易分解释放出氨气，使氮素损失。因此，在贮存、施用时，不得与草木灰等碱性物质混合；施入土壤后，铵离子可被土壤胶体吸附，不易随水流失，故肥效持续期比硝态氮肥长，可用作基肥；铵态氮肥应深施覆土，深度一般大于6cm。深施可使肥料与空气隔绝，阻止氨的挥发。植物根系具有向肥性，肥料深可使根系向下深扎，有利于地面部分的生长；在通气良好的土壤中，铵态氮可进行硝化作用，转化为硝态氮，使氮容易流失和反硝化损失。

（1）液氨（NH_3，含氮82.3%）　液氨是含氮量最高的氮肥品种，也称无水氨，常温常压时呈气体状态，在贮运时必须存于耐压容器中，将液氨直接用作氮肥，在美国和西欧一些国家使用多，在其他国家则施用较少。液氨宜用作基肥，宜提早施用，注意安全，切忌与皮肤接触，以防冻伤。

（2）氨水（$NH_3 \cdot H_2O$，含氮15%～18%）　氨水是液体肥料，呈碱性，pH多在10以上；其挥发性强，挥发出的氨对人有强烈刺激性，对植物叶片易造成灼伤。氨水属生理中性肥料；在酸性土壤上，氨水可以中和土壤酸度，在中性及石灰性土壤中不提倡施用。

氨水可作基肥、追肥，因其对种子发芽有抑制作用，不宜作种肥。合理施用氨水的基本要求为“一不离土，二不离水，三不与植物接触”。

（3）碳酸氢铵（NH_4HCO_3，含氮16.5%～17.5%）　碳酸氢铵简称碳铵，为白色或微灰色，呈粒状或柱状结晶。在水中呈碱性反应，pH为8.2～8.4，易潮解、结块和挥发。

温度和水分含量影响着碳酸氢铵的挥发，10～20℃不易分解，超过30℃则大量分解。含水量<0.5%时常温下不易分解；含水量<2.5%时分解较慢；若含水量>3.5%，分解明显加快。NH_4HCO_3对土壤无副作用，适于各种植物和土壤。NH_4HCO_3可作基肥和追肥，不能作种肥，因为NH_4HCO_3分解时所产生的NH_3影响种子萌发。

NH_4HCO_3的施用掌握“一不离土，二不离水”的原则。尽量在气温<20℃时施用；不要施在叶茎上；与有机肥一起施用；不与碱性肥料混用；不可散袋堆放。

（4）硫酸铵［$(NH_4)_2SO_4$，含氮20%～21%］　$(NH_4)_2SO_4$除含氮外，还含有26.5%的硫，是一种重要的硫肥，俗称肥田粉。为白色菱形结晶颗粒，有杂质时呈微黄、棕红、灰色等杂色，水溶液呈弱酸性。吸湿性小，常温下性质稳定，分解温度高达280℃。

$(NH_4)_2SO_4$施入土壤后，NH_4^+被土壤胶体吸附或被植物与微生物吸收，SO_4^{2-}少量作为植物的硫源或在微生物作用下转化为硫化物，大部分则与土壤胶体上的阳离子和植物根系呼吸作用所产生的H^+结合，形成新的化合物，使土壤变酸，因此为生理酸性肥料。

$(NH_4)_2SO_4$可作基肥、追肥，作种肥较安全。$(NH_4)_2SO_4$施入土中后下移深度在当季不超过20～30cm，作基肥时应深施覆土。作种肥时一般以22.5～75kg/hm^{2}为宜；最好与腐熟有机肥料拌匀施用；也可用（$(NH_4)_2SO_4$）与腐熟有机肥料调成糊状蘸秧根。在酸性土壤上施用应配合施用有机肥料和石灰，但切忌与石灰混用。$(NH_4)_2SO_4$适用于各种植物，最宜于施在杜鹃花、马尾松等喜酸性土的花木上，若用硫酸铵浇灌盆花，可配成1000～1500倍液肥施用。$(NH_4)_2SO_4$可与普钙、磷矿粉混合施用，宜施前混合。

（5）氯化铵（NH4Cl，含氮24%～25%）　简称氯铵，白色结晶，含杂质时常呈黄色，水溶液为弱酸性，其性状与硫酸铵相似，但由于氯离子对硝化细菌有一定的抑制作用，因此，硝化作用比硫酸铵少，氮的损失率比硫酸铵低，另外，氯化铵也属生理酸性肥料，但使土壤酸化程度比硫酸铵强。

NH_4Cl与（NH_4）$_2SO_4$在性质上相似，只是NH_4Cl不宜作种肥，宜作基肥、追肥。NH_4Cl不宜施在排水不良的低洼地、盐碱地和干旱少雨地区。由于NH_4Cl中含Cl^- 66.3%，带入土壤中的Cl^-是植物必需的一种营养元素，但若过量，对植物将有一定影响。故不宜施在葡萄、柑橘、菊花、香石竹等“忌氯植物”上，否则影响品质。不宜连续大量施用。

2. 硝态氮肥　硝态氮肥（NO_3^--N）指肥料中氮素是以硝酸根（NO_3^-）形式存在的。包括硝酸铵、硝酸钙、硝酸钾、硝酸钠等。硝酸铵兼有铵态氮和硝态氮，但其性质更接近硝态氮肥。

硝态氮肥易溶于水，在土壤中移动较快，肥效迅速。施入土壤后，极易淋溶损失；硝态氮肥有助燃性。硝态氮结块时，切不可用铁锤猛打，以防爆炸；硝态氮肥有较强的吸湿结块性；硝酸根可经反硝化作用转化为游离的分子态氮和多种氧化氮气体而丧失肥效；硝态氮肥本身无毒，过量吸收有害；促进植物吸收钙、镁、钾等阳离子。

（1）*硝酸铵（NH_4NO_3，含氮33%～35%）*　硝酸铵施入土壤后，适用于所有植物，土壤中无残留，对土壤pH无影响，所以称为生理中性肥料。NO_3^-不能被土壤胶体吸附，易随水流失。它还具有铵态氮的特点，表施在石灰性土壤上，也会导致氨的挥发和Ca^{2+}、Mg^{2+}等的流失。当NH_4^+硝化后，会暂时增加土壤酸性，但其酸性比施（NH_4）$_2SO_4$和NH_4Cl小。

NH_4NO_3存在以下几种途径损失：一是氨的挥发；二是硝态氮的淋溶；三是反硝化作用。因此在施用中宜作追肥，深施覆土，或表施灌水，水不宜多；一般不提倡作基肥；不可作种肥，影响种子发芽。不宜与有机肥混合使用或混合堆放，以免发生反硝化作用。

（2）*硝酸钠（$NaNO_3$，含氮15%～16%）*　硝酸钠为白色或浅色结晶，吸湿性很强。$NaNO_3$是生理碱性肥料，不宜盐碱地施用。据实验，在酸性土壤上的效果比（NH_4）$_2SO_4$好。应配合施用钙质肥料和有机肥料。$NaNO_3$一般仅作追肥，并掌握少量多次的原则。

（3）*硝酸钙［$Ca(NO_3)_2$，含氮13%～15%］*　$Ca(NO_3)_2$含氮量较低，是生理碱性肥料，由于Ca^{2+}有改善土壤物理性质的作用，适用于各种土壤，尤其在酸性或盐碱土上有良好肥效。$Ca(NO_3)_2$适宜作追肥，不能作种肥。

3. 酰胺态氮肥　凡含有酰胺基或分解时能产生酰胺基的氮肥称为酰胺态氮肥，主要有尿素和石灰氮，石灰氮在我国使用很少。

尿素［$CO(NH_2)_2$，含氮46%］，针状的白色结晶，易溶于水，水溶液呈中性反应，在常温下吸湿性不大，介于硝酸铵和硫酸铵之间。宜放于阴凉干燥处，目前生产的尿素多加入疏水物质如石蜡等制成圆形小颗粒，吸湿性极大降低。

尿素施入土壤后，发生以下反应：

$$2CO(NH_2)_2+H_2O \xrightarrow{\text{脲酶}} (NH_4)_2CO_3+CO_2+H_2O$$

可见，尿素对土壤无副作用。所以尿素施用类似铵态氮肥，可作基肥和追肥，但它含有缩二脲，对幼根生长和种子萌发具有抑制作用，故不宜作种肥。

尿素适宜作叶面追肥，其原因是：①尿素为中性有机分子，电离度小，不易引起质壁分离，对茎叶损伤小；②分子体积小，易透过细胞膜进入植物体；③吸湿性强，可使叶面较长时间地保持湿润，吸收量大；④尿素进入细胞后立即参与代谢，肥效快，用作叶面追肥时，可在早晚有露水时进行，以延长湿润时间，一般7～10d喷一次，共喷2～3次。对花卉和幼苗施用尿素，宜配制成0.1%～0.3%的溶液，木本花卉可用0.5%的溶液喷雾。作根外追肥时缩二脲含量一般不得超过0.5%。

4. 长效氮肥　长效氮肥又称缓效或缓释氮肥，具体内容将在新型肥料中介绍。

（二）磷肥性质、施入土壤转化和施用技术

当花卉等开花植物进入花芽分化时期，需要相当数量的磷肥。例如，花卉"米兰"长期不开花，原因之一就是氮肥过多，而磷肥不足。根据磷肥所含磷酸盐溶解度大小和肥效快慢可将磷肥分为三类：水溶性磷肥、弱酸性（或枸溶性）磷肥、难溶性磷肥。

1. 水溶性磷肥　凡养分标明量主要属于水溶性磷酸一钙的磷肥，称为水溶性磷肥。它用硫酸、硝酸、磷酸处理磷矿粉制成，包括过磷酸钙、重过磷酸钙（表6-5）等。肥效快，是速效性磷肥。但易被土壤固定，使磷的有效性降低。

表6-5　过磷酸钙和重过磷酸钙的成分、特性与施用

项目	过磷酸钙（普钙）	重过磷酸钙（重钙）
P_2O_5	14%～15%	40%～50%
主要成分	磷酸一钙、硫酸钙（铁、铝）、磷酸和硫酸	磷酸一钙、磷酸
pH	弱酸性	弱酸性
性状	粉状；腐蚀性和吸湿性	粉状；强腐蚀性和吸湿性
退化作用	吸湿后易发生	不发生（因为不含铁、铝）
特性	喜硫植物上用比重钙好	浓度是普钙的2倍
利用率	当季15%左右；一季移动3cm	
施用原则	减少与土壤接触、增加与根系接触的机会	
施用方法	集中深施；分层施用；与有机肥配合施用；造粒状肥；根外追肥	

2. 弱酸溶性磷肥　溶于2%柠檬酸或中性柠檬酸铵溶液的磷肥称为枸溶性磷肥或弱酸溶性磷肥，包括钙镁磷肥、钢渣磷肥、脱氟磷肥、沉淀磷肥和偏磷酸钙等。其肥效较水溶性磷肥慢。

钙镁磷肥是一种低浓度的磷肥，主要有钙镁磷酸盐和磷酸盐，成分为α-磷酸三钙。养分P_2O_5 12%～20%、MgO 8%～20%，CaO 25%～40%，SiO_2 20%～35%，同时还含有少量铁、铝、锰等盐。钙镁磷肥细粉状；不溶于水，溶于弱酸；黑绿色或灰棕色，呈碱性反应，pH8.0～8.5，无腐蚀性，不易吸湿结块。

钙镁磷肥施入酸性土壤后，除提供磷素营养外，还能供给钙、镁等养分，它的肥效不如过磷酸钙快，但后效较长。同时，钙镁磷肥在转化过程中，能中和部分土壤酸度，从而提高了土壤及肥料磷的有效性。中性或石灰性土壤中施入钙镁磷肥后，能溶解但速度慢。释磷酸的速度较酸性土壤慢。

钙镁磷肥可作基肥、种肥和追肥施用，提倡作基肥撒施，土壤对该肥料中磷的固定低于过磷酸钙。实验表明，在pH≤5.5的强酸性土壤中，它对当季植物的肥效高于过磷酸钙，在 pH 为 5.5～6.5 的酸性土壤中，其肥效与过磷酸钙相当，但后效高于过磷酸钙，在 pH＞6.5 的中性及石灰性土壤中，其肥效低于过磷酸钙。

钙镁磷肥与有机肥料混合或堆沤后施用，可以减少土壤对磷的固定作用。与水溶性磷肥、氮肥（不要与铵态氮混用）和钾肥等肥料配合施用，可以提高肥效。

其他弱溶性磷肥如钢渣磷肥、沉淀磷肥、脱氟磷肥和偏磷酸钙等，它们在施用上有相似之处。肥料中含有钙、镁、铜、锌、钼、硅、铝、铁等营养元素。除沉淀磷肥为中性外，其他均为碱性肥料，适宜在酸性土中作基肥施用。肥料吸湿性小，不易结块，便于贮存施用。

3. 难溶性磷肥 主要有磷矿粉和骨粉，溶解度低，不溶于水和弱酸，溶于强酸。在酸性土壤上施用，可缓慢地转化为弱酸性磷酸盐，因此它的后效较长，而对当季植物的肥效较差。

磷矿粉宜作基肥，不宜作追肥和种肥。作基肥时宜撒施均匀、深施，以增加肥料与土壤的接触面积，这与水溶性磷肥的集中施用方法不同。难溶性磷肥可与酸性肥料（如过磷酸钙）或生理酸性肥料（如硫酸铵、氯化铵、硫酸钾、氯化钾）等混合施用，也可以与有机肥料混合堆沤后施用以提高磷矿粉的当季肥效。骨粉的施用与其相似。

（三）钾肥的性质、施入土壤的转化及施用技术

常用钾肥主要有硫酸钾、氯化钾（表 6-6）和草木灰等。

表 6-6　硫酸钾和氯化钾的成分、特性与施用

项目		硫酸钾	氯化钾
K_2O		48%～52%	50%～60%
颜色		白色	白色（生产中为紫红）
溶解度		小	大
流散性		好	次之
吸湿性		不易结块	易结块
施用	方式	基肥；追肥；种肥（1.5～2.5kg/ 亩）；根外追肥（浓度 2%～3%）	基肥；追肥
	植物	适于多数植物；特别是喜硫植物：薯类、葱、蒜\西瓜、柑橘等	喜氯：棉花、亚麻；忌：葡萄、烟草、甜菜
	价格	昂贵	一般
	配合	与有机肥配合施用	
	土壤	酸性土上配施石灰和磷矿粉	

注：1 亩≈666.7m^2

草木灰是钾肥的一种类型，主要成分是碳酸钾（占总钾量的 90%），其次为硫酸钾。氯化钾很少。另外，还含有钙、镁、硫、铁、硅、微量元素等。属碱性肥料，不能与铵态氮肥堆存、混用，不能与腐熟的有机肥料混合施用，以免引起铵态氮素的挥发损失。草木灰中的钾，都是水溶性钾，可被植物直接吸收利用。烧制草木灰应采用暗火熏烧。

草木灰有供钾、灭菌的功效。适用于除盐碱土以外的各种土壤。草木灰适宜作基肥、追肥、盖种肥和叶面喷施。作基肥时，可沟施或穴施，一般用量 750～1500kg/hm^2，深度

约 10cm，施后覆土；育苗时常施于播种沟或苗床上面，或与泥土拌和，在花卉上盆时施用。作追肥时，可直接喷施在叶面上，既能供给养分，也能在一定程度上防止或减轻病虫害的发生和危害。作盖种肥时，北方地区早春的韭菜、大葱等地，覆盖草木灰，既供应养分，又能吸热增加土壤表层温度，促苗早发，防止腐烂。

二、有机肥料的合理应用

有机肥料是指来源于动物、植物、微生物残体，或利用各种有机废弃物料，加工积制而成的有机物料，是农村就地取材、就地积制、就地施用的一类肥料，又称农家肥料。

有机肥料是园艺植物生产中不可缺少的肥料，尤其是目前的生态农业和绿色食品生产中，其作用更为突出。有机肥料在园艺植物生产中所起到的作用，可以归纳为以下几个方面。①能提供给植物所需的各种养分，包括大量元素和微量元素等；②改良土壤理化性质，有机肥料能改善土壤结构，培肥土壤，提高土温，增加土壤的保水、保肥性，增加土壤的缓冲性能等，起到改善植物营养环境的作用；③促进难溶性矿物的分解，增加养分的有效性，如磷矿粉的溶解，从而增加磷的有效性；④提高化肥利用率，降低成本；⑤改善园艺产品品质和刺激植物生长；⑥有机肥料中还含有维生素、激素、酶、生长素和腐殖酸等，它们能促进植物生长和增强植物抗逆性；腐殖酸还能够刺激植物生长；⑦提高土壤容量，改善生态环境，施用有机肥料还可以降低植物对重金属铜、锌、铅、汞、铬、镉、镍等，和农药的吸收。有机肥料的种类繁多，下面主要介绍园艺植物生产中常用的三类。

（一）粪尿肥

包括人粪尿、家畜粪尿及禽粪等的总称。随着养殖业的发展，家畜粪尿用量最大。

1. 家畜粪尿　家畜粪尿肥主要是指人们饲养的牲畜，如猪、牛、羊、马、驴、骡、兔等的排泄物及鸡、鸭、鹅等禽类排泄的粪便。

（1）家畜粪尿的成分　家畜粪是饲料经消化吸收后，家畜粪尿未被吸收利用的排泄物，含有丰富的有机质和各种植物营养元素，是良好的有机肥料。

家畜粪的成分较为复杂，主要是纤维素、半纤维素、木质素、蛋白质及其降解物、脂肪、有机酸、酶、大量微生物和无机盐类，也会含有寄生虫、寄生虫卵和致病微生物等病原体。不同的家畜排泄物成分略有不同。家畜尿是经过家畜新陈代谢后排出的废弃物和水分，成分较为简单，全部是水溶性物质，主要为尿素、尿酸、马尿酸和钾、钠、钙、镁的无机盐（表 6-7）。

表 6-7　新鲜家畜粪尿、禽粪尿中主要成分含量（鲜基，%）

种类		水分	有机质	矿物质	N	P_2O_5	K_2O	C∶N
猪	粪	81.5	15.0	3.00	0.60	0.40	0.44	（13～14）∶1
	尿	96.7	2.8	1.00	3.00	0.12	0.95	—
牛	粪	83.3	14.5	3.90	0.32	0.25	0.16	（25～26）∶1
	尿	93.8	3.5	8.00	0.95	0.03	0.95	—
羊	粪	65.5	31.4	4.70	0.65	0.47	0.23	29∶1
	尿	87.2	8.3	4.60	1.68	0.03	2.10	—

续表

种类		水分	有机质	矿物质	N	P_2O_5	K_2O	C : N
马	粪	75.8	21.0	4.50	0.58	0.30	0.24	(23～24) : 1
	尿	90.1	7.10	2.10	1.20	微量	1.50	—
鸡粪		50.5	25.6	—	1.63	1.55	0.82	(10～11) : 1
鸭粪		56.6	26.2	—	1.10	1.40	0.62	—
鹅粪		77.1	23.4	—	0.55	0.50	0.95	—

注："—"表示无此项内容

（2）家畜粪尿的性质　各种家畜粪尿的成分和性质依种类、饲料及饲养方式而有所不同。

猪粪质地较细。碳氮比值低，养分量、蜡质量、阳离子交换量较高。猪粪中含有氨化细菌，易腐熟，腐熟后形成质量较高的腐殖质。猪粪性质柔和，后劲长，适用于各种土壤和植物。纯猪粪在腐熟时产生热量，称为"热性肥"，而目前在养猪时，猪粪多采用冲洗方式清理（如棚网养猪），使含水量增加，腐熟时不产生热量，所以归为"冷性肥"。

牛粪质地较马粪细密。碳氮比值较大，粪中含水量较高，通透性差，腐熟速度较缓慢，且在腐熟过程中释放出的热量较少，一般称为"冷性肥"。为加速分解腐熟，常混入一定比例的马粪。牛粪较适合于在有机质缺乏的轻质砂性土上施用。

马粪中含纤维素高，粪质粗松，水分易蒸发而含量低，且粪中含有大量高温性纤维分解细菌，增强纤维分解，放出大量热，故称"热性肥"，多用于温床酿热物。施马粪能显著改善土壤物理性状，施在质地黏重的土壤为佳，还适合施用在低洼地、冷浆土壤上。

羊粪质地细密又干燥，有机质和养分含量是家畜粪中最高的，三要素含量在家畜粪中也最高。羊粪分解腐熟速度较快，发热量较大，故也是一种"热性肥"。羊粪宜与猪粪和牛粪一起堆腐，这样可以缓和羊粪的燥性。羊粪适于在各种土壤中施用。

家禽包括鸡、鸭、鹅等，粪中纤维素量少于家畜粪，粪质细腻，养分含量高于家畜粪，属于精细肥料。禽粪腐熟速度较快，发热量较低，腐熟后适于各种土壤和植物施用。

2. 厩肥　厩肥是以家畜粪尿为主，与各种垫圈材料（如秸秆、杂草、黄土等）和饲料残渣等混合积制的有机肥料统称。北方称为"土粪"或"圈粪"，南方称为"草粪"或"栏粪"。

（1）厩肥的成分　厩肥的成分受家畜的种类、饲养和垫圈材料不同的影响，有较大的差异，特别是有机质和氮素含量，差异更显著。不同来源厩肥有机质和养分含量有较大差异（表6-8）。

表6-8　新鲜厩肥的养分含量（鲜基，%）

种类	水分	有机质	N	P_2O_5	K_2O	CaO	MgO
猪厩肥（圈粪）	72.4	25.0	0.45	0.19	0.40	0.08	0.08
马厩肥	71.9	25.4	0.38	0.28	0.53	0.31	0.11
牛厩肥（栏粪）	77.5	20.3	0.34	0.18	0.40	0.21	0.14
羊厩肥（圈粪）	64.6	31.8	0.83	0.23	0.67	0.33	0.28

（2）厩肥的施用技术　鲜厩肥应堆腐后施用；未腐熟或半腐熟的厩肥或家畜粪肥一般作基肥施用；腐熟的厩肥可以作基肥，也可以作种肥或追肥；但生粪不能作种肥或追肥，以免造成“生粪咬苗”现象。一般情况下，用秸秆和杂草垫圈的“草粪”施用量为3000～15 000 kg/km^2，而用土作垫圈材料的“土粪”要适当增加，施用量可增加至4000～35 000 kg/hm^2。此外，厩肥的施用量还要考虑土壤管理和栽培措施的具体情况。厩肥当季植物氮素利用率一般为10%～30%，比化肥氮素利用率低，因此在施用时，最好配施化学氮肥。

（二）堆沤肥

主要是有机物料经过微生物发酵的产物，包括堆肥、沤肥、秸秆直接还田利用及沼气池肥等。堆肥和沤肥的性质基本相似，它们的共同特点是以植物的秸秆为主，掺入少量的人畜粪尿积制而成。

1. 堆肥

（1）堆肥的成分　堆肥是秸秆等有机废物或其他植物残体在好气条件下堆腐而成的有机肥料，分为普通堆肥和高温堆肥。

普通堆肥是在较低温度条件下进行的发酵，堆内温度不高且比较稳定，一般不超过50℃，通常变动在15～35℃。

高温堆肥是以秸秆、杂草等含纤维素、半纤维素、木质素较高的原料为主要材料，配合以家畜、家禽粪便或人粪尿等含氮素较多的材料或利用垃圾等其他有机废弃物，在好气条件下产生较高的温度，使堆内温度高达50～60℃，而进行的有机材料发酵过程。堆肥的养分含量因堆肥原料和堆制方法不同而异（表6-9）。

表6-9　堆肥的养分含量（%）

种类	水分	有机质	氮（N）	磷（P_2O_5）	钾（K_2O）	C/N
高温堆肥	—	24～42	1.05～2.00	0.32～0.82	0.47～2.53	9.7～10.7
普通堆肥	60～75	15～25	0.40～0.50	0.18～0.26	0.45～0.70	16～20

（2）堆肥的积制　绿色修剪等废弃物和粪土是主要原料，为了调节碳氮比［C/N为（25～30）：1］，需少量加一些氮素，加入量需根据原料而定。将已备好的原料，充分混合均匀后，以自然状态堆放在已选好的场地上（地基坚实向阳处）或放入堆肥机（图6-3）中。采用温度计或温度遥测仪测定温度。高温阶段（>50℃）持续3～4d。但温度不得大于65℃或小于40℃。

（3）堆制的过程　高温堆肥的堆温变化大体可以分为4个阶段，即发热阶段、高温阶段、降温阶段和后熟保肥阶段，见表6-10。

图6-3　家用堆肥机

表6-10　堆肥腐熟的4个阶段变化

腐熟阶段	温度变化	微生物种类	变化特征
发热阶段	常温上升至50℃左右	中温好气性微生物如无芽孢杆菌、球菌、芽孢杆菌、放线菌、霉菌等为主	分解材料中的蛋白质和少部分纤维素、半纤维素，释放出NH_3、CO_2和热量

续表

腐熟阶段	温度变化	微生物种类	变化特征
高温阶段	维持在50～70℃	好热性真菌、好热性放线菌、好热性芽孢杆菌、好热性纤维素分解菌和梭菌等好热性微生物	强烈分解纤维素、半纤维素和果胶类物质，释放出大量热能。同时，除矿质化过程外，也开始进行腐殖化过程
降温阶段	温度开始下降至50℃以下	中温性纤维分解黏细菌、中温性芽孢杆菌、中温性真菌和中温性放线菌等	腐殖化过程超过矿质化过程占据优势
后熟保肥阶段	堆内温度稍高于气温	放线菌、嫌气纤维分解菌、嫌气固氮菌和反硝化细菌	堆内的有机残体基本分解，C/N降低，腐殖质数量逐渐积累起来，应压紧封严保肥

（4）影响堆肥腐熟的条件

1）水分：一般堆肥的含水量应在最大持水量的60%～70%（即加水到手握成团，触之即散的状态最为适宜），高温期前保持足够的水分，极为重要。

2）通气：堆肥的腐熟发酵，主要靠好气性微生物如硝化细菌、纤维素分解细菌等，堆制初期应创造良好的好气条件，堆制后期则创造嫌气条件，以利腐殖质形成和减少养分损失。

3）养分：微生物维持生命活动与繁殖要消耗必要的养分和能量，常以C/N为指标。一般C/N以（25～30）：1为基准。以保证微生物对碳、氮直接吸收，有利于其活动，加速发酵腐解。各种有机物C/N：稻草（62～67）：1；麦秆98：1；玉米秆63：1；泥炭（16～22）：1；豆秆37：1；苜蓿18：1；杂草（25～45）：1；人粪（12～13）：1；畜粪（15～29）：1。

4）温度：不同温度范围有不同微生物类群。将高温阶段控制在50～60℃，腐熟保肥阶段控制在30℃左右最为适宜。堆温不得高达65℃或低于20℃。

5）pH：pH＞8.5和pH＜5.3都不利于微生物的活动。同时，pH过高会引起氨的挥发。在堆肥腐解过程中会产生有机酸和碳酸。在堆制时，加入适量石灰、草木灰（石灰用量为材料量的2%～3%）等碱性物质，有利秸秆吸水和分解。

目前，已研制出无异味、可移动、方便操作堆肥机，有家用的和小型实验性堆肥机（图6-3），可将有机废弃物合理利用。有待在生产中大量使用。

（5）堆肥的施用　堆肥主要用作基肥，施用量一般为15 000～30 000kg/km^2。可撒施、开沟施肥或穴施。堆肥还可作种肥和追肥。作种肥时常与过磷酸钙等磷肥混匀施用，作追肥时应提早施用，并尽量施入土中。堆肥与化肥一起配合施用，可更好地发挥堆肥和化肥的肥效。

2. 秸秆还田　秸秆还田是指将植物收获后的残留物（秸秆）或经过处理后作为有机肥料施用。

目前，秸秆还田的方式主要有：堆、沤还田（利用秸秆进行堆肥、沤肥和沼气发酵，以肥料形式还田）；过腹还田（利用秸秆作饲料，以家畜粪尿形式还田）；直接还田（将秸秆直接破碎翻压到土壤中，或以残茬覆盖、人工覆盖形式还田）；烧灰还田（利用草木灰形式还田）。秸秆直接破碎翻压到土壤中是目前秸秆还田的主要方式。

（1）秸秆还田技术　秸秆还田可单独实施，也可以随收割一起进行。一般是将秸秆切碎至5～10cm，均匀抛撒于地表，再用重耙耙入5～10cm的土壤表层，或者用犁翻至 18～20cm 土层。对于水分充足的土壤，一般采用秸秆浅埋的方法，以加速秸秆的分解腐熟（或加入秸秆降解等微生物菌）；而对于水分较差的旱地，秸秆应深翻深埋，并且还要适当灌水。

1）秸秆还田的时间与用量：秸秆还田作业与收获同时进行，边收割边切碎、翻埋，此时的秸秆含水量较大，既有利于秸秆的分解腐熟，还可以延长耕埋至播种的时间。一般在播前 15～45d 耕埋。还田的量有全部还田和部分还田，主要注意在土壤水分条件充足，可配合施用氮肥情况下，稻草和麦秸的用量在 2250～3000kg/km^2，玉米秸秆可适当增加，也可全部还田。

2）秸秆还田后的水肥管理：秸秆还田后，保持土壤相对含水量在 60%～80%，以利于秸秆的分解腐熟。

为了加速秸秆的分解腐熟，在秸秆还田作业的同时，应适当施用一定量的氮肥（35～40kg/hm^2）和磷肥（90～100kg/hm^2），以调节 C/N，但不宜施用硝态氮肥。

（2）秸秆还田后的注意事项　秸秆直接还田后会造成有机酸如丁酸、乙酸、甲酸等的积累。因此，在酸性土壤中，在秸秆还田的同时，应施入适量的石灰，中和所产生的酸性物质。秸秆直接还田后会与植物争氮，在秸秆还田时，应注意追施氮肥，以缓解植物氮素缺乏症状。

秸秆直接还田还可能带入一些病菌、虫卵、杂草种子等有害物质。对于染病或含有虫卵的秸秆，一般不能直接还田，应经过堆、沤或沼气发酵等处理后再施用。

（三）绿肥

绿肥是指在园艺植物生产中，利用正在生长过程中的绿色植物体的整体或部分，直接耕翻到土壤中作为肥料的绿色植物体。这类肥料养分全面，易分解，而且具有就地栽培，就地翻压，投资少，收效大，节约能源的优点。可用作绿肥的植物种类繁多，见表 6-11。

表 6-11　主要绿肥植物养分含量

绿肥品种	鲜草主要成分（鲜基）/%			干草主要成分（干基）/%		
	N	P_2O_5	K_2O	N	P_2O_5	K_2O
草木樨	0.52	0.13	0.44	2.82	0.92	2.42
毛叶苕子	0.54	0.12	0.40	2.35	0.48	2.25
紫云英	0.33	0.08	0.23	2.75	0.66	1.91
黄花苜蓿	0.54	0.14	0.40	3.23	0.81	2.38
紫花苜蓿	0.56	0.18	0.31	2.32	0.78	1.31
田菁	0.52	0.07	0.15	2.60	0.54	1.68
沙打旺	—	—	—	3.08	0.36	1.65
柽麻	0.78	0.15	0.30	2.98	0.50	1.10
肥田萝卜	0.27	0.06	0.34	2.89	0.64	3.66
紫穗槐	1.32	0.36	0.79	3.02	0.68	1.81
箭筈豌豆	0.58	0.30	0.37	3.18	0.55	3.28
水花生	0.15	0.09	0.57	—	—	—
水葫芦	0.24	0.07	0.11	—	—	—
水浮莲	0.22	0.06	0.10	—	—	—
绿萍	0.30	0.04	0.13	2.70	0.35	1.18

目前，我国绿肥主要利用方式有直接翻压、作为原材料积制有机肥料。后者类似于堆肥或沤肥。这里主要介绍直接翻压。绿肥直接翻压（也称压青）施用后的效果与翻压绿肥的时期、翻压深度、翻压量和翻压后的水肥管理密切相关。

1. 绿肥翻压时期和技术 应遵循绿肥鲜草产量最高和绿肥植物体内养分含量最高的时期，一般是绿肥植物的品种中紫云英应在现蕾期至盛花期。翻压绿肥时期的选择，还需考虑园艺植物的播种期和需肥时期。一般以播种和移栽期前 10d 左右为宜。

绿肥翻压量一般根据绿肥中的养分含量、土壤供肥特性和植物的需肥量来考虑，应控制在 15 000～25 000kg/hm^2，然后配合施用适量的其他肥料，满足植物对养分的需求。

绿肥翻压深度一般在 15～20cm，不宜过深或过浅。而果园翻压深度应根据果树品种和果树需肥特性考虑，可适当增加翻压深度。

2. 翻压后水肥管理 绿肥含氮素较多，钾素次之，磷素较少，N/P 较大，C/N 较小。因此，绿肥在翻压进入土壤后，在土壤微生物的作用下进行转化，分解速度较快，而且还会造成部分氮素损失（脱氮）。所以，绿肥翻压后，应配合施用磷肥、钾肥，协调土壤中氮、磷、钾的比例，从而充分发挥绿肥的肥效。田间保持充足的水分，加速绿肥的腐熟。

除以上三类外，还有各种有机肥，如泥炭（草炭）、腐殖酸类肥料（利用泥炭、褐煤、风化煤等为原料加工提取的各种富含腐殖酸的肥料）、饼肥（榨油后的油粕）、泥土肥（河泥、湖泥、塘泥、污水、污泥）、垃圾肥和其他含有有机物质的工农业废弃物等。

在其他有机肥（表 6-12）中，商品有机肥，包括工厂化生产的各种有机肥料、有机-无机复混肥料、腐殖酸肥料，已在目前园艺植物栽培中广泛应用。商品有机肥，既进行了无害化处理，又没有传统积制后的异味，很受人们欢迎。

表 6-12 其他有机肥的养分含量与施用

名称	养分含量	施用
泥炭	含有机质 40%～70%，腐殖酸 20%～40%；全氮 0.49%～3.27%，全磷 0.05%～0.6%，全钾 0.05%～0.25%，多酸性至微酸性反应	多作垫圈或堆肥材料、肥料生产原料、营养钵无土栽培基质，一般较少直接施用
腐殖酸类	主要是腐殖酸铵（游离腐殖酸 15%～20%、含氮 3%～5%）、硝基腐殖酸铵（腐殖酸 40%～50%、含氮 6%）、腐殖酸钾（腐殖酸 50%～60%）等，多黑色或棕色，溶于水	可作基肥和追肥，作追肥要早施；液体类可浸种、蘸根、浇根或喷施，浓度 0.01%～0.05%
饼肥	主要有大豆饼、菜子饼、花生饼等，含有机质 75%～85%、全氮 1.1%～7.0%、全磷 0.4%～3.0%、全钾 0.9%～2.1%、蛋白质及氨基酸等	一般作饲料，不作肥料。若用作肥料，可作基肥和追肥，但需腐熟
菇渣	含有机质 60%～70%、全氮 1.62%、全磷 0.454%、全钾 0.9%～2.1%、速效氮 212mg/kg、速效磷 188mg/kg，并含丰富微量元素	可作饲料、吸附剂、栽培基质。腐熟后可作基肥和追肥
城市垃圾	处理后垃圾肥含有机质 2.2%～9.0%、全氮 0.18%～0.20%、全磷 0.23%～0.29%、全钾 0.29%～0.48%	经腐熟并达到无害化后多作基肥施用

资料来源：宋志伟，姚文秋主编《植物生长环境》（第 2 版）

【知识拓展】

泥炭及其在园艺植物栽培中的应用

泥炭是一种富含有机物的可燃性生物岩或有机岩，通称草炭，它是沼泽地的特殊产物。我国泥炭资源分布广，类型多，蕴藏丰富。泥炭是一种具有多种用途的宝贵自然资源。据相关统计称，全世界泥炭地的总面积大约 5×10^8hm^2（按泥炭层厚度大于 30cm 计算），泥炭资源的总储量约有 5000×10^8t。我国的泥炭资源也比较丰富，据调查，全国共有泥炭矿 5700 多处，其中大型泥炭矿 330 处，泥炭矿总面积 1.05×10^6hm^2，其中 80% 属于表露泥炭，埋藏泥炭仅占 20% 左右。

泥炭——几千年形成的天然沼泽地产物，无菌、无毒、无污染，通气性能好，质轻、持水、保肥、有利于微生物活动，增强生物性能，营养丰富，既是栽培基质，又是良好的土壤调解剂，并含有很高的有机质、腐殖酸及营养成分。目前，泥炭已经在城市绿化建设、花圃花卉营养土、运动场或高尔夫球场、盆栽花卉、土壤改良、沙漠绿化、无土栽培、草坪卷工业化生产、食用菌培植、泥炭基多种复合肥、建造屋顶花园等领域广泛应用。在农业上，泥炭可用作肥料，制作腐殖酸类复合肥料；由于泥炭具有特殊的性质，即物理结构常呈纤维状和海绵状，因此具有较强的吸水性能；含有的腐殖酸具有酸性、亲水性、离子交换性、络合能力及较强的吸附能力，因此可用于堆沤肥和改良土壤。

1. 用于花圃花卉营养土以泥炭为主要原料　泥炭是一种相当优良的盆栽花卉用土。可用作果木、蔬菜的培植土、花卉的营养钵等。配合相应比例的腐叶土、松针、珍珠岩等制造各种营养土、花卉土，可使肥力充足、肥效长。使用泥炭作为营养土不仅减少了病虫害和异味的产生，还增强了植物的抗病能力和抗逆能力，促进植物生长。如今，许多花圃、园艺公司均已广泛采用以泥炭等为介质材料的基质育苗，从而可培育出高品质的花卉种苗。特别是部分较高档的花卉种子或种粒特别细小的花卉种子均采用泥炭种植，以提高种子发芽成活率、幼苗的质量及整齐性。另外，以泥炭为主要原料的各类营养土、花卉土也得到家庭养花者的青睐，最常用的泥炭基质配方：1/3 泥炭、1/3 珍珠岩、1/3 园艺蛭石（按体积计算），加适量微量元素。

目前在发达国家，就连一般草花的生产中也已广泛使用泥炭作为栽培基质。这是因为除了泥炭具有持水量高、通气性良好和富含有机质等优点外，其容重小也是非常重要的一个因素。泥炭可使盆花的花色艳丽、花形美观、花期延长。另外，盆花不仅要经常搬动，而且要长途运输，使用泥炭栽培后就具有容易搬运的优点。用 35%～70% 的泥炭掺入适量的蛭石、珍珠岩或陶粒等材料即可成为理想的盆花栽培基质。兰花、君子兰、杜鹃、栀子等花卉可用 100% 的泥炭直接栽培。但大部分的盆花基质都要按比例进行配制。

泥炭用于盆栽花卉时，推荐两种配制方案为：① 1/2 泥炭＋1/4 园艺蛭石＋1/4 珍珠岩（按体积计算，下同），主要用于高持水量的盆花和观赏植物；② 1/3 泥炭＋1/3 珍珠岩＋1/3 碎树皮（或松针叶），主要用于耐旱和低持水量的盆花和观赏植物。

2. 用于土壤改良　不论是用于种植花卉还是其他植物的耕地土壤，如果有板结和硬化等物理结构不良现象时，只要根据具体情况加入适量泥炭，便可提高或恢复土壤持水通气能力和保肥能力，从而达到提高产量和增加经济效益的目的。

施用泥炭同时能改善土壤的酸碱度，提高氮、磷、钾含量，使有机碳、腐殖酸总量增加，活化土壤肥力，对提高地力有显著效果。

可见，泥炭在园艺植物栽培中应用效果显著，应用领域广阔。

【巩固训练】

一、关键词

肥料、无机肥料、有机肥料、厩肥、堆肥、绿肥

二、简答题

1. 试述有机肥料与无机肥料的区别。

2. 有机肥料在园艺植物生产中有哪些作用？

3. 根据土壤速效性钾测定结果，你认为该土壤是否需要施用钾肥？为什么？

4. 氮、磷、钾肥在施用过程中利用率低的原因是什么？

第三节 园艺植物生产中新型肥料的合理安全施用

【学习目标】

1. 根据园艺植物特点，能够合理选择新型肥料品种，用于园艺生产中。

2. 掌握新型肥料的性质和施用方法；掌握新型肥料施用的适宜范围和注意事项；理解新型肥料施入土壤的变化；了解新型肥料的施用原理。

【内容分析】

本节主要是在掌握常规肥料的基础上，学习新型肥料的类型、特性和施用方法、应用范围和使用中的注意事项，做到高效合理安全施用（图 6-4）。

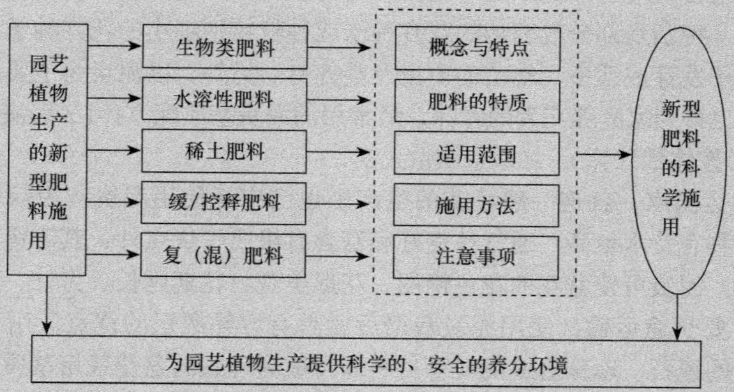

图 6-4 新型肥料的科学安全施用分析图

所谓新型肥料，是有别于传统的、常规的肥料，新型肥料与常规肥料的区别关键在于“新”字，一个事物的“新”与“旧”是随着时间的变化而变化的，也就是说，现在的新型肥料，用不了多久可能也就成为常规肥料了。而现在的常规肥料也是由当年的新型肥料经多年应用而稳定下来的，因此，一定要正确认识。

一、新型肥料的类型

2014 年 8 月 19 日，我国首部新型肥料行业年度报告《新型肥料行业年度发展分析报告（2013 年）》（后简称《报告》）发布。《报告》将新型肥料分为六大类：缓控释肥和稳定性肥料、商品有机肥、微生物肥料、水溶性肥料、中微量元素肥料、新型功能性肥料

等。《报告》指出，新型肥料正慢慢成为肥料行业发展的趋势，尤其是以缓控释肥和稳定性肥料、商品有机肥、水溶性肥料为代表的新型肥料产业发展迅猛。

1. 缓控释肥和稳定性肥料

（1）缓控释肥

国际肥料工业协会对缓释和控释肥料的定义为：缓释和控释肥料是那些所含养分形式在施肥后能缓慢被植物吸收与利用的肥料；所含养分比速效肥料有更长肥效的肥料。广义上的缓 / 控释肥料包括了缓释肥料与控释肥料两大类型。“缓释”是指化学物质养分释放速率远小于速溶性肥料，施入土壤后转变为植物有效态养分的释放速率；“控释”是指以各种调控机制使养分释放按照设定的释放模式（释放率和释放时间）与植物吸收养分的规律相一致。因此，在生物或化学作用下可分解的有机氮化合物肥料通常被称为缓释肥，而对生物和化学作用等因素不敏感的包膜肥料通常被称为控释肥。

简单地说，缓 / 控释肥是一种经过设计能够按照植物需肥规律释放养分的肥料，能够提高养分利用率并增加植物产量，理想的缓控释肥是指经过天然的或者半天然的环境友好型降解高分子材料包膜，能够缓慢释放养分到土壤中并满足植物的需肥模式。其中，缓释肥的养分释放是不可预知的，并且严重受土壤类型及气候条件的变化所影响；控释肥，则养分释放模式及施肥数量在预期内是可以预测的，由于这两种肥极其相似，因此统称为缓 / 控释肥。

（2）稳定性肥料　稳定性肥料通常是指在生产过程中加入了脲酶抑制剂、硝化抑制剂、氨稳定剂等而形成的一类肥料。主要针对氮肥而言，如我国产的肥隆、长效碳铵、长效尿素。该类型肥料目前正处于研发阶段。

2. 商品有机肥　商品有机肥是指符合我国有机肥料标准（NY525-2012）的商品性的有机肥，主要是以畜禽粪便、植物秸秆、农副产品和食品工业产生的有机废弃物为原料配以多功能发酵菌剂，使之快速除臭、腐熟、脱水加工而成。如果添加功能性微生物菌剂，又称为生物有机肥，本书中将生物有机肥归入生物类肥料。

3. 生物肥料　生物肥料又称微生物肥料或接种剂，是指用特定微生物菌种培养生产的具有活性的微生物制剂。它是一种辅助性肥料，它本身并不含植物所需的营养元素，而是通过菌肥中微生物的生命活动，改善植物的营养条件、参与养分的转化、分泌激素刺激植物根系发育、抑制有害微生物的活动来发挥其增产的效能。主要类别有农用微生物菌剂和复合微生物肥料。

4. 中微量元素肥料　中微量元素肥料是指含有钙、镁、硫和微量元素养分的肥料，如石膏、硼肥、锰肥、钼肥、铁肥等，可以是含有一种中微量元素的单纯化合物，也可以是含有多种中微量和大量营养元素的复合肥料和混合肥料。本书中是指单一中微量元素的肥料。

5. 新型功能性肥料　功能性肥料又称多功能肥料，是将植物营养与其他限制植物高产的因素相结合的肥料，可以提高肥料利用率，提高单位肥料对植物增产的效率。主要包括高利用率肥料、改善水分利用率肥料、改善土壤结构的肥料。例如，在底肥中添加植物生长调节剂复硝酚钠、在肥料中添加保水剂、在肥料中添加表面活性物质等。我国现在正处于起步阶段。

目前市场上投入使用的几类新型肥料主要包括生物肥料、生物有机肥、水溶性肥料、缓控释肥料、中微量元素肥料、复合肥料和稀土肥料。

二、养分释放类肥料

（一）水溶性肥料的合理施用

水溶性肥料是经水溶解或稀释，用于灌溉施肥、叶面施肥、无土栽培、浸种、蘸根等用途的液体或固体肥料。水溶性肥料是一种速效性化肥，客观存在的基本特征是水溶性好，可以完全溶解于水中，能被植物的根系和叶面直接吸收利用。水溶性肥料属于新型肥料，这类肥料的“新”不完全在于它的“水溶性好”和“全速效性”方面，而在于它的运用功能开发，包括应用途径、施用方法和纯度、剂型等方面。

随着园艺产品产量和品质的需求不断提高，水溶性肥料作为新型环保肥料由于使用方便，可和喷灌、滴灌结合使用，并可喷施、冲施，在提高肥料利用率、节约农业用水、减少生态环境污染、改善植物品质及减少劳动力等方面有重要作用。

与一般肥料相比，水溶性肥料具有施肥效率高、针对性强、植物吸收快、营养全面、效果好、用量省的优点。水溶性肥料也存在缺点：水溶性肥料价格普遍较高，不利于普及；水溶性肥料速效性强，难以在土壤中长期保存，施肥量需要严格控制；施用稍多，容易发生烧苗，造成肥料流失，既降低肥料的经济效益，又会造成环境污染。

1. 水溶性肥料主要类型　我国目前大量推广的水溶性肥料主要用于喷灌或随灌水施入（又称为冲施肥），又可分为清液型、氨基酸型、腐殖质型和生长调节剂型等。

清液型水溶性肥料是多种营养元素无机盐类的水溶液，分为微量元素水溶性肥料和大量元素水溶性肥料两种，一般要求其所含营养元素的总量不少于10%（表6-13）。

表6-13　微量元素水溶性肥料技术要求

项目		指标	
		固体	液体
微量元素（Fe，Mn，Cu，Zn，Mo，B）总量（以元素计）/%≥		10.0	
水分（H_2O）/%≤		5.0	—
水不溶物 /%≤		5.0	
pH（固体1+250水溶液，液体为原液）		5.0～8.0	≥3.0
有害元素	砷（As）（以元素计）%≤	0.002	
	铅（Pb）（以元素计）/%≤	0.002	
	镉（Cd）（以元素计）/%≤	0.01	

注：微量元素是指钼、硼、锰、锌、铜、铁6种元素中的两种或两种以上元素之和，含量小于0.2%的不计

氨基酸型水溶性肥料是以氨基酸为络合剂加入各种营养元素组成的，通过微生物发酵制成的氨基酸液，其氨基酸含量不低于8%；水解法制成的氨基酸液，其含量不低于10%，二者微量元素含量不低于4%（表6-14）。

腐殖酸型水溶性肥料是以黄腐酸为络合剂加入各种微量元素制成的，其技术要求同氨基酸型水溶性肥料。

生长调节剂型水溶性肥料是在以上三种水溶性肥料基础上加入生长调节剂和叶面展着剂（如烷基苯黄酸铵、有机硅表面活性剂等）制成的水溶性肥料。

表 6-14　含氨基酸水溶性肥料技术要求

项目		指标	
		发酵	化学水解
氨基酸含量 /%≥		8.0	10.0
微量元素（Fe，Mn，Cu，Zn，Mo，B）总量（以元素计）/%≥		4.0	
水不溶物 /%≤		5.0	
pH		3.5～8.0	
有害元素	砷（As）（以元素计）/% ≤	0.002	
	镉（Cd）（以元素计）/% ≤	0.002	
	铅（Pb）（以元素计）/%≤	0.01	

注：氨基酸分为微生物发酵及化学水解两种，产品的类型按生产工艺流程划分；微量元素钼、硼、锰、锌、铜、铁 6 种元素中的两种或两种以上元素之和，含量小于 0.2% 的不计

2. 水溶性肥料的施用　水溶性肥料施用一般都是与灌水相结合，通过不同的灌溉方式将肥料和灌溉水一体化施到根周围土壤或植物叶面。

新型水溶性肥料主要用作叶面喷施和浸种，适用于多种植物。浸种时一般用水稀释 100 倍，浸种 6～8h，沥水晾干后即可播种。而叶面喷施应注意以下几点：①喷施浓度一般可参考肥料包装上推荐浓度。一般喷施 600～750kg/hm^2 溶液；②喷施时期多数在苗期、花蕾期和生长盛期；③喷施部位应重点喷洒上中部叶片，尤其是多喷洒叶片反面，若为果树则应重点喷洒新梢和上部叶片；④可在肥料溶液中增添助剂（如肥皂粉等），提高肥料利用率；⑤喷施时，溶液湿润叶面时间要求能维持 0.5～1.0h，一般选择傍晚无风时进行喷施较宜；⑥为提高喷施效果，可将多种水溶性肥料混合或肥料与农药混合喷施，但应注意营养元素之间的关系、肥料与农药之间是否有害。

（二）缓 / 控释肥料的合理施用

新型缓 / 控释肥料主要类型有：缓 / 控释氮肥、新型磷肥、长效性氮肥、长效性磷肥、长效性钾肥等。缓 / 控释氮肥现已在草坪、多年生花卉等植物栽培中起到了良好的效果。

1. 长效性氮肥

（1）尿素甲醛（代号 UF）　尿素甲醛又称脲甲醛或甲醛尿素。它是国外应用最早和普遍使用的一种长效性氮肥。现已广泛应用于草地、树木上。尿素甲醛的全氮含量为 38%，其中水溶性氮只占 10%，热水溶性氮和热水不溶性氮各占 15% 左右，为白色无味的粉状或粒状的固体产品。

尿素甲醛肥料作基肥可一次施入，由于它养分释放缓慢，对一年生植物的前期生长往往显得氮肥供应不足，还必须配合施用其他速效性氮肥。尿素甲醛肥料施用在砂质土壤上有明显的后效。应用同位素 ^{15}N 所做的实验表明，砂土上施用尿素甲醛，在一年后仍有 20% 左右残留在土壤中。但在施用一般化学氮肥的处理中，氮素已完全消失。以等氮量计算，尿素甲醛对当季植物的肥效不如硝酸铵、尿素和硫酸铵。

（2）异丁叉二脲（代号 IBDU）　又称脲异丁醛，是由尿素分子和异丁醛分子缩合而成的产物。异丁叉二脲含氮 31%，是白色粉状物，不吸水，在冷水中溶解度极低。但

它在溶液中易被水解而产生尿素和异丁醛。溶液的温度越高，pH 越低，水解也越快。氮肥的利用率比尿甲醛肥料高一倍，可单独施用，也可与除磷酸钙以外的其他化肥作混合肥料施用。脲异丁醛适用于各种植物，一般作基肥用。它的利用率比尿素甲醛肥料高。

（3）草酰胺（代号 OA）　白色粉末，含氮量 31.8%，多以塑料工业的副产品氰酸为原料合成，成本低。属长效性氮肥，常作基肥一次性施入。草酰胺施于土壤后易造成 NH_3 挥发损失，造成局部 pH 升高和 NH_4^+ 的浓度增大，施用时应特别注意。

（4）包膜缓释氮肥　包膜缓释肥料是在速效氮肥的颗粒表面涂上一层惰性物质，以控制速效氮肥的溶解度和氮素的释放速率。经过包膜工艺加工后，氮肥就变为长效氮肥。目前采用的惰性物质有硫黄、石蜡、树脂、聚乙烯、沥青、油脂等。包膜肥料的品种有硫黄包被尿素、塑料膜包被碳酸氢铵、沥青包被碳酸氢铵、钙镁磷肥包被碳酸氢铵等。

沥青石蜡包被 NH_4HCO_3，根据施用方式不同，这种包膜氮肥有大小两种粒度。大粒 3～5g，其中包膜质量占 6% 左右，可作追肥施用；小粒 1.5g，包膜质量占 10% 左右，可作基肥施用。实验证明，包膜肥料施用后 10～12d 见效，肥效能持续 50～60d，氮素的利用率可提高到 75%。

硫黄包膜尿素（代号 SCU），简称硫衣尿素或硫包尿素，是经过硫黄包膜工艺加工后，速效性尿素变成长效性氮肥。在普通尿素颗粒表面涂上硫黄，再用石蜡等物质使之封闭，封闭物在土壤中受到微生物的作用，尿素能通过硫衣上的孔隙扩散出来。硫衣尿素中氮素的释放在温暖的条件下速度快，低温干旱条件下则慢。

钙镁磷肥包被 NH_4HCO_3 是一种能显著抑制 NH_3 的挥发和控制氮素释放速率的包膜肥料。在 NH_4HCO_3 粒肥表面包上一层钙镁磷肥，并用少量沥青、石蜡等作封闭物。这种包膜肥料含氮量为 14%～15%，含磷 3%～5%，其中 80% 属有效磷。从某些地区的实验结果看，既能节省劳动力又能获得增产，效果显著，但对生育期短的植物效果较差。

包膜缓释肥料一般作基肥一次施用，适合草地、观赏植物、果树等多年生植物。

2. 长效性磷肥

（1）聚磷酸盐　主要成分是焦磷酸、三聚磷酸或环状磷酸，含有效磷（P_2O_5）76%～85%，是一种超高浓度磷肥，具有较高水溶性。聚磷酸盐是一种白色小颗粒，粒径 1.4～2.8mm。在酸性土壤上施用效果与正磷酸盐相等，在中性和碱性土壤上施用优于正磷酸盐，但其具有较长的后效，其后效超过正磷酸盐，常作基肥一次性施入。聚磷酸盐的特点：可与金属离子形成可溶性络合物，减少磷的固定；制成液体肥料时，加入微量元素后仍呈可溶态；能在土壤中逐步分解正磷酸盐，一次足量施用可满足植物整个生育期的需要；在酸性土壤上施用不易被铁、铝固定，在石灰性土壤中易于分解，有效性高。

（2）磷酸甘油酯　有机磷化合物，含 P_2O_5 41%～46%，溶于水。施用方便，可以撒施，也可以与灌溉水结合施入土壤；在土壤中被磷酸酶水解为正磷酸盐后缓慢供植物利用。

3. 长效性钾肥　偏磷酸钾（0-60-40）、聚磷酸钾（0-57-37）是两种主要的长效性钾肥，二者均不溶于水，而溶于 2% 的柠檬酸，在土壤中不易被淋失，可以逐步水解，对植物不产生盐害，其肥效与水溶性钾的含量及粒径大小有关，大体上与氯化钾、硫酸钾相当或略低。常作基肥一次性施入。

三、生物类肥料的合理施用

生物类肥料主要包括直接用菌类作为肥料的生物肥料和菌类与有机肥复合的生物有机肥，如解磷菌类肥料和秸秆腐熟剂等生物肥料和商品生物有机肥料等。

（一）生物肥料的合理施用

1. 生物肥料的主要类型

（1）农用微生物菌剂　目前，微生物（有效菌）经过工业化生产扩繁后加工制成的活菌制剂，即农用微生物菌剂。它具有直接或间接改良土壤、恢复地力、维持根圈微生物区系平衡、降低有毒有害物质等作用；应用于园艺植物生产，通过其中所含微生物的生命活动，增加植物养分的供应量或促进植物生长、改善园艺产品品质及农业生态环境。农用微生物菌剂按内含的微生物种类或功能特性可分为根瘤菌菌剂、固氮菌菌剂、解磷类微生物菌剂、硅酸盐微生物菌剂、光合细菌菌剂、有机物料腐熟剂、促生菌剂、菌根菌剂、生物修复菌剂等。第四章已详细介绍，这里不再重复。

（2）复合微生物肥料　复合微生物肥料是指由特定微生物与营养物质复合而成，能提供、保持或改善植物营养，提高园艺产品产量或改善品质的活体微生物制品。复合微生物肥料产品按剂型分为液化、粉剂和颗粒。

2. 生物肥料的施用　生物肥料可用作基肥、追肥，可沟施、穴施，还可拌种、浸种、蘸根。生物有机肥一般作基肥、追肥。农用微生物菌剂、复合微生物肥料除作基肥、追肥外，还可叶面喷洒等，一般情况下生物肥料作基肥、种肥效果优于茎叶喷施。

3. 生物肥料施用注意事项　生物肥料是活性肥料，施用方法比化肥、有机肥料严格，有特定的施用要求，使用时要注意施用条件，严格按照产品使用说明书操作，否则难以获得良好的使用效果。施用中应注意以下几点。

（1）对土壤条件要求　生物肥料施入土壤后，需要一个适应、生长、供养、繁殖的过程，一般15d后可以发挥作用，见到效果，而且长期均衡地供给植物营养。

（2）对温度环境的要求　施用生物肥料时要注意温度、湿度的变化，在高温干旱条件下，微生物生存和繁殖会受到影响，不能充分发挥其作用。生物肥料适宜施用时间是清晨和傍晚或无雨阴天，并要结合盖土浇水等措施，以避免阳光中的紫外线将微生物杀死，避免生物肥料受阳光直射或因水分不足而难以发挥作用。

（3）生物肥料的配合施用　生物肥料可以单独施用，也可以与有机肥料混合施用。但生物肥料应避免与未腐熟的农家肥混用；不宜与化学肥料和农药混合施用。

（4）对水分的要求　生物肥料在水田里施用应干湿灌溉，促进生物菌活动，以好气性微生物为主的产品，则尽量不要用于水田。严重干旱的土壤会影响微生物的生长繁殖，生物肥料适宜的土壤含水量为50%～70%。

在生物肥料管理、存放时间等方面，要严格按说明书使用。

（二）生物有机肥

生物有机肥是指特定功能微生物与主要以动植物残体（如畜禽粪便、植物秸秆、农业废弃物等）为主要来源并经无害化处理、腐熟的有机物料复合而成的一类兼备生物肥料和有机肥效应的肥料。生物有机肥产品按剂型分为粉剂和颗粒。

中华人民共和国农业部种植业管理司（2005）将生物有机肥定义为：将特定功能微

生物与主要以动植物残体为载体的有机物料复合而成的一类兼具微生物肥料和有机肥料效应的肥料。

生物有机肥在施用方法上同普通有机肥。在施用量上，由于微生物对土壤养分的分解与转化，可起到减量增效作用，目前，在不同植物或土壤的减量施用正处于研究之中。

四、中微量元素肥料与复合（混）肥料

（一）中微量元素肥料的科学施用

中量元素包括钙、镁、硫；微量元素包括铁、锰、铜、锌、硼、钼、氯等营养元素。植物对中微量元素的需要量较少，但它们在保证植物正常生长发育方面的重要性与大量元素是相同的。一方面，当作物缺乏某种中微量元素时，园艺植物生长发育会受到明显的影响，产量和品质下降。另一方面，中微量元素过多也会使作物中毒，轻则影响产量和品质，严重时甚至危及人、畜健康。合理施用中微量元素肥料是一项简便易行、经济有效的增产措施。

1. 中量元素肥料的科学施用

（1）中量元素肥料的种类　中量元素钙肥、镁肥、硫肥的常用肥种类、主要成分及性质见表 6-15。

表 6-15　常用钙肥、镁肥、硫肥品种及主要成分、性质

种类	名称	主要成分	元素含量 /%	主要性质
钙肥	生石灰	CaO	CaO 90～96	白色粉末，强碱性，具吸湿性，有杀虫、灭草和土壤消毒功效，中和值 179
	熟石灰	$Ca(OH)_2$	CaO 75.5	白色粉末，碱性，中和土壤酸性的中和值 136，施用时不产热，较为常用
	碳酸石灰	$CaCO_3$ 或 $CaCO_3 \cdot MgCO_3$	CaO 35～40	不易溶于水，溶于酸，中和酸的能力缓效而持久，中和值 100
镁肥	硫酸镁	$MgSO_4$	Mg 20	酸性
	氯化镁	$MgCl_2$	Mg 25.6	中性
	硫酸钾镁	$MgSO_4 \cdot K_2SO_4$	Mg 6.6～19.4	碱性
硫肥	生石膏	$CaSO_4 \cdot 2H_2O$；	S 18.6	白色或灰色，微溶于水，玻璃或丝绢光泽
	熟石膏	$CaSO_4 \cdot 1/2H_2O$	S 20.7	呈白色粉末，易磨碎，吸湿性强
	硫黄	S	S 95～99	淡黄色脆性结晶或粉末，能溶于水，有特殊臭味，不易淋失，后效长

（2）中量元素肥料的施肥技术　钙肥中主要是石灰，多用来改良酸性土壤。可用作基肥和追肥。土壤中施用时可采用局部条施或穴施。石灰不能与氮肥、磷肥、钾肥、微肥等一起混合施用，一般先施石灰，几天后再施其他肥料。石灰肥料有后效，一般隔3～5 年施用一次。

土壤酸性强，质地粗，淋溶强，则易缺镁。酸性土壤缺镁时以施用硫酸钾镁效果良好；碱性土壤宜施氯化镁或硫酸镁，用量以镁计为 15～25kg/hm^2。果树每穴施硫酸镁

3.75kg 左右。硫酸镁可叶面喷施，浓度为 1%～2%。

宜施于酸性土壤和砂质土壤；宜施用需硫量高的植物，如结球甘蓝、花椰菜、四季萝卜、葱、蒜、菜豆等植物；石膏可作基肥、追肥和种肥；基肥用量一般为石膏 225～375kg/hm^2，硫黄 7.5～15kg/hm^2；石膏可作碱土改良剂，用量和方法可根据碱土情况而实验后确定。

2. 微量元素的诊断与施肥施用　常见微量元素肥料包括铁肥、锰肥、铜肥、锌肥、硼肥、钼肥、锰肥。这里重点介绍施肥注意事项。

（1）微量元素的营养诊断

1）外观诊断：外观诊断是根据植物表现出来的缺素症状进行判断，在园艺植物栽培中，一般在生长的中期和后期出现缺素病状，往往此时补充，产量和品质已受到一定的影响。

2）根外喷施诊断：根外喷施诊断是建立在外观诊断的基础上，典型的病症，如大白菜的“干烧心”、苹果的“小叶病”，这是缺钙和锌造成的；而“失绿症”，则需分析是缺铁还是缺锰引起的。如果发病初期，需要根外喷施，选择硫酸铁和硫酸锰，配制成 0.1%～0.2% 的浓度，喷洒在病叶或浸泡、涂抹等方法，7d 后观察，叶片恢复正常的，即可确认为缺乏该微肥。

3）注射诊断：包括小枝注射诊断和叶脉注射诊断。类似绿萝，小枝条丛生，用注射器将疑似所缺微肥的水溶液注射到小枝基部，通过植物的蒸腾作用，将养分运输至叶片，进行观察判断。叶脉注射是针对叶片大、叶脉清晰的植物，如君子兰等。

4）化学诊断：主要分为土壤诊断和植株诊断，对照各种微量元素丰缺状况进行判断。

土壤诊断指标可查询全国第二次土壤普查的土壤养分分级标准（表 5-9）。

植株诊断一般采用全量分析，在植物不同生育期取正常植株和不正常植株的同一部位如叶片、叶柄等，测定含量，进行对比，多采用干样品。园艺植物诊断指标见表 6-16。

表 6-16　园艺植物微量元素含量范围和判断指标

元素	园艺植物	采样部位及时间	养分含量状况（干物质基）/(mg/kg)			资料来源
			缺乏	足够	过多	
铁	苹果	新梢茎部叶片，6 月 15 日～8 月 15 日	＜50	50～150	＞150	Neubert P. 等. 植物分析图表，1970
	桃	新梢中部和近基部完全发育的叶片，开花后 12～14 周	＜124	124～152	＞152	
锰	温室番茄	上部茎的成熟叶片	＜8	35～240	241～1000	Neubert P. 等. 植物分析图表，1970
	苹果	新梢茎部叶片，6 月 15 日～8 月 15 日	＜35	35～105	＞105	
	桃	新梢中部和近基部完全发育的叶片，开花后 12～14 周	＜19	119～142	＞142	
铜	温室番茄	上部茎的成熟叶片	＜5	8～15	＞15	Neubert P. 等. 植物分析图表，1970
	苹果	新梢茎部叶片，6 月 15 日～8 月 15 日	＜5	5～12	＞12	
	桃	新梢中部和近基部完全发育的叶片，开花后 12～14 周	＜7	7～12	＞12	

续表

元素	园艺植物	采样部位及时间	养分含量状况（干物质基）/(mg/kg)			资料来源
			缺乏	足够	过多	
锌	温室番茄	上部茎的成熟叶片	<9	20～200	201～500	Neubert P. 等. 植物分析图表，1970
	苹果	新梢茎部叶片，6月15日～8月15日	<25	25～50	>50	
	桃	新梢中部和近基部完全发育的叶片，开花后12～14周	<17	17～30	>30	
硼	芹菜	叶片	15	27～48	—	刘芷宇等. 主要作物营养失调症状图谱
	温室番茄	上部茎的成熟叶片	<10	30～75	76～200	Neubert P. 等. 植物分析图表，1970
	苹果	新梢茎部叶片，6月15日～8月15日	<25	25～50	>50	
	桃	新梢中部和近基部完全发育的叶片，开花后12～14周	<28	28～48	>48	
钼	温室番茄	上部茎的成熟叶片	<0.13	0.3～0.7	>0.7	Neubert P. 等. 植物分析图表，1970

（2）微量元素肥料的施用注意事项　微量元素肥料一般不提倡采用土施的方法，如要土施，应与有机肥料混合施用。叶面喷施是微量元素施用的主要方式，一般采用水溶性好的肥料，不同肥料的浓度与植物所处的生育时期有关，需经过实验后确定，喷施一般为7d左右1次，以喷2～3次为宜，每次喷施以叶面完全湿润为宜；施用方法有根系埋瓶、穴施、环施、放射状施肥、喷施、拌种、浸种、蘸秧根、注射施肥、打孔施肥。不提倡撒施，少用条施。

1）针对植物对微量元素的反应施用：各种作物对不同的微量元素有不同的反应，敏感程度也不相同，需要量也有差异，因此，将微量元素肥料施在需要量较多、对缺素比较敏感的植物上，发挥其增产效果。

2）针对土壤中微量元素状况而施用：不同类型、不同质地的土壤其施用微量元素肥料的效果不同。一般来说，缺铁、硼、锰、锌、铜，主要发生在北方石灰性土壤上，而缺钼主要发生在酸性土壤上。酸性土壤施用石灰会明显影响许多种微量元素养分的有效性，因此，施用时应针对土壤中微量元素状况。

3）把施用大量元素肥料放在重要位置上：虽然微量元素肥料和氮、磷、钾三要素都是同等重要和不可代替的，但是在园艺植物生产中，微量元素肥料的效果，只有在施足大量元素肥料的基础上才能充分发挥出来。

4）严格控制用量，力求均匀一致：微量元素肥料用量过大对植物会产生毒害作用，而且有可能污染环境，或影响人畜健康，因此，施用时应严格控制用量，力求做到施用均匀。

总之，微量元素肥料的施用注意事项可总结为：力求均匀一致、严格控制用量、要有针对性。

（二）复（混）合肥料的施用

复（混）合肥料是复合肥料和混合肥料的统称，由化学方法或物理方法加工而成。复（混）合肥料发展趋势是向浓缩化、液体化、缓效化和多元素方向发展。

1. 复（混）合肥料的概念、种类与特性

（1）复（混）合肥料的概念　复（混）合肥料是指含有N、P、K中任何两种或三种营养元素的肥料总称。根据复（混）合肥料中含有N、P、K营养元素的多少分为二元复（混）合肥和三元复（混）合肥；三元复（混）合肥料中还含有微量元素，这种复（混）合肥料称为多元复（混）合肥；在多元复（混）合肥料的基础上又增加了生长调节剂等成分，则称为多功能复合肥。复（混）合肥料有效成分以含N-P_2O_5-K_2O（%）的总量来表示，但其每种养分最低不少于4%。一般总含量在25%～60%。总含量在25%～30%的为低浓度复（混）合肥料；30%～40%的为中浓度复（混）合肥料；大于40%的为高浓度复（混）合肥料。以下将复（混）合肥料简称为复合肥料。

（2）复合肥料种类及特性　复合肥料一般分为二元复合肥料和三元复合肥料两大类。由于生产方法不同，所含化合物的种类数量不同。因此，各类复合肥料的养分数量、比例及施用技术也有所不同。现将主要的二元复合肥料、三元复合肥料分述如下。

1）磷酸铵：磷酸铵简称磷铵，分为磷酸一铵、磷酸二铵和磷酸三铵。

磷酸一铵也称安福粉。它的性质稳定，易溶于水，25℃时，100g水可溶解41.6g，水溶液pH为7.0～7.2，属化学中性肥料。纯净的磷酸一铵含N 12.2%、P_2O_5 61.8%。磷酸二铵也称重安福粉，它的性质比较稳定。在70℃以上高温下会放出部分氨，生成磷酸一铵。磷酸二铵易溶于水，25℃时，100g水中可溶解72.1g，水溶液呈碱性反应，pH为8.0，纯净的磷酸二铵含N 21.2%、P_2O_5 53.8%。磷酸三铵很不稳定，易分解。

磷酸铵含N 12%～18%、P_2O_5 46%～52%，其中的氮、磷是速效性的，易被植物吸收利用。国内也有两种规格的磷酸铵肥料，一种是以磷酸一铵为主，含N 12%左右、P_2O_5 52%左右；另一种是以磷酸二铵为主，含N 18%左右、P_2O_5 46%左右。

磷酸铵是以磷为主的氮、磷二元复合肥料，适于各种土壤和植物，特别适于缺磷的土壤和需磷较多的植物，颗粒磷酸铵最适合条施作种肥和基肥。

2）硝酸磷肥：硝酸磷肥是氮、磷二元复合肥料。制作优点是不用硫酸分解磷矿石，因而不受硫资源的限制。所用的硝酸起双重作用，不但分解磷矿石，而且本身也是一种氮肥。

硝酸磷肥的制法有碳化法、混酸法和冷冻法三种。因工艺过程不同，制成的硝酸磷肥成分、含量也不同，见表6-17。

表6-17　各种硝酸磷肥的成分及性质

肥料名称	主要化合物	有效成分（N：P_2O_5：K_2O）	水溶性磷占全磷/%
碳化法硝酸磷肥	$CaHPO_4+NH_4NO_3$	18：12：0	0
混酸法硝酸磷肥	$CaHPO_4+NH_4H_2PO_4+NH_4NO_3$	12：12：0	30～50
冷冻法硝酸磷肥	$CaHPO_4+NH_4H_2PO_4+NH_4NO_3$	20：20：0	75

各类硝酸磷肥有一定的吸湿性，故多制成颗粒肥料。硝酸磷肥中氮素约有一半为硝态氮，易流失，故宜用于旱地作基肥和追肥。

3）硝酸钾：硝酸钾为无色结晶，含N 12%～15%，K_2O 45%～46%，不含副成分，吸湿性小于一般的硝酸盐，是一种氮、钾二元复合肥料。硝酸钾除少数由天然矿物直接开采，大多数通过合成法或复分解法制取。合成法是将氯化钾与65%浓度的硝酸，在75℃下反应制成硝酸钾，氯气和亚硝酰氯可回收利用。

用复分解法制成的肥料含钾多、含氮少，最适于烟草、甜菜、马铃薯、甘蔗等喜钾植物。烟草和甜菜对硝态氮反应优于铵态氮，施用硝酸钾尤为合适。硝酸钾适于作追肥。

硝酸钾易燃、易爆。在运输、贮藏和施用时注意防高温、切忌与易燃物接触。

4）磷酸二氢钾：磷酸二氢钾是以硫酸钾（或氯化钾）加生石灰生成氢氧化钾，再用磷酸中和制得。

磷酸二氢钾为白色结晶，含 P_2O_5 52.5%、K_2O 34.5%。易溶于水，水溶液呈酸性反应，pH3～4，吸湿性小。磷酸二氢钾价格比较昂贵，最适合作根外追肥或浸种。根外追肥的适宜浓度为 0.1%～0.3%，喷施磷酸二氢钾溶液以 750～1100kg/hm^2 为宜。喷施时间茄果类以坐果期为宜，浸种适宜浓度为 0.2%，种子浸泡 10～20h，捞出晾干即可播种。

5）硝酸磷钾肥：硝酸磷钾是在混酸法制硝酸磷肥的基础上再添加钾盐而制成的三元复合肥料。其中的氮、钾都是水溶性的速效养分，磷有 30%～50% 为水溶性，50%～70% 为弱酸溶性养分。硝酸磷钾肥为淡褐色颗粒，有吸湿性，应注意防潮。

6）铵磷钾肥：铵磷钾肥是硫酸铵、硫酸钾和磷酸盐按不同比例混合而成的三元复合肥料，也可以由磷酸铵和钾盐混合制成。由于我国各地土壤、气候条件差异很大，植物种类很多，对三元复合肥料的氮、磷、钾比例有不同的要求。铵磷钾肥物理性状较好，氮、磷、钾养分基本上都是速效的，易被植物吸收，可作基肥、追肥，配合适当氮肥施用。

此外，各种单质肥料简单地混合在一起的复合肥称为“BB 肥”，这里不作介绍。

2. 复合肥料的科学施用

（1）有机无机复合肥料的合理施用　　有机无机复合肥料是以无机原料为基础，填充物采用烘干鸡粪、经过处理的生活垃圾、污水处理厂的污泥及草炭、蘑菇渣、氨基酸、腐殖酸等有机物质，然后经造粒、干燥后包装而成（表 6-18）。主要特点：速效养分能满足植物当季生长需要，同时又向土壤中补充了部分有机肥料，可以起到培肥地力的作用，也向土壤提供了部分有机缓效养分。

表 6-18　有机无机复合肥料的技术要求

项目	指标
总养分（$N+P_2O_5+K_2O$）① /%	≥15.0
水分（H_2O）/%	≤10.0
有机质 /%	≤20.0
粒度（1.00～4.75mm 或 3.35～5.60mm）/%	≥70
pH	5.5～8.0
蛔虫死亡率 /%	≥95
大肠菌值	≥10^{-1}
氯离子（Cl^-）② /%	≤3.0
砷（As）及其化合物（以元素计）/%	≤0.0050
铅（Pb）及其化合物（以元素计）/%	≤0.0150
铬（Cr）及其化合物（以元素计）/%	≤0.0500

续表

项目	指标
汞（Hg）及其化合物（以元素计）/%	≤0.0005
镉（Cd）及其化合物（以元素计）/%	≤0.0010

注：①标明的单一养分含量不低于 2.0 %，且单一养分测定值与标明值负偏差的绝对值不大于 1.0 %；②如产品 Cl^-含量大于 3.0 %，并在包装容器上标明“含氯”，该项目可不作要求

有机无机复合肥料一可作基肥：宜全耕层深施或条施。二可作种肥：可采用条施或穴施，将肥料施于种子下方 3～5cm，防止烧苗；如用作拌种，可将肥料与 1～2 倍细土拌匀，再与种子搅拌，随拌随播。

（2）*微生物复合肥料的施用*　是指两种或两种以上的微生物，或一种微生物与其他营养物质复配而成的肥料。每公顷用复合生物肥料 15～30kg 与有机肥料或细土混匀后沟施、穴施、撒施作基肥；果树或园林树木幼树每棵 200g 环状沟施、成年树每棵 0.5～1.0kg 放射状沟施；每公顷用肥 15～30kg 兑水 3～4 倍，移栽时蘸根或灌根；苗床土用肥 200～300g/m^2 与之混匀后播种；花卉草坪可用复合生物肥料 10～15g/kg 盆土或作基肥；根据不同植物用 15～30kg/hm^2 复合生物肥料与化肥混合，用适量水稀释后，灌溉时随土冲施。

随着科技的不断发展，根据园艺生产的需要，许多专用型肥料正在试用中，如草坪等多年生植物所需的缓控释肥；用于育苗的磁性肥料；另外，工农业废物作为肥料的原料，如粉煤灰、菇渣等。因此，有待于不断探索与开发。

【实践技能】

技能训练 6-1　蔬菜中氮素营养分析

氮素能促进植株叶面积增加和营养器官发育，使树木花卉叶色浓绿，多分枝而健壮，为繁殖器官的形成创造良好的条件。因此，在蔬菜生长期，充足的氮素营养有利于生长。

一、样品准备

取正处于旺盛生长期的蔬菜地上部植株 20～30g 鲜样，在 75～85℃的恒温干燥箱烘至恒重。粉碎样品，过 0.5mm 筛，装入塑封袋备用。

二、仪器、试剂

400g/L NaOH 溶液；20g/L H_3BO_3 指示剂溶液；0.01mol/L 盐酸标准溶液；仪器为蒸馏装置、恒温干燥箱、天平（0.0001g）、粉碎机。

三、样品的消煮

称取植物样品（过 0.5mm 筛）0.3～0.5g（称准至 0.0002g）装入 100mL 消煮管的底部，加浓 H_2SO_4 8mL，摇匀（最好放置过夜），在消煮炉上先 170℃小火加热 30min，待 H_2SO_4 发白烟后再逐步升高温度至 300℃加热样品。

当溶液呈均匀的棕黑色时取下，稍冷后加入 10 滴 30% H_2O_2，再继续消煮约 10min，重复上步操作，但每次添加的 H_2O_2 应逐次减少，消煮至溶液呈无色或清亮

后，加入 30mL 蒸馏水，再加热 10min，除去剩余的 H_2O_2。取下冷却后，用水将消煮液无损地转移入 100mL 容量瓶中，冷却至室温后定容（V_1）。用无磷钾的干滤纸过滤，或放置澄清后吸取清液测定氮、磷、钾。每批消煮同时进行空白实验，以校正试剂和方法误差。

四、消煮液氮含量的测定

植物样品经开氏消煮、定容后，吸取部分消煮液碱化，使铵盐转变成氨，经蒸馏，用硼酸（H_3BO_3）吸收，硼酸中吸收的氨可直接用标准酸滴定，以甲基红 - 溴甲酚绿混合指示剂指示终点。

蒸馏：吸取定容后的消煮液 5～10mL（V_2），注入半微量蒸馏器的内室。另取 150mL 锥形瓶，内加 5mL 2% H_3BO_3 指示剂溶液（若为包括硝态氮的待测液，应加约 6mL 的 400g/L NaOH 溶液），通过蒸气蒸馏待馏出液体积达 50～60mL 时，停止蒸馏，用少量已调节至 pH4.5 的水冲洗冷凝管末端。用酸标准溶液滴定馏出液至由蓝绿色突变为紫红色（终点的颜色应和空白测定的滴定终点相同）。与此同时进行空白测定的蒸馏、滴定，以校正试剂和滴定误差。

五、结果计算

$$\omega（\mathrm{N}）=C（V-V_0）\times 0.014\times D\times 100/m$$

式中，ω（N）为植物全氮的质量分数（%）；C 为酸标准溶液的浓度（mol/L）；V 为滴定试样所用的酸标准液体积（mL）；V_0 为滴定空白所用的酸标准液体积（mL）；0.014 为 N 的摩尔质量（kg/mol）；D 为分取倍数（即消煮液定容体积 V_1/ 吸取测定的体积 V_2）。

六、分析与讨论

根据蔬菜中氮含量结果，分析蔬菜在这一时期是否需要补充氮素。

技能训练 6-2　蔬菜中磷素营养分析

磷有促进植物根系生长和开花结果的功效，因此充足的磷素供应是蔬菜丰产、优质的保证。

一、样品处理

样品的准备和消煮同蔬菜中氮含量的测定。

二、测定原理

采用钒钼黄吸光光度法，样品经浓 H_2SO_4 消煮使各种形态的磷转变成磷酸盐，待测液中的正磷酸与偏钒酸和钼酸能生成黄色的三元杂多酸，其吸光度与磷浓度成正比，可在波长 400～490nm 处用吸光光度法测定。磷浓度较高时选用较长的波长，较低时选用较短波长。此法的优点是操作简便，可在室温下显色，黄色稳定，在 HNO_3、$HClO_4$ 和 H_2SO_4 等介质中都适用，对酸度和显色剂浓度的要求也不十分严格，干扰物少，在可见光范围内灵敏度较低，适测范围为 1～20mg/L，故广泛应用于含磷较高而且变幅较大的植物和肥料样品中磷的测定。

三、仪器、试剂

1）钒钼酸铵溶液：25.0g 钼酸铵（分析纯）溶于 400mL 水中，必要时可适当加热，但温度不得超过 60℃。另将 1.25g 偏钒酸铵（分析纯）溶于 300mL 沸水中，冷却后加入 250mL 浓 HNO_3（分析纯）。将钼酸铵溶液缓缓注入钒酸铵溶液中，不断搅匀，最后加水稀释至 1L，贮于棕色瓶中。

2）NaOH 溶液（C=6mol/L）：24.0g NaOH 溶于水，稀释至 100mL。

3）二硝基酚指示剂（ρ=2 g/L）：0.2g 2,6- 二硝基酚或 2,4- 二硝基酚溶于 100mL 水中。

4）磷标准溶液 ρ（50mg/L）：0.2195g 干燥的 KH_2PO_4（分析纯）于水，加入 5mL 浓 HNO_3，于 1L 容器瓶中定容。

主要仪器设备为分光光度计、天平（感量 0.0001g）。

四、操作步骤

准确吸取过滤或澄清后的消煮液 5～20mL（V_2）（一般为 10mL）放入 50mL 容量瓶中，加 2 滴二硝基酚指示剂，滴加 6mol/L 的 NaOH 中和至刚呈微黄色，加入 10.00mL 钒钼酸铵试剂，用水定容（V_3）。15min 后，用 1cm 光径的比色槽在波长 440nm 处进行测定，以空白溶液（空白溶液消煮液按上述步骤显色），调节仪器零点。校准曲线或直线回归方程：准确吸取 50mg/L 的 P 标准液 0mL，1mL，2.5mL，7.5mL，10mL，15mL 分别放入 50mL 容量瓶中，按上述步骤显色，即得磷的标准系列溶液，与待测液一起进行测定，读取吸光度，然后绘制校准曲线或求直线回归方程。

五、结果计算

$$\omega(\mathrm{P})=\rho(\mathrm{P})\times V_3\times(V_1/V_2)\times 10^{-4}/m$$

式中，ω（P）为植物磷的质量分数（%）；ρ（P）为从校准曲线或回归方程求得的显色液中磷的质量浓度（mg/L）；V_1 为消煮液定容体积（mL）；V_2 为吸取测定的消煮液体积（mL）；V_3 为显色液体积（mL）；m 为称样量（g）；10^{-4} 为将 mg/L 浓度单位换算为百分含量的换算因数。

六、分析与讨论

根据蔬菜中磷含量结果，分析蔬菜在这一时期是否需要补充磷肥。

技能训练 6-3　蔬菜中钾素营养分析

钾是肥料三要素之一，常被誉为品质元素和抗逆元素，钾有促进壮苗和提高抗逆性的功能。因此分析钾素营养非常重要。

一、仪器试剂

仪器：天平（感量 0.01g），火焰光度计、锥形瓶（150mL、100mL 及配套瓶塞）、牛角勺、移液管（50mL）、漏斗、容量瓶（100mL）、滤纸。

试剂配制如下。

1）1.0mol/L 乙酸铵溶液：称取 77.08g 乙酸铵（CH_3COONH_4，化学纯）溶于近 1L 水中，用稀 CH_3COOH 或稀氨水调 pH 至 7.0，然后定容至 1000mL。

2）100mg/L 钾标准溶液：称取 0.1907g 氯化钾（KCl，分析纯，在 110℃条件下烘 2h）溶于 1.0mol/L 乙酸铵溶液中，定容至 1L，即为钾标准溶液。

3）钾标准系列溶液：吸取 100mg/L 钾标准溶液 0mL、2mL、5mL、10mL、20mL、40mL，分别放入 100mL 容量瓶中，用 1.0mol/L 乙酸铵溶液定容，即得 0mg/kg、2mg/kg、5mg/kg、10mg/kg、20mg/kg、40mg/kg 的钾标准系列溶液。

二、测定方法

1. 样品处理 样品的准备和消煮同蔬菜中氮含量的测定。

2. 测定步骤 吸取定容后的消煮液 10mL 放入 50mL 容量瓶中，用水定容 50mL。直接在火焰光度计上测定，读取检流计读数。

标准曲线：准确吸取 100μL/L 钾标准溶液 0mL，0.5mL，1.0mL，2.5mL，5.0mL，10mL，20mL，分别放入 50mL 容量瓶中，加入定容后的空白消煮液 5mL 或 10mL（使标准溶液中的离子成分和待测液相近），加水定容，即得钾的标准系列溶液。以浓度最高的标准溶液测定火焰光度计检流计的满度，以 0mg/L 调仪器的零点，然后从稀到浓依次进行测定，记录检流计读数，以检流计读数为纵坐标绘制标准曲线。

三、结果计算

$$全钾（\%）=\rho V \mathrm{ts}\times 10^{-4}/m$$

式中，ρ 为显色液钾的质量浓度（μL/mL）；V 为显色液体积（mL）；ts 为分取倍数；m 为干样品质量（g）。

四、分析与讨论

根据蔬菜中钾含量结果，分析蔬菜在这一时期是否需要补充钾肥。

【知识拓展】

稀土肥料的应用

稀土元素是化学周期表第ⅢB 族的一组元素，即由原子序数为 57～71 的镧系元素镧（La）、铈（Ce）、镨（Pr）、钕（Nd）、钷（Pm）、钐（Sm）、铕（Eu）、钆（Gd）、铽（Tb）、镝（Dy）、钬（Ho）、铒（Er）、铥（Tm）、镱（Yb）、镥（Lu），以及与镧系密切相关的钇（Y）和钪（Sc）共 17 种元素的盐类化合物，由于数量很少，因此这些元素称稀土元素，简称稀土，具有稀土标明量的肥料称为稀土肥料。

1. 稀土肥料的作用

（1）提高种子发芽率和促进根系生长　植物种子经适量浓度的稀土化合物搅拌、浸泡之后，种子活力增加，出苗率提高；适量浓度的稀土元素还可促进植物根系的生长发育，提高根系活力，促进根分化和代谢活动，根数明显增多、根长明显增长、根重提高更多，从而提高根对 N、P、K 等营养素和水分的吸收，促进植物地上部分的生长，植株增高，分蘖或分枝增多有利于促进植株的生长。

（2）增强光合作用　稀土能有效促进叶片生长，叶重、叶面积和叶厚明显增加，能显著提高叶片叶绿素含量，增强光合作用。

（3）提高产品的产量，改善产品品质　稀土具有提高植物产量、改善品质和降低园艺产品中重金属含量及提高食品安全性等良好作用，作用于柑橘单株可增产 12.4%。

（4）增强植物抗逆能力　植物在复杂的生活环境中能抵抗不良环境条件的影响，对保障产量发挥重要的作用。通过给植物施用稀土的实践证明，植物对盐渍、干旱、低温等不良环境影响的抵抗能力极大增强。

2. 稀土肥料的种类　稀土肥料多数由稀土精矿或含稀土元素的矿渣制成。现在农用稀土微肥以镧（La）、铈（Ce）这两种元素为主，包括少量镨（Pr）、钕（Nd），通常为硝酸盐［$R(NO_3)_2$］的混合物。包括氯化稀土、硝酸稀土、稀土复盐、氢氧化稀土、硫酸稀土等。

常用品种为硝酸稀土［$R(NO_3)_2$］：低毒，水溶性稀土盐类，有固体和液体两种，固体为结晶型，易溶于水，水解性很强，不用时密封。

3. 稀土肥料的施用方法

（1）叶面喷施　将硝酸稀土配制成 0.03%～0.05% 的浓度进行叶喷，用硫酸和盐酸调节 pH，如核桃 0.13%、枣 0.08%，桃李、葡萄、板栗、柑橘 0.05%～0.1%。

（2）浸种　浸种时间 8～12h，浓度 0.05%。如果用于浸泡扦插枝条基部（1cm、2cm），溶液浓度为 0.01%，时间为 12h，利于生根。

（3）拌种　用 80～100mL 肥液均匀喷洒，随即搅拌，晾干播种。一般用量为每千克种子 4g 稀土。

（4）蘸秧根　时间 3～5min，浓度 0.4%～0.6%。有利于缓苗。

施用稀土肥料时应注意：稀土只能起促进植物吸收养分的作用，不能代替有机肥和化肥。同时，喷施稀土必须在养分充足的条件下才能起增产作用。此外，稀土不得与化肥和农药混用。

另外，还有以稀土为原料制成的复合肥——稀土复合肥，是将稀土制成固体或液体的调理剂，以每吨复合肥加入 0.3% 的硝酸稀土的量配入生产复合肥的原料而生产的复合肥料。施用稀土复合肥不仅可以起到叶面喷施稀土的作用，还可以对土壤中一些酶的活性产生影响，对植物的根有一定的促进作用。喷施方法同一般复合肥料。

【巩固训练】

一、关键词

稀土元素、复合肥、生物肥料

二、简答题

1. 生物肥料对园艺植物生产贡献有哪些？
2. 总结喜酸喜碱性肥料的果树、蔬菜和花卉各有哪些？
3. 稀土元素肥料和微量元素肥料的区别有哪些？
4. 你所在地区施用哪些肥料？施用过程中存在的错误有哪些？

【整理归纳】

园艺植物生产的养分环境的分析与应用见图 6-5。

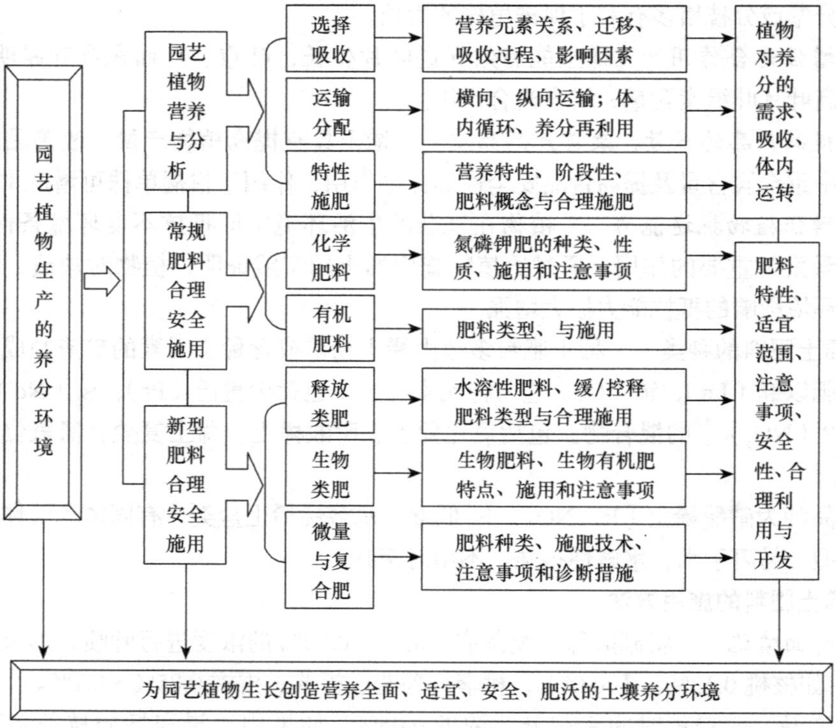

图 6-5　园艺植物生产养分环境的内容结构图

第七章　园艺植物生产的气体环境

【综合目标】

➢ 能力目标

1. 会分析影响园艺植物生产的二氧化碳气体浓度，能确定影响生产的主要因素。
2. 能根据作物种类和环境条件，制订调控露地和设施内二氧化碳浓度的技术方案，并能进行有效的实施。

➢ 知识目标

1. 了解大气的组成、二氧化碳的增产意义。
2. 掌握大气、作物层和设施内二氧化碳浓度的变化规律及影响因素。
3. 掌握对露地和设施内气体进行调控的技术措施。

【内容要点】

本章主要包括大气的组成、大气、作物层和设施内二氧化碳浓度变化规律，二氧化碳在园艺植物生产中的增产作用和植物对二氧化碳的利用，对露地和设施环境中的气体特点进行分析，人为调控露地和设施环境中的二氧化碳浓度。

第一节　园艺植物生产的气体环境分析

【学习目标】

1. 了解大气的组成。
2. 掌握园田中二氧化碳浓度的变化规律及影响因素、设施环境中气体的特点。
3. 能够分析园田和设施中二氧化碳浓度变化及影响二氧化碳浓度变化的主要因素。

【内容分析】

大气中的二氧化碳为地球上绿色植物的光合作用提供了碳素原料，绿色植物通过光合作用不断地将二氧化碳合成为生物有机碳固定下来，同时又通过各种氧化作用不断地将各种有机碳氧化分解为二氧化碳补充到大气中。本节内容主要是通过对大气组成成分的分析，掌握对园艺植物生产产生重要影响的气体种类，特别是园田和园艺设施内二氧化碳浓度的变化规律，为在园艺植物生产中合理利用、调控气体环境因素提供依据。内容见图 7-1。

大气由多种成分构成，其中有些对植物生长发育是有益的，有些是有害的。这些成分中对植物生产意义最大是二氧化碳，它为植物生产提供了碳素营养，绿色植物光合作用的固定，使得大气和作物层中二氧化碳浓度发生有规律的变化。在半封闭或封闭的园艺设施内，气体成分又有着与自然界不同的特点。

一、大气的组成成分分析

20～30km 以下的低层大气中主要有三类组成成分，即干洁大气、水汽和微粒杂质。

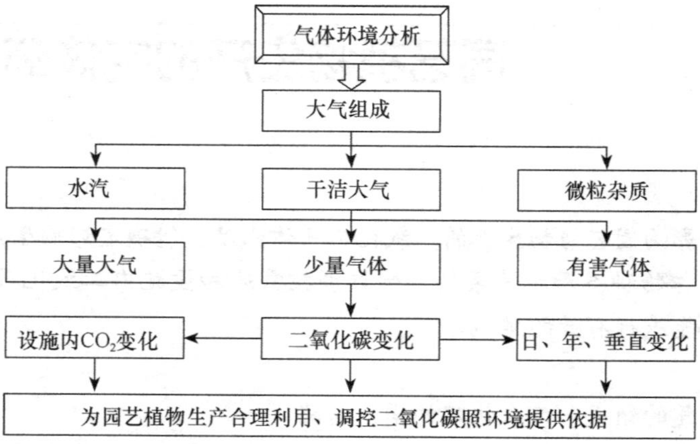

图 7-1　园艺植物生产的气体环境分析图

（一）干洁大气

干洁大气是指构成大气的各种气体的混合物，主要成分是氮、氧、氩，此外还有少量的CO_2、氢、氦、氖、氪、臭氧及一些有害气体等，这是构成大气的基本成分。由于它们的沸点都很低，在自然条件下永无液化的可能，因此干洁大气是永久性气体。在这些成分中，由于生物和人类的活动，二氧化碳的含量有很大的变化。在干洁大气中，与园艺植物生产关系密切的成分有以下几种。

1. 氮气　大气中氮气的含量达到78%，它是植物有机体中氮素的主要来源。在植物有机体中氮素含量仅占0.6%，其中大部分以蛋白质形式存在于有机体中，植物体中的蛋白质含量虽少，作用却很大，因为没有蛋白质就没有生命。大气中氮素含量很大，但它却不能被绝大多数植物直接利用，除了少数根瘤菌等生物可以直接由大气中固氮外，大气中的氮，必须首先靠工业化学方法固定下来，把氮变成硝态氮和氨态氮才能为作物所吸收。大气中的闪电也可以将少量的氮氧化成硝态氮，随着雨水进入土壤中，供植物吸收利用。

2. 氧气　大气中的氧气占大气总量的21%，其中一部分进入土壤或溶于水中。大气、土壤空气和水层中的氧，是植物茎叶和根系进行呼吸所必不可少的成分。目前尚未发现空气中的氧对园艺植物生长发育有亏缺的现象，但土壤和水中缺氧，常是园艺植物生产中的问题。土壤中如果缺氧，将影响土壤微生物的活动，植物根系也将受到损伤，这就是为什么要经常采取松土等措施以调节土壤中的氧气含量。土壤长期积水，也会造成土壤缺氧，水生植物的根虽生长在水中，但也要不断有含氧的水更换，才能保证根系对氧的吸收。

3. 二氧化碳　二氧化碳是植物进行光合作用制造有机物质必不可少的原料，是本章要讨论的重点。

4. 有害气体　有害气体按其含量依次排列为一氧化碳、硫的氧化物、碳氢化合物、氮的氧化物。当这些有害气体成分达到某一数量以上时，就可能对植物和土壤产生危害。

（1）一氧化碳　大气中的一氧化碳来源于矿物燃料的不完全燃烧，即碳的不完全氧化。虽然一氧化碳大量地被释放到大气中，但它似乎并未在大气中不断积累。一氧化碳对动物的危害是确定无疑的，但对植物是否有害尚不清楚。在用烧煤直接加热的温室内，当一氧化碳浓度增加到对人有危害时，作物并不显出受害的症状。

（2）硫的氧化物　大气中硫的氧化物主要是二氧化硫。估计大气中二氧化硫气体有 80% 以上来自含硫燃料的燃烧。二氧化硫接触植物后，由气孔、水孔侵入植物体内与体内有机酸分解产生的醛类化合，产生另一种有机酸，这种有机酸会对植物产生危害。其被害症状，在形态上表现为叶、茎、花等变成白色或灰白色，有的产生黄化现象，有的出现褐色斑点；在生理上表现为光合作用和呼吸作用受到障碍，使光合作用强度下降，在低浓度（$5mL/m^3$）下，使呼吸作用增加，在高浓度下则阻碍呼吸作用。二氧化硫对植物危害的程度，还因二氧化硫的浓度、接触二氧化硫的时间，以及环境条件如光强、温度、湿度、水肥管理等因素和植物本身生育时期而异。例如，二氧化硫浓度较高时，短期的接触就能使植物受害；浓度低时，接触几天以后，才能受害。此外，太阳辐射条件对二氧化硫的危害程度也有影响，在直射光的条件下，植物受害程度大于遮阴处。施肥情况对植物受害程度也有影响。例如，施用钾肥的植物，受二氧化硫危害较轻。不同植物及植物不同的生育期受害情况也不一样。空气中的二氧化硫与水结合可以形成亚硫酸（H_2SO_3）与硫酸（H_2SO_4），它们增加了雨水的酸度，这部分降水又使土壤和湖泊、河流中的酸度提高，并影响土壤、湖泊、河流中生态系统的稳定性。

（3）碳氢化合物　大气中的碳氢化合物，也是对植物有害的气体。空气中的碳氢化合物，主要来自森林和植物的有机物分解。因为在缺氧情况下，有机物分解后放出大量的甲烷。由于人类活动而产生的甲烷仅占这种释放量的 15%，并集中在城市工矿区。这部分甲烷主要是石油的加工和燃烧所产生的。在有紫外线的作用下，碳氢化合物和氧化氮反应可产生光化学烟雾。这些产物的生物学效应是十分严重的，有的产物被认为是农业生物的致癌物质。

（4）氮的氧化物　大气中除含有分子形态的氮之外，还有大量氮的氧化物，这些氮的氧化物本身对植物没有什么危害。大气中氮的氧化物以氧化亚氮（N_2O）、氧化氮（NO）和二氧化氮（NO_2）等形式存在。它们来源于化工厂的废气。此外，紫外线的光化学反应可使大气中的游离氮氧化成氮的氧化物。闪电也可使少量的氮氧化成二氧化氮。大气中，氧化亚氮含量最多，其浓度约为 $0.25mL/m^3$，并且是相对不活泼的气体，它对植物的影响尚不清楚。大气中的二氧化氮容于水中可以成为硝态氮进入土壤，供植物吸收利用。但是，二氧化氮强烈地吸收紫外线，并激发光化学效应而产生对生物有害的烟雾。

（二）水汽

空气中的水汽主要来自于地面、水面的蒸发和植物的蒸腾，主要集中在 3km 以下的低层大气中，在大气的组成中，水汽的含量是极不稳定的。水汽含量对植物的生长发育有很重要的作用，它影响植物蒸腾、土壤蒸发，并间接制约着植物对二氧化碳的吸收、病菌的发生和发展。水汽的凝结物更是作物所必需的。这些内容已在第三章“园艺植物生产的水分环境”部分详述过，在此不再重复。

（三）微粒杂质

微粒杂质是悬浮在大气中的一些固态或液态的小微粒，液态微粒就是空气中的水汽凝结后形成的水滴，固态微粒包括水汽凝结后形成的冰晶、植物的花粉、微生物的孢子、尘埃及矿物燃料燃烧后形成的烟粒、盐粒等。特别是尘埃、烟粒、盐粒这些固体颗粒物，它们沉降在植物叶片上时，可以强烈地吸收太阳辐射，形成高温物质，灼伤叶片；这些固体颗粒还对叶片造成遮光，堵塞气孔，影响光合作用的正常进行。在工矿附近的温室薄膜上，往往由于大量烟尘的沉积，严重地减弱了温室内太阳辐射的强度，影响园艺植物的产量和品质。

二、大气中的二氧化碳浓度变化分析

关于大气中二氧化碳的浓度变化，这里仅讨论时间比较短的周期性变化和一定范围内的垂直变化。影响这些变化的因子有生物学因子和环境因子。在环境因子中，主要介绍气象因子的影响。生物学因子直接左右着大气中二氧化碳浓度变化，环境因子主要是通过影响生物因子来实现其作用。

由于生物学因子和气象因子大多具有明显的日变化和年变化，因此空气中二氧化碳浓度也有着明显的日变化和年变化规律。

（一）二氧化碳浓度的日变化

1. 大气中二氧化碳浓度的日变化 在晴朗无风的日子里，大气中二氧化碳浓度有明显的日变化规律，白天低，夜间高。根据观测，一年中，逐时平均值的变化（图 7-2）表现为：日出以前二氧化碳浓度可达 370mL/m^3，超过空气中年平均值（349mL/m^3）约 20mL/m^3；日出以后，二氧化碳浓度明显地下降，平均每小时下降 8mL/m^3；9～17 时二氧化碳浓度最低，维持在 330mL/m^3 左右，较年平均值略低 20mL/m^3；17 时以后，二氧化碳浓度平稳上升，直到日出前再次达到次日的高峰值。

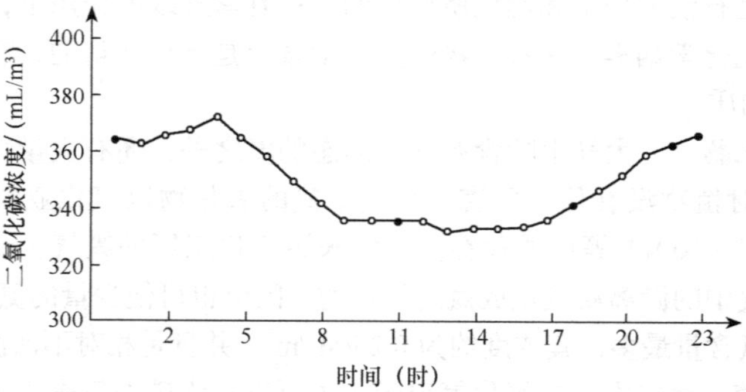

图 7-2 二氧化碳浓度日变化图

大气中二氧化碳浓度之所以出现白天低、夜间高的特点，主要原因是由于地面上绿色植物的光合作用起了主导作用。日出以后，光合作用开始逐渐增强，空气中被固定的二氧化碳增多，导致白天二氧化碳浓度下降；夜间，光合作用停止，空气中二氧化碳浓度逐渐积累，而且，夜间的乱流混合作用减小，近地面积累的二氧化碳数量就增多。虽然从土壤呼吸、植物呼吸及人类活动来看，均是白天放出的二氧化碳多于夜间，但由于光合作用消耗的二氧化碳大于呼吸作用和燃烧放出的二氧化碳，因此空气中二氧化碳的日变化主要是由光合作用固定二氧化碳的数量决定的。

2. 园田上二氧化碳浓度的日变化 作物收获以后，如果园田被积雪覆盖，没有植物进行光合作用固定二氧化碳，也没有植物和土壤呼吸释放二氧化碳的过程，这时园田空气中的二氧化碳变化最为简单，二氧化碳浓度在全天都很平稳，几乎没有什么日变化。

有作物覆盖的地面上，空气中二氧化碳含量的日变化，比上述情况较为复杂。据观测，在园田（根菜地）中，离地面20cm高处，白天，二氧化碳浓度只有280mL/m^3，这是因为植物的光合作用固定了二氧化碳，使园田上空气中二氧化碳浓度降低；夜间，二氧化碳升高，由于土壤和植物继续释放二氧化碳，又没有光合作用固定，使园田空气中二氧化碳浓度可以达到350～360mL/m^3。在植物生长季节中，二氧化碳浓度每小时平均值的日变化可达70～80mL/m^3，比5m高处大气中的日变化（40mL/m^3）高出近1倍。

据研究，在作物生长旺季时，自上午10时到下午16时，二氧化碳浓度均维持较低，常接近200mL/m^3，表明在光合作用旺盛时，二氧化碳不足。如果没有足够的二氧化碳补充，将会导致减产。白天，作物群体内二氧化碳不足，需要与上层大气之间进行交换和土壤呼吸释放二氧化碳进行补充。

3. 影响园田中二氧化碳浓度的因素 影响园艺植物地上二氧化碳浓度日变化的因子很多，主要有植物群体的大小和光合作用强度、太阳辐射强度、风和温度，其中植物群体的大小和光合作用强度，决定着通过光合作用固定二氧化碳的数量，它是影响植物地上二氧化碳浓度日变化的主导因子，太阳辐射强度、风和温度等环境因子，是通过影响光合作用和呼吸作用的强度，而间接影响二氧化碳浓度日变化的。

（1）植物群体的大小和光合作用强度 植物光合作用群体的大小包括植株密度、植物茎叶的繁茂程度等，一般可用叶面积系数表示，凡是叶面积系数大的群体，白天固定的二氧化碳多，夜间呼吸放出的二氧化碳也多，二氧化碳浓度的日变化显著。所以园田上二氧化碳浓度日变化往往有这样的规律：夏季的日较差大，冬季小；植物茎叶茂盛时期日较差大，植物尚未充分生长时期的日较差小。

有时候，在一天中，作物的光合作用往往表现为两个高峰，光合作用的最高点不是在光照最强的中午，而是在午前9～10时和午后15～16时。原因是经过漫长的黑夜，植物叶片处于"饥饿"状态，日出后，光合作用强度迅速增强，9时左右光合作用达到最大值，从而导致日出后1～2h内二氧化碳浓度急剧下降；中午前后，外界条件不利于光合作用，因此在中午前后较长时间内，二氧化碳浓度变化比较平稳；午后，随着太阳辐射强度减弱，温度降低，气孔又逐渐张开，出现光合作用次高峰，这时二氧化碳浓度又有下降的趋势。有时测不出这一次下降，是由于午后空气的乱流混合作用较强，园田中二氧化碳及时地由上层空气得到补充。

（2）太阳辐射和云 当其他条件适宜时，光合作用强度随辐射强度增强而增强。在晴朗无风的天气条件下，日出后的90min内，就可以使空气中二氧化碳浓度下降到100mL/m^{3}以上。在辐射强度微弱的天气条件下，光合作用强度低，二氧化碳日变化很小，并且在一天里都保持着较高的水平。因此，在辐射强度微弱时，二氧化碳浓度日变化小；在辐射强度强时，二氧化碳浓度日变化大。太阳辐射强度对二氧化碳浓度的影响、反应是灵敏的。例如，在晴朗的白天，突然有浓云遮住太阳时，光合作用立即减弱，相应地空气中的二氧化碳浓度也随之上升。相反，如果在浓云密布的白天，当阳光从云的缝隙中射到植物上时，植物的光合作用立即提高，相应地观察到二氧化碳浓度急剧下降。

（3）风速 白天，风可以把上层空气中的二氧化碳和土壤呼吸放出的二氧化碳，带到植物覆盖层内，补充因作物光合作用固定而导致园田上二氧化碳浓度的降低。水平方向上，也可使无植被处空气中的二氧化碳送到园田上。夜间，风可以把近地气层中含较高二氧化碳浓度的空气带到更高层空气中或通过水平交换带走，使园田上二氧化碳浓度不致过高。所以，有风时二氧化碳浓度日变化小，无风时日变化则大。据计算，由于扩散作用，从园田以外大气中进入作物层的二氧化碳，仅为作物需要量的12%，远远满足不了需要，所以在晴朗无风的条件下，园田中二氧化碳往往表现为亏缺。因此在生产中要注意田间“通风透光”的问题。采用垄作，可以增加田间通风的状况，也可以保证二氧化碳通过扩散、乱流输送到作物层中，补充二氧化碳的消耗，以求获得高产。

在“窝风”地方栽种作物，如盆地、凹地及背风处，空气流动较差。白天二氧化碳被作物消耗后，补充受阻，夜间，作物释放的二氧化碳又不易扩散出去，所以，二氧化碳日变化大于空气流动的开阔地。

（4）温度　温度既影响白天光合作用固定二氧化碳的过程，又影响白天、夜间呼吸释放二氧化碳的数量。因此，温度对园田中二氧化碳浓度的影响是复杂的。在一定的温度范围内，温度越高，光合和呼吸两个过程都进行得越快，但是，光合作用固定二氧化碳的量大于呼吸作用释放的量，所以，白天二氧化碳浓度总趋势仍然是下降的，只有在温度过高，光合作用停止，而呼吸作用放出二氧化碳时，才能增加空气中二氧化碳浓度，这就是为什么中午前后二氧化碳日变化曲线变化平缓的原因。

（二）二氧化碳浓度的年变化

大气中二氧化碳浓度的年变化也是很显著的，至少在北半球如此。当春天来临时，植物对二氧化碳的固定数量，远远超过从土壤中释放回大气中的数量。因此，大气中二氧化碳含量显著下降，在北纬30°以北地区的大气中，4～9月，二氧化碳浓度减少将近30%，相当于被吸收了4×10^9t的碳。在该时期内，土壤中有机质也在进行分解，并向大气中放出（1～2）$\times10^9$t碳，所以光合作用固定的二氧化碳大于上述大气中减少的数值，估计实际固定了（5～6）$\times10^9$t碳。

大气中二氧化碳浓度年变化，大致可由图7-3表示。该图是1958～2004年二氧化碳浓度变化的曲线。锯齿状波动反映了每年二氧化碳浓度随光合作用而被固定的变化。平滑曲线表明年际之间的变化趋势。从该平滑曲线可以看出，大气中二氧化碳含量是逐年增加的，46年间由315mL/m^3增加到370mL/m^3，增长了55mL/m^3。从每一年的波动来看，有以下特点：在作物生长旺盛的季节，由于光合作用固定二氧化碳，大气中二氧化碳浓度逐渐下降，在夏末达到最低值。作物收获以后，由于光合作用固定量减少，大气中二氧化碳浓度逐渐升高，直到冬末春初，大气中二氧化碳浓度达到最大值。

园田上二氧化碳浓度的年变化情况是：春季，植物开始生长，但尚未覆盖大地时，二氧化碳固定的量不多；随着植物的生长，叶面积系数越来越大，大气中二氧化碳浓度随着光合作用被固定量的增多而逐渐降低；直到叶面积系数达到最大，二氧化碳浓度降到最低后，则趋于恒定。当然，随着叶面积系数增大，呼吸放出的二氧化碳量也增多，但由于白天光合作用消耗过多，因此夜间二氧化碳浓度平均值在达到最大叶面积系数以前，仍略有下降的趋势。

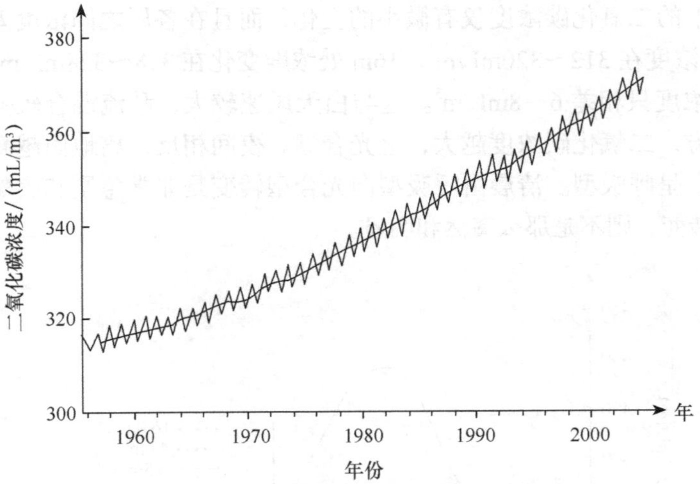

图 7-3　大气中二氧化碳浓度的长期变化

图为美国科学家查里斯·大卫·基林率领的科研小组在夏威夷莫纳罗亚山站测得的 CO_2 变化曲线

（三）二氧化碳浓度的垂直变化

二氧化碳浓度随高度的分布，主要取决于近地面二氧化碳被固定和释放的情况。其中影响最大的因素是绿色植物光合作用固定和植物、土壤呼吸及燃烧释放二氧化碳。当地面覆盖有植被，且光合作用旺盛进行时（夏季或白天），近植被层二氧化碳被大量固定，所以，二氧化碳浓度垂直分布特点是：近地面低而上层高，并且随高度的升高逐渐增加。这种分布型式称为光合型。在光合作用微弱，甚至停止时（冬季或夜间），近地面上没有二氧化碳的固定，只有动植物呼吸、土壤呼吸、矿物质燃烧等释放二氧化碳的过程，这时，二氧化碳浓度垂直分布特点是：越近地面二氧化碳浓度越高，二氧化碳浓度随高度的升高逐渐减小。这种分布型式称为呼吸型。图 7-4 代表春季和秋季大气中二氧化碳浓度垂直变化的情况。入秋后，作物成熟，树木落叶，光合作用固定逐渐停止，一直到 4 月，近地层大气中，二氧化碳都是积累的过程，从地面向上到距地面 16km 高度内，二氧化碳浓度均高于 320mL/m³，其中近地面二氧化碳浓度最高，随高度升高二氧化碳浓度减小，垂直分布呈呼吸型。9 月，正值夏季以后，由于光合作用大量固定二氧化碳，从地面向上到 16km 高度内，二氧化碳浓度均低于 320mL/m³，近地面二氧化碳浓度最低，随高度升高二氧化碳浓度增大，垂直分布呈光合型。从图 7-4 中还可以看出，大气中二氧化碳浓度的季节变化，一直波动到 16km 高处，但是距地面越近变化越大。

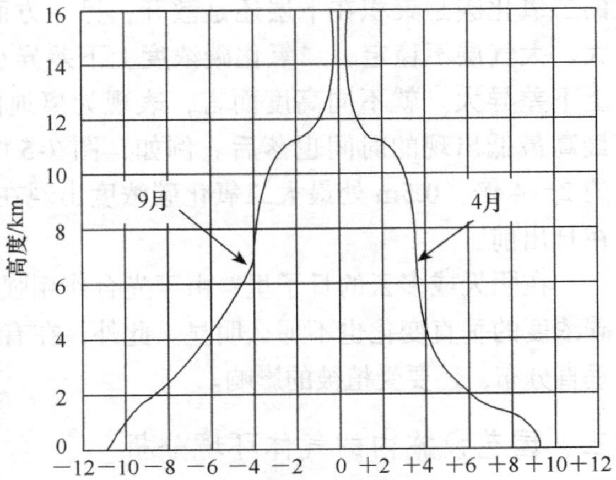

图 7-4　二氧化碳浓度的垂直变化

从图 7-5 可以看出，不同高度上二氧化碳浓度的日变化。日出后 2h 内，随着光合作用的开始，几个高度上的二氧化碳浓度都急剧地下降。以后，直到日落以前的几个小时内，各个高度上的二氧化碳浓度仅有微小的变化，而且在各层之间浓度差异并不大，距地面 0.5m 处，浓度在 312～320mL/m^3，16m 处浓度变化在 318～328mL/m^3，16m 和 0.5m 之间二氧化碳浓度只相差 6～8mL/m^3。这与白天风速较大，乱流混合较强有关。白天离地面越高的地方，二氧化碳浓度越大，呈光合型。夜间相反，离地面越高的地方，二氧化碳浓度越小，呈呼吸型。清晨由呼吸型向光合型转变是非常急剧和突然的；傍晚由光合型向呼吸型转变，则不是那么突然和明显。

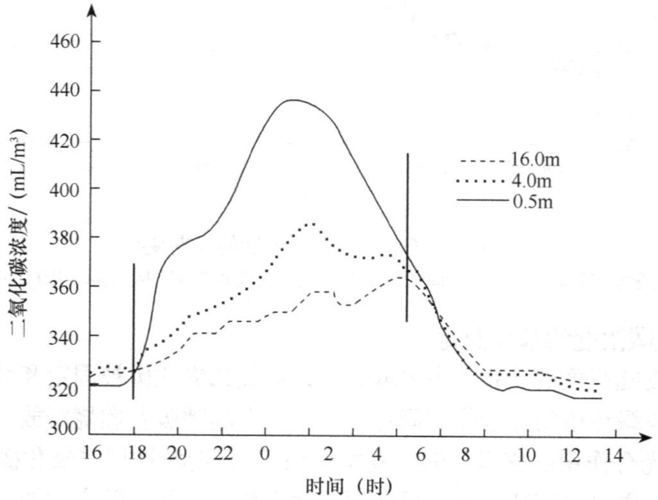

图 7-5　不同高度二氧化碳浓度的日变化

图中竖线分别表示日落与日出

夜间，特别是在无风的夜晚，紧贴作物层（0.5m）处二氧化碳浓度很高，通常达到 450mL/m^3 左右，而且二氧化碳浓度的垂直梯度较白天大，这是因为夜间风力小，大气层稳定，二氧化碳乱流混合微弱。因此，梯度的大小一方面取决于作物呼吸放出的二氧化碳是聚积在下层还是散开；另一方面取决于风力和大气层稳定的程度。风力大，大气层不稳定，二氧化碳浓度上下差异小；风力小，大气层稳定，二氧化碳浓度上下差异大。就不同高度而言，表现为离地面越高的层次二氧化碳浓度日变化越小，最高最低出现的时间也落后。例如，图 7-5 中 0.5m 处的日较差是 16m 高处的日较差的 2～4 倍。0.5m 处最大二氧化碳浓度出现在 0～1 时，16m 处最大二氧化碳浓度出现在日出前。

在阴天或多云的日子里，由于光合作用强度低，固定的二氧化碳不多，因此二氧化碳浓度的垂直变化也不那么明显。此外，在有植被覆盖的地上，空气中的二氧化碳浓度垂直分布，还要受植被的影响。

三、园艺设施内的气体环境分析

设施结构的封闭或半封闭性，使设施内气体环境呈现出与露地不同的特点：一是二氧化碳浓度的变化规律与露地有着明显的差别，并造成二氧化碳严重亏缺，对作物的生育造成一定的影响；二是由于肥料分解、燃烧加温用煤、石油及覆盖有毒塑料等可能产生氨气、二氧化硫、一氧化碳及氯气等有害气体，对作物造成危害；三是由于设施内气流速度低下，使设施内温度、空气相对湿度、二氧化碳浓度分布不均匀。

（一）二氧化碳

设施内的二氧化碳气体主要来自大气及植物和土壤微生物的呼吸活动。在半封闭的设施内，如果能进行充分的通风换气，其二氧化碳浓度与大气中二氧化碳浓度的变化基本一致。但在早春、晚秋和冬季，为加强保温，设施内通风换气受到严格限制的情况下，设施几乎与外界完全隔离开来，与外界的气体交流量很少，在这种情况下，设施内二氧化碳浓度日变化幅度远大于室外二氧化碳浓度的日变化幅度。图 7-6 为晴天条件下温室二氧化碳浓度变化的一般规律。

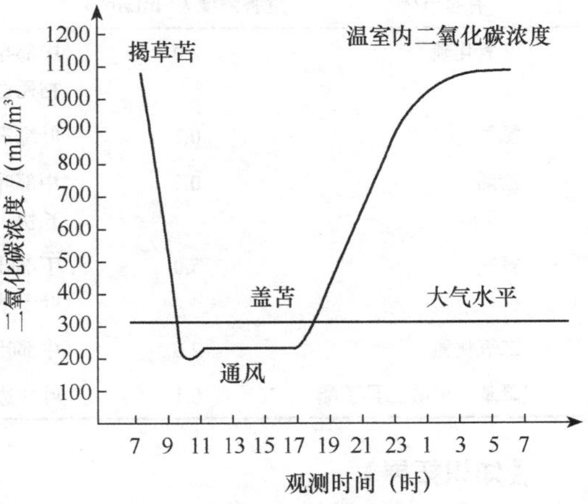

图 7-6　温室内外二氧化碳浓度的日变化规律

从图 7-6 中可以看出，设施内二氧化碳浓度在上午揭苫前达到最高值，浓度可达 1000mL/m³ 以上，揭开草苫后，由于作物光合作用固定，二氧化碳浓度迅速下降，约 0.5h 后，浓度下降到 800mL/m³ 以下，2h 后，开始低于室外二氧化碳浓度，到设施通风前，设施内二氧化碳浓度降低到一日中的最低值。通风开始后，由于设施外的二氧化碳进入设施内，二氧化碳浓度开始回升，但由于设施的通风量比较小，补充进的二氧化碳气体数量有限，直到下午覆盖草苫前，设施内的二氧化碳浓度始终低于室外。覆盖草苫后，作物的光合作用停止，设施内的二氧化碳浓度开始回升，从覆盖草苫到 24 时前，由于室内的温度比较高、氧气的浓度也比较高，作物和土壤微生物的活动比较旺盛，呼吸作用强盛，释放出的二氧化碳气体量也比较多，二氧化碳浓度上升比较快。下半夜随着设施内温度的下降及氧气浓度的下降，作物和微生物的呼吸作用减弱，二氧化碳气体的释放量也随之减少，浓度增加比较缓慢。到第二天上午揭苫前，二氧化碳浓度升高到一日的最高值。

（二）氧气

一般而言，设施内空气中的氧气浓度远远超过作物所需的最低浓度，作物缺氧的情况很少出现。不过在土壤板结或灌水过多的情况下，作物根部常常会缺氧窒息使得作物中毒死亡。此外，作物种子发芽一般对氧浓度要求较高，否则种子会丧失发芽力，一般种子发芽要求土壤含氧量在 10% 以上。土壤含氧量低于 5% 根系就不能进行正常的吸收活动，甚至会使根系窒息而死亡。

（三）有害气体

设施生产过程中，往往会产生一些有毒气体，对作物产生毒害作用（表 7-1）。例如，温室中施入未腐熟的鸡禽粪等有机肥，这些肥料在发酵过程中会产生大量氨气和亚硝酸气体，另外，大量施用碳酸氢铵、尿素等氮素化肥，也会放出氨气和二氧化氮，这些气体如果不及时排出便会导致作物中毒。燃煤或燃烧沼气加温时，会产生二氧化硫气体，在煤燃烧不彻底时，还能产生一氧化碳气体，二者发生毒害的临界浓度更低。质量不好的棚膜还会产生氯气、乙烯、甲酸二酯、氟化氢等有害气体。

表 7-1 园艺设施中常见有害气体及危害特征

有害气体	危害浓度 / (mL/m^3)	危害症状	主要来源
二氧化硫	2.0	中部叶片叶脉间出现水浸状褪绿斑，严重时变白，干枯死亡	燃料
氯气	0.1	叶绿素分解、叶片黄化	塑料制品
乙烯	0.1	中部叶片变黄，严重时叶片脱落，植株矮化，侧枝生长快，易脱落；落花落果，果实畸形	塑料制品
氨气	5.0	下部叶片叶缘先水渍状，后变褐，转白，严重时会全叶干枯	施肥
二氧化氮	2.0	中部叶片出现白斑，重时除叶脉外全叶变白，全株枯死	施肥
磷苯二甲酸二异丁酯	0.1	叶片边缘及叶脉间叶肉部分变黄，后漂白枯死	塑料制品

【知识拓展】

大 气 污 染

1. 大气污染的概念和主要污染物种类 大气污染是大气中污染物浓度达到有害程度，超过了环境质量标准，破坏生态系统和人类正常生活条件，对人和物造成危害的现象。

凡是能使空气质量变坏的物质都是大气污染物。其种类很多，它们的形态可能是固体状的粒子，也可能是液滴或是气体，或是这些形态的混合物。目前我国法令所定义的空气污染物可分为四大类。一是气体污染物，包括硫氧化物、一氧化碳、氮氧化物、碳氢化合物、氯气、气化氢、氟化物、氯化烃等；二是粒状污染物，包括悬浮微粒、金属煤烟、黑烟、酸雾、落尘等；三是二次污染物，指污染物在空气中再经光化学反应而产生的污染物，包括光化学雾、光化学性高氧化物等；四是恶臭物质，包括氯气、硫化氢、硫化甲基、硫醇类、甲基胺类等。比较常见的空气污染物包括悬浮微粒、一氧化碳、硫氧化物、氮氧化物和碳氢化合物等，大多是由人为因素而产生的。这些污染物主要来自工业生产、生活炉灶与采暖锅炉、交通运输、森林火灾、燃烧农作物秸秆等。

2. 大气污染的主要危害 大气污染的危害主要有以下几个方面。

（1）对人体健康的危害 大气污染物对人体的危害是多方面的，主要表现是呼吸道疾病与生理机能障碍，以及眼、鼻等黏膜组织受到刺激而患病，如造成急性污染中毒、慢性支气管炎、支气管哮喘、肺气肿及肺癌等疾病。

（2）对植物的危害 大气污染物，尤其是二氧化硫、氟化物等对植物的危害是十分严重的。当污染物浓度很高时，会对植物产生急性危害，使植物叶表面产生伤斑，或者直接使叶片枯萎脱落；当污染物浓度不高时，会对植物产生慢性危害，使植物叶片褪绿，或者表面上看不见什么危害症状，但植物的生理机能已受到了影响，造成植物产量下降，品质变坏。

（3）对天气和气候的影响 大气污染物对天气和气候的影响是十分显著的，可以减少到达地面的太阳辐射量、增加大气降水量、下酸雨、增高大气温度、导致全球的气候异常等。

3. 大气污染的主要防治方法 防治大气污染是一个庞大的系统工程，需要个人、集体、国家乃至全球各国的共同努力，可考虑采取如下几方面措施。

（1）减少污染物排放量　改革能源结构，多采用无污染能源（如太阳能、风能、水力发电）和低污染能源（如天然气），对燃料进行预处理（如烧煤前先进行脱硫），改进燃烧技术等均可减少排污量。另外，在污染物未进入大气之前，使用除尘消烟技术、冷凝技术、液体吸收技术、回收处理技术等消除废气中的部分污染物，可减少进入大气的污染物数量。

（2）控制排放和充分利用大气自净能力　气象条件不同，大气对污染物的容量便不同，排入同样数量的污染物，造成的污染物浓度便不同。对于风力大、通风好、湍流盛、对流强的地区和时段，大气扩散稀释能力强，可接受较多厂矿企业活动。逆温的地区和时段，大气扩散稀释能力弱，便不能接受较多的污染物，否则会造成严重大气污染。因此应对不同地区、不同时段进行排放量的有效控制。

（3）合理规划工业区与非工业区　厂址选择、烟囱设计、城区与工业区规划等要合理，不要过度集中排放，不要造成重复叠加污染，形成局部地区严重污染事件发生。

（4）绿化造林　茂密的林丛能降低风速，使空气中携带的大量灰尘下降。树叶表面粗糙不平，有的有绒毛，有的能分泌黏液和油脂，因此能吸附大量飘尘。蒙尘的叶子经雨水冲洗后，能继续吸附飘尘。如此往复拦阻和吸附尘埃，能使空气得到净化。

此外，从自己做起，不要乱扔废弃物，建设完美的城市是每个人的责任。

【巩固训练】

一、关键词

干洁大气、微粒杂质、碳素循环、二氧化碳浓度

二、简答题

1. 大气主要由哪些成分组成？其中对园艺植物生产有益的成分有哪些、有害的成分有哪些？

2. 地球上的碳素循环有哪几种形式？它们是如何有机地联系起来的？

3. 大气中二氧化碳的来源有哪些途径？

4. 大气中二氧化碳浓度有怎样的日变化和年变化规律？

5. 园田上二氧化碳浓度有怎样的日变化、年变化和垂直变化规律？这些变化规律会受哪些因素的影响？

6. 园艺设施内的气体与外界的气体相比有什么不同？

第二节　园艺植物生产的气体环境调控

【学习目标】

1. 了解二氧化碳在园艺植物增产上的意义。
2. 掌握环境条件对园艺植物固定二氧化碳的影响和在露地条件下进行二氧化碳调控的措施。
3. 掌握园艺设施内气体环境的特点和对设施内气体环境进行调控的方法。
4. 能够制订露地和设施栽培条件下二氧化碳浓度的调控技术方案，并能在实际生产中正确实施。

【内容分析】

在自然条件下，大气中320mL/m³的二氧化碳浓度是不能满足植物光合作用需要的，在太阳辐射强度较强、温度和水肥适宜时，增加作物层中二氧化碳浓度可显著提高园艺植物产量和品质。本节内容主要是通过对二氧化碳在园艺植物增产上的意义及环境条件对植物固定二氧化碳的影响，提出露地和设施栽培中二氧化碳调控技术措施，为在园艺植物生产实践中合理利用和调控二氧化碳气体环境打下一定的基础。内容见图7-7。

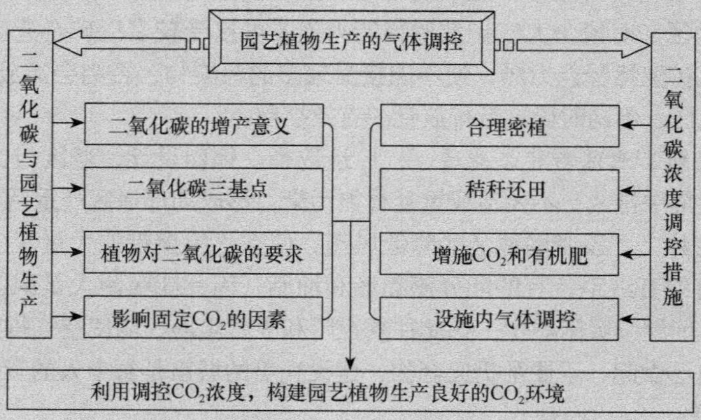

图7-7 园艺植物生产的气体环境调控分析图

二氧化碳是植物进行光合作用合成有机物的原料。在光、温、水、肥等条件都满足的条件下，作物层中二氧化碳浓度不足成为限制园艺植物产量和品质提高的因子。为了解决因二氧化碳亏缺给园艺植物生产造成的损失，在实际生产中可以采取一些措施增加作物层中二氧化碳浓度。

一、二氧化碳与园艺植物生产

（一）二氧化碳的增产意义

在过去几十年中，通过向土壤中增施氮、磷、钾和微量元素及灌溉，曾使园艺植物产量得到大幅度的增长。目前，在高产田中，通过施用矿质肥料与灌溉以求进一步增产，遇到了很大的困难，其原因是多方面的。但障碍之一是供给园艺植物所需的各种元素不平衡，主要是碳的供应不足。因此，近年来提出了所谓空气施肥，即在园田中增施二氧化碳。碳素是碳水化合物的主要组成成分，而有机物的组成中有90%～95%是碳水化合物。由此可见，供给园艺植物以碳素营养，从而使产量提高的潜力是很大的。

大气中二氧化碳的平均浓度约为320mL/m³，这一浓度对满足植物光合作用需要是不够的。实验证明，二氧化碳浓度为300mL/m³时，栽培菜豆的光合作用在光照强度为21 000lx时便达到饱和了，最大光合作用强度为20mg/（dm²·h）；当二氧化碳浓度提高到1600mL/m³时，光合作用的光饱和点可以提高到75 000lx以上，最大光合作用强度可以达到80mg（dm²·h）。有人研究认为，改变空气中二氧化碳浓度，比改善任何其他环境条件更能明显地影响植物产量。例如，在田间条件下，维持空气中二氧化碳浓度达

1000mL/m^3，可使菜豆增产 570%。几乎对所有的植物增施二氧化碳都可获得高产，如番茄、黄瓜、莴苣等增加二氧化碳浓度后光合作用强度能增长 50%，葡萄、柑橘在增加二氧化碳浓度后光合作用强度可增长 40%。研究还指出，增加空气中二氧化碳浓度，可使作物的根冠比、相对生长速度及产品的品质都能提高。

在大面积园田上采用空气中二氧化碳施肥的方法，其效果是肯定的。但在目前技术水平下，要保持住园田上较高的二氧化碳浓度，尚有一定困难。在人工控制环境条件下，如温室和各种塑料大棚内，采用二氧化碳施肥法，则是切实可行的，而且显得格外重要。因为，在温室或塑料大棚内，为了保温的目的，经常要阻止室内外的空气交换。这时，室内空气中的二氧化碳被植物光合作用消耗而得不到补充，以至限制了光合作用的正常进行。有人曾测得，在空气密闭的室内，每 100m^2 面积上约有 150mL 二氧化碳，如果作物的光合作用按 50mg/（dm^2·h）计算，空气中的二氧化碳将在 20min 内就会被消耗尽。尽管通过呼吸和其他途径有二氧化碳补充，但其浓度仍处于作物二氧化碳补偿点以下。开始通风以后，作物层内的二氧化碳可以提高到 250mL/m^3，但仍不能满足植物的要求。据研究报道，作物生长所要求的最适二氧化碳浓度应为 1000～1500mL/m^3，几乎是大气中平均二氧化碳浓度的 3～5 倍。因此，在温室内增加二氧化碳施肥，具有提高园艺植物产量的现实意义。

（二）园艺植物对二氧化碳的利用

1. 二氧化碳三基点　大气中的二氧化碳浓度高低直接影响着园艺作物的光合作用效率。各种作物对二氧化碳的吸收存在补偿点和饱和点。在一定条件下，作物通过光合作用吸收的二氧化碳量和通过呼吸作用释放出的二氧化碳量相等时的二氧化碳浓度称为二氧化碳补偿点。随着二氧化碳浓度的升高，植物光合速率也会提高，当二氧化碳浓度增加到一定浓度后，光合速率不再提高，此时的二氧化碳浓度称为二氧化碳饱和点。二氧化碳浓度如果长时间的处于饱和点以上，就会对园艺作物的光合作用系统造成破坏，从而使光合速率降低。将二氧化碳浓度低于饱和点并可长时间保持植物较高光合速率的二氧化碳浓度称为最适二氧化碳浓度。

不同作物的二氧化碳三基点不同，大多数蔬菜作物的二氧化碳补偿点为 40～80mL/m^3，二氧化碳饱和点则在 1300～1800mL/m^3，最适二氧化碳浓度一般在 8000～1000mL/m^3。

2. 园艺植物对二氧化碳的要求　不同作物或同种作物的不同发育时期对二氧化碳的固定能力不同，栽培技术等也会影响作物对二氧化碳的固定能力。研究指出，C_3 植物与 C_4 植物相比，C_4 植物固定二氧化碳的能力强于 C_3 植物。因此，一般说来，C_4 植物多是高产作物。

因为 C_4 植物是非光呼吸植物，对二氧化碳的利用能力较强，C_3 植物则相反是光呼吸植物，对二氧化碳的利用能力较弱。这表现在二氧化碳补偿点及光合作用强度的差别上（图 7-8）。C_4 植物二氧化碳补偿点极低，只有 5～10mL/m^3，这说明当空气中二氧化碳在 10mL/m^3 以上时，植物就有净光合产物的积累；C_3 植物的二氧化碳补偿点为 15～150mL/m^3，对某些高光呼吸的植物来说，二氧化碳浓度达到 100mL/m^3 以上时，作物净光合作用产物仍为负值，即植株不仅没有光合作用的积累，甚至还有贮藏物质的消耗，即通过光呼吸放出二氧化碳。在光合作用强度方面，C_3 植物与 C_4 植物的差别也极其明显。在同样光强与二氧化碳浓度条件下，C_4 植物光合强度可以比 C_3 植物高出一倍。C_3 植物的光合强度一

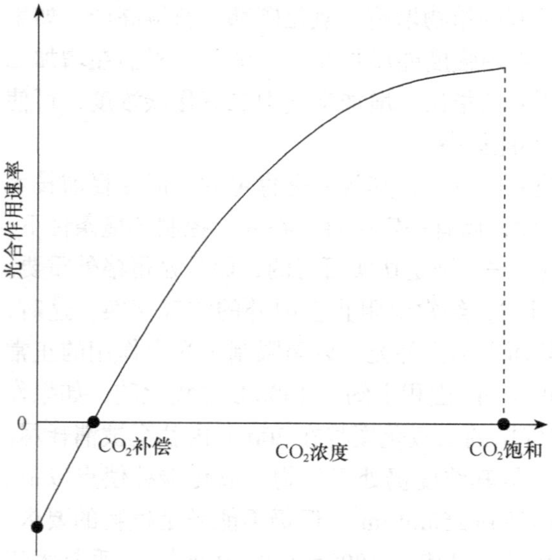

图 7-8 CO_2 与植物光合速率示意图

般只有 17～30 CO_2 mg/（dm^2·h），C_4 植物则为 40～60 CO_2 mg/（dm^2·h）。据研究，空气中二氧化碳浓度降至 300mL/m^3 时，C_3 植物就感到二氧化碳匮缺，而 C_4 植物在更低的二氧化碳浓度中仍能吸收利用二氧化碳，并很好地积累光合产物。因此，当空气中二氧化碳浓度改变时，C_3 植物反应敏感，C_4 植物反应迟钝。

不仅 C_4 植物与 C_3 植物不同作物种类对二氧化碳的固定能力不相同，而且同一作物的不同品种之间、同种作物的不同发育时期，对二氧化碳的固定能力也不相同。

3. 环境条件对植物固定二氧化碳的影响 影响植物固定利用二氧化碳的首要因素是园田中二氧化碳浓度，此外，植物对空气中二氧化碳的固定与太阳辐射强度、风、温度有关。

（1）太阳辐射强度的影响 当太阳辐射强时，光合作用强度增加，植物固定二氧化碳的能力也强。根据研究，在太阳辐射强度 1.51kJ/（cm^2·min）条件下，尽管二氧化碳浓度提高到大气平均浓度的 1～3 倍，其光合作用强度增加不明显；而在太阳辐射较强时［5.02kJ/（cm^2·min）］，光合作用强度则显著提高，尤其是对作物群体而言。太阳辐射对作物同化二氧化碳能力的影响，一方面表现为太阳辐射供给光合作用的能量，另一方面也反映在光合作用较强时，使叶面周围空气中二氧化碳浓度迅速降低而增加了叶片附近二氧化碳浓度的梯度，加速了空气中二氧化碳浓度的扩散。

（2）风的影响 风对植物固定利用二氧化碳的影响很大。空气的流动，可以不断地由作物群体外向作物层内输送二氧化碳，补充作物层内由于光合作用消耗掉的二氧化碳。风还可以加强植物群体内的乱流，将土壤和下层叶片呼吸释放的二氧化碳带到光合作用较强的作物群体上层。据测算，欲使每 667m^2 面积上的作物每天吸收固定 40～50kg 的二氧化碳，必须保证园田上风速为 1.5～2.0m/s，才能满足作物对二氧化碳的需要量。

（3）温度的影响 温度对二氧化碳的利用也有影响。当温度过低或过高时，都能减弱光合作用强度，即减少二氧化碳的固定。例如，当温度从 10℃增加到 30℃时，玉米将更有效地固定大气中的二氧化碳。

二、露地中二氧化碳浓度调控措施

1. 合理密植 合理密植不仅可增加作物层中的透光性，还可以增加作物层中的通风性，从而可以调节园田中二氧化碳的浓度。

光合速率的快慢除了与光照强度、温度、水分、矿质营养有关外，叶片附近二氧化碳浓度的高低对光合速率快慢也有很大的影响。在其他条件都满足的情况下，在一定的二氧化碳浓度范围内，光合速率随二氧化碳浓度的增加而变快，随二氧化碳浓度的降低而变慢。

在园田中，随着光合作用的进行，包围在叶片周围的二氧化碳很快就被吸收殆尽，为了保证植物始终保持较高的光合速率，就必须保证园田中植物株间的二氧化碳浓度始终维持在适当的水平上。而风引起的空气的乱流运动，可以不断地由植物群体外向植物层输送二氧化碳，以补充植物层内因光合作用消耗掉的二氧化碳，使植物冠层附近的二氧化碳浓度保持或接近于正常水平，防止或减轻植物周围的二氧化碳亏损。

2. 秸秆还田 作物秸秆含有一定养分和纤维素、半纤维素、木质素、蛋白质和灰分元素，既有较多有机质，又有氮、磷、钾等营养元素。秸秆还田给土壤微生物增添了大量能源物质，各类微生物数量和酶活性会相应增加，根据研究，实行秸秆还田后可使土壤微生物增加18.9%、接触酶活性可增加33%、转化酶活性可增加47%、尿酶活性可增加17%，这就加速了对有机物质的分解和矿物质养分的转化，在增加土壤养分、改善土壤理化性状的同时，释放出大量的二氧化碳，这些二氧化碳由土壤中扩散到作物层中，可提高园田中二氧化碳浓度。

3. 增施有机肥 有机肥中除了含有植物生长发育所需的多种营养元素外，还含有大量有机质、腐殖质和微生物，尤其在家畜、家禽粪中酶活性特别高，是土壤酶活性的几十倍到几百倍，既能营养植物、刺激植物生长，还能增强土壤微生物的活动，从而增加有机肥的分解速度。在有机肥分解过程中，会释放出大量二氧化碳，提高园田中二氧化碳浓度。

三、设施内气体环境的调控措施

根据设施内气体条件的特点，其调控措施主要有以下三个方面。

（一）增加二氧化碳浓度

1. 设施环境与增加二氧化碳浓度 设施是特殊的密闭环境，一方面可以防止二氧化碳逸散，使二氧化碳浓度有可能高于自然大气，增强光合作用，提高光合效率；另一方面在不通风的条件下，若无二氧化碳的补充，会造成二氧化碳亏缺，降低光合作用强度。据报道，当二氧化碳浓度为80mL/m^{3}以下时，植物的光合速率仅为二氧化碳浓度300mL/m^{3}时的25%～35%。所以，在设施采光保温条件优化的基础上，二氧化碳亏缺已成为制约光合速率的主要因素，此时增加二氧化碳浓度能显著提高光合效率，从而为设施高产、优质提供有利条件。

2. 设施内增加二氧化碳的作用 设施内增施二氧化碳有以下4方面的作用。

（1）有利于培育壮苗 增加二氧化碳后可增强光合作用，促进幼苗叶片叶绿素含量的提高，使叶片增厚浓绿。例如，黄瓜增施二氧化碳后其叶片叶绿素含量由0.93mg/g增加到1.1mg/g，提高18.28%，叶片干样质量增加23.73%。增施二氧化碳还明显促进营养器官的生长，如使根系发达，茎粗增大，花芽分化节位降低，有利于壮苗的形成。例如，大棚内育苗时二氧化碳浓度达到900mL/m^3，可使番茄株高增加22%，茎粗增加8%～11%，植株各部分干样重量增加50%左右，缩短育苗期，提高秧苗质量。

（2）加速作物生长发育 增施二氧化碳之所以有效，除了因为补充的二氧化碳有助于提高叶片细胞二氧化碳浓度，直接提高光合速率外，还可消除某些作物“光合午休现象”，延长有效光合作用时间，从而使大量的光合产物向果实和根部输送，促进根系发达，提高吸水吸肥能力，植株长势健壮，从而促进果菜前期产量的增加，如图7-9所示。

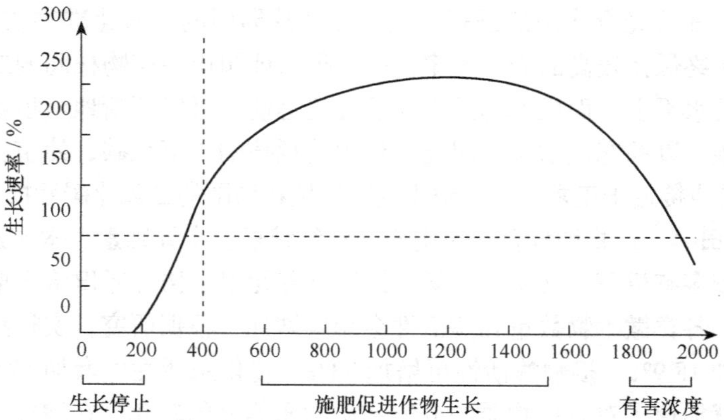

图 7-9　二氧化碳浓度与作物生长的关系

（3）增加产量，改善品质　在光照、水分和其他养分充足的情况下，增加设施内二氧化碳浓度，可显著提高作物经济产量并改善品质。而且由于果实成熟早，提前上市，经济效益也可得到提高。研究表明，温室生产黄瓜、番茄、辣椒、莴苣等蔬菜或甜瓜、草莓和西瓜等瓜果时，当二氧化碳浓度倍增时，其产量平均提高 20%～40%。在番茄上表现为促进番茄单果质量的提高和收获果数的增加。增施二氧化碳后，由于光合产物增多，对蔬菜品质有明显改善。例如，施用 600mL/m^3 二氧化碳可使番茄果实中全糖与可溶性固形物含量提高 21.8% 和 14.8%，番茄单果质量也明显增大；使黄瓜、番茄果实中维生素 C 含量增加，可使甜瓜单瓜质量增加 15.5%，含糖量也有增加等。对其外观质量也有明显改善。

（4）提高作物抗病能力　增施二氧化碳后，作物植株健壮，叶片肥厚，抗病能力极大增强，同时也降低了设施内病害的发生率和危害程度。例如，番茄的蕨叶型病毒病发病率降低 32%，病情指数降低 50%，黄瓜霜霉病防治效果提高 20%。

3. 增加二氧化碳浓度的方法　增加二氧化碳浓度的方法主要有三种：一是合理通风换气，二是大量增施有机肥，三是人工施用二氧化碳。

（1）通风换气　一般在设施内二氧化碳浓度低于大气水平（320mL/m^3）时，可以采用通风换气的方法补充二氧化碳，这种方法简单易行，但只能使二氧化碳浓度最高达到大气水平，而且当外界气温低于 10℃时，设施不能进行通风，此法难以进行。在生产中只能作为增加二氧化碳的辅助措施。

（2）增施有机肥　土壤中增施有机肥，可在微生物的分解作用下，不断向设施内释放二氧化碳。据测定，1kg 有机肥最终能释放 1.5kg 二氧化碳，施入土中的有机质中腐熟稻草放出的二氧化碳最多，稻壳和稻草堆肥次之，腐叶土、泥炭等较差。又如酿热温床中有机物发热量达到最高值时，二氧化碳浓度为大气中二氧化碳浓度的 100 倍以上。

增施有机肥法可行性强，但释放二氧化碳时期短，仅一个月左右，且浓度不易控制，植株进行旺盛光合作用时难以获得足够的二氧化碳，而土壤中二氧化碳浓度超过 5mL/m^3，又不利于作物生长发育，所以这种方法也有其局限性。

（3）人工施用二氧化碳　目前设施内二氧化碳气体施肥常用的方法主要有液体二氧化碳气体施肥法、固体二氧化碳气体施肥法、酸反应施肥法、燃烧施肥法、生物施肥法等。

1）液体二氧化碳气体施肥法：该方法是把气态二氧化碳经加压后变为液态二氧化碳，保存在钢瓶内，施肥时打开阀门，用一条带有出气孔的长塑料管把气化的二氧化碳均匀释放进设施内。该方法方便，施肥浓度易于掌握，并且二氧化碳气体扩散均匀，施肥效果比较好，同时由于所用的二氧化碳气体主要为一些化工厂和酿酒厂的副产品，价格比较便宜。但该方法必须有气源保证，另外，施肥时一定要注意所用二氧化碳的纯度。

2）固体二氧化碳气体施肥法：该法是利用固体二氧化碳（干冰）在常温下吸热后易于挥发的特点来进行二氧化碳气体施肥。该法操作简单、浓度易于控制，施肥均匀，施肥效果比较好。其主要不足是固体二氧化碳的成本较高。该施肥法目前应用范围不大，主要用于苗床内补充二氧化碳气体。

3）酸反应施肥法：该法是用碳酸盐与硫酸、盐酸、硝酸等进行化学反应，产生二氧化碳气体进行施肥。与硫酸反应的碳酸盐主要是碳酸氢铵，其反应产物是二氧化碳和稀硫酸铵，硫酸铵为优质肥料，可以在设施内进行施肥。另外，原料的成本费用比较低，因此，硫酸反应组合应用的最为普遍。

4）燃烧施肥法：燃烧法是通过燃烧碳氢燃料（如煤油、石油、天然气等）产生二氧化碳气体，再由鼓风机把二氧化碳气体吹入设施内。该法在产生二氧化碳气体的同时，还释放出大量的热量可以给设施加温，一举两得，低温时期应用效果最为理想。

5）生物施肥法：该法是利用生物肥料的生理生化作用，产生二氧化碳气体。该类肥一般施入地下1～2cm深的土层内，在土壤温度和湿度适宜时，可连续释放二氧化碳气体。生物施肥法高效安全、省工省力，无残渣危害，所用的生物肥在释放完二氧化碳气体后，还可作为有机肥为作物供应土壤营养，一举两得。该施肥法的缺点主要是二氧化碳气体连续缓慢释放，释放速度和释放量无法控制，既不能在作物急需的时间内大量放出，也不能在作物不需要时停止释放，容易造成二氧化碳气体散失，产生浪费。

下文以设施内酸反应法二氧化碳施肥技术为例说明其具体应用。

（1）*酸反应施肥法原理*　该施肥法的反应原理如下列反应式所示：

$$2NH_4HCO_3+H_2SO_4（稀）\longrightarrow (NH_4)_2SO_4+2CO_2+2H_2O$$

该反应中，158份浓硫酸与98份碳酸氢铵反应产生出88份二氧化碳气体，同时还产出132份硫酸铵。硫酸与碳酸氢铵的用量比为0.62∶1。

由于浓硫酸直接与碳酸氢铵反应比较剧烈，泡沫四处飞溅，容易伤人及其他物品，因此反应前要将浓硫酸按1∶3的比例用水稀释成稀硫酸。稀释浓硫酸时，要将1份硫酸缓慢倒入3份水中，并要边倒入边搅拌。

（2）*酸反应施肥方法*

1）简易施肥法：该法是用小塑料桶盛装硫酸，均匀排列于温室或大棚内。为控制反应速度，使二氧化碳气体缓慢释放，防止反应过于剧烈，以及设施内二氧化碳气体浓度上升过高，发生二氧化碳气体中毒现象，反应时用塑料袋包起碳酸氢铵，在袋上扎几个小洞后，投入硫酸内。

所用塑料桶数量计算方法：温室或塑料大棚内的土地面积除以40～50m²。由于二氧化碳气体的密度比空气大，容易下沉，扩散性较差，塑料桶应垫高或用绳吊挂于棚架下，以距地面约1m高度为宜。

2）二氧化碳发生器法：该法是用成套二氧化碳气体发生装置代替小塑料桶，碳酸氢铵装入反应桶内，打开控制阀，硫酸流入反应桶发生反应产生二氧化碳气体，经清水过滤后，用带孔的塑料管送入设施内。反应装置如图7-10所示。

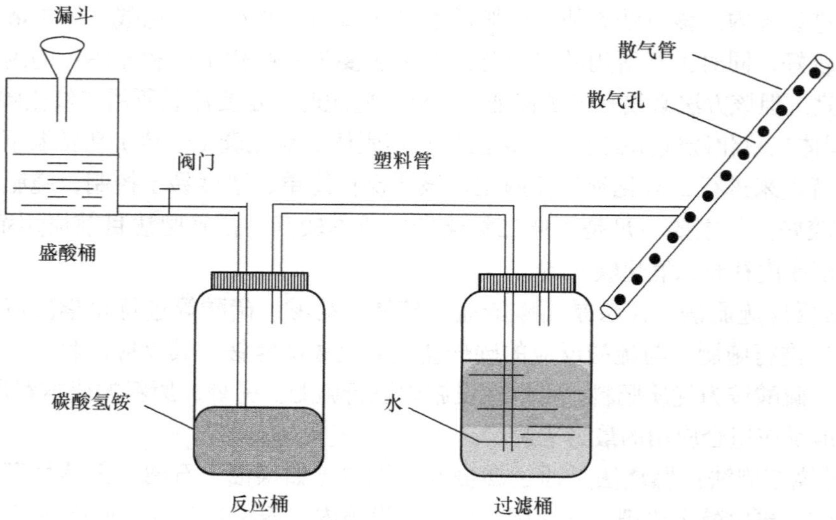

图 7-10 二氧化碳化学反应示意图

（3）*酸反应施肥法要领* 反应原料用量计算：酸反应法是通过控制碳酸氢铵的用量来控制二氧化碳气体的浓度，每日每次碳酸氢铵和硫酸用量的计算公式是：

碳酸氢铵用量（g）= 设施内的空间容积（m^3）× 二氧化碳气体浓度（mL/m^3）× 0.036

浓硫酸用量（g）= 所用的碳酸氢铵用量（g）× 0.62

操作方法：简易施肥时，先在设施外称量出所需要的碳酸氢铵，然后按塑料桶的数量分包，用塑料袋包住。带入设施内，在包上扎 3～4 个小孔后，把袋投入塑料桶内，开始反应；用发生器施肥时，施肥器放入设施外。按用量要求称出碳酸氢铵和硫酸后，放入各自容器内。确认各桶盖封盖严实、塑料管连接牢固不漏气后，打开开关，让硫酸缓慢流入反应桶内，进行反应。产生的二氧化碳气体由送气管送入过滤桶内，经清水过滤后，再由散气管散发到设施内。散气管要放于设施的中部，固定于棚架下，管上每隔 1～1.2m 扎一个针眼，由近到远，针眼逐渐加大，间距逐渐缩小。

（4）*施用浓度* 经专家研究，设施内二氧化碳浓度以 800～1500mL/m^3 为宜。在 800～1500mL/m^3 浓度下，很容易和光照、温度、水肥等条件配合，投入产出比最大，依作物不同增产幅度在 30%～150%。具体施用浓度依作物种类、生育时期、光照及温度等条件而定。

根据温度和天气情况确定浓度：设施内的气温低于 15℃时，作物的光合作用比较微弱，二氧化碳气体的消耗量比较少，不宜施肥。温度低于 25℃时，施肥浓度要低，适宜浓度为 800～1000mL/m^3，温度在 25～32℃时，浓度可升到 1200mL/m^3。温度高于 32℃以上后要停止施肥，必须施肥时，浓度也要低一些，时间短一些，避免引起作物叶片老化。阴天光照不足，不宜进行施肥；晴天光照充足，作物的光合作用也较强，二氧化碳气体的施肥浓度宜高，应根据其他条件，在允许的范围内选择高浓度。

根据作物的生育时期确定浓度：一般来讲，作物苗期的生长量较小，施肥浓度要低一些，以 800～1000mL/m^3 为宜，结果期对碳水化合物的需求量较大，浓度应高一些，以 1000～1300mL/m^3 为宜。

根据作物的生长情况和肥水管理情况确定浓度：作物的茎叶生长旺盛时，施肥的浓度要低一些，以防止茎叶生长过旺发生徒长。植株长势弱时，施肥的浓度也不易太高。植株结果多时，容易引起茎叶早衰，应加大施肥浓度，促进叶片生长。肥水供应充足，应加大施肥浓度，肥水供应不足时，施肥浓度应低一些。

（5）施肥时期　苗期进行二氧化碳气体施肥能明显地促进幼苗的发育，幼苗不仅生长快、叶片数多而厚，而且花芽分化提前，花芽分化的质量也提高，定植后缓苗快，结果期提前，增产效果明显。据研究，黄瓜苗定植前施用二氧化碳，能增产10%～30%；番茄苗期施用二氧化碳，能增加结果数20%以上。苗期施用二氧化碳，以花芽分化前开始施肥的效果最好。蔬菜定植到坐果前的一段时间里，不宜施肥，以免引起徒长。结果期，特别是结果高峰期是作物一生中对碳水化合物的需求量最大的时期，也是二氧化碳施肥的关键时期，在上午8～10时的一段时间内，即作物光合作用效率最高时间内，应把二氧化碳气体浓度提高到适宜的浓度范围内。作物生长后期，生产量小，栽培效益也比较低，一般不再进行施肥，以降低生产成本。

（6）施肥时间　一般晴天上午，当揭开草苫约0.5h后，设施内的二氧化碳气体浓度便开始下降到适宜范围下，应开始施肥。阴天，设施升温速度慢，二氧化碳浓度下降也慢，可将施肥的开始时间推迟到日出后1h左右。在其他条件允许时，每日的二氧化碳施肥时间应尽量地长一些，一般施肥时间应不少于2h。

4. 设施内增施二氧化碳应注意的问题

（1）保证肥水供应　二氧化碳气体施肥只能增加作物的碳水化合物，作物生长所需的矿质营养则必须由土壤提供，况且作物进行二氧化碳气体施肥后，生长加快，生长量增大，对肥水的需要量也加大，如果不加强肥水管理，肥水供应不足，则会由于叶片中制造的碳水化合物不能及时地被转移和利用，在叶片中积累过多，而使叶绿素遭到破坏，反过来会抑制光合作用。

（2）要防止植株茎叶徒长　二氧化碳气体施肥后，茎叶中积累的碳水化合物比较多，生长速度加快，在肥水供充足、温度偏高时容易发生旺长，因此，在进行二氧化碳施肥期间，温度要比不施肥时降低1～2℃。

（3）要防止二氧化碳中毒　一般施用的最高浓度不要超过2000mL/m^3，生产中最高浓度一般控制在1600mL/m^{3}以下为安全。浓度过高，持续时间较长时，植株的叶片气孔不能正常开启，植株的蒸腾作用减弱，叶片中多余的热量不能及时地散发出去，导致叶片萎蔫、黄化甚至落叶，一些对高浓度二氧化碳反应敏感的作物，叶片和果实还容易发生畸形。

（4）二氧化碳气体施肥要保持连续性　在二氧化碳施肥的关键时期应坚持每天施肥，不能每天施肥时，前后两次施肥间隔也应短一些，一般不要超过1周。

（5）使用硫酸-碳酸氢铵反应法应注意安全　碳酸氢铵易挥发出氨气，不得在设施内贮藏、称量或分包、装桶。浓硫酸用前在设施外稀释，1份浓硫酸缓慢倒入3份水中，每次稀释硫酸量不宜过多，用盛液桶反应时应加盖密封，防止硫酸挥发伤害叶片。反应液中硫酸彻底用完后再作追肥，作追肥时要稀释50倍后施入土壤，以免烧苗。由于硫酸腐蚀性极强，使用时应避免溅到身上，并使用非金属容器。

（6）大温差管理可提高施肥效果　白天上午在较高温度和强光下增施二氧化碳，利于光合作用制造有机物；而夜间有较低的温度，增加温差有利于光合产物运转，从而加速作物生长发育与光合有机物的积累。

（二）改善土壤氧气供应

设施中作物进行光合作用放出大量氧气，茎叶呼吸不会出现缺氧问题，而土壤中常常因浇水过量、空气湿度过大影响土壤水分蒸发、土壤过湿等引起的根系缺氧。通常采取的措施有：增施腐熟的有机肥，中耕松土，防止土壤板结；覆盖地膜，既能保墒又能保持土壤疏松透气，但地膜间垄沟要定期中耕；室内浇水量要适当。

（三）预防有害气体发生危害

1. 平衡施肥 为防止由于施肥而产生的氨气、亚硝酸气，在施肥时应根据植物种类、茬口、计划产量、地力状况计算出各种肥料用量。以优质有机肥为主，控制氮肥用量，配合施用磷肥、钾肥，补施微肥。不施未腐熟的人畜粪、鸡鸭粪、饼肥等，也不可在设施内沤肥，坚持“基肥为主，追肥为辅”的原则，一次性施足腐熟的有机肥，将各种肥料混匀后，均匀撒在地面，深翻入土。追肥要少量多次，防止过量，深施和追肥后浇水。

2. 正确加温 在寒冷季节，为使设施内作物正常生长，须采取补充加温措施。一是用炉火或煤加温的，应选优质煤，并使其充分燃烧，注意烟道严密不漏气。气压低时，炉内填煤量不可过多，及时清理烟道。二是在设施附近建沼气池，低温季节用沼气加温，既能避免产生一氧化碳，又能补充二氧化碳。三是有条件的地方用暖气、地热资源等方法加温。这些措施可有效地预防二氧化硫、一氧化碳等有害气体的危害。

3. 通风换气 植物生长不能缺少二氧化碳，通风既能增加设施内二氧化碳浓度，又可排出有害气体。寒冷季节宜在中午气温高时，打开通风口，使空气流通。即使在阴雪天，也要进行短时间的通风换气。

4. 合理使用烟雾剂 在防治病虫害时要对症下药，严格按使用说明书操作，不得任意加大药量，燃施点要分布均匀，熏后要及时通风换气。

5. 选用无毒专用膜 氯气、乙烯、甲酸二异丁酯、氟化氢等有害气体，多由棚膜中的增塑剂在高温条件下挥发而来，因设施的密闭性，浓度积累过高会对作物产生严重的危害。市场上棚膜的种类较多，质量良莠不齐，要选用无毒专用塑料薄膜，禁止使用二异丁酯等塑料膜和易挥发增塑剂（DIBP）的塑料制品，如发现棚膜有质量问题，出现有害气体，应立即更换。

6. 补救措施 如发现设施内植物受二氧化硫、二氧化氮危害时，应及时喷洒石灰水、石硫合剂等，并浇水使其迅速进入土中。黄瓜受氨气危害时，可向叶片背面喷10%的食醋进行治疗，同时加大通风量，延长通风时间，以减轻危害。

（四）气流环境的调节

在条件允许的情况下，通常在设施内设置排风扇进行强制通风，使室内环境条件均一化，以提高净光合率和蒸腾强度，促进作物生长发育。但在冬季密闭状态下，引起设施内相对湿度上升，二氧化碳浓度低下，因此通风换气须与二氧化碳施肥相结合。为促使设施内空气的流动，可将环流风扇安装在室内，冬季设施密闭时开启，搅拌空气使其流动，可使室内大部分的气流速度达到40～100cm/s，达到设施作物生长最适的气流速度水平。

【知识拓展】

风与园艺植物生产

1. 风的概念　围绕地球的空气经常处于运动状态。空气在水平方向上的运动称为风。风是矢量，既有大小又有方向，大小用风速来表示，风速是指风在单位时间内在水平方向上移动的距离，用m/s为单位，有时也用风力等级来表示；方向用风向来表示，风向是指风吹来的方向，常用十六方位来表示。

大气中的风速一般为10^0～10^2m/s，小则每秒几十厘米、几米，大则每秒20～30m，甚至百米以上。空气运动是空气质量的输送过程，同时也造成空气中的热量、水汽、二氧化碳、尘埃等成分的输送。因此风对园田热量、水汽、CO_2的调节，起着重要的作用。

2. 风对园艺植物生产的影响

（1）风对园艺植物光合作用的影响　光合作用是指绿色植物吸收光能，同化CO_2和水，制造在机物质并释放氧气的过程。光合速率的快慢除了与光照、温度、水分、矿质营养有关外，叶片附近CO_2浓度的高低对光合速率快慢也有很大的影响。在其他条件都满足的情况下，在一定的CO_2浓度范围内，光合速率随CO_2浓度的增加而变快，随CO_2浓度的降低而变慢。

在园田中，随着光合作用的进行，包围在叶片周围的CO_2很快就被吸收殆尽，为了保证植物始终保持较高的光合速率，就必须保证园田中植物株间的CO_2浓度始终维持在适当的水平上。而风引起的空气的乱流运动，可以不断地由植物群体外向植物层输送CO_2，以补充植物层内因光合作用消耗掉的CO_2，使植物冠层附近的CO_2浓度保持或接近于正常水平，防止或减轻植物周围的CO_2亏损。风还可以加强植物群体内的乱流，把土壤和下层叶片呼吸释放的CO_2带到光合作用较强的植物群体上层。

另外，风可引起植物茎叶的振动，造成群体内闪光，可使光合有效辐射以闪光的形式合理地分布到更多叶面上而发挥更大作用，也意味着改善了植物群体下部光照的质量。

（2）风对蒸腾与叶温的影响　风所造成的乱流运动在传输空气质量和CO_2的同时，也造成热量和水汽的输送。通风增强了空气和地面、空气与植物叶片的热量交换，增加了土壤蒸发和植物蒸腾，对植株周围的温度起到调节作用，从而影响植物的蒸腾作用和叶温。

在强光高温下，微风能带走植株周围湿度较大的空气，带来较为干燥的空气，可以起到加速蒸腾，降低叶面温度，防止强光照射下叶面温度过高而引起灼伤的作用。并且加速蒸腾，促进了植物根系的吸收作用，使根系不断从土壤中摄取养分，使光合作用始终保持在较高的水平上。

在栽培上，提倡合理密植，目的就是要创造一个合理的群体结构，保持植物的株间有一定的通风性，才能获得高产。

（3）风对植物花粉、种子及病虫害传播的影响　风是异花授粉植物的天然传粉媒介，植物体的授粉效率及空气中花粉孢子被传送的方向与距离，主要取决于风速的大小与风向。风还可以帮助植物散播芬芳气味，招引昆虫为虫媒花传播花粉。微风能提高授粉、受精率，有利于高产。

一些植物的微小种子，或长有伞状毛（如菊科植物），或长有翅（许多树种）的大种子，纸状果实或种子及某些植物的繁殖体等，都可以通过风来传播到较远的地方。

强风还间接影响植物病虫害的发生。在强风作用下，园艺植物的枝叶间相互摩擦损伤，会使病菌容易从伤口入侵。另外，风还会传播病原体、使病害蔓延，甚至还能造成病虫的长距离迁移。

（4）风对园艺植物生长和产量的影响　在风力不太大的情况下，风造成的空气乱流可以调节作物层中的光照、温度、湿度、CO_2浓度等，有利于园艺植物的生长发育和产量的提高。但当风速过大时，会对园艺植物的生长产生危害，降低产量。首先风速过大时会对植物造成机械伤害，使植物和果树倒伏、折断、拔根，造成落花、落果、落荚等，还可吹走种子，吹死幼苗。其次风速过大时会对植物造成生理危害，干燥的大风能加速植物蒸腾失水，致使果树枯顶，其他植物萎蔫甚至枯死；北方春季大风可加剧土壤蒸发失墒，引起植物发生旱害；冬季大风会加剧果树发生冻害。不太强的风，虽然不直接损害植物器官，但久吹不息植株摇摆不定，也会引起生理损害，降低光合量，致使产品品质低劣。再次风速过大时会造成风蚀沙化，将表层土壤吹走，致使植物根系暴露，当风速降低时，被吹起的砂粒便会沉降堆积，埋没植物幼苗，严重时土地无法耕种。

【巩固训练】

一、关键词

二氧化碳饱和点、二氧化碳补偿点、最适二氧化碳浓度

二、简答题

1. 二氧化碳在园艺植物增产上有什么意义？
2. C_4植物与C_3植物在固定二氧化碳的能力上有什么区别？
3. 影响园艺植物固定利用二氧化碳因素有哪些？这些因素是如何产生影响的？
4. 在生产上如何调控园田中的二氧化碳浓度？
5. 园艺设施内气流环境有什么特点？对设施内气体条件进行调控的措施有哪些？
6. 酸反应法二氧化碳施肥技术的原理是什么？如何操作实施？有哪些注意事项？

【整理归纳】

园艺植物生产气体环境各要素知识与调控应用措施的结构及内容见图 7-11。

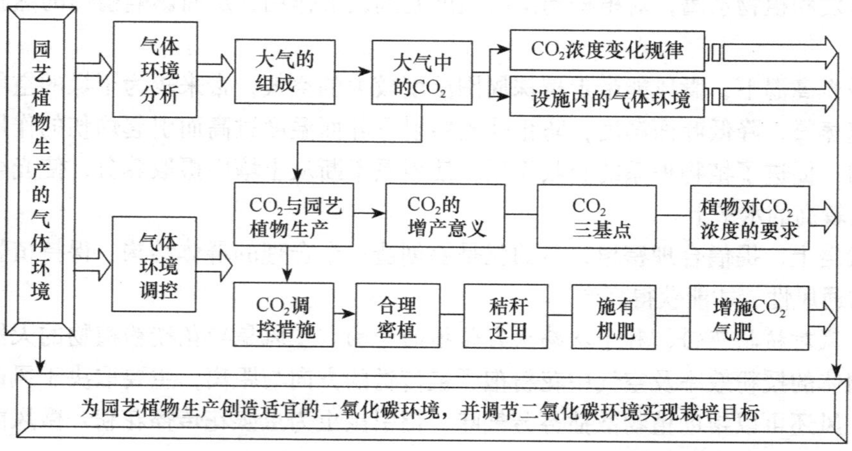

图 7-11　园艺植物生产气体环境的内容结构图

第八章　园艺植物生产环境的综合效应

【综合目标】

➢ 能力目标

1. 能够正确计算园艺植物生长所需的水分和养分用量，以及水的流量。
2. 运用所学知识，会熟练测定园艺植物生产的小气候环境。
3. 根据小气候中的气象因素，会制订适于园艺植物生产的调节方案。
4. 能够根据所学知识，排除园艺植物生产中水肥一体化实施的技术故障。
5. 能够针对具体的园艺植物，运用配方施肥的理论，制订配方施肥方案。

➢ 知识目标

1. 了解小气候的概念和特点、设施环境下各气象要素的变化规律。
2. 熟悉园艺植物生产中水肥一体化技术的含义及实施效果。
3. 掌握果园小气候的调控方法和现代园艺设施计算机综合环境调控技术。
4. 掌握水肥一体化的实施技术要点和关键技术。
5. 了解配方施肥的概念和原理，掌握配方施肥工程的方法。

【内容要点】

本章主要包括小气候的内容、形成特点，小气候中的温度、湿度、光照、通风等条件对园艺植物生长的影响，以及果园等不同小气候环境的调节；水肥一体化技术的历史变迁、实施效果及存在问题分析，水肥一体化技术实施的技术要点与操作关键、常见技术故障的排除，目前在应用中存在的问题及前景；配方施肥的概念、特点及实施原理，配方施肥的方法步骤及其应用。

第一节　园艺植物生产的小气候调控

【学习目标】

1. 了解小气候的概念和特点，掌握园田中活动面的特点。
2. 掌握园田小气候的一般特征和果园小气候的特点，以及对果园小气候进行调控的技术措施，并能根据实际生产情况提出调控果园小气候的措施。
3. 能够根据设施内环境条件状况，因地制宜地制订设施小气候综合调控方案。

【内容分析】

园艺植物在生长发育过程中，始终受到其所处环境中各种因素的影响，这些因素中有一部分来自土壤和生物因素，有一部分来自空气，来自空气的光、温、水、气等气象因子构成了园艺植物生长发育的小气候环境。本节内容主要是通过对园田小气候特征的分析，学习和掌握果园田小气候和设施小气候环境的综合调控措施，以便于在实际生产中为园艺植物创造良好的小气候环境，实现高产优质高效的生产目标。内容见图 8-1。

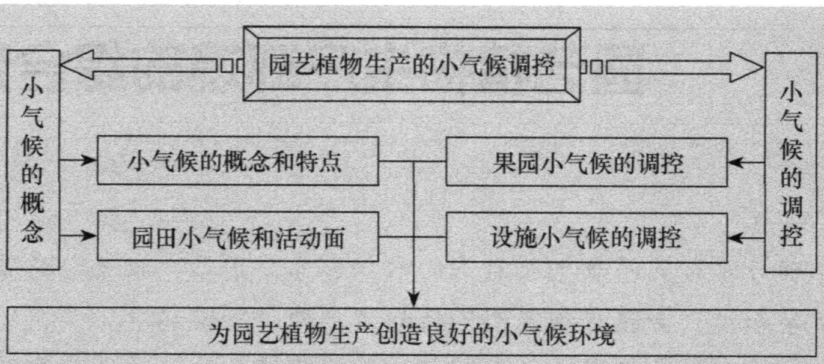

图 8-1　园艺植物生产的小气候调节内容分析图

一、小气候环境分析

（一）小气候的概念

小气候是指因下垫面的性质和状况不同而形成的与大气候不同的近地气层和土壤上层的小范围的气候。小气候一般只表现在个别气象要素数值的差异上，而不会改变大的天气状况。例如，在晴朗无风的夏季，中午太阳高度角很大，对地面形成强烈的辐射，此时，在硬化的地面上会感到非常炎热，而在草地或刚浇过水的地面上则会感到一丝凉意，这就是由于不同的下垫面因其性质不同而形成的具有不同特征的小气候。

不同的下垫面会形成具有不同特征的小气候。在自然界中，地球表面的构造和性质多种多样，因此，小气候的类型也多种多样，如园田小气候、地形小气候、设施小气候、林地小气候、城市小气候、水域小气候等。即使是园田小气候，也由于土壤状况、植物种类、栽培措施等的不同，会形成具有不同特征的小气候。但是不论哪种类型的小气候，它们都有三个共同的特点。

（二）小气候的特点

1. 范围小　这是从小气候的空间分布范围来说的。由于小气候是因下垫面的性质和状况不同而形成的具有不同特征的局部小气候，因此越接近下垫面，小气候的特征就越明显；离下垫面越远，其小气候的特征就越不明显，达到一定高度后，则与大气候完全混合起来。

一般情况下，小气候的垂直分布大概包括从地面向上到100m高空附近的大气，但主要分布在从地面向上到2m高度贴近地面的空气层中。在水平分布上，性质相同的下垫面有多大，则具有这一特性的小气候分布范围就有多广。当下垫面性质发生改变时，则小气候的特征也随之发生改变。

2. 差别大　这是指具有不同特征的小气候，其气象要素的差别很大。而且由于其规模小，其局部地区的差异不容易被大规模的空气运动所混合。例如，根据一些研究，在沙漠地区贴近地面的空气层中，2mm高度内的温差可达十几度，甚至更大，如果把它折算成10m高度，则在垂直方向上气温的变化可达几千度甚至上万度。在水平方向上，从一种下垫面过渡到另一种下垫面，气象要素的差异较大或出现不连续现象。

3. 很稳定　这是指小气候的发生规律是相对稳定的。这是由于下垫面的结构和性质是相对稳定的，这就使得在特定的下垫面上形成的小气候的特征也相对稳定，几乎天天如此。除非下垫面的性质发生改变，则在该下垫面上形成的小气候的特征才会改变。

这里需要注意的是：在晴朗无风或微风的天气条件下，小气候的差异表现得最为明显，而大风、阴雨天气条件会掩盖小气候的特征，因此小气候的差异表现得不明显。

（三）园田小气候

园田小气候是指以露地栽培的植物为下垫面所形成的小气候。这种小气候不仅受土壤性质、地形等自然条件的影响，而且还随着植物种类、种植密度、高度、生育期、长势和长相等的不同而不同，还因所采取的栽培管理技术措施的不同而不同。因此，在生产上合理的耕作栽培和管理技术，能够促进园田小气候朝着生产需要的方向发展，有利于稳产高产丰收。

（四）活动面和活动层

1. 活动面 活动面又称作用面，是指吸收与放射辐射能最显著的物质面。这个物质面是上层空气和其下层物质的交界面，是物理属性变化最剧烈的地方。活动面是能量与物质交换的场所，在活动面上可以把一种形式的能量转化为另一种形式的能量，把一种形态的水改变为另一种形态的水，还可以改变流过其上的气流结构，从而影响贴地气层中热量、水分、二氧化碳的分布。因此，活动面在小气候的形成中起着非常重要的作用。

下垫面的性质、构成不同，则活动面的位置不同。就裸地来说，土壤表面就是活动面。而在园田中，活动面有两个，一个称为外活动面，一个称为内活动面，外活动面位于植物茎叶最密集的部位，大约在植物植株高度的2/3处，它是上层大气和下层作物层热量和水分、二氧化碳交换的主要场所；内活动面位于土壤表面，在植物生长的旺盛时期，此处是热量和水分、二氧化碳交换的次要场所。

园田的活动面随着植物生长发育进程中叶面积系数的变化而发生着变化。在园艺植物生长的苗期，由于叶面积系数较小，田间漏光严重，地面是能量和物质交换的主要场所，因此地面就是活动面；在园艺植物生长的茎叶繁茂期，这是植物一生中叶面积系数最大的时期，此时地面是能量和物质交换的次要场所，为内活动面，而植物植株高度2/3处是能量和物质交换的主要场所，为外活动面；在园艺植物生长的后期，由于一部分老叶死亡脱落，叶面积系数减小，田间又有漏光，此时地面又成为能量和物质交换的主要场所，地面又成为活动面。

2. 活动层 活动层又称作用层，在植物层中，辐射能的吸收与放射，热量和水分的交换，不仅发生在活动面上，而且发生在具有一定厚度的植物层中，这一层称为活动层。

通过对活动面适当进行改造，就可以调节贴地气层和土壤上层的热量、水分和二氧化碳的分布；用耕作措施可以改造园田内活动面；而栽培措施可以改造园田的外活动面。

二、园艺植物生产的果园小气候调控

在一定的大气候背景下，由于在果树的树种、树龄、树冠结构与形态、郁闭程度及管理技术等综合影响下所形成的小气候环境，属于果园小气候。

（一）果园小气候的特点

1. 光的分布 树冠、叶幕结构和叶的形态都会影响果园的光照条件。自然生长的果树，叶和果实多集中于树冠外围，只有少数叶和果实分布在树冠的内膛。

树冠内光照分布大致可以分为4层：第一层的光照度为70%以上，第二层为

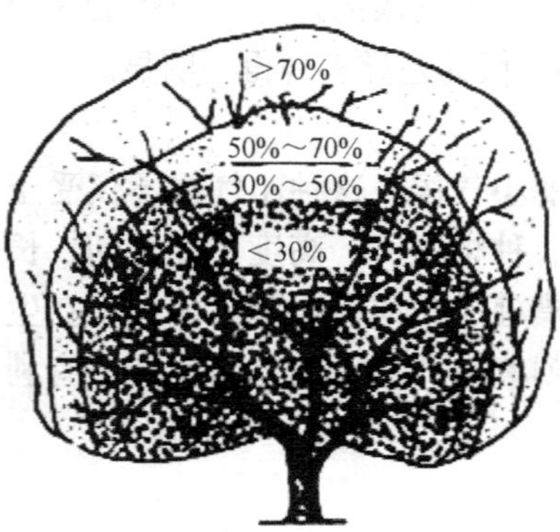

图 8-2 果树中光的分布

50%～70%，第三层为 30%～50%，第四层小于 30%（图 8-2）。随着树龄的增加，树冠不同部位光照度差别越来越大，进入内膛的光照度越来越少。光照不足，使内膛出现小枝完全光秃的部位，这种部位占树冠总体积的比例还随着树龄的增加而加大，如 20～30 年生的树，其内膛部位占树冠总体积的 30%，甚至可达 50%。当经过修剪后，树冠的无效部分可降低，冠内的光照条件可以得到改善。此外，树冠内不同高度上太阳辐射的透光率也不同，从树冠活动面以上部位到活动面以下部位太阳辐射透射率逐渐减小，其比值从高于 80% 降到 40% 以下。

2. 温度的分布 果园内的温度取决于辐射强弱，枝条、叶片的疏密和部位等状况。资料表明，主枝条与主干角度大，树体温度低，反之树体温度高。夏季日光直射在果树及果实上，使果实温度上升。温度过高时抑制果实的膨大，导致日灼病的发生。不同方位树皮温度也不同，如最高温度出现的时间就有自东向南西北逐渐滞后的现象。在果园生产中要注意对水体和山体小气候的利用。

3. 湿度的分布 果园内的空气湿度受土壤水分、果树大小、树体蒸腾强弱和天气类型等的影响。雨季园内南面空气湿度比北面大 2%，在旱季，北面比南面大 3%～4%，雨季过后的晴天园内湿度比裸地大 5%，旱季和有风的天气，两者差异较小，为 2%～3%。冠内相对湿度垂直梯度较大。湖泊、河、海等大水体，对附近果园小气候有调节作用，因此使某些树种和果树的栽培界限向北推移。果园覆盖草被也可以调节果园内的湿度，特别是在旱季果园内有利于果树生长。

4. 风的分布 果园内正常的风速对调节温、湿度有利，大风有害。风灾危害大树较重，小树较轻，短果枝较轻，长果枝较重。果园内风速的分布，取决于果树种植密度、树龄、冠形、种植行向等，种植行向与风向平等时，则风速增大，但较裸地仍小 1/3～1/2。枝叶密集的冠内风速最小，树冠以上风速随高度的升高而增大，地表附近的风速几乎为零，地表至第一侧枝下，风速又有所增大。防护林是调节果园风速、减轻风害的有效措施。据测定，林外风速为 11.8m/s，通过防护林在林高 4 倍远处风速为 4.5m/s，14 倍远处为 5.9m/s，因此，园内水分蒸发减少，空气湿度提高，林地土壤水分比无林地土壤水分高 4.7%～6.4%，相对湿度高 10%。此外，北方果园防护林还具有改善果园积雪和防止土壤冲刷的作用。

（二）果园小气候的调控

果园小气候直接影响果树的生长发育、产量和产品品质，通过人工措施调节小气候环境，满足果树所需要的气候条件，从而提高果品产量和质量。常见的调节措施如下。

1. 果园地面覆盖法 目前使用的方法有两种，一种是碎草、马粪等有机物覆盖，另一种是用各种塑料薄膜覆盖。覆盖后夏季有降低地温、减少高温对根系灼伤的作用，冬季有减缓地温下降、减少低温危害的作用。另外，覆盖可以减少地表径流，增加地下水含量，提高土壤湿度；塑料薄膜覆盖地面，除了有明显的增温保湿作用外，还可以用薄膜的反射光改善树冠下层和内膛的光照条件，增加产量，提高品质。

2. 果园灌溉　合理灌溉不仅影响果树当年的生长和结果，而且还会影响果树的寿命。灌溉直接增加了土壤湿度和空气湿度，从而调节了果园的地温和气温，因此根据果树需要和温度的变化情况，要确定合理的灌溉时间和灌溉指标。

3. 树干涂白　为保护树体，在冬春季或夏季，给树干涂刷白色保护剂，以降低树干和主枝温度，减轻日灼。据测定，涂白的树干比不涂白的树干南侧的温度降低 7.5℃。

4. 修剪整形　科学的修剪整形可以改善果树通风条件和温度、湿度条件。

5. 兴建果园防护林　大量实践证明，果园防护林不仅可以减轻大风危害，还可以改善温度状况，对防止果树冻害有重要的作用。

三、园艺植物生产的设施小气候调控

（一）设施环境综合调控的目的

设施的光、温、水、气、土等环境因子是同时存在的，综合影响植物的生长发育。为了便于讲述，前面分别对它们进行了阐述，但实际生产中各因子是同时存在同时起作用的，它们具有同等重要性和不可替代性，当其中某一因子变化时，其他因子也会受影响而随之发生变化。例如，温室内光照充足时，温度也会升高，土壤水分蒸发和植物蒸腾加速，使得空气湿度加大，此时若开窗通风，各个环境因子则会出现一系列改变，生产者在进行管理时要有全局观念，不能只偏重于某一方面。

设施内环境要素与植物、外界气象条件及人为的环境调节措施之间，相互发生着密切的作用，环境要素的时间、空间变化都很复杂。有时为了使室内气温维持在适温范围内，人们或是采用通风换气，或是采取保温或加温等环境调节措施时，常常会连带把其他要素（如湿度、二氧化碳浓度）变到一个不适宜的水平，从植物生长来看，这种环境调控措施未必是有效的。例如，春天为了维持夜间适温，常常提早关闭棚室保温，造成终夜高湿结露现象，引发病害。清晨为消除叶片上的露水而大量通风时，又会使室内温度不足，影响了植物的光合作用，总之设施环境与植物间的关系是复杂的（图 8-3）。

目前在设施温室栽培中，北方地区配合地膜种植的相对较多，地膜覆盖对温度和光照的影响较大，如表 8-1 和表 8-2 所示。

表 8-1　不同颜色地膜的反光能力比较（观测高度为 10cm）

颜色	乳白	银灰	透明	绿色	黑色	露地
反射光照度 /lx	29 008	20 665	16 278	7 390	7 295	10 128

表 8-2　地膜覆盖对不同深度土层温度的影响

土层深度 /cm	0	5	10	15	20
地膜覆盖温度 /℃	21.9	20.3	18.6	17.5	16.8
露地温度 /℃	17.4	16.7	14.9	14.2	13.9
增温幅度 /℃	4.5	3.6	3.7	3.3	2.9

所谓综合环境调控，就是以实现植物的增产、稳产为目标，把关系到植物生长发育的多个环境要素（如光照、温度、水分、二氧化碳等）都维持在适于植物生长的水平，

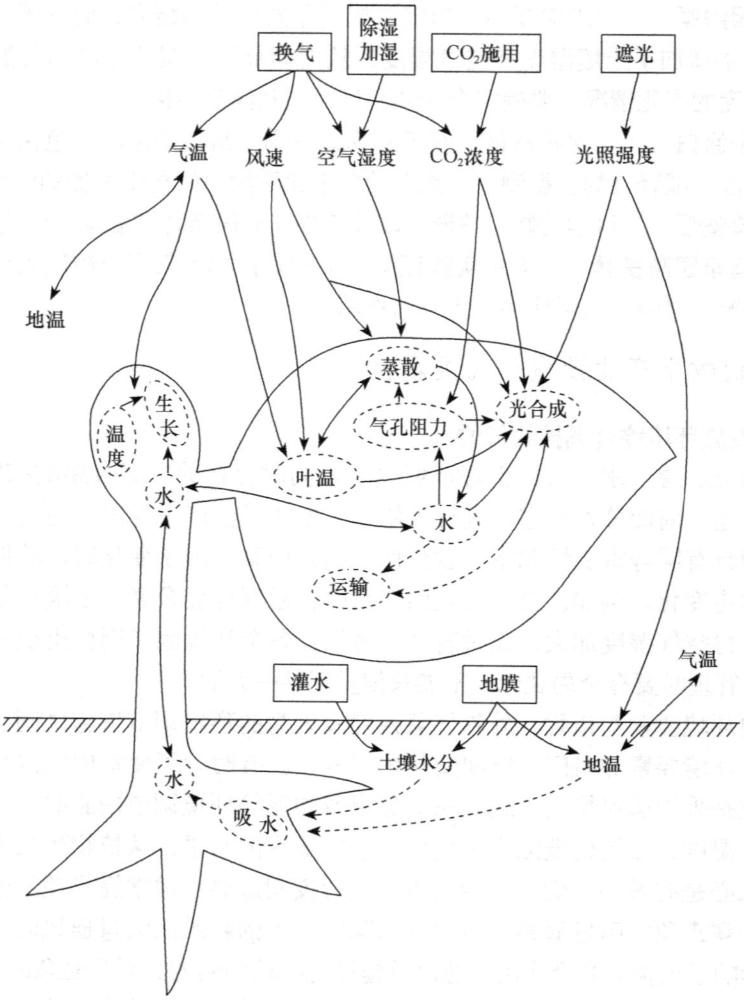

图 8-3　设施内环境和植物生理相互关系模式图

而且要求使用最少量的环境调节装置（如通风、保温、加温、灌水、施用二氧化碳等），既省工又节能，便于生产人员管理的一种环境控制方法。这种环境控制方法的前提条件是，对于各种环境的控制目标值，必须依据植物的生育状态、外界气象条件及环境调节措施的成本等情况综合考虑。

（二）设施环境综合调控的方式

环境综合调控在未普及计算机以前，完全靠人们的头脑和经验来分析判断与操作。许多生产能手，早就善于把多种环境因素综合起来考虑，进行温室大棚的环境调节，并根据生产成本、产品市场价格、劳力、资金等到情况统筹计划，安排茬口、调节上市期和上市量，为争取高产、优质和高效益进行综合环境管理，并积累了丰富的经验。随着温室生产的现代化，环境调控的自动化，如通风换气装置、保温幕布的开启、二氧化碳施肥设施、灌溉等自动调控项目不断引进，以及设施栽培植物品种的多样化、市场化，设施环境综合管理仅靠人工和传统的机械化是难以完成的。

20 世纪 60 年代，随着计算机的问世，荷兰率先在温室环境调控中引入计算机技术，目前随着信息技术的不断发展，计算机技术已广泛地应用于设施环境综合调控中。

我国在20世纪80年代初期，开始将计算机应用于温室的管理和控制领域。清华大学首先进行了单片机控制人工气候箱的尝试，此后中国农业科学院先后报道了Z-80C微机控制温室软硬件实施方案，以及利用Z-80C双板机控制气候箱自然光照的模拟实验。在单片机和单板机应用方面，中国农业科学院农业环境与可持续发展研究所等单位，研制了TP-801微型单板机人工气候箱控制与管理系统，并采用Visual Basic开发了基于WINDOWS操作系统的控制软件。90年代中后期，江苏理工大学研制成功了温室软硬件控制系统，能对营养液系统、温度、光照、二氧化碳施肥等进行综合控制，是目前国产化温室计算机控制系统较为典型的研究成果。在此期间，中国科学院石家庄农业现代化研究所、中国农业大学、中国科学院上海植物生理研究所等也都侧重不同领域，研究温室设施计算机控制与管理系统。"九五"国家重大科技攻关项目"工厂化高效农业示范工程"中，加大了计算机应用研究的力度，专门设置了"智能型连栋塑料温室结构及调控设施的优化设计及实施"专题。可以看出我国温室计算机应用，在总体上正在从消化吸收、简单应用阶段向实用化、综合应用阶段过度和发展。

虽然计算机在设施综合环境调控中功能大、效率高、节能省工省力。但设施综合环境管理涉及园艺植物生育、外界气象条件状况和环境控制措施等复杂的相互关联因素，有的项目由计算机信息可以作出科学的判断进行合理的管理，有的必须通过电脑与人脑的共同合作才能实现管理，还有的项目只能依靠人的经验进行综合判断决定，电脑还不能完全代替人脑完成设施环境的综合调控。

（三）现代园艺设施计算机综合环境调控技术

1. 输出原理

（1）开关（ON，OFF）调控法　屋顶喷淋和暖风机的启动与关闭等采用ON，OFF这种最简单的反馈调节法，为防止因计测值不稳定而开关频繁，损伤装置，可在暖风机控制系统中只对停止加温（OFF）加以设定。

（2）比例积分控制法　如换气窗的开闭，在调节室内温度时，换气窗从全部关闭到全部开启是一个连续动作，电脑指令换气窗正转、逆转和停止，可调节成任意开启角度，采用比例加积分控制法，是根据室温与设定温度之差来调节窗的开度大小，是一种更加精确稳定的方式。

（3）前馈控制法　如灌溉水调控设有适应的感应器，技术监测不可能时，可根据经验依据辐射量和时间进行提前启动。

2. 加温装置的调控　通常有暖风机加温或热水加温两种。现在多以开关调节，在加温负荷小时，很易超调量，要缩小启动间隙（关闭的设定值提高0.2～1.0℃）。有效积分控制（PI控制）是一种更有效的方法，均有配套软硬件组装设备。热水加温装置有调控锅炉运行，从而能高精度调节水温。

3. 换气窗调控　以比例积分法控制，外界气温低时，即使开启度很小也会导致室温的很大变化，宜依季节不同调整设定值，根据太阳辐射量和室内外温差指令，自动调节窗的开启度，遇强风时，指令所有换气窗必须关闭，依风向感应器和风速，也可仅关闭迎风侧的窗，仅调节下风侧的换气窗的开闭，降雨时指令天窗关闭到雨水不侵入室内的程度。

4. 保温幕调节　依辐射、温度和时间的不同而开闭，以保温为目的，通常根据室温热量收支计算结果，给出开闭指令，但存在需确保植物一定的光照长度和湿度的矛盾，因此必须在不发生矛盾的原则下进行调节。输入设定值还因幕的材料而异，反射性不透明的铝箔材料则依辐射强度来设定，透明膜则依热量收支状况来设定。保温幕的调节与换气设备、加温设备调控密切相关，如不可能发生开窗而保温幕关闭的状态。又如日落后，加温装置开启前，关闭保温幕可以节省能耗，三者需配合协调调节。

5. 湿度调节　包括加湿与除湿调控。用绝对湿度作为设定值，除开启通气窗来调节外，也有的利用除湿器开关控制即可，但除湿能力低。加湿一般采用喷雾方式，但同时造成室温下降，相对湿度升高，输入设定值时必须考虑温度指标，并根据绝对湿度或饱和差作为湿度设定指标。

6. 二氧化碳调节　不论二氧化碳发生器或罐装二氧化碳均采用开关简单调节电磁阀来进行。按太阳辐射量定时定周期开阀，还有依二氧化碳浓度测定计送氧和停氧，以防止换气扇开启时二氧化碳外溢浪费气源。

7. 环流风机控制　为使室内气温、二氧化碳浓度分布均匀而采用。即使换器窗全部封闭，少量送气，也有防止叶面结露、促进光合与蒸腾的效果。在温室天窗全封闭时或加热系统启动供暖时运转十分有效。

8. 营养液栽培及灌水的控制　水培植物营养液采用循环式供液时，控制供液水泵运转间隔和基质无土栽培营养液的滴灌，应根据日辐射量设定供液量和供液间隔时间，通常采用前馈启动调节。营养液的调节通常通过pH计测定值、EC计测定值，以决定加入酸、碱和营养液的量。

（四）设施园艺计算机综合环境管理的发展趋势

1. 向智能化方向发展　随着计算机技术的不断发展，设施计算机的应用由简单的数据采集处理和监测，逐步转向以智能处理和应用为主。因此，除了不断完善硬件控制设备外，主要是软件系统的研究和开发将不断深入和完善，其中主要以专家系统为代表的智能管理系统已取得了不少研究成果。专家系统作为一种知识的载体，所表现出来的可靠性、客观性、永久性及其易于传播和复制的特性，是人类专家所不及的，在处理与解决某些领域问题时具有不可取代的重要作用。

2. 实现网络化　随着设施园艺的规模化和产业化程度的不断提高，网络通讯技术在温室的控制与管理中得到广泛的应用，温室群内部的管理和控制实际上就有局域网（internet）的特性。例如，在日本为了能应用网络技术实现对温室的控制管理，利用面向对象技术和JAVA语言进行软件开发，并对计算机控制与通讯协议进行标准化研究，不仅能通过电话线对温室控制的设定值进行修改，也能对温室状态与环境数据之间可以通过互联网技术，进行远程控制或诊断。我国幅员辽阔、气候复杂、种植模式多样，种植者总体素质相对较低，利用现代网络技术进行服务，前景广阔。

3. 发展分布式系统　目前分布式系统是计算机控制系统的主要发展方向，该控制系统采用了服务器 - 客户模式（server-client mode）。所谓分布式系统是指整个系统中不存在一个所谓的中心处理系统，而是由许多分布在各个温室中的可编程序控制器（programmable controller）或子处理器（sub processor）组成，每一个控制器连接到中心监控计算机或称主处理器（host processor）上。由每个子处理器处理所采集的数据并进行实时控制，而由主处理器存贮和显示子处理器传送来的数据，主处理器可以向每个子处理器发送控制设定值和其他控制参数。

4. 向多样化和综合化发展　未来的计算机控制与管理系统是综合性的、多方位的，如环境控制将朝多因素方向发展。形式也将趋于多样化，集声音、图像、影视为一体的多媒体服务系统是未来计算机应用的热点；随着个人计算机的普及，可独立运行的CD-ROM光盘等的应用、多媒体技术服务、基于人工智能技术的各种诊断与决策支持系统，会被更多的部门和个人用户所利用，计算机用于设施园艺环境的综合环境管理，多用于现代化温室，大型温室环境控制是所有室内环境控制中最困难的，一般建筑物的环境控制几乎可完全不受阳光的影响，温度则不然，温室外的环境状况对温室内环境控制有着决定性的影响。一般的环境控制大多只针对气温及湿度等，温室环境控制则还需兼顾光量、光质、光照时间、气流、植物保护、二氧化碳浓度、水量、水温、EC值、pH、溶氧等。因此，设施环境控制必须在极有效的状态下进行。

【实践技能】

技能训练8-1　园艺植物生产小气候的观测

一、训练目标

1）了解小气候观测地段的选择，确定观测高度、深度和观测时间的一般原则。

2）掌握利用农业小环境检测系统进行小气候的观测的方法。

3）掌握小气候资料的初步整理与分析方法，增强学生进行科学实验的能力。

二、实验仪器设备

农业小环境检测系统（V3.0）。

三、训练内容

（一）小气候观测的基本原则

目前小气候的观测还没有统一的观测规范和手册，观测种类多种多样，一般根据需要、任务和研究目的来确定观测项目、仪器设置、观测方法和资料整理方法等。因此在进行小气候观测时，首先是任务必须明确，要求具体，避免人力和物力的浪费；其次是所测数据资料能客观地反映气候的特征。

1. 观测地段的确定原则　由于小气候的特征受观测地段下垫面性质（如地形、地势、土壤分布及农业技术措施等）的影响，在选择小气候观测地段时，应考虑以下原则。

（1）观测点的代表性原则　即所选地段能代表当地一般情况，或根据研究目的要求确定观测地段。

（2）观测点的比较性原则　根据研究内容进行对比观测的因子允许有差异，其他条件要力求一致。例如，研究地膜覆盖的小气候效应，除观测地段与对照有地膜与无地膜差异外，其他条件如地形、地势、土壤特性、植物种类及耕作措施等均应一致，否则，就不能客观分析出地膜覆盖的小气候效应。

（3）观测点面积的确定原则　该地段与周围活动面的特性差异越大，所选观测地段最小面积就应该越大，反之可适当小些。

（4）观测点的布置原则　小气候观测点一般分为基本观测点和辅助观测点两种。基本观测点是主要观测点，基本观测点应选在观测地段中最有代表性的点上，其观测项目、高度、深度要求比较齐全和完整，观测时间要求固定，观测次数要求多些；辅助观测点是为某一特殊项目而设置的观测点，目的是补充基本观测点的不足和更完全地了解基本观测点的小气候特征，辅助观测点可以是流动的，也可以是固定的，重点是观测项目、观测高度和深度应与基本观测点一致，辅助观测点的多少应根据人力和仪器的条件而定。

2. 对观测点的描述　观测点确定后，必须对观测点的客观条件进行描述和记载。主要有以下几项内容。

（1）编号　对所有观测点统一编号，以免观测记载产生混乱或各观测点资料的混淆。

（2）观测点的地理位置　标明所在纬度、经度和海拔。

（3）观测点的地形遮蔽情况　绘制观测点的地形遮蔽图，记载观测点周围的自然景物的面积大小、相对位置的高度和离观测点的距离等详细情况。

（4）土壤状况　包括土壤种类、湿润程度及土壤物理性状。

（5）植被情况　包括林木种类、植物种类及栽培措施和生长发育状况。

（6）天气条件　记载当时的天气条件及观测时的太阳辐射状况。

（二）小气候的观测仪器

小气候观测所用的仪器要求：小巧玲珑，便于携带；示度清晰，便于读数；性能稳定，便于对比；精度较高，便于分析。

农业小环境检测系统（V3.0）是一个功能强大的环境数据采集处理系统，它包含了空气温度、湿度、露点、光照强度、光量子、CO_2浓度、风速、风向、雨量、土壤温度、土壤含水量等环境数据的采集与处理功能。

（三）观测仪器的设置

在一个观测点上观测不同项目的仪器设置，遵循仪器间互不影响，并尽量与观测顺序一致的原则。一般仪器间隔也要1m左右；轻便风速表要安装在上风位置上。在园田中，可安装在同一行间或两个行间。在垂直方向上，由于越靠近活动面，气象要素的垂直变化越大。因此，设置的观测高度必须越靠近活动面越密，而不能机械地等距离分布。一些主要要素的观测参考高度（深度）见表8-3。

表8-3　园田小气候观测项目、所用传感器及记录要求

观测项目	观测高度、深度/cm	使用传感器	记录单位及要求
空气温度	20、2/3株高、作物层顶、150	温湿度传感器	温度：℃，取一位小数
空气湿度	—	—	相对湿度：%，取整数
光照强度	地面、2/3株高、株顶上方	光照度传感器	lx（勒克斯），取整数
光合有效辐射	0、20、2/3株高、作物层顶	光量子传感器	mmol/(m^2·s)，取整数
CO_2浓度	0、20、2/3株高、株顶上方	CO_2传感器	mg/L，取整数
土壤温度	传感器探头深度	土壤温度传感器	℃，取一位小数
土壤水分	传感器探头深度	土壤水分传感器	%，取一位小数

注："—"表示无该项数据

（四）观测

定点观测，每 40min 观测一次，观测顺序为：日光、天气、土壤温度、土壤水分、光照度、光合有效辐射、CO_2 浓度、空气温度、空气湿度。结果填入“园田小气候观测记录表”（表 8-4）。

表 8-4　园田小气候观测记录表

观测地点：________　观测日期：________　观测时间：________　观测人：________

观测项目	观测数据		读数要求
天气描述	—		无
空气温度 /℃	20cm 高处：	2/3 株高处：	取 1 位小数
	作物层顶：	150cm 高处：	
空气湿度 /%	20cm 高处：	2/3 株高处：	取整数
	作物层顶：	150cm 高处：	
光照度 /lx	20cm 高处：	2/3 株高处：	取整数
	株顶上方：	150cm 高处：	
光合有效辐射 / [μmol·(m^2·s)]	20 cm 高处：	2/3 株高处：	取整数
	作物层顶：	150cm 高处：	
CO_2 浓度 /（mg/L）	20 cm 高处：	2/3 株高处：	取整数
	作物层顶：	150cm 高处：	
土壤温度 /℃	传感器探头深度		取 1 位小数
土壤水分 /%	传感器探头深度		取 1 位小数

四、观测资料的整理与分析

（一）基本资料的整理

一个观测点的原始记录，在确定所测数据无误的情况下，将记录填写在资料整理表中，并检查记录有无突变现象，根据日光情况的变化决定取舍，然后计算读数的平均值，再根据报表资料绘制气象要素的时间变化图和空间变化分布图。

1. 气象要素时间分布图　以纵坐标表示要素值，横坐标表示时间，绘制而成，此图可以得出气象要素随时间变化的特点。

2. 气象要素空间分布图　以纵坐标表示高度或深度，横坐标表示气象要素值随高度（深度）的分布情况和变化规律。

通过气象要素随时间和空间分布及变化规律，可以了解某一观测点气象要素的变化特点，并且对各观测点资料进行对比分析，还可以从图中检查各记录的准确性和代表性。在时间变化图上，发现某一时间记录有突变等不连续现象，可从天气变化情况（如云况、日光等）寻找原因，然后对时间变化图进行订正。

（二）各观测点资料的对比分析

在各观测点的小气候特征中寻找它们的差异，根据研究任务，进行测点资料的对比分析。如只有同裸地的资料比较，才能显示出园田小气候特征，只有同其他植物田的小气候资料进行对比，才能发现某一植物的小气候特征。在对比分析时，要特别注意自然地理环境条件及天气情况的一致性。

五、小气候观测报告

当对比分析完成后，就可以进行书面总结，其中要对测点情况、观测项目、高度（深度）、使用仪器和天气条件进行说明，对观测过程也要适当介绍，但中心内容是气象要素的定性和定量的对比描述，对产生的现象和特征，必须根据气象学的原理，说明物理本质，用表格和图解来揭示各现象之间的联系，从而得出园田小气候观测的初步结论。

【知识拓展】

坡地小气候对园艺植物生产环境的影响

在园艺植物的生产中，尤其是现代设施园艺的发展，地形对园艺植物生产的影响越来越小，但是如果树的栽培，对地势的要求不是很严格，常出现在山前平原等地带。在山区各地，由于受周围地形的遮蔽作用，如在山区的坡地有阳坡和阴坡、有迎风坡和背风坡、有缓坡和陡坡等。这些情况不仅形成各处辐射差额的不同，而且也形成地面和空气间的乱流热交换和地面蒸发的差异，因而使山区各处的小气候有明显的不同。

相同海拔，坡地对园田小气候的影响，以方位差别和地形形状作用占首要地位。方位的差别，形成坡地小气候；地形形状的作用，产生了山顶和山底小气候的差异。

由于坡向和坡度的不同，坡地上日照时间和太阳辐射强度都有很大差别，因此获得的太阳辐射总量也不一样，于是形成不同坡向间的小气候差别。

1. 坡向对太阳辐射的影响 太阳辐射强度随坡向的不同而有很大的不同。在偏东坡地上，午前大于午后；在偏西坡地上则恰好相反。至于南坡和北坡的直接太阳辐射强度的变化，上下午基本上是对称的。在我国广大地区，最大辐射强度，以南坡最高，东南坡和西南坡次之，东坡与西坡及东北坡与西北坡又依次减低，北坡最低。同时，最大辐射强度的出现，除南、北坡与水平面均出现在正午时刻（当地真太阳时）外，东坡最早，东北坡与东南坡次之，均出现在午前，西南坡比西北坡早，西坡最晚，均出现在午后。坡向对太阳辐射总量的影响可归纳为以下几点。

1）南坡与北坡坡度的大小，对坡地上太阳辐射总量的影响很大，而接近东坡或西坡的坡地，其坡度大小对太阳辐射总量的影响最小。夏半年，南坡的坡度每增加1°，等于水平面的纬度向南移1°；而冬半年，北坡的坡度每增加1°，等于水平面的纬度向北移1°。

2）夏半年，偏南坡地上的太阳辐射总量，在低纬度（如纬度20°以南的海南岛）地区，都比水平面少，并随坡度的增大迅速减小；在较高纬度（如纬度40°的北京以北）地区，偏南坡地上太阳辐射总量比水平面多，当坡度增大而未超过一定限度时，坡地上太阳辐射总量，还随坡度增加比水平面稍有增多。这时偏北坡地上的情形，则恰好与偏南坡地相反。

3）冬半年，偏南坡地上太阳辐射总量，都比水平面上多，而且在一定坡度以下，纬度越高，坡度越大，相差越远。而偏北坡地上的太阳辐射总量，都比水平面少，它随坡度和纬度的增加而迅速减小。

4）在纬度30°～50°的温带地区，各种坡度的偏南坡地，可能获得的太阳辐射总量，都比水平面上多，而偏北坡地都比水平面少。夏半年，南、北坡地的差别比较小，而冬半年的差别则非常显著。东坡与西坡，介于南坡与北坡之间，差异不大。冬半年纬度越高，坡度越大的南坡，太阳辐射总量的增加越多。因此，在我国华北、东北和西北地区，栽植果树时，为了创造良好的越冬温度条件，要注意对偏南坡地的利用。

2. 方位对土壤温度的影响　由于方位对太阳辐射的影响，因此土壤温度也会受到方位的影响。夜间，方位对土温的影响一般很小，土壤最低温度几乎终年都出现在北坡。而土壤最高温度出现的方位，一年之内各有不同：冬季，土壤最高温度出现在西南坡，此后即向东南坡转移，到夏季则位于东南坡，夏秋之间又逐渐移向南坡。因此，一般来说，除夏季外，土壤温度以西南坡最高。产生这种现象的原因，不仅与太阳辐射总量在坡地上的变化有关，而且受天气条件和地面情况的影响很大。日出前，地面经常有露、霜或冻土的生成，因此，午前大部分的太阳辐射能就要用于露、霜或冻土的蒸发或融解上；下午土面已相当干燥，这时所得太阳辐射能主要用于土壤增温上。加之，冬季晨间多云雾，下午多晴朗，因此向东坡地，上午所得太阳辐射能少，用于土壤增温的不多；下午太阳向西偏移，东坡所得太阳辐射能减少，土壤增温大受限制。然而西坡的情况大为不同，上午，虽不能获得太阳直接辐射，而来自天空的散射辐射足以使露、霜或冻土蒸发或融解，使土壤变干；下午，当太阳直射时，坡地获得的太阳辐射能可大大提高土壤温度。因此，冬季土壤最高温度不出现在东南坡和南坡，而出现在西南坡（这时日出到日没的太阳方位变动于东南、南至西南）。夏季土壤最高温度出现在东南坡，是因为夏季下午云量增多，常可出现雷雨，因而下午偏西坡地得到的太阳辐射能减少，相比之下，最高温度出现于东南坡。由此可见，天气条件和地面情况的不同，出现土壤最高温度的坡位，是会发生变动的。

坡地方位对气温的影响，只局限于紧贴地表的极薄气层内，甚至在阴天条件下，这种影响就不存在了。至于坡地方位对于空气湿度的影响，主要是偏北坡地比偏南坡地的空气湿度要大一些。

以上所述是孤立小山的各个坡位对太阳辐射、温度和湿度的影响。在这种情况下，由于气流的变形，小山的迎风坡及其两侧的风速最大，背风坡的风速最小。这时如有降水，它的分布规律和大地形是恰好相反的：风大的地方，降水量少；而风小的地方，则降水量多。

3. 坡地小气候总的效应　综上所述，可以看到（图 8-4）：阳坡（偏南坡）所得到太阳辐射的光和热比较多，湿度较低，土壤蒸发比较强，土壤比较干燥，温度比较高；而阴坡（偏北坡）的情况恰恰相反。在寒冷地区，冬季阴坡地经常积雪的时间比较长，回暖后积雪的融化比较慢，增温少，蒸发弱，土壤水分消耗慢。因此，还在早春时期，阳坡和阴坡的小气候就有了差别：阳坡干暖，阴坡湿冷；坡地上部的土壤和空气，一般比坡地下部要干燥；而阴坡的下部经常是潮湿、寒冷，阳坡下部则是湿而暖。如果，就暖季整个坡地进行比较，阳坡上部干而暖，下部湿而热；阴坡上部潮而凉，下部则最湿又最凉。

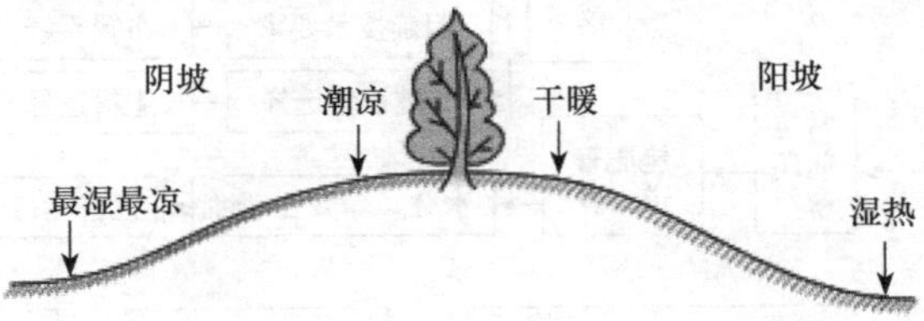

图 8-4　坡地小气候

在低纬度地区，阳坡和阴坡的太阳辐射总量差别不大，因而温度方面的小气候差异不大，远不如高纬度地区显著，这时湿度特征就是植物生长的首要条件了。

因此，园艺植物露地栽培，一定对地形、地势进行测量，以使生产效益最大化。

【巩固训练】

一、关键词

小气候、园田小气候、活动面、活动层

二、简答题

1. 小气候的特点是什么？
2. 园田小气候的一般特征包括哪几个方面？
3. 对果园小气候进行调控的措施有哪些？
4. 简述设施环境综合调控的方式。
5. 简述现代园艺设施计算机综合环境调控的措施。

第二节　园艺植物生产的水肥一体化技术及其应用

【学习目标】

1. 能够根据水源、地形、种植面积、植物种类选择微灌施肥系统；能够根据所学知识结合灌水计算灌水量和肥料的用量；能够分析并排除水肥一体化技术的常见故障。

2. 掌握水肥一体化技术的概念的内涵，掌握水肥一体化技术的应用效果；熟悉灌溉和施肥技术环节的实施原则；了解水肥一体化技术的发展历史和原理。

【内容分析】

本节主要是在前几章的基础上，在掌握水、肥综合利用原理和发展的基础上，分析水肥一体化技术实施的各个环节，结合施用效果的理解，能够对灌溉和施肥的各个技术环节进行掌控，学会各个技术环节实施的技术关键，根据不同园艺植物生产过程中对水肥的需求，挖掘植物物的最大生产潜力，合理调节水肥的平衡供应。充分发挥水、肥的相互作用，在给植物提供水分的同时最大限度地发挥肥料的作用，实现水肥的同步供应，即水肥一体化技术。具体内容见图 8-5。

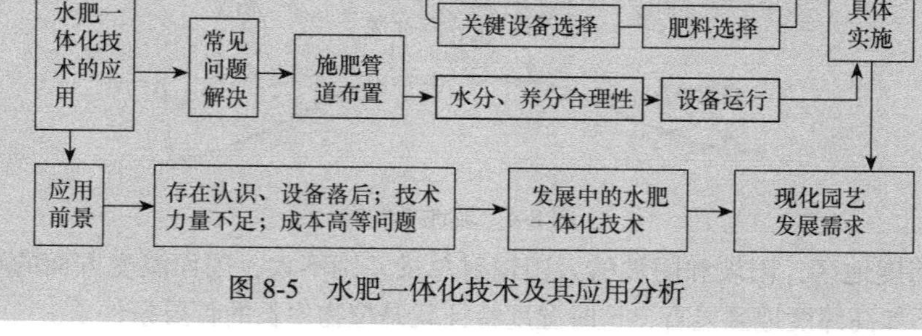

图 8-5　水肥一体化技术及其应用分析

水肥一体化技术是现代集约化灌溉农业的一个关键因素，是一项集成的高效节水、节肥技术。现已成为我国北方干旱地区的一项成功的技术措施，据不完全统计，我国新疆已有 90% 左右的土地实施水肥一体化技术。在集约化程度比较高的园艺植物栽培中，实行水肥一体化技术，对于节约水资源、减少肥料对环境的污染具有重要的意义。

一、水肥一体化技术的概念及效果分析

（一）水肥一体化技术的概念及发展

水肥一体化技术是将灌溉与施肥融为一体的农业新技术。水肥一体化是借助压力灌溉系统，将可溶性固体肥料或液体肥料配兑而成的肥液与灌溉水一起，均匀、准确地输送到植物根部土壤。采用灌溉施肥技术，可按照植物生长需求，进行全生育期需求设计，把水分和养分定量、定时，按比例直接提供给植物。

水肥一体化技术在国外有一特定词描述，叫“fertigation”，即“fertilization（施肥）”和“irrigation（灌溉）”各拿半个字组合而成，意为灌溉和施肥结合的一种技术。国内根据英文字意翻译成“水肥一体化”、“灌溉施肥”、“加肥灌溉”、“水肥耦合”、“随水施肥”、“管道施肥”、“肥水灌溉”、“肥水同灌”等多种叫法。“水肥一体化”这个称谓目前被广泛接受，针对具体的灌溉形式，又可称为“滴灌施肥”、“喷灌施肥”、“微喷灌施肥”等。

狭义讲，水肥一体化就是把肥料溶解在灌溉水中，由灌溉管道输送给田间每一株植物，以满足植物生长发育的需要。如通过喷灌及滴灌管道施肥。广义讲，就是水肥同时供应以满足植物生长发育需要，根系在吸收水分的同时吸收养分。除通过灌溉管道施肥外，如淋水肥、冲施肥等都属于水肥一体化的简单形式。

水肥一体化技术在实施过程中，可以按传统施肥的方法，进行肥料计算，如设施栽培番茄或露地栽培果树，根据目标产量计算全生育期的需肥量，在施肥过程中，随着施肥时间的延长，被灌溉水带走的肥料浓度越来越低，最后趋于零，这种施肥方法称为按数量施肥。还可以使养分浓度不变，根据时间确定施肥量和灌水量。前者在生产中广泛被采用，后者往往用于科学研究，或温室栽植的蔬菜、花卉等，多采用按比例施肥。因为温室栽培多采用砂、泥炭、岩棉等疏松透气的基质。这些基质虽然有很好的保水和通气性能，但对养分的吸附和缓冲性能低。给根系供应恒定、适宜的养分浓度，可使根系免受高浓度养分造成的肥害。

（二）水肥一体化技术实施效果

水肥一体化技术适宜于有井、水库、蓄水池等固定水源，且水质好、符合微灌要求，并已建设或有条件建设微灌设施的区域推广应用。主要适用于设施栽培、果园栽培和大田经济作物栽培，以及经济效益较好的其他植物。实施效果表现为以下几个方面。

1. 节省劳力　果树生产中，水肥管理耗费大量的是人工。例如，在内蒙古、宁夏等北方地区的葡萄生产中，一年施肥次数达 10 次之多。每次施肥需挖穴或开浅沟，施肥后进行灌水，特别费工。而在水肥一体化技术条件下可实现水肥的同步管理，节省大量用于灌溉和施肥的劳动力。北方地区的果园或葡萄酒基地，坡耕地比较多，传统的施肥灌溉非常困难，由于缺水等因素，有的地区根本无法实现。采用滴灌施肥，尤其是采用膜下滴灌，可以大幅度减轻劳动强度，并减少劳动用工。例如，内蒙古大青山沿线的果

园，采用滴灌施肥后，可节省用于灌溉和施肥的人工 90% 以上。现在劳动力价格越来越高，一天的用工在 100～150 元人民币。应用水肥一体化技术可显著节省生产成本。

2. 提高肥料利用率 在水肥一体化技术条件下，溶解后的肥料被直接输送到植物根系最集中的耕层，充分保证了根系对养分的快速吸收。对微灌而言，由于湿润范围仅限于根系集中的区域及水肥溶液最大限度的均匀分布，使得肥料利用效率大大提高；同时，由于微灌的流量小，相应地延长了作物吸收养分的时间。在滴灌下，含养分的水滴缓慢渗入土壤，延长了植物对水肥的吸收时间；而当根区土壤水分饱和后可立即停止灌水，从而可以大大减少由于过量灌溉导致养分向深层土壤的渗漏损失，特别是硝态氮和尿素的淋失（图 8-6）。研究结果表明，在田间滴灌施肥系统下，番茄氮的利用率可达到 90%，磷达到 70%，钾达到 95%。肥料利用率提高意味着施肥量减少，从而节省了肥料。

3. 可控制施肥数量和时间 根据植物养分需求规律有针对性施肥，实现精确施肥。例如，茄果类蔬菜的苗期，主要需要氮；幼果期需要氮、磷、钾等多种养分；果实成熟期，钾的需求增加。而且，任何植物是按比例吸收养分的，缺少任何一种养分都不能使产量最大化（图 8-7）。

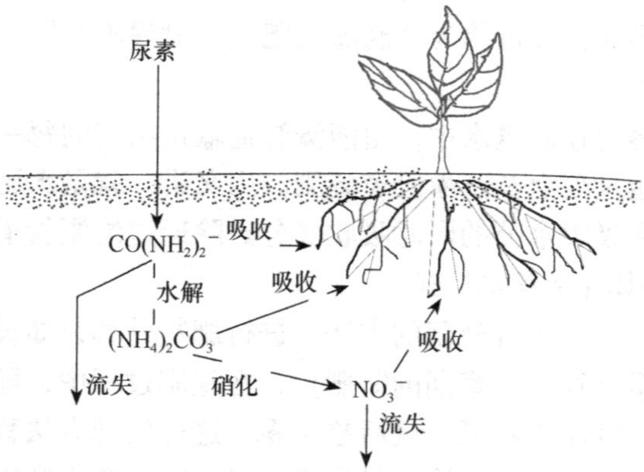

图 8-6 尿素施入土壤中的淋溶损失

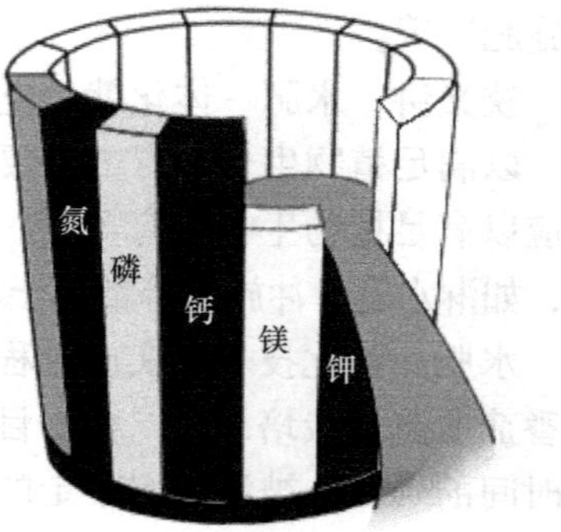

图 8-7 最小养分率示意图

可以根据植物的养分特点，研制各个时期的配方，为植物提供完全营养。根据灌溉的时间和灌水器的流量，可以准确计算每株树或单位面积所用的肥料数量。多数叶菜类蔬菜植物在需肥高峰时正是封行的时候，传统的条施肥无法进行，撒施肥容易伤害叶片。只能采用滴灌施肥，真正按植物的营养规律施肥。采用膜下滴灌施肥，可以解决增温、防草、抑盐、灌水、施肥等一系列的问题。

4. 能减轻病虫害发生 对于水肥一体化管理比较成熟的农场或果园，可以在很短时间内完成施肥任务，植物生长速率均匀一致，有利于合理安排田间作业。及时快速的灌溉和施肥对果树的生长有现实意义。抽梢整齐方便统一喷药而控制病虫害，果实成熟一致方便集中采收。由于水肥协调平衡，植物的生长潜力得到充分发挥，表现为高产、优质，进而实现高效益。

5. 有利于应用微量元素 植物必需的微量元素，在传统的土壤施肥中是忽略的问题，因为价格较贵，且因为土壤的吸附而起不到施用效果。而通过微灌系统可以解决这一问题。

6. 改善土壤状况　微灌灌水均匀度可达90%以上，克服了畦灌和淋灌（主要是南方地区的一种施肥方式）可能造成的土壤板结。微灌可以保持土壤良好的水气状况，基本不破坏原有土壤的结构。由于土壤蒸发量小，保持土壤湿度的时间长，土壤微生物生长旺盛，有利于土壤养分转化。

7. 可使植物在边际土壤正常生长　采用水肥一体化技术，可保证边际土壤植物的正常生长。国外已有利用先进的滴灌技术配套微灌施肥开发沙漠，进行商品化植物栽培的成功经验。例如，以色列在南部沙漠地带广泛应用微灌施肥技术生产甜椒、番茄、花卉等，成为冬季欧洲著名的“菜篮子”和鲜花供应基地。我国有大量的滨海盐土和盐碱土，采用膜下滴灌施肥，可以使盐碱土壤也能生长植物。内蒙古的包头市、乌兰察布市，通过水肥一体化技术开发沙地，大量种植马铃薯，取得了很好的经济效益，按这一思路，开发沙地种植经济价值更高的沙生蔬菜也是可行的。

8. 可以提高植物抵御风险的能力　我国北方地区干旱少雨，水资源匮乏，是影响园艺植物生产最关键的限制因素。南方的许多地区秋冬或秋冬春连续干旱，持续时间长。应用水肥一体化技术，可保证这些以水为限制因素地区的丰产稳产，而人工灌溉因水资源限制等因素造成出苗率低、产量下降。水肥一体化技术条件下的植物由于长势好，相对提高了抗逆能力。

9. 有利于保护环境　在水肥一体化技术条件下，通过控制灌溉深度，可避免将化肥淋洗至深层土壤，从而大大减少由于不合理施肥、过量施肥等对土壤和地下水造成污染，尤其是硝态氮的淋溶损失可以大幅度减少。

在设施栽培中采用水肥一体化技术，第一可以改善微生态环境。例如，在塑料大棚中栽培番茄，采用水肥一体化技术，可明显降低棚内空气湿度。滴灌施肥与常规畦灌施肥相比，空气湿度可降低8.5～15个百分点。第二是保持棚内温度。滴灌施肥比常规畦灌施肥减少了通风降湿而降低棚内温度的次数，棚内温度一般高2～4℃，有利于植物生长。第三是增强微生物活性。滴灌施肥与常规畦灌施肥技术相比地温可提高2.7℃，有利于增强土壤微生物活性，促进植物对养分的吸收。第四是有利于改善土壤物理性质。滴灌施肥克服了因灌溉造成的土壤板结，土壤容重降低，孔隙度增加。第五是减少土壤养分淋失，减少地下水的污染。

10. 节约水资源　水肥一体化技术可减少水分的下渗和蒸发，提高水分利用率。在露天条件下，微灌施肥与大水漫灌相比，节水率达50%左右。设施栽培条件下，滴灌施肥与畦灌相比，每667m^2大棚一季节水80～120 m^3，节水率为30%～40%。

二、水肥一体化技术的实施与应用

水肥一体化技术的实施包括设备（灌水设备和施肥设备）的选择、肥料的选择，以及根据植物 - 土壤 - 水分 - 养分系统平衡的应用。

（一）水肥一体化技术的实施

1. 水肥一体化实施的技术要点　目前，设施灌溉的种类主要有喷灌和微灌两类，微灌就是利用专门的灌水设备（滴头、微喷头、渗灌管和微管等），将有压水流变成细小的水流或水滴，湿润植物根部附近土壤的灌水方法。微灌又分滴灌、微喷灌、脉冲微喷灌、渗灌等。各类灌溉方式均有其优缺点。微灌在近年来发展比较迅速，尤其是滴灌，新疆成熟的一整套膜下滴灌技术走在世界前列，现已辐射到全国。因此，在这里只介绍滴灌方式施肥技术要点。

滴灌是将具有一定压力的水，利用塑料管道将水通过直径约10mm毛管上的孔口或滴头，以水滴的方式均匀而缓慢地滴到植物根部进行局部灌溉。它是目前干旱缺水地区最有效的一种节水灌溉方式，水的利用率可达95%。滴灌较喷灌具有更高的节水增产效果，同时可以结合施肥，提高肥效1倍以上。最适用于果树、蔬菜等园艺植物上。

（1）基本资料的收集　灌区基本资料是进行灌溉系统规划设计的依据，主要包括灌区的自然条件、生产条件和社会经济条件等方面的基本资料。与此同时，还应对未来灌溉系统的用户进行必要的调查与咨询，以使系统的规划设计更符合用户的需要。可按表8-5进行收集。

表8-5　基本资料收集、调查表

因素	项目	内容	目标
自然	地形	地面坡度；土壤质地、容重、水分、土层等	总体规划和布置形式
	水源	可用水源；水质流量；相对位置；分配特点等	修建引水、蓄水、提水等工程
	植物	种类；种植方式、面积；生育期；需水量等	植物正常生长提供必需水分
	气象	气温；降水与蒸发量；湿度；风向；日照时数等	风对灌水质量的影响
生产	水利工程	位置；流量；配套设备；利用情况等	减少工程投资
	生产现状	作物产量、价格；病虫等灾害；现代化水平等	选择灌溉系统类型及相应设备
	动力与机械	电力和油料供应；动力消耗；已有设备参数等	选择灌溉系统类型
	材料供应	管材；相关设备规格、性能、价格；运费等	系统规划与建设
	组织管理	地块分布特点；经营方式；系统类型选择等	保证运行过程顺畅
用户	种植计划	轮作模式、一年或多年种植时限等	适应种植结构变化的作物
	系统要求	植物对灌溉系统的要求；特殊要求等	制定系统设计标准
	投资能力	个人、企业、政府（或项目）投资等	尽可能少增加投资
	技术交流	管径、过滤装置、动力、用电量等技术	设计、安装、调试、运行

（2）微灌施肥系统的选择　根据水源、地形、种植面积、植物种类，选择不同的微灌施肥系统。设施栽培、露地瓜菜种植、大田果树栽培一般选择滴灌施肥系统，施肥装置一般选择文丘里施肥器、压差式施肥罐或注肥泵，有条件的地方可以选择自动灌溉施肥系统。

（3）制订微灌施肥方案

1）微灌制度的确定：根据种植植物的需水量和植物生育期的降水量确定灌水定额。露地微灌施肥的灌溉定额应比大水漫灌减少50%，设施栽培的滴灌施肥的灌水定额应比大棚畦灌减少30%～40%。灌溉定额确定后，依据植物的需水规律、降水情况及土壤墒情确定灌水时期、次数和每次的灌水量。以褐土区重壤土设施栽培番茄为例，微灌制度见表8-6。

表 8-6　设施栽培番茄微灌灌溉制度

生育期	灌水次数	水量 /mm	耗水强度 /（mm/d）
苗期	1	20.3	0.82
花期	1	17.1	0.11
坐果期	12	251.4	1.46

2）施肥制度的确定：合理的微灌施肥制度，应首先根据种植植物的需肥规律、地块的肥力水平及目标产量确定总施肥量、氮磷钾比例及基肥、追肥的比例。作基肥的肥料在整地前施入，追肥则按照不同植物生长期的需肥特性，确定其次数和数量。实施微灌施肥技术可使肥料利用率提高40%～50%，故微灌施肥的用肥量为常规施肥的50%～60%。

以设施栽培番茄为例，1个667m^2的大棚，目标产量为10 000kg，查资料后选择，每生产1000kg番茄吸收量为：N 3.18kg、P_2O_5 0.74kg、K_2O 4.83kg。计算养分总需求量是：N 31.8kg、P_2O_5 7.4kg、K_2O 48.3kg。设施栽培条件下当季氮肥利用率为57%～65%，磷肥为35%～42%，钾肥为70%～80%；实现上述产量667m^2应施N 53.12kg、P_2O_5 18.5kg，K_2O 60.38kg，合计132kg（未计算土壤养分含量）。再以番茄营养特点为依据，拟定番茄各生育期施肥方案。

3）肥料的选择：符合灌溉追肥的肥料应灌足以下条件。①肥料中养分浓度较高；②在田间温度条件下溶于水；③溶解快速；④流动性好，施用方便；⑤杂质含量低，能与其他肥料混合；⑥与灌溉水的相互作用小；⑦不会引起灌溉水酸碱性的剧烈变化；⑧对控制中心和灌溉系统的腐蚀性小。微灌追肥的肥料品种必须是水溶性肥料，也称速溶肥。符合国家标准或行业标准的尿素、碳酸氢铵、氯化铵、硫酸铵、硝酸铵、硝酸钙、硫酸钾、氯化钾、硝酸钾等肥料，纯度较高，杂质较少，溶于水后不会产生沉淀，均可用作追肥。补充磷素可用磷酸、磷酸二氢铵、磷酸二氢钾等可溶性肥料作追肥。追肥补充微量元素肥料（可选氯化钙、硫酸镁、硫酸铜、硫酸锰、硫酸锌、硝酸镁、硼酸、硼砂、钼酸铵等），一般不与磷素追肥同时使用，以免形成不溶性磷酸盐沉淀，堵塞滴头或喷头。

目前水肥一体化中使用的水溶性肥料种类有水溶粉末肥（表8-7）和液体水溶肥（因清澈透明，不沉淀，无杂质，速效性好，是水肥一体化技术的首选肥料）。现在市场销售的水溶性肥有通用型复合肥和蔬果类、葡萄等专用肥。可以根据种植的植物种类和经济能力进行科学选择。

表 8-7　水溶粉末肥的种类及养分含量（%）

营养元素	通用型（花卉植物和室内盆栽）	花卉型	蔬果型
全氮（N）	24	15	22.4
全磷（P_2O_5）	12	15	14
全钾（K_2O）	14	20	14
硫（SO_4^{2-}型）	4	7	—
钙（CaO）	—	—	1.2
镁（MgO）	—	—	0.5

（4）配套技术　实施水肥一体化技术要配套应用良种、病虫害防治和田间管理技术，还可采用地膜覆盖技术，形成膜下滴灌等形式，充分发挥节水节肥优势，达到提高植物产量、改善植物品质，增加效益的目的。

2. 水肥一体化的关键技术　水肥一体化技术涉及的学科知识较多，尤其是灌溉工程类知识，我们仅作为使用者和操作者加以学习，所以设计类的知识可以通过相关设计类书籍进行进一步学习。

（1）明确技术要求　根据前面技术要点中的内容，将表8-5的内容与灌溉工程类技术人员进行一一沟通，越详细，越便于参数的选择，这是指在特殊情况下重新设计安装。当然，目前灌溉设备企业或专门技术人员，一般针对当地植物将设计几套方案，也可以从中选择相近的设计。如，设计好有设施番茄滴溉设备系统，则可以用于黄瓜或辣椒的种植。

（2）选择设备　水肥一体化技术实施中所需设备及性能见表8-8。

表8-8　滴灌施肥的水肥一体化设备种类及性能

系统	包含设备	参数	性能
灌水器	滴头	孔径为0.5～1.2mm	把管道内的压力水流均匀而又稳定地变成水滴或细水流灌到植物根区
	滴灌管或滴灌带	孔径为0.5～0.9mm	
过滤设备	拦污栅（网）；沉淀池和筛网式、叠处式、砂式、自净式网眼过滤器；离心分离器	物理杂质去除 要求100～150目过滤	去除水质中的菌类、藻类等微生物和水生动物；铁、锰等不溶性固体沉淀物
	沸石、硫酸铜等化学试剂	灭菌、灭藻	
管道及管件	输配干管、田间支管、灌水器等	聚乙烯管直径12～16mm	从水源运输各级水质的水
常用施肥器	旁通施肥罐	需10m水压；10～30L	适于温室和大田等；无法控制肥料注入速率和养分
	重力自压式施肥法	靠自然压差	山地、丘陵地区
	泵吸肥或注肥法	井水灌溉区，有潜水泵	$50hm^2$ 左右；养分均匀
其他施肥器	文丘里施肥器	无需动力	温室或小规模园田
	自动化施肥机	只用液态肥	高精确性施肥

（3）布置滴灌系统

1）首部枢纽布置：滴灌系统首部枢纽主要包括加压设备、控制阀门、过滤设备、施肥设备及量测设备等。过滤器的选择是滴灌系统的关键。如果选择不当，造成的后果可能是滴头堵塞，或者过滤器易被堵塞，导致系统流量不能满足灌溉，增加过滤器的清洗次数。因此，过滤器的选择应根据水源的水质情况和滴头对水质处理的要求，选择适宜的过滤器，必要时采用不同类型的过滤器进行多级过滤。

A. 干支管布置：滴灌系统干支管的布置取决于地形、水源、植物分布和毛管的布置，其布置应达到管理方便面，工程费用小的要求。一般当水源离灌区较近且灌溉面积较小时，可以只设支管，不设干管，相邻两级管道应尽量互相垂直及使管道长度最短而控制面积最大。在丘陵山地或坡地，干管多沿山脊布置或沿等高线布置。支管则垂直于等高线，向两边毛管配水。在平地，干支管应尽量双向控制，两侧布置下级管道，可节省管材。同一灌区滴灌系统的布置可以有多种选择的方案，应在全面掌握灌区植物、地形等资料的基础上通过综合分析确定。

B. 毛管和滴头布置：滴头是人工安装在毛管上或镶嵌在毛管内壁，因而滴头和毛管的布置是同时进行的。滴头和毛管的布置形式取决于植物种类、种植方式、土壤类型、滴头流量和滴头类型，还段同时考虑施工和管理的方便。

条播密植的植物，如叶菜类蔬菜。行间距大，株距小，要求采用较高的湿润比，一般宜大于 60%。这时毛管应平行植物种植行向布置，滴头均匀地布置在毛管上，一般直接选用内镶式滴带或滴灌管进行灌溉。滴头间距根据植物株距和土壤质地确定，一般为 0.3～1.0m，具体布置形式有两种情况（表 8-9）。

表 8-9　条播密植植物滴灌管的布置形式

布置形式	植物行距	土壤质地	注意的问题
每行植物一条毛管	＞1.0m	砂壤或砂土	砂性土壤上毛管间距不宜过大
每两行或多行植物一条毛管	0.3～1.0m	黏土	根据滴头流量和湿润半径选择

果园中果树的种植株间距变化较大。毛管布置方式根据树木大小、种植规则程度及滴头流量等因素确定。一般采取每行树一条滴灌管、每行树两条滴灌管、滴灌管环绕树布置等形式（图 8-8）。布置形式的参数见表 8-10。

图 8-8　果树滴灌管布置形式

表 8-10　果树的滴灌管布置形式

布置形式	参数	土壤质地	注意的问题
每行一条毛管	根系发达；毛管间距 0.5～1.0m；滴头距离以形成湿润带为宜	中壤或黏壤土	需要经过实验确定流量
每行两条毛管	果树根系稀少	砂壤土	根据流量和湿润半径布置
环绕树布置毛管	树冠和栽植行距均较大（＞6.0m）；栽植不规则；根系稀少	任何质地	成年果园应用较多

（4）选择滴头　灌水器上的滴头有管上式滴头和内镶式滴头，有压力补偿式滴头和非压力补偿式滴头，其选择的依据主要有制造质量、地形、植物种类及种植间距、土壤性质。可参考表 8-11 选择。

表 8-11 选择滴头的依据及效果

选择依据	指标	要求及效果
制造质量	制造偏差	偏差越小，出水越均匀
地形	地面坡度	有坡度时，选择压力补偿式滴头
植物间距	密度和水量	密植蔬菜等，选有固定滴头间距的内镶式滴灌管；否则为管上式滴头
土壤性质	土壤质地	决定滴头间距：砂土为 0.2～0.4m；壤土为 0.4～7.0m；黏土为 0.7～1.0m

（5）选择滴灌管铺设长度　确定滴灌均匀度的要求后，急需考虑滴灌管最大铺设长度。因为，超过这个长度，会造成尾端出水量少的问题。当灌溉地为平坦地时，在选定了滴头类型、流量、间距，以及毛管直径与入口压力等参数，即可从滴头生产厂商提供的表格中查取毛管最大铺设长度，小于或等于该长度的毛管布置满足灌溉均匀要求。实际操作可根据当地供应商提供标准确定。

其他设备如过滤器、水表、压力表、电控箱的选择可以与将技术要求与专业技术人员沟通选择，这部分详细内容可参考相关灌溉施肥设计类书籍。

（6）施肥设备的选择　施肥设备包括旁通施肥罐、文丘里施肥器、重力自压式施肥法、泵吸肥法、泵注肥法、注射泵、自动化施肥机等。可根据种植情况、地形及精确度确定。例如，一般性果园等园田生产，普通平地可选择旁通施肥罐；如果是坡地或丘陵地，则可选重力自压式施肥法；如果水源为深井水，则选泵吸肥法或泵注肥法。若是进行精准施肥的科研实验或进行多年监测，则选自动化施肥机。若是温室蔬菜生产，则选文丘里施肥器就可以达到生产目的。当然实际生产中还需因地制宜，因植物种类等因素结合考虑。

（二）水肥一体化技术的应用

1. 水肥一体化技术应用中存在的问题

（1）一次性投资较大　尽管水肥一体化技术已日趋成熟，属于设施施肥，因此需要购买必需的设备，增加了种植成本。根据近几年的灌溉设备和施肥设备市场价格估计，温室灌溉施肥的投资比大田高。大田采用滴灌施肥一般每 667m^2 设备投资在 600～1500 元，而温室灌溉施肥的投资比大田高。投资大小与众多因素有关。产品质量是价格的主要确定因素。

（2）易导致滴头堵塞等技术问题　除投资外，水肥一体化技术对管理有一定要求，如磷酸盐类化肥，在适宜的 pH 条件下易在管内产生沉淀，使系统出现堵塞。在北方一些矿质化程度较高的井水灌溉区域，水中的钙镁等易导致的滴头的严重堵塞。

（3）肥料选择不当，降低设备的使用效率　用于灌溉系统的肥料对溶解度有较高要求。肥料选择不当，很容易出现堵塞，降低设备的使用效率。没有配套肥料，上述部分优点不能充分发挥。应用固体肥料时，需溶解（加温或搅拌）、过滤（100～120 目）后再倒入施肥罐，施肥罐需经常检查、清洗。

（4）施肥操作不当会影响设备性能　在开始灌溉施肥时，应先滴清水 20～30min，然后开始滴肥液，最后再滴清水 20～30min。以免肥料的残留影响各个设备的性能。还存在一个重要问题就是灌水与施肥过量，或肥的浓度过高。因此，一定要改变传统观念，按实施方案进行适量浇水和施肥。

（5）种植的科学化程度低下　采用水肥一体化技术后，施肥量、肥料种类、施肥方法、肥料、灌水量在生长期的分配都与传统施肥存在很大差别，要求用户要及时转变观念。例如，在在干旱半干旱地区，不增加灌水量或次数，会造成根系的生长可能只局限在灌水器的湿润区，有可能造成植物的限根效应。先进的灌溉设备，与传统的施肥方法，结果会导致负面结果。

（6）易造成湿润区边缘的盐分累积　长期应用微灌施肥，特别是滴灌施肥，容易有此类现象发生。在干旱、半干旱地区的北方，或在大棚中多年应用滴灌施肥，盐分累积问题比较突出。如图 8-9 所示。

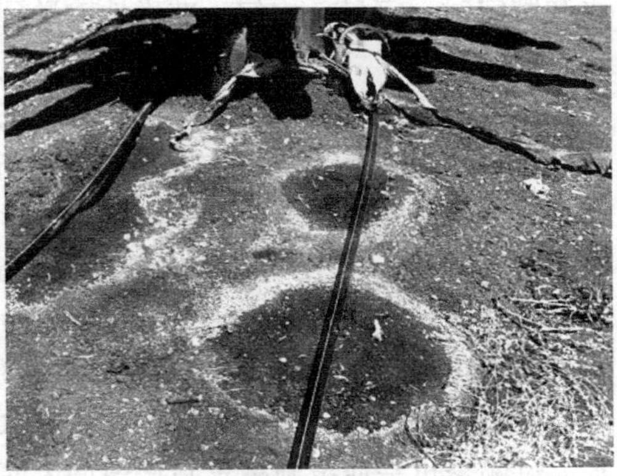

图 8-9　滴灌施肥后产生的地表盐斑

（7）有可能污染灌溉水源　施肥设备与供水管道联通后，在正常的情况下，肥液被灌溉水带到田间。但若发生特殊情况如事故、停电等，则有时系统内会产生回流现象，这时肥液可能被带到水源处。另外，当饮用水与灌溉水用同一主管网时，如无适当措施，肥液也可能进入饮用水管道，这些都会造成对水源水的污染。但在设计和应用时采取一定的安全措施，如安装逆止阀、真空破坏阀等，就可避免污染的发生。

需要说明的是，水肥一体化技术是新型的现代园艺发展过程中的一项综合技术，在处于发展中，需要掌握相关学科的知识的基础上，不断发现问题，解决问题，才能很好地完善与运用，在园艺植物生产中发挥更大的作用。

2. 水肥一体化技术的应用前景　水肥一体化技术在世界范围内得到快速推广应用。我国作为世界最大发展中国家，拥有占世界约 25% 的人口，人口众多但资源有限，社会生产发展受到包括气候条件、水、肥、劳动力、土地等资源短缺的制约。

我国的可耕种土地面积非常有限，其中绝大部分是比较贫瘠的，这就意味着有相当大一部分的土地需要水分和养分的补充。在可耕种土地当中，灌溉耕地面积约占 43%，57% 是靠自然降水，但分布极不均匀，造成旱灾频发高，几乎覆盖了全国的各个农业生态区。

我国是世界化肥消耗大国，单位面积施肥量居世界前列，养分利用率不高。表现为，一是不同地区的施肥水平不均衡，西部和北部地区施肥水平相对较低，而在南方和蔬菜生产中则施肥过量；二是养分分布不均衡，氮、磷、钾比例失调，或与中微量元素肥料之间的比例失衡，严重影响植物产量和品质的提高；三是施肥技术比较落后，如肥料撒施或大水冲施，使得肥料利用率低下，不仅浪费大量的肥料资源，也引起大量的能源损失。而肥料资源的浪费则意味着对环境的破坏。因此，在园艺植物生产中，如何提高水肥利用率，不仅体现在节约水肥资源、降低生产能耗，还体现在如何减少对环境的破坏与污染、保护生态环境。

随着我国经济的发展，劳动力短缺现象将愈加明显，劳动力价格也将越来越高，这在无形中增加了生产的成本。因此，在我国传统的“精耕细作”农业逐步向“集约化农业”转型的今天，水肥一体化技术在实现高效低成本的生产上改变传统农业结构，大力促进生态环境保护和建设，实现园艺产品效益最大化方面发挥重要作用。

【知识拓展】

水肥一体化技术在设施蔬菜上的应用

在灌溉水中加入肥料，对水、肥进行同步控制，是水肥一体化灌溉的一种方法。滴灌施肥可以根据植物不同生育阶段所需的水、肥量，按照少量多次的水肥施用原则，将水和肥定时、定量、均匀、准确地输送到植物根部土壤，这种水肥施用方式，目前正在进行广泛的推广，现在主要集中应用在覆膜栽培、设施栽培、无土栽培等多种栽培模式，主要涵盖了蔬菜、果树、花卉等多种植物，施肥、灌溉管理是设施栽培的关键技术环节。

1. 我国设施蔬菜灌溉与施肥现状分析

（1）灌溉现状分析　在设施蔬菜栽培中，普遍的现象是灌水量过大。据研究，塑料大棚番茄滴灌栽培中，最理想的滴灌灌溉定额为1950m^3/hm^2，此时产量可达75 110kg/hm^2；土壤相对含水量为85%～90%时，番茄幼苗长势健壮；灌溉上限为90%田间持水量时对温室黄瓜初花期植株的生长及光合产物的形成及积累有利。

以漫灌、畦灌、沟灌等传统方式灌水，使灌水量难以控制，并造成水资源浪费。灌水太过频繁也是使设施蔬菜栽培中增大灌水量的一个因素，同时导致肥料源淋溶损失严重，导致利用率下降和环境污染。

（2）施肥现状分析　肥料品种单一，影响生态环境。大量施用氮肥是目前设施蔬菜栽培的普遍现象，过量施用会导致土壤结构的恶化、蔬菜硝酸盐含量超标，蔬菜品质下降、硝态氮渗入地下层，污染地下水。据报道，我国蔬菜集约化生产产区的地下水中硝酸盐的含量严重超标，老菜田周围的井水中硝态氮含量的超标率在30%～60%，这是大田周围井水中硝态氮含量的3～10倍。

养分比例失调。蔬菜作物对N、P、K的需求比例为N∶P_2O_5∶K_2O为1∶0.5∶1.25，据调查，北京郊区设施果菜类蔬菜黄瓜、茄子、番茄和椒类的N-P_2O_5-K_2O的总施用量分别是1426-735-1101kg/hm^2、1255-631-958kg/hm^2、1206-504-782kg/hm^2、1298-599-915kg/hm^2，N、P、K的施用量都超出了蔬菜生育期内的养分需求量，同时N、P、K的肥料施用比例也很不合理，存在钾低磷高的现象。更不重视微量元素的施用。

化肥的比例过高，土壤退化。前人在研究报道中指出，在长期栽培蔬菜的大棚中，增施有机肥，可以改善土壤的理化性状，减少返盐现象的发生，从而减弱了土壤次生盐渍化的发生。不同尿素、羊厩肥配比下的秋茬和春茬大棚番茄栽培的实验研究得出，在大棚土壤养分含量水平较高的前提条件下，化学纯氮施用量和羊厩肥施用量分别为N 255kg/hm^2，26.25t/hm^2时，番茄的经济单产最大值可达到65 750.33kg/hm^2；实际生产中其经济施肥量应小于上述的施用量。有机肥可以改良土壤，有机肥与无机肥配合施用一直是栽培中的关键技术。

2. 国内外水肥一体化技术的发展状况　水肥一体化技术是将灌溉与施肥融为一体的农业新技术，在欧美发达国家，已经被大面积应用到农业生产中。据了解，在美国农业生产中，60%的马铃薯、25%的玉米、32.8%的果树均利用水肥一体化技术进行灌溉生产。以色列90%以上的农业生产已实现水肥一体化技术的应用，占世界之首，享有“欧洲果篮”的美誉。从全世界范围看，水肥一体化技术广泛被应用到干旱缺水及经济发达的国家和地区。

随着滴灌设备的研发、推广，国内外学者就水肥一体化技术在设施蔬菜生产中的应用进行了研究，表明水肥一体化技术节水、节肥、增产、改善蔬菜产品品质的效果明显。美国佛罗里达州对番茄进行了连续 2 年的研究实验，其研究结果表明，与全部肥料土施相比较，在薄膜覆盖条件下，将 60% 的 N 肥和 K 肥溶解后随水通过滴灌施用，产量可提高 10% 以上。墨西哥研究结果显示，要实现相同的番茄产量，N、P_2O_5 和 K_2O 直接土施时的施用量分别为 400kg/hm^2、200kg/hm^2 和 600kg/hm^2，而滴灌施肥所需的施用量分别为 158kg/hm^2、98kg/hm^2 和 78kg/hm^2，滴灌施肥在减少氮肥用量 33% 的情况下，产量相同。

赵伟杰等在 2013 年报道了设施西瓜水肥一体化技术的研究，在保证产量的前提条件下，与漫灌灌溉方式相比，滴灌、微喷灌节水、节肥率分别为 38.8%、29.1%，且能改善西瓜的品质。杨学忠等于 2011 年在冀东平原设施辣椒水肥一体化技术应用效果研究中的实验表明，应用水肥一体化滴灌技术，可实现节肥率 40.3%，节水率 60.0%，增产率可达 7.2%；胡选江等 2013 也在设施辣椒上进行了水肥一体化技术实验示范，指出，设施辣椒水肥一体化栽培处理下，可节肥 15.0%、节水 23.1%，增产率达 1.3%，结果量增幅 2.2%。这两项研究充分说明，水肥一体化技术能够提高产量，节约肥料，但其变化幅度在地区间有一定差异。在其他植物，如设施黄瓜上的研究，于舜章于 2009 年的研究结果表明，设施黄瓜栽培中应用水肥一体化滴灌技术，节水节肥效果显著，提高了水分利用率，黄瓜产量和品质均有所提高。

众多的国内外研究一致表明，水肥一体化技术在设施蔬菜的栽培中，与传统栽培相比，可以起到节约用水、节约肥料、增加产量、提高品质的目的。该项技术要在农业生产中全面应用，还需要因地制宜，在实验研究的基础上，不断改进、创新，以达到高产、高效生产的目的。

【巩固训练】

一、关键词

水肥一体化技术、微灌、滴灌

二、简答题

1. 水肥一体化技术的实施效果包括哪几个方面？
2. 简述水肥一体化技术实施的技术要点。
3. 采用膜下滴灌施肥的水肥一体化技术应选择哪类型肥料？为什么？
4. 选择一种园艺作物，提出实施水肥一体化技术的方案。
5. 采用水肥一体化技术，实施中会出现哪些技术故障？如何排除？

第三节 配方施肥技术在园艺植物生产中的应用

【学习目标】

1. 能够正确计算配方施肥中的肥料用量；能分析并计算园艺植物对养分的总需求量；会运用配方施肥的方法，根据园艺植物特点设置肥料实验；会制订园艺植物配方施肥的方案。

2. 掌握配方施肥概念的内涵；掌握配方施肥中的氮磷钾比例法、养分平衡法与“3414”实验法；熟悉并理解配方施肥的理论依据；了解配方施肥的地区分级法和地力差减法等，以及配方施肥技术的应用。

【内容分析】

配方施肥是一项系统工程，涉及植物、土壤、营养（肥料）三方面的因素。只有通过配方施肥的实施，才能将三者有机结合。本节主要内容包括配方施肥的认知（概念、特点、内容、作用），配方施肥的理论依据，以及方法与实施。内容见图 8-10。

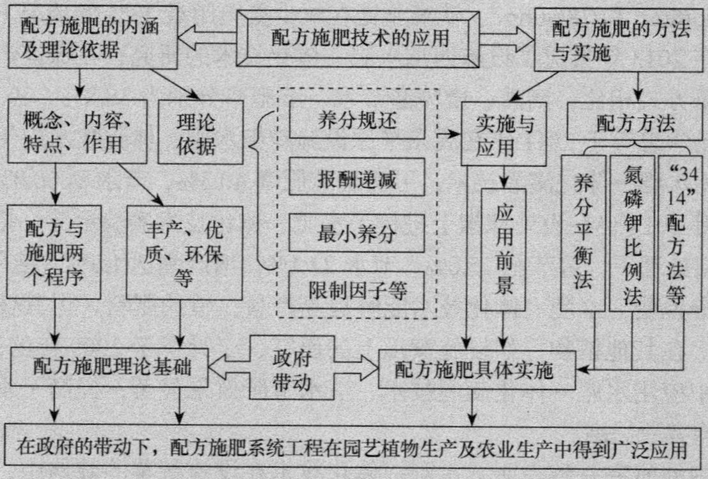

图 8-10　配方施肥技术在园艺植物生产中的应用分析

国家在《全国农业可持续发展规划（2015—2030 年）》中，已将推广测土配方技术，增施有机肥，推广高效肥和化肥深施、种肥同播等技术，实施平缓型园田氮磷净化等环境保护纳入重点工作。因此，在园艺植物栽培中，配方施肥是一项重要工作。

一、配方施肥的内涵及理论依据

（一）配方施肥的概念、内容和特点

1. 配方施肥的概念　配方施肥是指综合运用现代农业科技成果，根据植物的需肥规律，土壤的供肥特点，肥料的本身的特性，在有机肥为基础的前提下，在产前提出氮、磷、钾及微量元素的适宜用量和相应比例的一项综合性施肥技术。

配方施肥的概念，分多层含义。

（1）综合运用现代农业科技成果　随着农业科技领域研究的不断深入，现代农业科技成果不断推陈出新。例如，现代农业科技网中，不断对设施农业、精准农业等领域的新材料、新装备及先进的植物栽培技术进行宣传与推广；再如，随着农业产业结构的调整，菌肥、水溶性肥料、缓控释肥料，特别是一些液态肥，这些成果已一一在市场投放。因此，配方施肥就是要将现代农业的成果应用到生产中，做到同步发展。

（2）根据植物的需肥规律，土壤的供肥特点，肥料本身的特性　对于施肥而言，“植物的需肥规律和土壤的供肥能力”是人类祖先农业实践的结晶，农谚“看天、看地、看庄稼”，翻译过来应是看气候、看土壤、看植物。

园艺植物对氮、磷、钾养分的需求也是不同的，黄瓜和西瓜对养分的吸收量均是钾>

氮＞磷；氮、磷、钾的比例约为 1.7∶1∶2.3 和 3∶1∶4。可见，在配方施肥中必须掌握植物的需肥规律，才能更有针对性。

配方施肥中，还需考虑的因素是肥料。我国古人在施肥中未涉及肥料，是因为当时还尚未有化学肥料的诞生。而发展迅猛的现代农业中，同种肥料的品种繁多，其供肥特性差异较大，如氮肥中尿素和碳酸氢铵，都是提供氮素营养，但考虑到碳酸氢铵在盐碱地易造成损失，所以在盐碱地进行配方施肥时，就只能选尿素了。

（3）*有机肥为基础*　有机肥有改善土壤理化性质、培肥土壤的作用，有机肥与无机肥配合施用，既考虑了植物对养分的大量需求，又考虑了土壤的可持续利用。

（4）*在产前提出氮、磷、钾及微量元素的适宜用量和相应比例*　配方施肥这项工作在定义中已明确了其时效性，就是在植物种植以前确定配方，生产中实施的一个过程。在营养元素的配比中，既要有肥料三要素氮、磷、钾的供给，又要有其他必需营养元素的补充。例如，番茄除氮、磷、钾外，还对钙和镁的吸收量较高；葡萄对硼的要求比较高；苹果对钙、锌、硼、铁的要求较高。

配方施肥的最后一个环节就是实施，将配方制订好后，在每种植物的营养临界期和养分最大效率期施用效果较好。另外，应用水肥一体化技术时，需计算每次浇水的肥料。

2. 配方施肥的内容　从配方施肥的概念可知，配方施肥的内容，包含着“配方”和“施肥”两个程序。“配方”的前提是已对土壤进行检测，取得了土壤有效养分的供应量，因此，按工作程序，也可以将配方施肥的内容理解为测土、配方、施肥这三个程序。

（1）*测土*　是核心内容，不仅是土壤的检测，测土还须深入研究土壤基础肥力、土壤供肥能力、土壤肥力与植物产量的相依关系。

（2）*配方*　是指肥料的计量，在植物播种前，需要详细调查近 3 年该土壤种植各种植物的产量，以及肥料用量。在园艺植物在栽培过程中，一般配方施肥只在蔬菜和果树上应用，花卉上应用比较少。例如，北方的设施蔬菜常规生产中，一般是两年三茬，即两茬果菜（番茄和黄瓜）、一茬叶菜。因此在调查过程中，一定详细记载种植品种和生育期及水利设施的详细信息。这些因素直接影响肥料的品种选择和利用率。而且必须是每一茬植物种植后都重新进行配方。施肥方式也是在肥料计算中需要考虑的，如传统的畦灌施肥和沟灌施肥，比节水灌溉滴灌施肥系统省肥 50%～60%。如图 8-11 所示。

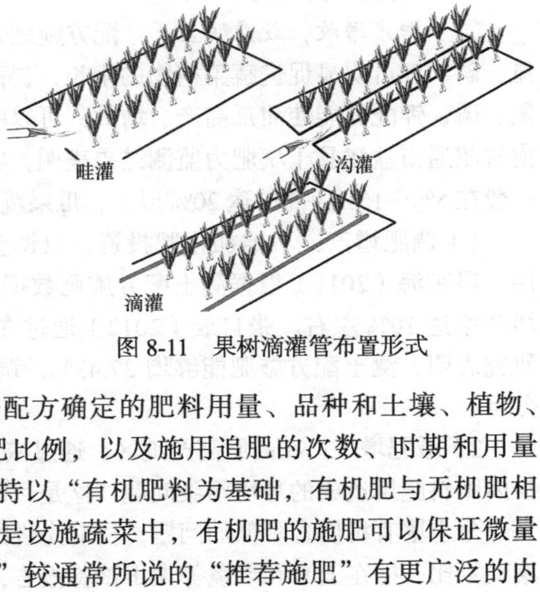

图 8-11　果树滴灌管布置形式

（3）*施肥*　任务是肥料配方在生产中的执行，保证目标产量的实现。根据配方确定的肥料用量、品种和土壤、植物、肥料的特性，合理安排基肥、种肥和追肥比例，以及施用追肥的次数、时期和用量等。同时在配方施肥中要特别注意必须坚持以“有机肥料为基础，有机肥与无机肥相结合，用地与养地相结合”的原则，尤其是设施蔬菜中，有机肥的施肥可以保证微量元素的供应和土壤培肥。因此“配方施肥”较通常所说的“推荐施肥”有更广泛的内涵，比“平衡施肥”更为直接、明确。

3. 配方施肥的特点

（1）以土定产　取决于该土壤近3年的产量水平，在此基础上，上浮20%左右，确定为产量目标，是比较科学且实现的可能性较大。

（2）产前定肥　配方施肥工作是有时效性的。也就是说配方施肥的目的是对植物全生育期肥料品种、用量、施用方式的确定，保证了园艺植物生产周期内的养分供应。

（3）因缺补缺　在进行配方施肥前，需检测土壤养分，除必测的氮、磷、钾三要素，如种植番茄，则还需检测钙和镁的含量。配方施肥是要达到植物“缺什么补什么、对症下药”的目的，达到植物的养分平衡。保证了产量和品质，保护环境。

（4）高产栽培　在完成配方施肥各个环节的任务后，高产栽培成为最终要实现的目的。当然，平衡了植物的营养，所有产品品质也会有不同程度的提高。

（二）配方施肥的理论依据及作用

任何一项工程的实施都有其标准或规程可依，那么在园艺植物上进行配方施肥这项工程的理论依据是什么吗？它对于所涉及的植物、土壤、环境有什么作用呢？

1. 配方施肥的理论依据　配方施肥是一项科学性很强的综合性施肥技术，它涉及植物、土壤、肥料和环境条件，因此，它继承一般施肥理论的同时又有新的发展。其理论根据主要有：肥料效应的报酬递减率、土壤最小养分律、养分归还学说、必需营养元素同等重要律和不可代替律、作物营养关键期、有机肥和无机肥相结合原则及生产因子的综合作用等。这里介绍生产因子综合作用律。

施肥不是一个孤立的行为，而是园艺植物生产中的一个环节。影响园艺植物产量的环境因子有：养分、水分、温度、CO_2浓度、光照。例如，在旱作区肥效往往取决于土壤水分，在一定范围内，肥料利用率随着水分增加而提高。配方施肥实践中即使肥料计量十分准确，在水分不足情况下也难实现其目标产量。另外，五大因子保持一定均衡性方能使肥料发挥应有的增产作用，为此可以说，配方施肥要有系统工程的观点。

2. 配方施肥的作用

（1）增产增收，效益明显　配方施肥首先表现有明显的增产增收作用。合理配施氮、磷、钾可明显促进蔬菜植物的生长，提高蔬菜产量。大量研究指出，科学、合理的氮、磷、钾配施能使甜瓜高产、增效；可以明显提高番茄、黄瓜、辣椒等的产量。据云南省昭通市盐津县土壤肥力监测结果表明，实行测土配方施肥，各种植物产量增产幅度一般在8%～15%，高的达20%以上，瓜果蔬菜等增产效果更为明显。

1）调肥增产：不增加化肥投资，只调整N∶P_2O_5∶K_2O比例，即起到增产增收作用。冯东海（2011）根据测土配方施肥数据调查分析，蔬菜植物增产在1.5～3.0t/hm^2，增产率达10%左右。张自成（2012）通过在潜山县龙潭乡进行测土配方施肥对比实验研究表明，测土配方施肥能够增27.43%，调整了养分比例，肥料利用率提高4.62个百分点。

2）减肥增产：在高肥高产地区，通过减少肥料用量而达到增产或平产效果，还能减少因肥料施用造成的环境污染问题。这是目前推行的“增效减肥增产”模式，针对我国大部分土壤有机质含量低的问题，目前先进的减肥增效增产方式有，施用有机碳平衡土壤碳氮比，据在玉米和果蔬等大田试验报告，有机碳肥可优化碳氮平衡，氮磷钾减15%

时可增产逾 10%，且明显增强作物抗病虫、抗旱力。这方面的科学研究是目前的热点，尤其是通过有机碳平衡养分，解决植物的连作障碍问题。

3）增肥增产：我国耕地中有 1/3 以上的土壤属于贫瘠土壤。例如，我国东北地区初垦的黑土，有机质含量在 7%～10%，但开垦不到百年，土壤有机质已下降到 3%～4%，有的甚至仅在 2% 左右。南方地区森林被砍伐后，土壤有机质含量由 5%～8% 下降到 1%～2%，土壤肥力明显减退。因此，在这类型退化严重的土壤上，只有增加土壤养分的供应，才能实现高产的目的。

（2）培肥地力，保护生态　配方施肥不仅直接表现在园艺植物增产效应上，还体现在培肥土壤，保护生态，提高土壤肥力。大量研究表明，不同的配方施肥处理可以提高菜田土壤中的酶活性、微生物含量、改良土壤结构、提高肥料利用率等。例如，化肥与堆肥配施能够增加土壤细菌、放线菌和真菌的数量，提高土壤微生物多样性；长期有机肥与氮肥定位配施可以增加设施菜田土壤中有机质的含量，改良土壤结构。

另外，配方施肥既能保持土壤均衡供肥，又能提高化肥利用率，降低化肥使用量，植物生长健壮，抗逆性增强，降低化肥农药对园艺产品及环境的污染。

（3）协调养分，提高品质　据农业部汇总资料表明，配方施肥与习惯施氮肥比较，有机肥与无机肥合理配施，能有效改善西瓜品质，提高果实中可溶性固形物的含量，西瓜甜度增加 2 度。

蔬菜生长发育过程中对氮和钾的需求量较大，是影响蔬菜品质的重要因素。有研究表明，氮、磷、钾合理配施能明显提高番茄的营养品质。氮肥施用量过多会增加番茄中硝酸盐积累量，适当地增加磷肥施用量利于降低硝酸盐积累；增施磷肥利于番茄甜度的增加，增施钾肥能提高可溶性糖、维生素 C 和氨基酸含量。甜瓜经过平衡施肥处理后，其可溶性糖、维生素 C、可溶性蛋白也显著高于习惯施肥。

据汤丽玲等（2002）、赵护兵等（2003）研究得出，适量施用氮肥能提高蔬菜产品中的维生素 C 含量，如在合理施肥的条件下辣椒中维生素 C 含量增加 13.6%，番茄增加 25.6%，同时番茄中还原态维生素 C 含量也有显著提高。黄科等（2002）研究得出，合理施肥还可以降低蔬菜中硝酸盐含量。另外，配方施肥协调了养分，极大提高了园艺植物产品的耐贮藏性能，为特色园艺产品的远距离运输提供了条件。

（4）调控营养，防治病害　配方施肥可以使植物营养均衡，植株健壮，抗逆性增强，提高了植物抗旱、抗涝和抗盐碱的能力。尤其对一些生理性病害，有明显的防治效果。例如，在葡萄栽培中，增施硼肥，可有效预防葡萄“花而不实”的生理性病害，提高产量和品质。又如，缺钙会使苹果发生“苦陷病”、番茄发生“脐腐病”等，这些病害都可以通过调控营养而起到防病作用。

（5）有限肥源，合理分配　利用肥料效应回归方程，以经济效益为主要目标，可以合理分配有限肥源。据全球化肥网 2012 年公布，中国化肥 60 年增百倍，自 20 世纪 70 年代末以来，短短几十年，我国耕地肥力出现了明显下降，全国土壤有机质平均不到 1%，而化肥的施用量增长速度却惊人，据蒋高明介绍，国际公认的化肥施用安全上限是 225kg/hm^2，但目前我国农用化肥单位面积平均施用量达到 434.3kg/hm^2，是安全上限的 1.93 倍。这既使有限的资源造成浪费，又造成了非常严重的环境问题。可见节约资源、减少用量、合理分配是亟待落实的一项重要任务。

二、配方施肥的方法及实施

（一）配方施肥的方法

1．地区分级配方法　按土壤肥力高低分成若干等级，或划出一个肥力均等的地片作为一个配方区。利用土壤普查资料和田间试验的成果，结合群众的实践经验，估算出这一配方区内比较适宜的肥料种类及其施用量。

这种方法比较粗放，适于生产水平差异小、基础较差的地区，是我国由传统的定性用肥转型到定量施肥的初级阶段。进入定量用肥的领域，把用肥技术推进了一步。

此法优点是有一定的针对性，提出的肥料品种和框定的用量及措施接近当地经验，群众比较熟悉，容易接受，推广时阻力较小。其缺点是有地区局限性，依赖经验较多，精确性较差。目前采纳的很少。

2．养分平衡法　养分平衡法属于目标产量配方法，是根据植物产量构成，由土壤和肥料两方面供给养分的原理计算肥料的施用量，其基本算式为斯坦福公式：

营养元素合理用量＝（当季植物的总吸收量－土壤供应量）/ 肥料中养分当季利用率

（1）*参数介绍*

1）植物目标产量：配方施肥的核心是“以产定肥”。配方施肥中，空白产量的获得往往不容易，可以当地前三年植物的平均产量为基础，增加 20% 左右作为目标产量。

2）达到产量所需要的养分量：首先根据资料查得最新的农业科技成果，确定形成每 1000kg 产量所需的氮、磷、钾和微量元素的质量，可有 M（kg）表示；再设目标产量为 W（kg），则用以下式来推算：

$$\text{植物目标产量所需养分量（kg）}=W/1000\times a$$

式中，形成产量所需养分量是指形成每千克产品时该植物必须吸收的养分量，a 值可通过对正常成熟的园艺植物全株养分化学分析来获得。也可参照北京农业大学编写的《肥料手册》（表 8-12）进行粗略估算，因为养分的吸收量还与其他因素有关，尤其是蔬菜，栽培管理不同，得到的结果也有差异。例如，郭冬花（2007）研究报道，一般每生产 1500kg/hm^2 蔬菜需钾量（K_2O）4.5～7.5kg/hm^2，钾、氮、磷、钙、镁的吸收比例为 8∶6∶2∶4∶1，各园艺植物吸收养分量见表 8-13；而朱娜（2007）在扬州仪征市冬春茬大棚番茄测土配方施肥技术中得出，生产 1000kg 番茄吸收氮（N）、磷（P_2O_5）、钾（K_2O）的量分别为 2.63kg、0.91kg、3.9kg。因此，在对园艺植物进行精准配方时，需要多查阅资料，寻找海拔、气候条件、土壤状况、栽培方式（如设施栽培等）一致的资料进行引用。

表 8-12　不同园艺植物吸收氮、磷、钾养分的数量

园艺植物	收获物	形成 1000kg 产量所吸收的养分数量 /kg		
		氮（N）	磷（P_2O_5）	钾（K_2O）
番茄	果实	4.5	5.0	5.6
黄瓜	果实	4.0	3.5	5.5
辣椒	果实	5.5	1.0	7.5
甘蓝	叶球	4.1	0.5	3.8
菠菜	全株	3.6	1.8	5.2
芹菜	全株	1.6	0.8	4.2

资料来源：北京农业大学主编《肥料手册》

表 8-13　不同园艺植物吸收氮、磷、钾养分的数量

园艺植物	收获物	形成 1000kg 产量所吸收的养分数量 /kg		
		氮（N）	磷（P_2O_5）	钾（K_2O）
番茄	果实	3.9	1.2	4.4
黄瓜	果实	2.6	1.5	3.5
辣椒	果实	5.2	1.1	6.5
甘蓝	叶球	2.0	0.7	2.2
韭菜	全株	3.7	0.8	3.1
芹菜	全株	2.0	0.9	3.9

资料来源：郭冬花主编《温室蔬菜平衡施肥技术》

3）土壤供肥量：是指一季植物在生长期从土壤中吸收的养分量，养分平衡法一般是用土壤养分测定值来计算，其公式为：

土壤供肥量（$kg/667m^2$）＝土壤养分测定值（mg/kg）×0.15× 校正系数

式中，0.15 系换算系数，即将 1mg/kg 养分折算成每 $667m^2$ 土壤养分（$kg/667m^2$）。校正系数是植物实际吸收养分量占土壤养分测定值的比值，常通过田间试验，用下列公式求得：

校正系数＝（空白产量 /1000×1000kg 植物产量养分吸收量）/（土壤养分测定值 ×0.15）

校正系数也有用空白产量直接进行计算的报道，其公式为：

土壤供肥量（$kg/667m^2$）＝空白田产量 ×1000kg 植物产量养分吸收量 /1000

4）肥料利用率：是指当季植物从所施肥料中吸收的养分占施入肥料养分总量的百分数。因作物种类、土壤肥力、气候条件和农艺措施而有差异，所以其在很大程度上取决于肥料用量、用法和施用时期。现在肥料利用率大多用差减法，其算式为：

肥料利用率（%）＝［施肥区植物吸收养分量（$kg/667m^2$）－不施肥区植物吸收量（$kg/667m^2$）］/［肥料施用量（$kg/667m^2$）× 肥料中养分含量（%）］

例如，某园田无氮肥区蔬菜 $667m^2$ 产量 2500kg，施用尿素 15kg 后蔬菜产量达 4000kg，则尿素利用率为：尿素利用率（%）＝（4000/1000×3.0－2500/1000×3.0）/（15×46%）＝65.2%

由于园艺植物种植较大田的特殊性，目前资料上相关的肥料效应回归方程局限性比较大，参考时宜多加考虑。

5）肥料中有效养分含量：与其他参数相比，此参数易得，化学肥料的有效成分都是按国家标准生产的，都有定值，如尿素有效养分含量（N）为 46%；重过磷酸钙有效成分含量（P_2O_5）为 40%～52%；硫酸钾有效成分含量（K_2O）为 50%～52%。有机肥料中除含有丰富的有机质，还含有多种养分，在配方时应考虑有机肥料中这部分营养元素的含量，可从本书中有机肥料部分查得园艺植物常用的几种有机肥养分含量。

6）有机肥料与无机肥料的换算。

A. 产量差减法：通过实验，取得某一种有机肥料单位施用量增产量，然后从目标产量中减去有机肥增产部分，所得的产量是应施化肥才能得到的产量。

例 8-1　某块地施厩肥 22 500kg（含 112.5kg 纯氮），特菜产量 $5475kg/hm^2$，而不施肥

特菜产量 4500kg/hm^2，则每吨有机肥增产特菜 43.3kg。若某一块地目标产量为 6750kg/hm^2，计划用厩肥 30 000 kg/hm^2，若已知土壤供氮量为 36.75kg/hm^2，问施用尿素（N 46%，利用率为 40%）多少？

解：已知 22 500kg 厩肥可增产特菜：5475－4500＝975（kg）

施用尿素应得到的产量为：6750－975＝5775.0（kg）

应施尿素为：（5775.0×2.6/100－36.75）/（46%×40%）＝616.30（kg）

一个地区农户积肥大多相同，故肥料质量变动不大，只要做一实验，即可应用。因此，本法虽较粗放，但有实用价值。这一方法也适宜于果树等大面积植物配方施肥。

B．养分差减法：在掌握有机肥养分含量和有机肥料利用率（主要指氮素利用率）情况下可用此法。

有机肥料养分供应量（kg/hm^2）＝有机肥料用量（kg/hm^2）× 有机肥料养分含量（%）× 有机肥料当季利用率（%）

然后从植物需肥量中减去有机肥料利用部分，即可求化肥的施用量。

（2）施肥量的确定　养分平衡法施肥量确定公式为：

施肥量（kg/hm^2）＝[（目标产量所需肥料总量－土测值 ×0.15× 校正系数］/（肥料中养分含量 × 肥料当季利用率）

式中，总量和产量的单位是 kg/hm^2；土测值的单位是 mg/kg；养分含量和肥料利用率的单位是 %。

这种计算方法的供肥量需通过田间试验取得校正系数进行调整，而且校正系数变异大，准确性差。另外，如果没有进行土壤测试，可以直接用上面施肥量公式进行计算，但其中的参数需通过肥料试验取得，所需时间较长。

例 8-2　某土壤种植黄瓜，土壤有机质含量 2%，目标有机质 20%，计算每公顷应该补充羊粪（有机质含量 31%、利用率 36%）多少？

解：补充有机质百分含量：20%－2%＝18%

补充有机质具体的量：2250（t/hm^2）×18%＝405t

补充羊粪的量：405/(31%×36%）＝3629（t/hm^2）

答：每公顷应该补充羊粪（有机质含量 31%、利用率 36%）3629t/hm^2。

例 8-3　某土壤早春测定，土壤中水解氮、速效磷、速效钾的含量分别为 75mg/kg、80mg/kg、120mg/kg，计划种植黄瓜，预计产量为 60/t/hm^2，计算施肥量。

注：可供选择的肥：硫酸铵（N 20%；利用率 35%）、过磷酸钙（P_2O_5 14%；利用率 20%）、硫酸钾（K_2O 50%；利用率 35%）。

解：1）达到产量所需的养分量：根据产量确定养分量，从资料中黄瓜的养分含量得：1000kg 需养分：N ＝ 2.734kg；P_2O_5＝ 1.304kg；K_2O ＝ 3.471kg

则 60t/hm^2 产量所需的养分总量为 N ＝ 164.04kg；P_2O_5＝78.24kg；K_2O ＝208.26kg

2）土壤的可供应量：N：$75\times2250\times0.8\times0.7\times0.6\times10^{-3}$＝56.7kg/hm^2

P_2O_5：$80\times2250\times0.8\times0.7\times0.5\times10^{-3}$＝50.4kg/hm^2

K_2O：$120\times2250\times0.8\times0.7\times1.0\times10^{-3}$＝151.2kg/hm^2

其中，2250 为 1hm^2 干土重；0.8 为土地利用系数，也称土地换算系数；0.7 为早春季节利用系数（一般秋冬茬为 0.6）；10^{-3} 为单位换算（t→kg）；0.6、0.5、1.0 分别为 N、P_2O_5、K_2O 的利用率。

3）补充的量（第 1－第 2）：N：164.04－56.7＝107.34kg/hm²

P_2O_5：78.24－50.4＝27.84kg/hm²

K_2O：208.26－151.2＝57.06kg/hm²

4）补充的肥料的量：硫酸铵：107.34/（20%×35%）＝1533kg/hm²

过磷酸钙：27.84/（14%×20%）＝994kg/hm²

硫酸钾：57.06/（50%×35%）＝326kg/hm²

5）施用：一般分基肥（50%）、种肥（30%）、追肥（20%）进行施用。追肥再根据浇水次数计算出每次浇水的施肥量，建议根据黄瓜的生长发育时期采取不等量施肥方法。

3. 肥料效应函数法　此法一般以单因子或多因子多水平回归设计为基础，建立肥料效应方程式，求出最佳经济施肥量和最高产量施肥量，作为建议施肥量的依据。

常将最高施肥量作为推荐施肥量。关于多因子多水平回归设计及统计分析，请参考统计分析方面的有关资料，如 DPS 数据处理系统软件等。

肥料效应函数法的优点是能客观地反映影响肥效各因素的综合效果，精确度高，反馈性好，缺点是有地区局限性，在某条件下求得的肥料效应函数，不能在不同情况下应用，因函数中系数值随不同条件而变化。另外，进行实验费时较长，当土壤肥力变化后，函数就失去了应用价值。这种方法在大面积果树栽培的配方施肥中比较适宜。

4. 氮磷钾比例法　此法是通过田间试验，确定出氮、磷、钾三要素的最适用量，并计算出三者之间的比例关系。实际应用时，只要确定其中一种养分用量，然后按照这种比例方法决定出其他养分用量。此法优点是工作量小，推广应用较方便，是目前普遍采用的一种方法。缺点是这种比例关系因地力、年份而有差异，因而存在着地区和时效的局限性。

5. “3414”肥料配方实验法　这种方法是在 1986 年农业部制定，并全国发布。其设计是目前配方施肥常用的一种实验设计方法，具有处理少、效率高的优点。

“3414”是指 3 因素、4 水平、14 个处理。其中，“3 因素”是指氮、磷、钾；“4 水平”是指 X_1 不施肥，X_2 当地施肥量，$X_3=2X_2$，$X_4=3X_2$。“14”是指处理数为 14 个。在实验设计的所有参数中，当地施肥量需通过调查当地种植户取得。

“3414”实验可得出单因素、双因素、三因素方程，最终得出最优施肥量。已广泛应用于测土配方实验中。目前的实验设计和统计分析有专门的测土配方软件。例如，用 DPS 数据处理系统对园艺植物配方施肥可进行设计，具体设计与分析可参照相关书籍。

最终 DPS 数据系统可得出单因素、双因素、三因素方程；得出最优施肥量。在实验结束后，按方案表将相应的产量值输入，则 DPS 就会输出统计分析结果，单因素、双因素和三因素的效应曲线，如图 8-12 是某配方施肥中钾肥与产量的效应曲线。

（二）配方施肥的实施

配方施肥科学性强，技术要求高，涉及范围广，总结前面的相关知识，配方施肥的实施包括“测土、配方、配肥、供应、施肥指导”5 个核心环节、9 项重点内容。

（1）田间试验　通过田间试验，掌握各个施肥单元不同作物优化施肥量，基肥、追肥分配比例，施肥时期和施肥方法；摸清土壤养分校正系数、土壤供肥量、园艺植物需肥参数和肥料利用率等基本参数；构建植物施肥模型，为施肥分区和肥料配方提供依据。

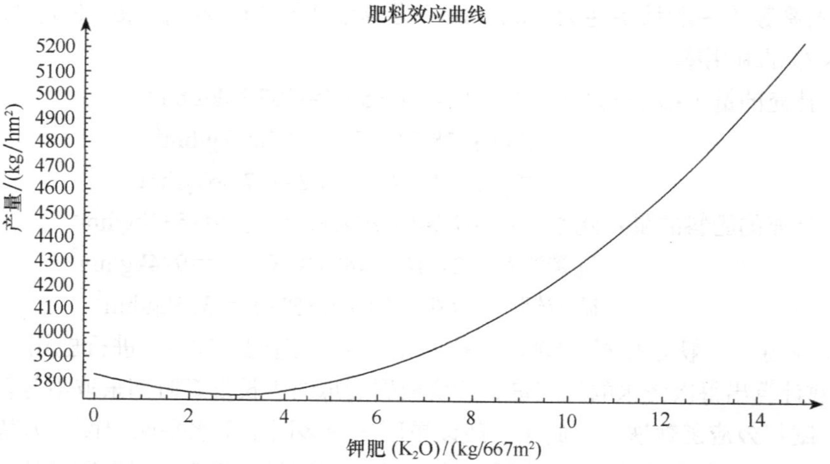

图 8-12 钾肥与产量的肥料效应曲线

（2）土壤测试　土壤测试是制订肥料配方的重要依据之一，随着科技的不断创新，高产、超高产园艺植物品种不断涌现，施肥结构和数量发生了很大的变化，土壤养分库也发生了明显改变。通过开展土壤氮、磷、钾及中微量元素养分测试，了解土壤供肥能力状况。

（3）配方设计　肥料配方设计是测土配方施肥工作的核心。通过总结田间试验、土壤养分数据等，划分不同配方施肥区域；同时，根据气候、地貌、土壤、耕作制度等相似性和差异性，结合生产实践和专家经验，提出不同园艺植物的施肥配方。

（4）校正实验　在每个施肥区域单元设置配方施肥、农户习惯施肥、空白施肥三个处理，以当地主要园艺植物及其主栽品种为研究对象，对比配方施肥的增产效果，校验施肥参数，验证并完善肥料配方，改进测土配方施肥技术参数。

（5）配方加工　配方落实到农户田间或温室、大棚等设施栽培中，是提高和普及测土配方施肥技术的最关键环节。目前不同地区有不同的模式，其中最主要的也是最具有市场前景的运作模式就是市场化运作、工厂化加工、网络化经营。这种模式适应我国农村农民科技素质低、土地经营规模小、技物分离的现状。

（6）示范推广　测土配方施肥技术的落实难题，是要让种植农户亲眼目睹施用效果，这是限制测土配方施肥技术推广的“瓶颈”。建立测土配方施肥示范区，全面展示测土配方施肥技术效果，是推广前需要做的工作。将测土配方施肥技术物化成产品，最终得到广泛应用。

（7）宣传培训　测土配方施肥技术宣传培训是普及技术的重要手段。农民是测土配方施肥技术的最终使用者，迫切需要向农民传授科学施肥方法和模式；同时加强对各级技术人员、肥料生产企业、肥料经销商的系统培训，是配方施肥推广应用的有力保障。

（8）效果评价　农民是测土配方施肥技术的最终执行者和落实者，也是最终受益者。检验测土配方施肥的实际效果，及时获得农民的反馈信息，不断完善管理体系、技术体系和服务体系。同时，为科学地评价测土配方施肥的实际效果，必须对一定的区域进行动态调查。

（9）技术创新　技术创新是保证测土配方施肥工作长效性的科技支撑。重点开展田间试验方法、土壤养分测试技术、肥料配制方法、数据处理方法等方面的创新研究工作，不断提升测土配方施肥技术水平。随着我国农业科技的发展，精准施肥已从地区型配方施肥，转为植物型配方施肥，更为精细的园艺植物配方，还需要不断地进行推进，为实现现代化农业的专家决策系统奠定基础。

（三）微机在配方施肥中的应用

配方施肥中，从资料的收集与统计、施肥量的计算，这一系列工作中，有非常庞大的数据资源。需要数据的贮存、处理、绘图、统计和分析。在计算机非常普遍，已成为工作的最主要工具，如常用办公软件 Word 和 Excel 完全可以完成，使配方工作变得非常简单。

另外，配方施肥的肥料实验中，还涉及肥料效应的模拟计算、数学模型建立、回归方程的配置、检验等。目前国际上通用的统计软件 SAS、SPSS 等可以完成；国内浙江大学唐启义教授开发的 DPS 数据处理系统软件，可以完成庞大、繁杂的运算。例如，前面的“3414”配方施肥，其实验设计、田间施肥方案和最后的产量与各养分的关系分析，都是用 DPS 数据处理系统完成的。

【实践技能】

技能训练 8-2　园艺植物测土配方方案的制订

一、训练目标

通过用养分平衡法对自选的园艺植物进行测土配方施肥的训练，使学生掌握配方施肥各个技术环节实施的基本方法。

二、实施原理

用养分平衡法进行测土配方施肥。

三、材料与设备

1）需要在计算机机房进行操作，并能联网。

2）土壤速效氮、磷、钾的养分含量已知。

四、操作方法

1）自选一种园艺植物。

2）确定种植地区和种植方式。

3）查资料获得近三年在相同条件下的该园艺植物平均产量。

4）查资料获得园艺植物的需肥特点，$N:P_2O_5:K_2O$ 的值。要求查找在相近地区、同一栽培模式下的养分含量数据，最后折中选用。

5）计算总养分量。

$$植物目标产量所需养分量（kg）=W/1000\times a$$

式中，形成产量所需养分量是指形成每千克产品时该作物必须吸收的养分量。W 表示目标产量；a 值可通过对正常成熟的园艺作物全株养分化学分析来获得，即形成 1000kg 产量的所需养分的量（kg）。也可参照北京农业大学编写的《肥料手册》（表 8-12）进行估算获得。

也可以用此公式理解：总养分量＝目标产量 × 形成 1kg 产量所需的养分量。

6）计算土壤供肥量。

土壤供肥量（$kg/667m^2$）＝土壤养分测定值（mg/kg）×0.15× 校正系数

式中，0.15 为换算系数，即将 1mg/kg 养分折算成每 $667m^2$ 土壤养分（$kg/667m^2$）。校正系数是植物实际吸收养分量占土壤养分测定值的比值，常通过田间试验，用下列公式求得：

校正系数＝（空白产量 /1000×1000kg 植物产量养分吸收量）/（土壤养分测定值 ×0.15）

校正系数也有用空白产量直接进行计算的报道，其公式为：

土壤供肥量（$kg/667m^2$）＝空白田产量 ×1000kg 植物产量养分吸收量 /1000

7）计算纯养分量。

纯养分量＝总养分量－土壤供肥量

8）计算肥料用量。

肥料用量＝纯养分量 /（肥料中该养分的含量 × 肥料利用率）

9）施肥建议：针对选定园艺植物的需肥规律，先将肥料按基肥、种肥、追肥划分，再将追肥根据需肥规律，结合该植物的浇水次数，分别计算每次施肥的种类、数量、方式。

五、完成训练报告

写出完整的测土配方实施方案，内容包括园艺植物种类、品种、目标产量；栽培方式与地点；种植茬次（如温室栽培中的秋冬茬等）；灌水方式；肥料配方；实施建议；不足或需要注意的问题等。

六、注意事项

1）选常规栽培的园艺植物种类，以免资料偏少或没有资料造成无法进行的现象。

2）因为是模拟，可以将季节利用系数和肥料利用系数设为已知值，但需要说明，这些数据需要通过哪些方法（或实验）取得。

【知识拓展】

土壤质量及评价体系

一、土壤质量的概念

土壤质量是土壤在生态系统界面内维持生产，保障环境质量，促进动物与人类健康行为的能力。美国土壤学会于 1995 年把土壤质量定义为：在自然或管理的生态系统边界内，土壤具有动植物生产持续性，保持和提高水、气质量及支撑人类健康与生活的能力。

二、土壤质量评价参数与指标体系

土壤质量评价的参数指标包括物理、化学和生物学三方面。物理指标包括：土壤质地、土层和根系深度、土壤容重和渗透率、田间持水量、土壤持水特征、土壤含水量和土壤温度等。化学指标包括：土壤有机碳和全氮、土壤 pH、电导率、矿化氮、磷和钾等。生物学指标包括：微生物生物量碳和氮、潜在可矿化氮、土壤呼吸量、生物量碳 / 有机总碳、呼吸量 / 生物量等。在进行土壤质量评价时常见的类型如下。

1. 土壤质量评价的农艺与经济学指标　对土壤作出适宜性评价，直接与的可持续性相关联。需选择与土壤生产力和农艺性状直接有关的参数指标，如质地、耕层厚度、pH、有机质、全氮、碱解氮、速效磷、速效钾、容重、CEC 等。对这些参数指标进行分级赋值，可以得到适宜评价值即土宜系数，这种以农艺基础性状为本的土壤质量评价对于农业特别是种植业利用有应用价值。

2. 土壤质量的微生物学指标　土壤生物学性质能敏感地反映土壤质量的变化，是评价土壤质量不可缺少的指标。但由于测定的困难和种类的繁多，下列指标可供选择。

（1）土壤微生物的群落组成和多样性　土壤微生物有藻类、细菌、病毒、真菌等，1g 土壤有 10 000 多个不同的生物种，土壤微生物的多样性，能敏感地反映出土壤环境受人为干扰或生态重建过程中的微细变化及程度，是评价土壤质量的良好指标。

（2）土壤微生物生物量（MB）　能代表调控土壤能量和养分循环及有机物质转化相对应微生物的数量。它与土壤有机质密切相关，而且微生物量碳（MBC）或微生物量氮（MBN）转化迅速。因此，MBC、MBN 对不同耕作方式、长期和短期施肥管理都很敏感。

（3）土壤微生物活性　表示土壤中整个微生物群落或其中的一些特殊种群状态。可反映自然或园田生态系统的微小变化。

（4）土壤酶活性　土壤酶绝大多数来自土壤微生物，在土壤中已发现 50～60 种酶，如水解酶和转化酶对土壤有机质的形成和养分循环具有重要的作用。已有研究表明，土壤酶活性与土壤结构参数有很好的相关性，可作为反映人为管理措施和环境因子引起的土壤生物学和生物化学变化的指标（表 8-14）。

表 8-14　土壤酶活性与植物生长季节和土壤微生物的相互关系

月份	微生物量 /（mg/g）	脲酶 NH_3-N/(mg/g）	磷酸酶 /（mg/g）	纤维素酶 /（μg/g）	脱氢酶 /（mg/g）
6	17.76	3.65	0.53	15.23	1.21
7	20.31	4.53	0.61	19.65	0.65
8	25.41	4.74	0.89	21.52	0.56
9	17.92	4.50	0.63	16.73	0.31
10	5.89	3.63	0.36	11.23	0.14

高质量的土壤应具有稳定的微生物群落组成，生物多样性及良好的生物活性。土壤微生物是表征土壤质量最有潜力的敏感性指标。美国土壤微生物学家（Kemedy 等）提出的指标体系，现仍有重要的参考价值：有机碳、微生物量 MB、总生物量、细菌生物量、真菌生物量、微生物生物量碳 / 氮比、潜在可矿化率、土壤呼吸、酶活性、脱氢酶、磷酸酶、精氨酸酶、芳基硫酸酯酶、生物量碳 / 有机碳比、呼吸量 / 生物量比、微生物群落、基质利用、脂肪酸分析、核酸分析。

3. 土壤质量的碳氮指标　通常把土壤有机质和全氮量作为土壤质量评价的一个重

要指标。更合适的指标应为生物活性炭和生物活性氮。其概念及测定方法可参考土壤实验指导方面的资料。

4. 土壤质量的生态学指标 物种多样性直接与土壤质量关联，国内外研究较多，主要指标有：①种群丰富度；②多样性指数；③均匀度指数；④优势性指数。

5. 其他评价指标 ①团聚性；②容重；③渗滤性；④电导率；⑤持水率；⑥有机质；⑦ pH；⑧可矿化氮；⑨呼吸作用。

综上所述，土壤质量的指标体系主要包括土壤肥力、土壤环境质量、土壤生物活性、土壤生态质量。具体指标体系见表 8-15。

表 8-15 土壤质量指标体系

土壤肥力与植物性状		土壤环境质量	土壤生物活性	土壤生态质量
有机质	土壤通气性	背景值	微生物量	节肢动物
土壤结构	土壤侵蚀状况	污染指数	C/N	蚯蚓
pH	速效氮	植物或植物中污染物	土壤呼吸	种群丰富度
紧实度	速效磷	环境容量	微生物区系	多样性指数
渗滤性	速效钾	地表水污染物	磷酸酶活性	优势性指数
耕层厚度	土壤排水性	地下水污染物	脲酶活性	均匀度指数
土壤质地				杂草

三、土壤质量的评价方法

土壤质量的评价方法较多，如土壤质量综合评分法、土壤质量动力学方法、土壤质量多变量指标方法等。但不管用何种评价方法，首先要确定有效、可靠、敏感、可重复及可接受的指标，建立全面评价土壤质量的框架体系。主要包括对气候、景观、土壤化学和物理性质的综合评价。目前随着统计学的不断发展，可以用统计学量化思维进行土壤质量的多元化评价，如模糊数据评价、灰色关联度分析等。

【巩固训练】

一、关键词

配方、施肥、养分平衡法、“3414”实验法

二、简答题

1. 简述配方施肥中的基本方法，并指出常用的几种方法。
2. 配方施肥的特点和作用是什么？
3. 配方施肥进行田间试验中，肥料试验需要设哪几个处理作为空白？
4. 为什么说在配方施肥中的 5 个核心环节中，配方是最为核心的内容？
5. 为什么在进行施肥方式计划时，需要考虑灌溉因素？

【整理归纳】

园艺植物生产综合效应各理论知识与应用的结构及内容见图 8-13。

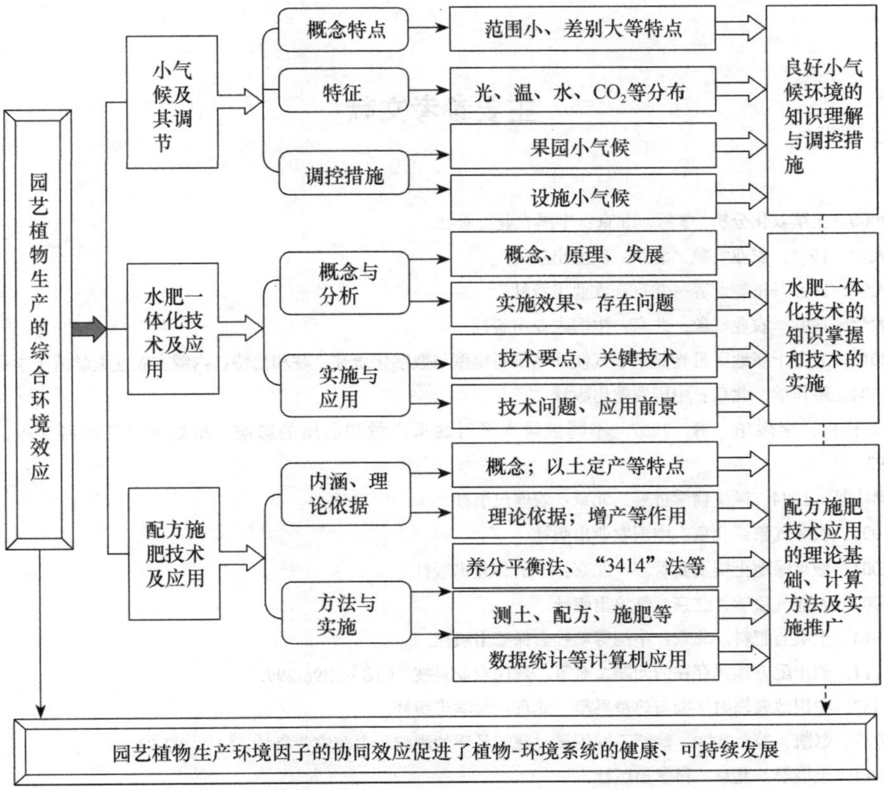

图 8-13　综合环境效应内容结构图

主要参考文献

鲍士旦．2000．土壤农化分析．3 版．北京：中国农业出版社．

北京农业大学．1981．农业气象．北京：农业出版社．

北京农业大学．1992．植物营养．北京：农业出版社．

北京农业大学．1998．农业气象．北京：中国农业出版社．

毕玉革．2010．北方干寒地区日光温室小气候环境预测模型与数字化研究．呼和浩特：内蒙古农业大学博士学位论文．

曹敏建．2004．耕作学．北京：中国农业出版社．

陈成钢，吴礼树，李煜华，等．2007．不同供磷水平对西瓜产量和品质的影响．植物营养与肥料学报，13（6）：1189-1192．

陈华葵，樊庆笙．1984．微生物学进展．北京：农业出版社．

程万银．1996．农业气象．北京：中国农业出版社．

崔晓阳．2001．城市绿地土壤及其管理．北京：中国林业出版社．

段若溪．2002．农业气象学．北京：气象出版社．

范树春．2014．土壤与肥料．北京：中国劳动社会保障出版社．

冯东海．2011．测土配方施肥存在的问题及对策．现代农业科技，（18）：298-299．

高国栋．1982．中国地表辐射平衡与热量平衡．北京：科学出版社．

高树涛，黄玲，赵凯，等．2009．磷肥不同用量对辣椒品质的影响．山东农业科学，（1）：82-83．

耿增超．2011．土壤学．北京：科学出版社．

贡复俊．1993．农业气象学．北京：农业出版社．

关连珠．2001．土壤肥料学．北京：中国农业出版社．

韩世栋，黄晓梅，徐小芳．2011．设施园艺．北京：中国农业大学出版社．

何承苗．2011．园艺植物病虫害防治技术．厦门：厦门大学出版社．

黄昌勇．2010．土壤学．北京：中国农业出版社．

黄科，刘明月，蔡雁平，等．2002．氮磷钾施用量与辣椒品质的相关性研究．西南农业大学学报，24（4）：349-356．

黄凌云．2012．植物生长环境．杭州：浙江大学出版社．

金为民．2001．土壤肥料．北京：中国农业出版社．

李阜棣．1996．土壤微生物学．北京：中国农业出版社．

李阜隶，胡正嘉．2001．微生物学．北京：中国农业出版社．

李坤灼，张妍．2014．设施园艺．北京：中国农业大学出版社．

李振陆．2006．植物生长环境．北京：中国农业出版社．

李振陆．2013．植物生产环境．北京：中国农业出版社．

李志强．2006．设施园艺．北京：高等教育出版社．

刘建英，张建玲，赵宏儒．2006．水肥一体化技术应用现状、存在问题与对策及发展前景．内蒙古农业科技，（6）：32-33．

刘永红．2010．老果园更新改造中的忌地残毒问题及防治对策．现代农村科技，13：33．

柳仲秋．2010．水土保持功能研究．科学之友，（20）：110-111．

鲁如坤．2000．土壤农业化学分析方法．北京：中国农业科技出版社．

马光恕，廉华，闰明伟，等．2002．不同覆盖材料对大棚内番茄生长发育的影响．吉林农业科学，27（4）：41-43．

潘瑞炽．2001．植物生理学．北京：高等教育出版社．

潘铁生．1983．农作物低温冷害及其防御措施．北京：农业出版社．

彭志功．2002．日光温室滴灌条件下小气候变化和植株蒸腾规律的研究．北京：中国农业科学院硕士学位论文．

钱存柔，黄仪秀．1999．微生物学实验教程．北京：北京大学出版社．

沈萍，范秀容，李广武．1999．微生物学实验．3 版．北京：高等教育出版社．
沈其荣．2008．土壤肥料学通论．北京：高等教育出版社．
宋志伟，姚文秋．2011．植物生长环境．2 版．北京：中国农业大学出版社．
宋志伟，张宝生．2011．植物生产与环境（种植专业）．2 版．北京：高等教育出版社．
宋志伟．2007．植物生长环境．北京：中国农业大学出版社．
孙丽丽．2014．水肥一体化条件下番茄水肥施用技术的研究．咸阳：西北农林科技大学硕士学位论文．
孙向阳．2005．土壤学．北京：中国林业出版社．
汤丽玲，张晓晟，陈清，等．2002．蔬菜氮素营养与品质．北方园艺，(3)：6-7．
唐启义．2010．DPS 数据处理系统．2 版．北京：科学出版社．
汪俏梅．2000．设施栽培中培育壮苗的一些技术措施．沈阳农业大学学报，31（2)：120-123．
王炳庭．1988．农业气象．上海：上海科学技术出版社．
王荫槐．1992．土壤肥料学．北京：农业出版社．
魏灵玲，杨其长，刘水丽，等．2005．LED 在设施园艺中的应用系列（一）LED 在密闭式植物苗工厂中的应用．农业工程技术（温室园艺)，(05)：13-14，47．
魏瑞江，孙忠富．2014．我国日光温室小气候研究进展与展望．西北农林科技大学学报（自然科学版)，42（12)：139-150．
翁稣颖，戚蓓静．1985．环境微生物学．北京：科学出版社．
萧浪涛．2004．植物生理学．北京：中国农业出版社．
闫凌云．2010．农业气象．3 版．北京：中国农业出版社．
杨其长．2008．LED 在农业与生物产业的应用与前景展望．中国农业科技导报，10（6)：42-47．
叶珍．2011．植物生长与环境实训教程．北京：化学工业出版社．
袁红莉，王贺祥．2003．农业微生物学及实验教程．北京：中国农业大学出版社．
张承林，邓兰生．2012．水肥一体化技术．北京：中国农业出版社．
张欢．2010．光环境调控对植物生长发育的影响．南京：南京农业大学硕士学位论文．
张俊民．1995．中国的土壤．北京：中国农业出版社．
张自成．2012．测土配方施肥肥效对比示范试验报告．安徽农学通报，18（13)：91-92．
赵护兵，同延安，高义民，等．2003．陕西关中土娄土区线辣椒对氮、磷、钾肥的肥效反应．西北农林科技大学学报（自然科学版)，31（3)：99-101．
赵丽瑞．2008．冬季日光温室环境小气候特点及调控技术．科技致富向导，(10)：39．
赵其国．1988．我国土地资源利用及其变化论文集．北京：科技出版社．
赵永志．2014．设施蔬菜土肥实用新技术．北京：中国农业科学技术出版社．
郑宝仁．2006．土壤与肥料．北京：北京大学出版社．
周德庆．2001．微生物学教程．2 版．北京：高等教育出版社．
邹良栋．2004．植物生长与环境．北京：高等教育出版社．
邹养军，李嘉瑞，魏钦平，等．2004．不同土壤质地对苹果幼树生长及光合特性的影响．园艺学进展，6：66-69．